普通高等教育“十三五”土木工程系列规划教材

钢结构设计原理

第2版

主编　赵根田　赵东拂
参编　王　姗　陈　明　张艳霞
　　　付成喜　万　馨　曹芙波

机械工业出版社

本书在第1版的基础上，结合读者的意见和建议，根据《钢结构设计标准》（GB 50017—2017）修订而成。本书主要介绍了钢结构的特点、应用范围，钢结构的材料性能，钢结构的连接设计方法，以及钢结构（冷弯薄壁型钢）基本构件（轴心受拉和受压构件、受弯构件、拉弯和压弯构件、钢与混凝土组合梁）的工作原理和设计方法。附录列出了供设计查用的相关数据。各章设置了必要的设计例题，以利于有关基本理论和设计方法的学习和掌握。

本书可作为高等院校土建类相关专业钢结构课程的教材，还可作为有关工程技术人员的参考书。

图书在版编目（CIP）数据

钢结构设计原理/赵根田，赵东拂主编．—2版．—北京：机械工业出版社，2018.11（2023.8重印）

普通高等教育“十三五”土木工程系列规划教材

ISBN 978-7-111-64069-1

Ⅰ.①钢…　Ⅱ.①赵…②赵…　Ⅲ.①钢结构－结构设计－高等学校－教材　Ⅳ.①TU391.04

中国版本图书馆CIP数据核字（2019）第230072号

机械工业出版社（北京市百万庄大街22号　邮政编码100037）
策划编辑：马军平　责任编辑：马军平
责任校对：张晓蓉　封面设计：张　静
责任印制：郜　敏
北京富资园科技发展有限公司印刷
2023年8月第2版第3次印刷
184mm×260mm · 17.75印张 · 434千字
标准书号：ISBN 978-7-111-64069-1
定价：46.00元

电话服务	网络服务
客服电话：010－88361066	机　工　官　网：www.cmpbook.com
010－88379833	机　工　官　博：weibo.com/cmp1952
010－68326294	金　　书　　网：www.golden-book.com
封底无防伪标均为盗版	机工教育服务网：www.cmpedu.com

前 言

本书第 1 版于 2012 年 3 月出版，多所高校土木工程专业选用了本书作为钢结构课程的教材。编写组根据钢结构教学的新要求，吸收了部分读者的意见和建议，提出了修订方案。

根据《高等学校土木工程本科指导性专业规范》，本书按《钢结构设计标准》（GB 50017—2017）等现行国家标准编写，以“概念准确、基础扎实、突出应用、淡化过程”为基本原则，是专为培养工程应用型和技术管理型人才的高等院校土木工程专业编写的教材。

全书共分 7 章，第 1 章主要介绍钢结构的特点、应用范围和钢结构采用的设计方法；第 2 章主要介绍钢结构所用的材料及其性能；第 3 章主要介绍钢结构连接的工作原理和设计方法；第 4 ~6 章主要介绍轴心受拉和受压构件、受弯构件、拉弯和压弯构件的工作原理和设计方法；第 7 章主要介绍钢与混凝土组合梁的工作原理和设计方法。

本书编写和再版修订工作分工如下：赵根田（第 1、2 章，附录），王姗、赵东拂（第 3 章），陈明、曹芙波（第 4 章），曹芙波、张艳霞（第 5 章），曹芙波、付成喜（第 6 章），万馨（第 7 章）。全书由赵根田、赵东拂主编。

书中不当之处，敬请读者批评指正。

编　者

目 录

第1章 绪论

随着我国积极推广绿色建筑和建材，大力发展钢结构和装配式建筑，钢结构在现代化强国建设中的地位日益突显，装配式钢结构建筑体系已成为建筑钢结构发展的新方向和新趋势。本章主要介绍钢结构的特点及应用情况，概率极限状态设计方法。通过本章的学习，要求了解钢结构的发展方向，掌握钢结构的特点及应用范围；掌握钢结构的极限状态；了解概率极限状态设计方法，了解承载能力极限状态效应基本组合和正常使用极限状态效应标准组合的设计表达式。

1.1 钢结构的特点

钢结构是以钢板、角钢、工字钢、槽钢、H型钢、钢管和圆钢等热轧钢材或冷加工成型的型钢通过焊接、铆接或螺栓连接而成的结构。它和其他材料的结构相比有以下特点。

（1）建筑钢材强度高，钢结构的重量轻　由于钢材具有较高的强度，钢结构构件一般截面小而壁薄，在受压时有时不能充分发挥钢材强度高的特点，需要满足稳定性要求。

钢材虽然密度大，但强度高，在同样受力情况下钢结构自重小，制作的结构比较轻，适用于建造跨度大、高度高、承载重的构件或结构。结构的轻质性可以用材料的强度f和质量密度ρ的比值来衡量，比值越大，结构相对越轻。显然，建筑钢材的比值要比钢筋混凝土大得多。以同样跨度承受同样的荷载，钢屋架的重量最多为钢筋混凝土屋架的1/4～1/3，冷弯型钢屋架甚至接近1/10。质量轻，可减轻基础的负荷，降低基础部分的造价，还便于运输和吊装。轻质屋盖结构可减小地震作用，但对可变荷载的变化比较敏感，如风吸力可造成钢屋架的拉、压杆应力反号。

轻质性钢结构可以做成跨度较大和高度较高的结构及灵活的结构形体。因此，钢结构可以满足建筑超高度和大跨度的要求。南京奥体中心体育场建筑面积约13.6万m^2，观众席位62000个。体育场上空两条跨度超过360m的大拱，每个大拱重约1400t，倾角45°（图1-1）。钢结构超高层建筑有上海中心，高度632m；环球金融中心，高度492m；金茂大厦，高度421m（图1-2）。

（2）钢材具有良好的塑性和韧性，材质均匀，比较符合力学计算的假定　钢材由于冶炼和轧制过程的科学控制，材质比较稳定，其内部组织比较均匀，接近各向同性，为理想的弹性-塑性体，因此，钢结构实际受力情况和工程力学计算结果比较符合。良好的塑性，可使结构或构件破坏前变形比较明显且易于被发现，在一般条件下不会因超载而突然断裂。此外，良好的塑性可调整结构或构件局部的高峰应力，使应力变化趋于平缓。韧性好，结构或构件在动荷载作用下破坏时要吸收比较多的能量，良好的耗能能力使钢结构具有优越的抗震、抗风性能，适宜在动荷载下工作。

图 1-1 南京奥体中心体育场

图 1-2 上海中心、金茂大厦和环球金融中心

(3) 钢结构具有良好的加工性能和焊接性能，制造简便，施工工期短 钢结构或构件所用材料单一且为轧制成的各种型材，一般是在工厂制作，加工简易而迅速，准确度和精密度较高，提高了建筑预工程化（图 1-3）。钢构件较轻，连接简单，安装方便，钢结构建筑的预工程化使材料加工和安装一体化，大大降低了建设成本；并且加快了施工速度，使工期能够缩短 40% 以上，使建筑能更早投入使用（图 1-4）。小量钢结构和轻型钢结构尚可在现场制作，简易吊装。钢结构由于连接的特性，易于加固、改建和拆迁。

图 1-3 钢结构制作工厂

图 1-4 钢结构吊装

(4) 钢结构耐腐蚀性差 钢材容易锈蚀，对钢结构必须注意防护，特别是薄壁构件更要注意。因此，处于较强腐蚀介质内的建筑物不宜采用钢结构。钢结构在涂油漆以前应彻底除锈，油漆质量和涂层厚度均应符合要求。在使用中应避免使结构受潮，设计上应尽量避免出现难于检查、维修的死角。钢材如果长时间暴露在室外受到风雨等自然力的侵蚀，必然会生锈老化，其自身承载力会下降，建筑的美观也会受影响。因此，防腐问题是钢结构建筑设计需要解决的常见问题，目前的做法主要是采用新型防腐和构造材料。

(5) 钢材耐热但耐火性能差 钢材长期经受辐射热，当温度在 100℃以内时，其主要性能（屈服强度和弹性模量）几乎没有变化，具有一定的耐热性能。火灾是对钢结构建筑的最大危害。钢材虽为非燃烧材料，但耐火性能差，温度为 400℃时，钢材的屈服强度将降至室温下强度的一半，温度达到600℃时，钢材基本损失全部强度和刚度，因此当建筑采用无防火保护措施的钢结构时，一旦发生火灾，很容易损坏。如美国世贸中心大楼外墙是排列很密的钢柱，外包以银色铝板，在“9.11事件”中飞机撞击后产生的大火使两个塔楼钢材软化，最终发生倒塌（图1-5、图1-6）。因此，设计规定钢材表面温度超过150℃后即需加以隔热防护，对有防火要求者，更需按相应规定采取隔热保护措施。

图1-5 美国世贸中心双子塔

图1-6 飞机撞击起火后的世贸中心

（6）钢结构密闭性较好 钢结构的钢材和连接（如焊接）的水密性和气密性较好，适宜于做要求密闭的板壳结构，如高压容器、油库、气柜、管道等。

（7）原材料可以循环使用，有助于环保和可持续发展 我国是世界上最大的砖砌体建筑与混凝土建筑大国。钢材是一种高强度高效能的材料，钢结构在加工制造过程中产生的余料及废旧钢材经重新冶炼后具有很高的再循环价值，也可重复使用。目前国际上引人瞩目的轻型钢结构住宅产品已引入我国，该类型住宅采用全封闭式保温隔热防潮系统，温度变化小，热损失低，不论冬夏，都具有舒适的居住环境（图1-7）。室外0℃时，室内仍可以保持17℃以上；在室外温度达到30℃的情况下，室内温度仅21℃左右。与砖混结构住宅相比，该类型住宅可节能60%以上，冬夏季空调设备可节约耗电30%以上，结构的废旧利用为100%。因此，钢材被称为绿色建筑材料或可持续发展的材料。

（8）钢结构建筑与结构的设计与功能一体化，使建筑更富有表现力 在钢结构建筑中，结构成为形象构成的重要因素，结构的形体、构件、节点从很大程度上导致并制约着建筑的形象。建筑与结构的设计与功能只有做到一体化，才能使建筑更富有表现力，创造出技术与艺术融为一体的钢结构建筑。钢结构建筑设计的复杂化与精致度要求越高，对细部设计的要求也越高。在现代钢结构建筑中，各种金属结构杆件，连接金属杆件的节点细部，常常暴露在外，使建筑带有强烈的科技感，如建于1977年法国的巴黎蓬皮杜艺术与文化中心，它的钢柱、钢梁、桁架等结构构件都裸露在外，从中不仅体现出技术美，而且体现出人的智慧和能力（图1-8）。

（9）冷弯薄壁型钢结构的特点 冷弯薄壁型钢由带钢或钢板辊轧、模压冷弯或冷拔成型，承重构件的壁厚一般为2～6mm。由于冷弯薄壁型钢构件的壁薄和截面开展，与普通型材相比，材料（或截面积）相同时截面惯性矩和回转半径更大。因此，冷弯薄壁型钢用作承受压力和弯矩为主的构件时，可以获得很好的经济效果。

图 1-7 轻型钢结构住宅

图 1-8 巴黎蓬皮杜艺术与文化中心

冷弯薄壁型钢采用的原材料常为带钢，质量比普通钢材差一些，因此冷弯薄壁型钢的钢材强度设计值比普通钢结构的低。同理，其他的强度设计指标，如钢材抗剪、端面承压以及焊缝和螺栓的强度设计值都低于普通钢结构中的相应规定值。但是，冷弯薄壁型钢构件在冷加工成型过程中，屈服强度较母材有较大的提高，按全截面计算，强度平均提高 15% 左右。因此，当计算截面面积全部有效的受拉、受压或受弯构件的强度时，可考虑提高钢材的强度设计值。

1.2 钢结构的应用范围

钢结构的合理应用范围不仅取决于钢结构本身的特性，还受到钢材品种、产量和经济水平的制约。过去由于我国钢产量不能满足国民经济各部门的需要，钢结构的应用受到一定的限制。近年来我国钢材产量大幅增加，新型结构形式不断推出，使得钢结构的应用得到了很大的发展。

根据实践经验和技术要求，钢结构的合理应用范围大致如下：

(1) 工业厂房 钢铁企业和重型机械制造企业中，起重机起重量较大或其工作较繁重的车间多采用钢骨架（图 1-9)，如冶金厂房的转炉炼钢车间、混铁炉车间、连铸连轧车间；重型机械厂的铸钢车间、水压机车间、锻压车间等。

(2) 大跨结构 大跨结构最能体现钢结构强度高而重量轻的特点，如飞机装配车间、飞机库、大会堂、体育（场）馆（图 1-10)、展览馆、大跨桥梁等，其结构体系可为平板网架、网壳、空间桁架、斜拉、悬索和拱架等。

图 1-9 钢结构厂房

图 1-10 国家体育场

（3）高耸结构　包括塔架和桅杆结构，如广播或电视的发射塔（图 1-11）、发射桅杆、高压输电线塔（图 1-12）、环境大气监测塔等。

图 1-11　东方明珠电视塔

图 1-12　输电线塔架

（4）多层和高层建筑　由于钢结构具有优越的抗震抗风性能，多层和高层建筑的骨架可采用钢结构或钢混凝土组合结构。如刚架—支撑结构、筒体结构、钢管混凝土结构、型钢混凝土组合结构等。

（5）承受振动荷载影响及地震作用的结构　钢材具有良好的韧性，设有较大锻锤的车间，其骨架直接承受的动力尽管不大，但间接的振动却极为强烈，所以对于承受振动荷载影响及抵抗地震作用要求高的结构宜采用钢结构。

（6）板壳结构　如油罐、煤气柜、高炉炉壳、热风炉、漏斗、烟囱、水塔及各种管道等。

（7）其他特种结构　如栈桥、管道支架、井架和海上采油平台等。

（8）可拆卸或移动的结构　建筑工地的生产、生活附属用房，临时展览馆等，这些结构是可拆迁的。移动结构如塔式起重机、履带式起重机的吊臂、龙门起重机等。

（9）轻型钢结构　包括轻型门式刚架房屋钢结构、冷弯型钢结构及钢管结构。这些结构可用于使用荷载较轻或跨度较小的建筑。

随着我国钢材品种的进一步增加，新型钢结构的研究不断深入，钢结构的应用范围将更加广泛。

1.3　钢结构的设计方法

为满足建筑方案的要求并从根本上保证结构安全，钢结构设计内容除构件设计外还应包括整个结构体系的设计。钢结构设计的基本要求包括结构方案、材料选择、内力分析、截面设计、连接设计与构造、耐久性、施工要求、抗震设计等。结构设计的目的是既要保证所设计的结构和构件在施工和使用过程中能满足预期的安全性和使用性要求，还要保证其经济的合理性。因此，钢结构的设计原则要求做到技术先进、经济合理、安全适用、确保质量。为确保安全适用，结构在各种作用下产生的效应（内力和变形）不应大于结构（包括连接）由材料性能和几何因素等决定的抗力或规定限值。然而，影响结构功能的各种因素，如作用、材料性能、几何尺寸、计算模式、施工质量等都具有不确定性，既有随机变量，也有随机过程，作用和抗力的变异可能使作用效应大于结构抗力，结构不可能百分之百的可靠，而只能对其做出一定的概率保证。这种以概率论和数理统计为基础，对作用和抗力进行定量分析的方法称为概率极限状态设计法。

1.3.1 概率极限状态设计方法

概率极限状态设计方法的前提是必须明确结构或构件的极限状态。当结构或其组成部分超过某一特定状态就不能满足设计规定的某一功能要求时，此特定状态就称为该功能的极限状态。结构的极限状态可以分为下列两类：

（1）承载能力极限状态　对应于结构或构件达到最大承载能力或出现不适于继续承载的变形，包括结构倾覆、构件或连接的强度破坏、脆性断裂、结构或构件丧失稳定、结构变为机动体系或出现过度的塑性变形。

（2）正常使用极限状态　对应于结构或构件达到正常使用或耐久性能的某项规定限值，包括出现影响结构、构件、非结构构件正常使用或影响外观的变形，出现影响正常使用或耐久性能的局部损坏以及影响正常使用的振动。

结构的工作性能可用结构的功能函数来描述。若结构设计时需要考虑影响结构可靠度的随机变量有 n 个，即 x_1，x_2，…，x_n，则在这 n 个随机变量间通常可建立函数关系

$$Z = g(x_1, x_2, \cdots, x_n) \tag{1-1}$$

式（1-1）称为结构的功能函数。

结构的可靠度通常受荷载、材料性能、几何参数和计算公式精确性等因素的影响。这些具有随机性的因素称为“基本变量”。对于一般建筑结构，可以归并为两个基本变量，即荷载效应 S 和结构抗力 R，并设这二者都服从正态分布。因此，结构的功能函数为

$$Z = R - S \tag{1-2}$$

函数 Z 也是一个随机变量，并服从正态分布。在实际工程中，可能出现下列三种情况：$Z>0$，结构处于可靠状态；$Z=0$，结构达到临界状态，即极限状态；$Z<0$，结构处于失效状态。

由于基本变量具有不定性，作用于结构的荷载存在出现高值的可能，材料性能也存在出现低值的可能，即使设计者采用了相当保守的设计方案，但在结构投入使用后，谁也不能保证它绝对可靠，因而对所设计的结构的功能只能做出一定概率的保证。这和进行其他有风险的工作一样，只要可靠的概率足够大，或者说，失效概率足够小，便可认为所设计的结构是安全的。

按照概率极限状态设计方法，结构的可靠度定义为：结构在规定的时间内，在规定的条件下，完成预定功能的概率。这里所说“完成预定功能”就是对于规定的某种功能来说结构不会失效（$Z \geqslant 0$）。这样若以 p_s 表示结构的可靠度，则上述定义可表达为

$$p_s = P(Z \geqslant 0) \tag{1-3}$$

结构的失效概率以 p_f 表示，则

$$p_f = P(Z < 0) \tag{1-4}$$

由于事件（$Z<0$）与事件（$Z\geqslant 0$）是对立的，所以结构可靠度 p_s 与结构的失效概率 p_f 符合下式

$$p_s = 1 - p_f \tag{1-5}$$

因此，结构可靠度的计算可以转换为结构失效概率的计算。可靠的结构设计指的是使失效概率小到人们可以接受的程度。

为了计算结构的失效概率 p_f，最好是求得功能函数 Z 的分布。图 1-13 中 $f_Z(Z)$ 为功能函数 Z 的概率密度曲线，图中横坐标 $Z=0$ 处，结构处于极限状态；纵坐标以左 $Z<0$，结构处于失效状态；纵坐标以右 $Z>0$，结构处于可靠状态。图中阴影面积表示事件（$Z<0$）的概率，就是失效概率，可用积分求得

$$p_f = P(Z < 0) = \int_{-\infty}^{0} f_Z(Z)\mathrm{d}Z \tag{1-6}$$

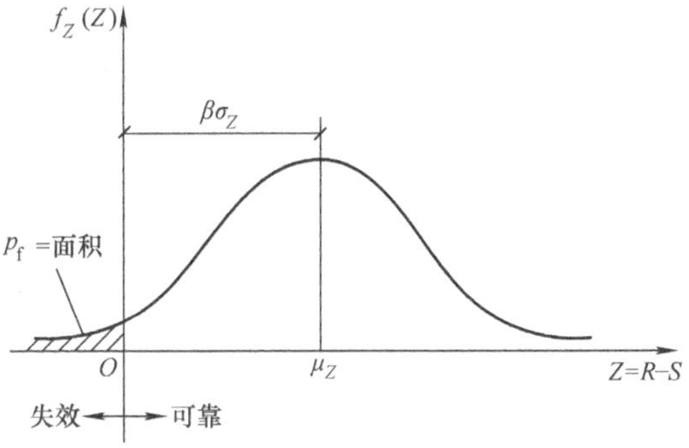

图 1-13　Z 的概率密度 $f_Z(Z)$ 曲线

但一般来说，Z 的分布很难求出。因此失效概率的计算仅仅在理论上可以解决，实际上很难求出，这使得概率设计法一直不能付诸实用。20 世纪 60 年代末期，美国学者康奈尔（Cornell C. A）提出比较系统的一次二阶矩法，才使得概率设计法进入了实用阶段。

一次二阶矩法不直接计算结构的失效概率 p_f，以 μ 代表平均值，以 σ 代表标准差，将图 1-13 中 Z 的平均值 μ_Z 用 Z 的标准差 σ_Z 来度量，根据平均值和标准差的性质可知

$$\mu_Z = \mu_R - \mu_S,\ \sigma_Z^2 = \sigma_R^2 - \sigma_S^2 \tag{1-7}$$

已知结构的失效概率表达式为

$$p_f = P(Z < 0)$$

由于标准差都取正值，上式可改写成

$$p_f = P\left(\frac{Z}{\sigma_Z} < 0\right)$$

和

$$p_f = P\left(\frac{Z - \mu_Z}{\sigma_Z} < \frac{-\mu_Z}{\sigma_Z}\right)$$

因为 $\dfrac{Z-\mu_Z}{\sigma_Z}$ 服从标准正态分布，所以又可写成

$$p_f = \Phi\left(-\frac{\mu_Z}{\sigma_Z}\right) \tag{1-8}$$

$\Phi(\cdot)$ 为标准正态分布函数。

令 $\beta = \dfrac{\mu_Z}{\sigma_Z}$，并将式（1-7）的值代入，则有

$$\beta = \frac{\mu_R - \mu_S}{\sqrt{\sigma_R^2 - \sigma_S^2}} \tag{1-9}$$

式（1-8）成为

$$p_f = \Phi(-\beta)$$

因为是正态分布，所以

$$p_s = 1 - p_f = \Phi(\beta) \tag{1-10}$$

由以上两式可见，β 和 p_f（或 p_s）具有数值上的一一对应关系。已知 β 后即可由标准正态分布函数值的表中查得 p_f。图 1-13 和表 1-1 都给出了 β 和 p_f 之间的对应关系。图 1-13 中 $f_Z(Z)$ 是 Z 的概率密度函数，阴影面积的大小就是 p_f。由于 β 越大 p_f 就越小，结构也就越可靠，所以称 β 为可靠指标。

表 1-1 正态分布时 β 与 p_f 的对应值

可靠指标 β	4.5	4.2	4.0	3.7	3.5	3.2	3.0	2.7	2.5	2.0
失效概率 p_f	3.4×10^{-6}	1.34×10^{-5}	3.17×10^{-5}	1.08×10^{-4}	2.33×10^{-4}	6.87×10^{-4}	1.35×10^{-3}	3.47×10^{-3}	6.21×10^{-3}	2.28×10^{-2}

以上推算曾假定 R 和 S 都服从正态分布。实际上结构的荷载效应多数不服从正态分布，结构的抗力一般也不服从正态分布。然而对于非正态的随机变量可以做当量正态变换，找出它的当量正态分布的平均值和标准差，然后就可以按照正态随机变量一样对待。

为了使不同结构能够具有相同的可靠度，《建筑结构可靠度设计统一标准》（GB 50068—2001）规定了各类构件按承载能力极限状态设计时的可靠指标，即目标可靠指标（表 1-2）。目标可靠指标的取值从理论上说应根据各种结构构件的重要性、破坏性质及失效后果，以优化方法确定。但是，实际上这些因素还难以找到合理的定量分析方法。因此，目前各个国家在确定目标可靠指标时都采用“校准法”，通过对原有规范做反算，找出隐含在现有工程结构中相应的可靠指标值，经过综合分析后确定设计规范中相应的可靠指标值。这种方法的实质是从整体上继承原有的可靠度水准，是一种稳妥可行的办法。对钢结构各类主要构件校准的结果，β 一般为 3.16 ~ 3.62。一般的工业与民用建筑的安全等级属于二级。钢结构的强度破坏和大多数失稳破坏都具有延性破坏性质，所以钢结构构件设计的目标可靠指标一般为 3.2。但是也有少数情况，主要是某些壳体结构和圆管压杆及一部分方管压杆失稳时具有脆性破坏特征。对这些构件，可靠指标按表 1-2 应取 3.7。疲劳破坏也具有脆性特征，但我国现行设计标准对疲劳计算仍然采用允许应力法。钢结构连接的承载能力极限状态经常是强度破坏而不是屈服，可靠指标应比构件为高，一般推荐用 4.5。

表 1-2 目标可靠指标

破坏类型	安全等级		
	一级	二级	三级
延性破坏	3.7	3.2	2.7
脆性破坏	4.2	3.7	3.2

1.3.2 设计表达式

《钢结构设计标准》（GB 50017—2017）规定，除疲劳计算外，采用以概率理论为基础的极限状态设计方法，用分项系数设计表达式进行计算。这是考虑到用概率法的设计式，广大设计人员不熟悉也不习惯，同时许多基本统计参数还不完善，不能列出，因此，《建筑结构可靠度设计统一标准》建议采用广大设计人员所熟悉的分项系数设计表达式

$$\frac{R_k}{\gamma_R} \geqslant \gamma_G S_{Gk} + \gamma_Q S_{Qk} \tag{1-11}$$

式中 R_k——抗力标准值（由材料强度标准值和截面公称尺寸计算而得）；

S_{Gk}——按标准值计算的永久荷载（G）效应值；

S_{Qk}——按标准值计算的可变荷载（Q）效应值；

γ_R、γ_G、γ_Q——抗力分项系数、永久荷载分项系数和可变荷载分项系数。

三个分项系数都与目标可靠指标β有关，而可靠度又和所有的基本变量有关。为了方便设计，《建筑结构可靠度设计统一标准》经过计算和分析规定，一般情况下，荷载分项系数$\gamma_G = 1.2$，$\gamma_Q = 1.4$；当永久荷载效应与可变荷载效应异号时，这时永久荷载对设计是有利的（如屋盖构件设计中，当风吸力作用使屋盖掀起时），应取$\gamma_G = 1.0$，$\gamma_Q = 1.4$。

在荷载分项系数统一规定的条件下，现行钢结构设计标准对钢结构构件抗力分项系数进行分析，使所设计的结构构件的实际β值与预期的β值差值甚小，并结合工程经验规定：对Q235，$\gamma_R = 1.090$；对 Q345 和 Q390，$\gamma_R = 1.125$；对 Q420 和 Q460，厚度 40mm 以下，$\gamma_R = 1.125$，厚度40mm以上，$\gamma_R = 1.180$。

钢结构设计用应力表达，采用钢材强度设计值，强度设计值（用f表示）是钢材的屈服强度（f_y）除以抗力分项系数γ_R的商，如Q235钢抗拉强度设计值为$f = f_y/1.090$；对于端面承压和连接则为极限强度（f_u）除以抗力分项系数γ_{Ru}，即$f = f_u/\gamma_{Ru} = f_u/1.15$。

施加在结构上的可变荷载往往不止一种，这些荷载不可能同时达到各自的最大值。因此，还要根据组合荷载效应的概率分布来确定荷载的组合系数。按承载能力极限状态设计钢结构时，应考虑荷载效应的基本组合，必要时尚应考虑荷载效应的偶然组合。

对于承载能力极限状态，荷载效应的基本组合按下式确定

$$\gamma_0(\gamma_G \sigma_{Gk} + \gamma_{Q1} \sigma_{Q1k} + \sum_{i=2}^{n} \gamma_{Qi} \psi_{ci} \sigma_{Qik}) \leqslant f \tag{1-12}$$

式中 γ_0——结构重要性系数，对安全等级为一级或设计使用年限为100年以上的结构构件，不应小于1.1，对安全等级为二级或设计使用年限为50年的结构构件，不应小于1.0，对安全等级为三级或设计使用年限为5年的结构构件，不应小于0.9；

σ_{Gk}——永久荷载标准值在结构构件截面或连接中产生的应力；

σ_{Q1k}——起控制作用的第一个可变荷载标准值在结构构件截面或连接中产生的应力（该值使计算结果为最大）；

σ_{Qik}——其他第i个可变荷载标准值在结构构件截面或连接中产生的应力；

γ_G——永久荷载分项系数，当永久荷载效应对结构构件的承载能力不利时取1.2，但遇到以永久荷载为主的结构时则取1.35，当永久荷载效应对结构构件的承载能力有利时取1.0，验算结构倾覆、滑移或漂浮时取0.9；

γ_{Q1}、γ_{Qi}——第1个和其他第i个可变荷载分项系数，当可变荷载效应对结构构件的承载能力不利时，取1.4（当楼面活荷载大于4.0kN/m^{2}时，取1.3），有利时，取为0；

ψ_{ci}——第 i 个可变荷载的组合值系数，可按《建筑结构荷载规范》的规定采用。

对于一般排架、框架结构，可采用简化式计算，对由可变荷载效应控制的组合，设计式为

$$\gamma_0(\gamma_G\sigma_{Gk}+\psi_c\sum_{i=1}^{n}\gamma_{Qi}\sigma_{Qik})\leqslant f \tag{1-13}$$

式中 ψ_c——简化式中采用的荷载组合值系数，一般情况下可采用0.9，当只有1个可变荷载时，取为1.0。

对于偶然组合，极限状态设计表达式宜按下列原则确定：偶然作用的代表值不乘分项系数；与偶然作用同时出现的可变荷载，应根据观测资料和工程经验采用适当的代表值，具体的设计表达式及各种系数，应符合专门规范的规定。

计算结构或构件的强度、稳定性以及连接的强度时，应采用荷载设计值（荷载标准值乘以荷载分项系数）；计算疲劳时，应采用荷载标准值。

按正常使用极限状态设计钢结构时，应考虑荷载效应的标准组合，对钢与混凝土组合梁，尚应考虑准永久组合。

对于正常使用极限状态荷载效应的标准组合，其设计式为

$$v_{Gk}+v_{Q1k}+\sum_{i=2}^{n}\psi_{ci}v_{Qik}\leqslant[v] \tag{1-14}$$

式中 v_{Gk}——永久荷载的标准值在结构或构件中产生的变形值；

v_{Q1k}——起控制作用的第一个可变荷载的标准值在结构或构件中产生的变形值（该值使计算结果为最大）；

v_{Qik}——其他第 i 个可变荷载标准值在结构或构件中产生的变形值；

$[v]$——结构或构件的容许变形值。

1.4 钢结构发展历程与发展趋势

1.4.1 钢结构发展历程

大约在公元前2000年，位于伊拉克境内的幼发拉底河和底格里斯河之间（史称两河流域）的美索不达米亚平原就出现了早期的炼铁术。

我国是最早发明炼铁技术的国家之一，早在战国时期（公元前475—前221年），我国的炼铁技术已很盛行。公元65年（汉明帝时代），在云南永平县澜沧江的兰津古渡上修建起了一座竹木软桥。公元1475年，兰津桥再次修葺，由竹木软桥更新为铁索吊桥，并改名为“霁虹桥”。全长106m，宽3.7m，净跨超过60m，由18根铁索组成，铁索两端固定在澜沧江两岸的峭壁上，桥的两端建有一亭和两座关楼。霁虹桥在我国的桥梁建筑史上，有着极其重要的地位，它是我国最早的铁索吊桥。此后，为了便利交通，跨越深谷，曾陆续建造了数十座铁链桥。其中跨度最大的为1705年（清康熙四十四年）建成的四川泸定大渡河桥，桥宽2.8m，跨长100m，由9根桥面铁链和4根桥栏铁链构成，两端系于直径20cm、长4m的生铁铸成的锚桩上。

欧美等国家中最早将铁作为建筑材料的当属英国。1779 年，英国工程师 Abraham Darby 在塞文河上设计建造了第一座跨度 30.65m 的铸铁拱桥——Coalbrookdale 桥。英国工业革命后，随着近代炼铁技术的诞生，19 世纪便成为铁路和钢桥的时代。1846—1850 年在英国威尔士修建的布里塔尼亚桥（Brittania Bridge）是这方面的典型代表。该桥共有 4 跨，跨长分别为 70m、140m、140m、70m，每跨均为箱形梁式桥，由锻铁型板和角铁经铆钉连接而成。随着 1855 年英国人发明贝氏转炉炼钢法和 1865 年法国人发明平炉炼钢法，以及 1870 年成功轧制出工字钢之后，强度高且韧性好的钢材开始在建筑领域逐渐取代锻铁材料，自 1890 年以后成为金属结构的主要材料。20 世纪初焊接（welding）技术出现，1934 年高强度螺栓（high - strength bolts）连接问世，极大地促进了钢结构的发展。除西欧、北美之外，钢结构在苏联和日本等国家也获得了广泛的应用，逐渐发展成为全世界所接受的重要结构体系。

我国的钢铁工业始于 1907 年建成的汉阳钢铁厂，当时年产钢只有 0.85×10^4t。新中国成立后，建设了一大批钢结构厂房、桥梁。但由于受到钢产量的制约，在其后的很长一段时间内，钢结构被限制使用在其他结构不能代替的重大工程项目中，在一定程度上，影响了钢结构的发展。

自 1978 年我国实行改革开放政策以来，钢产量逐年增加。中国钢铁工业协会最新统计数据显示，我国 2016 年钢产量达 8×10^8t，钢结构技术政策已从“限制使用”改为积极推广应用。通过 40 年来的工程实践和科学研究，颁布了 GB 50017—2017《钢结构设计标准》、GB 50018—2002《冷弯薄壁型钢结构技术规范》、CECS 102—2002《门式刚架轻型房屋钢结构技术规范》、JGJ 99—1998《高层民用建筑钢结构技术规程》等一大批钢结构设计、制造和施工方面的技术标准。伴随国家经济发展的主旋律，国内的钢结构也得到了突飞猛进的发展。一方面建成了大量的钢结构建筑，另一方面也成长了一大批较有规模的钢结构建筑企业，并且在技术领域方面也逐步形成了自己的优势。40 年来，国内轻钢及高层钢结构建筑体系从无到有，从简单到复杂，从引进国外技术消化吸收到开发自己的钢结构建筑体系，已经积累了大量的经验，取得了卓越的成绩。全国各地已陆续开始推进钢结构住宅建设，与钢结构住宅及轻钢结构相配套的保温、隔热材料，防火、防腐涂料，采光构件，门窗及连接件等得到了迅速发展，产品质量不断提高，品种规格基本满足钢结构建筑的需要。

我国钢结构建筑行业的发展已经有几十年的历史。钢结构建筑在造型、环保、节能、高效、工厂化生产等方面具有明显优势，21 世纪是金属结构的世纪，钢结构将成为新建筑时代的脊梁。

1.4.2 钢结构发展趋势

钢结构所用的材料，由原来的铸铁、锻铁，发展到钢和铝合金。钢结构的连接方式，在铸铁和锻铁时代是销钉连接，19 世纪初采用铆钉连接，20 世纪初有了焊接连接，随后则发展了高强度螺栓连接。钢结构的应用，也是从桥梁、塔，发展到土木工程的各个领域。与其他结构相比，钢结构是一种具有较大优势和发展潜力的土木工程结构，钢结构行业“十三五”规划建议及“钢结构 2025”规划要点提出“要用 10 年时间，完成从钢结构制造大国到钢结构制造强国的转变”，2020 年，全国钢结构用量比 2014 年翻一番，达到$(8\sim10)$

$\times 10^7$t，占粗钢产量的比例超过10%。

（1）高性能结构材料和连接材料技术开发与应用　目前土木工程结构普遍采用的钢材是Q235钢和Q345钢，Q390钢、Q420钢、Q460钢和Q345GJ钢是目前推广使用的钢材；其中，Q460钢和Q345GJ钢是GB 50017—2017《钢结构设计标准》新增加的钢种，近年来广泛用于高层钢结构。从发展趋势来看，高强度结构钢的研制和开发还将不断进行。在强度增加的同时，还应具有优良的焊接性能和韧性，厚钢板还要求抵抗层状撕裂。热轧H型钢、彩色钢板、冷弯型钢等成品钢材的品种不断增加。另外，改进钢材的耐腐蚀和耐火性能，也是今后的发展方向。耐火、耐候钢，超薄热轧H型钢等新型钢已在工程中得到应用。钢结构用钢材将从目前的“Q345 + Q235”为主，过渡到“Q345 + Q390”为主。

配合高强度钢材的连接材料，焊条由原来的E43型、E50型和E55型，新增加了E60型。制作普通螺栓的钢号，由3号钢改进为4.6级和4.8级（C级）、5.6级和8.8级（A、B级）。用于制作8.8级高强螺栓的钢号有40B钢、45号钢和35号钢，用于制作10.9级高强螺栓的为20MnTiB钢。新增加螺栓球节点用10.9级和9.8级高强度螺栓。

（2）深入了解和掌握结构的极限状态，持续改进结构和构件的计算方法　现代钢结构已广泛应用新的计算技术和测试技术，为深入了解结构和构件的实际工作性能提供了有利条件，先进的计算和测试技术决定了材料的合理使用，从而保证了结构的安全，也增加了经济效益。改进钢结构设计方法的前提是对结构承载能力的充分认识，采用考虑分布类型的二阶矩概率法计算结构可靠度，制订了以概率理论为基础的极限状态设计法（简称概率极限状态设计法）。这个方法的特点是根据各种不定性分析所得的失效概率（或可靠指标）去度量结构可靠性，并使所计算的结构构件的可靠度达到预期的一致性和可比性。但是这个方法还有待发展，因为它计算的可靠度还只是构件或某一截面的可靠度，而不是结构体系的可靠度，也不适用于疲劳计算的反复荷载或动力荷载作用下的结构。另外，连接的极限状态及整体结构的极限状态还需要做大量的工作。

《钢结构设计标准》反映了近年来的研究成果，这些成果也是当前工程设计中经常遇到的问题。例如，将钢管结构更改为钢管连接节点，丰富了空间管节点连接形式设计计算方法，增加了节点刚度判定的内容。对钢与混凝土组合梁，补充了纵向抗剪设计内容以及疲劳验算内容。将疲劳计算更改为疲劳计算及防脆断设计，增加了简便快速验算疲劳强度的方法和抗脆断设计的内容。在抗震设计方面，增加了截面设计等级、常用结构体系、延性等级、钢结构构件及节点的抗震性能化设计。这些新规定是改进计算方法的一个重要方面。人们对结构承载能力极限状态的了解越清楚，设计中对钢材的利用就越合理。到2025年，在钢结构工程技术方面，整体达到国际先进水平，钢结构技术标准与国际标准全面接轨，争取主导ISO钢结构骨干技术标准制定。

（3）高性能钢结构和组合结构体系研究与示范应用、钢结构和组合结构建筑工业化关键技术与示范应用　高性能钢材和新结构形式的应用是提高钢结构成效的重要因素，新的结构形式有薄壁型钢结构、索穹顶结构、悬挂结构、巨型结构、杂交结构和预应力钢结构等。钢和混凝土组合结构有型钢混凝土结构和钢部分填充混凝土结构，是使两种不同性质的材料取长补短相互协作而形成的结构，钢的强度高，宜受拉，混凝土则宜受压，两种材料结合，都能充分发挥各自优势，是一种合理的结构。楼板采用混凝土翼板与钢梁通过抗剪连接件组成一体形成组合梁，梁的混凝土板受压，钢梁受拉，各得其所，是非常经济的结构形式。采用压型钢板作混凝土翼缘板底模的组合梁，也有同样的经济效益。高层建筑和多层住宅已广泛采用钢与混凝土组合梁。

另一种钢与混凝土组合结构是钢管混凝土结构，这种结构具有承载力高、塑性、韧性好、节省材料、方便施工、较好经济效益等特点。它采用薄壁钢管（圆管或方管）内灌素混凝土，在压力作用下，钢管和混凝土之间产生相互作用的紧箍力，使混凝土在三向受压的应力状态下工作，大大提高了混凝土抗压强度，改善了塑性，提高了抗震性能，而薄钢管在混凝土挤压下不易屈曲，提高了钢管局部稳定性，使钢材强度得到充分发挥。钢管混凝土柱特别适用于轴心受压构件，在高层建筑、工业厂房及多层住宅已有很多应用。到 2025 年，我国钢结构和钢—混凝土组合结构占比要与目前发达国家先进水平相当，达到 20% ~30%。

（4）钢结构绿色制造与数控化、信息化技术　高效的焊接工艺和新的焊接、切割设备的应用，如各种反面衬垫方法的双面成型单丝和多丝埋弧焊、龙门架工字梁双侧双丝快速焊接生产线、各种数控火焰机和激光切割机，为钢结构高效制作和生产高质量产品创造了良好条件。高效焊接材料的使用，如气体保护焊和自保焊药芯焊丝及各种高效焊条，已占焊接材料总产量的 40% 左右；摩擦型高强螺栓采用扭力自动控制方法以及防腐、防火等新工艺、新材料的开发等都为深入发展钢结构工程创造了良好的条件。到 2025 年，钢结构制造业关键工序数控化率要超过 50%。

（5）钢结构住宅建筑产业化关键技术　在地震等自然灾害高发地区推广轻钢结构集成房屋等抗震型建筑。钢结构住宅体系易于实现工业化生产，与之相配套的墙体材料可以采用节能、环保的新型材料，故属绿色环保型建筑，可再生重复利用，符合可持续发展的战略，因此钢结构体系住宅成套技术的研究成果必将大大促进住宅产业化的快速发展，直接影响我国住宅产业的发展水平和前途。

装配式钢结构建筑具有标准化设计、工厂化生产、装配化施工、一体化装修、信息化管理等特点，是全寿命周期内的绿色建筑。大力推广装配式钢结构建筑，可以减少建筑垃圾和建筑扬尘污染，缩短建造工期，提升工程质量，消化钢铁过剩产能，形成钢材战略储备。《中共中央　国务院关于进一步加强城市规划建设管理工作的若干意见》提出，加大政策支持力度，力争用 10 年左右的时间，使装配式建筑占新建建筑的比例达到 30%，积极稳妥推广钢结构建筑。装配式钢结构建筑体系已成为建筑钢结构发展的新方向和新趋势。钢结构行业近期需要重点突破的领域和任务，包括数控机床与钢材下料配送中心，焊接机器人与智能生产线，防腐防火一体化与涂装自动生产线，BIM（建筑信息模型）与仿真模拟技术应用，模块化设计与模块化制造技术，与国际标准的接轨与融合，大数据、云平台应用技术和远程控制在钢结构工程中的应用技术等，都将有助于我国钢结构设计、施工、检测监测等关键技术在总体上达到国际先进水平。

思 考 题

1-1　钢结构与其他材料的结构相比，具有哪些特点？

1-2 钢结构有哪些应用？各自利用了钢结构的哪些特点？

1-3 钢结构采用什么设计方法？其原则是什么？

1-4 两种极限状态指的是什么？其内容有哪些？

1-5 可靠性设计理论和分项系数设计公式中，各符号的意义是什么？

1-6 分项系数设计公式中，各个分项系数如何取值？为什么？

第 2 章 钢结构的材料

钢结构的材料与钢结构的计算理论、制造、安装、使用和造价等有关。本章主要介绍钢材的主要性能和影响钢材性能的因素。通过本章的学习，要求掌握钢材的主要性能和影响因素，掌握对钢结构用材的要求及钢材的正确选用方法。了解钢材的疲劳性能，掌握用允许应力幅法计算钢材的常幅疲劳。

2.1 钢材的破坏形式

钢材有两种性质完全不同的破坏形式，即塑性破坏和脆性破坏。钢结构所用的材料虽然有较高的塑性和韧性，一般为塑性破坏，但在一定的条件下，仍然有脆性破坏的可能。

塑性破坏是由于变形过大，超过了材料或构件可能的应变变形能力而产生的，而且仅在构件的应力达到了钢材的抗拉强度 f_u 后才发生。破坏前构件产生较大的塑性变形，断裂后的断口呈纤维状，色泽发暗。在塑性破坏前，由于总有较大的塑性变形发生，且变形持续的时间较长，很容易及时发现而采取措施予以补救，不致引起严重后果。另外，塑性变形后出现内力重分布，使结构中原先受力不等的部分应力趋于均匀，因而可以提高结构的承载能力。

脆性破坏前塑性变形很小，甚至没有塑性变形，计算应力可能小于钢材的屈服强度 f_y，断裂从应力集中处开始。冶金和机械加工过程中产生的缺陷，特别是缺口和裂纹，常是断裂的发源地。破坏前没有任何预兆，破坏是突然发生的，断口平直并呈有光泽的晶粒状。由于脆性破坏前没有明显的预兆，无法及时觉察和采取补救措施，而且个别构件的断裂常引起整个结构塌毁，危及人民生命财产的安全，后果严重，损失较大。在设计、施工和使用钢结构时，要特别注意防止出现脆性破坏。

2.2 钢材的强度和变形性能

钢材标准试件在常温静载情况下，单向均匀受拉试验时的应力－应变（$\sigma-\varepsilon$）曲线如图 2-1 所示。由此曲线获得的有关钢材力学性能指标如下：

1. 强度

（1）比例极限 f_p　图 2-1 中 $\sigma-\varepsilon$ 曲线的 OP 段为直线，表示钢材具有完全弹性性质，称为线弹性阶段，这时应力可由弹性模量 E 定义，即 $\sigma=E\varepsilon$，而 $E=\tan\alpha$，P 点应力 f_p 称为比例极限。钢材的弹性模量 $E=2.06\times10^5\mathrm{N/mm^2}$。

曲线的 PE 段称为非线性弹性阶段，这时的模量叫作切线模量，$E_t = d\sigma/d\varepsilon$。此段上限 E 点的应力 f_e 称为弹性极限。弹性极限和比例极限相距很近，实际上很难区分，故通常只提比例极限。

（2）屈服强度 f_y 随着荷载的增加，曲线出现 ES 段，这时任一点的变形中都包括有弹性变形和塑性变形，其中的塑性变形在卸载后不能恢复，即卸载曲线成为与 OP 平行的直线（图 2-1 中的虚线），留下永久性的残余变形。此段上限 S 点的应力 f_y 称为屈服强度。对于低碳钢，出现明显的屈服台阶 SC 段，即在应力保持不变的情况下，应变继续增加。

在开始进入塑性流动范围时，曲线波动较大，以后逐渐趋于平稳，其最高点和最低点的应力值分别称为上屈服强度和下屈服强度。上屈服强度和试验条件（加荷速度、试件形状、试件对中的准确性）有关；下屈服强度则对此不太敏感，设计中则以下屈服强度为依据。因此，钢材的屈服强度是衡量结构的承载能力和确定强度设计值的重要指标。

对于没有缺陷和残余应力影响的试件，比例极限和屈服强度比较接近，且屈服强度前的应变很小（对低碳钢约为 0.15%）。为了简化计算，通常假定在应力达到屈服强度以前钢材为完全弹性，达到屈服强度以后则为完全塑性，这样就可把钢材视为理想的弹－塑性体，其应力－应变曲线表现为双直线，如图 2-2 所示。当应力达到屈服强度后，将使结构产生很大的在使用上不容许的残余变形（此时，对低碳钢 $\varepsilon_c = 2.5\%$），表明钢材的承载能力达到了最大限度。因此，在设计时取屈服强度为钢材可以达到的最大应力。

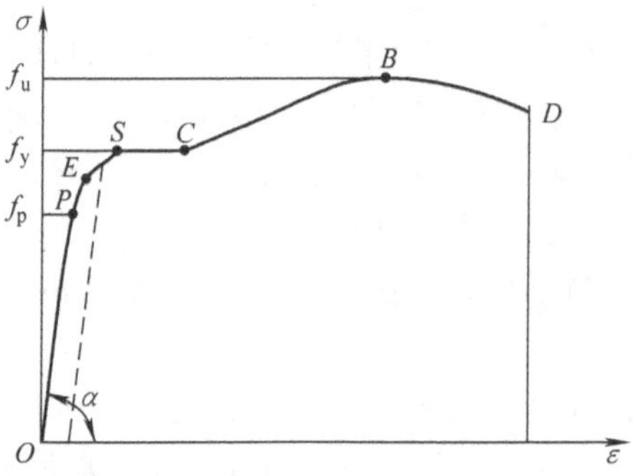

图 2-1 碳素结构钢材的应力－应变曲线

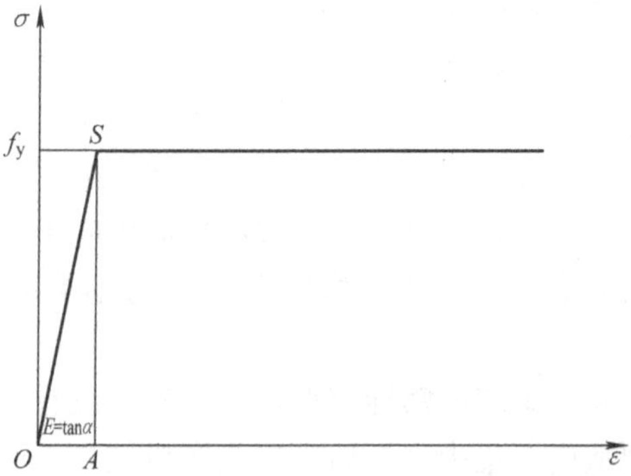

图 2-2 理想的弹－塑性体的应力－应变曲线

高强度钢没有明显的屈服点和屈服台阶。这类钢的屈服条件是根据试验分析结果而人为规定的，故称为条件屈服强度。条件屈服强度是以卸荷后试件中残余应变为 0.2% 所对应的应力定义的（有时用 $f_{0.2}$ 表示），如图 2-3 所示。

由于这类钢材不具有明显的塑性平台，设计中不宜利用它的塑性。碳素结构钢和低合金结构钢在受力到达屈服强度以后，应变急剧增长，从而使结构的变形迅速增加以致不能继续使用。所以钢结构的强度设计值一般都是以钢材屈服强度为依据而确定的。

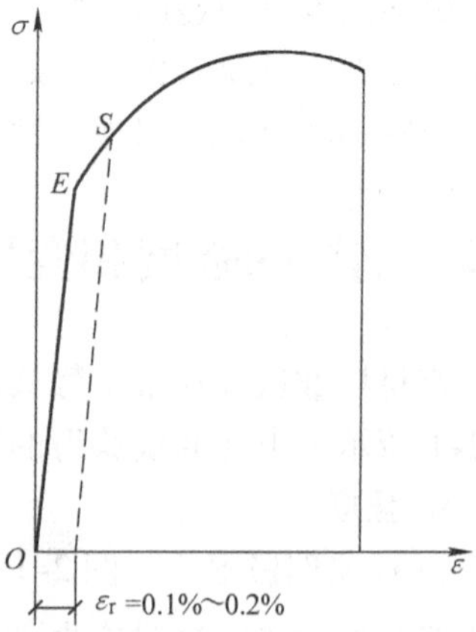

图 2-3 高强度钢的应力－应变曲线

（3）抗拉强度 f_u 超过屈服台阶，材料出现应变硬化，曲线上升，直至曲线最高处的 B 点，这点的应力 f_u 称为抗拉强度或极限强度。当应力达到 B 点时，试件发生缩颈现象至 D 点而断裂。因此，钢材的抗拉强度是衡量钢材抵抗拉断的性能指标，它不仅是一般的强度指标，而且直接反映钢材内部组织的优劣。当以屈服强度 f_y 作为强度限值时，抗拉强度 f_u 成为材料的强度储备。

2. 变形性能

试件被拉断时标距的伸长与原始标距的百分比，称为断后伸长率。钢材的伸长率是衡量钢材塑性性能的指标。钢材的塑性是在外力作用下产生永久变形时抵抗断裂的能力。因此，承重结构用的钢材，不论在静荷载或动荷载作用下，以及在加工制作过程中，除了应具有较高的强度外，尚应要求具有足够的伸长率。

以上讨论的是钢材在单向拉伸时的性能，钢材在单向受压（粗而短的试件）时，受力性能基本上和单向受拉时相同。钢材在受剪时情况也相似，但屈服强度及抗剪强度均较受拉时为低；剪切模量 G 也低于弹性模量 E。

2.3　冷弯性能

钢材的冷弯性能是塑性指标之一，也是衡量钢材质量的一个综合性指标。冷弯性能由冷弯试验来确定（图 2-4）。试验时按照规定的弯心直径在试验机上用冲头加压，使试件弯成180°，如试件外表面不出现裂纹和分层，即为合格。通过冷弯试验不仅能直接检验钢材的弯曲变形能力或塑性性能，还能暴露钢材内部的冶金缺陷，如硫、磷偏析和硫化物与氧化物的掺杂情况，在一定程度上也是鉴定焊接性能的一个指标。钢结构在制作、安装过程中要进行冷加工，尤其是焊接结构焊后变形的调直等工序，都需要钢材有较好的冷弯性能。

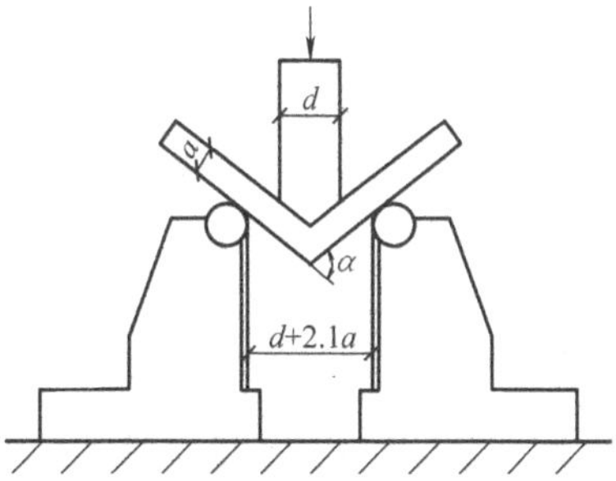

图 2-4　钢材冷弯试验

2.4　冲击韧性

拉伸试验体现的是钢材的静力性能，而冲击试验体现钢材的动力性能。韧性衡量钢材断裂时抵抗冲击荷载的能力，它用材料在断裂时吸收的总能量（包括弹性能和非弹性能）来量度。冲击韧性随钢材金属组织和结晶状态的改变而急剧变化，是钢材强度和塑性的综合指标。钢中的非金属夹杂物、带状组织、脱氧不良等都将给钢材的冲击韧性带来不良影响。冲击韧性是钢材在冲击荷载或多向拉应力下具有可靠性能的保证，可间接反映钢材抵抗低温、应力集中、多向拉应力、加荷速率（冲击）和重复荷载等因素导致脆断的能力。

材料的冲击韧性随试件缺口形式和使用试验机不同而异。由于夏比试件具有尖锐的 V 形缺口，接近构件中可能出现的严重缺陷。《碳素结构钢》（GB/T 700—2006）规定，采用夏比（Charpy）V 形缺口试件（图2-5）在夏比试验机上进行，由两个砧座支承试样，测量摆锤冲击并折断试样时所吸收的能量，单位为 J。

由于低温对钢材的脆性破坏有显著影响，在寒冷地区建造的结构不但要求钢材具有常温（20℃）冲击韧性指标，还要求具有负温（0℃、-20℃或-40℃）冲击韧性指标，以保证结构具有足够的抗脆性破坏能力。

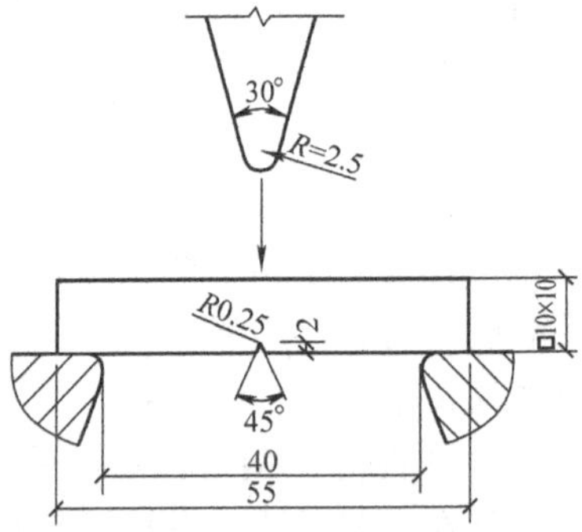

图 2-5 冲击韧性试验

2.5 影响钢材性能的主要因素

2.5.1 化学成分

建筑结构中所用的钢材为碳素结构钢和低合金高强度钢，钢是以铁为主要元素，碳含量一般在2%以下，并含有其他元素的材料。在碳素结构钢中铁（Fe）的质量分数约为99%，碳（C）和其他元素的质量分数约为1%，其他元素包括硅（Si）、锰（Mn）、硫（S）、磷（P）、氮（N）、氧（O）等。低合金高强度钢中除上述元素外，还含有铜（Cu）、钒（V）、钛（Ti）、铌（Nb）、铬（Cr）、镍（Ni）等。组成钢材的化学成分及其含量对钢材的性能特别是力学性能有着重要的影响。

（1）碳 在碳素结构钢中，碳是含量仅次于铁的主要元素。碳含量虽然很低，但直接影响钢材的强度、塑性、韧性和焊接性能等。碳含量增加，钢的强度提高，而塑性和韧性下降，同时恶化钢的焊接性能和抗腐蚀性。因此，尽管碳是钢材获得足够强度的主要元素，但在钢结构所用的钢材中，对碳的含量要加以限制，其质量分数一般不应超过0.2%。

（2）硫和磷 硫是钢中的有害成分，对钢材的力学性能和焊接接头的裂纹敏感性有较大影响，它可降低钢材的塑性、韧性、焊接性能和疲劳强度。在800～1000℃高温下加工时，硫使钢材变脆，可能出现裂纹，称为热脆。因此，对钢中硫的含量必须严格控制。在碳素结构钢中硫的质量分数应不超过0.045%。磷既是杂质元素，也是可利用的合金元素。在低温时，磷使钢变脆，称为冷脆。在碳素结构钢中，磷的质量分数也应严格控制在0.045%以下。磷作为可利用的合金元素，能够提高钢材的强度和抗锈蚀能力。若使用磷的质量分数为0.05%～0.12%的高磷钢，则应减少钢材中的碳含量，以保持钢材具有一定的塑性和韧性。

（3）氧和氮 氧和氮也是钢中的有害杂质。氧的作用和硫类似，使钢热脆；氮的作用和磷类似，使钢冷脆。由于氧、氮容易在熔炼过程中逸出，一般不会超过允许含量，故通常不要求做含量分析。

（4）硅和锰 硅和锰是钢中的有益元素，它们都是炼钢的脱氧剂。它们使钢材的强度提高，含量不过高时，对钢材塑性和韧性无显著的不良影响。在碳素结构钢中，硅的质量分数应控制在0.35%以下，锰的质量分数小于1.4%。对于低合金高强度结构钢，锰的质量分数不超过1.7%，硅的质量分数应控制在0.50%以下。

（5）铬、镍、钒、铌和钛　铬、镍、钒、铌和钛是钢中的合金元素，能提高钢的强度，又不显著降低钢的塑性和韧性。

（6）铜　铜在碳素结构钢中属于杂质成分。它可以显著提高钢的抗腐蚀性能，也可以提高钢的强度，但对钢材焊接性能有不利影响。

2.5.2　冶金过程

目前，土木工程结构中主要使用氧气顶吹转炉生产的钢材。钢材的冶金过程包括冶炼、浇铸、轧制和热处理。冶炼过程中形成钢材的化学成分与含量、钢的金相组织结构。浇铸是把熔炼好的钢水浇铸成钢锭或钢坯。不断发展的连铸技术可使钢中的化学成分分布比较均匀，但也不可避免地存在冶金缺陷。常见的冶金缺陷有偏析、非金属夹杂、气孔、裂纹及分层等。偏析是钢中化学成分分布不均匀，如硫、磷偏析会严重恶化钢材的性能；非金属夹杂是钢中含有硫化物与氧化物等杂质；气孔是浇铸钢锭时，由氧化铁与碳作用所生成的一氧化碳气体不能充分逸出而形成的。这些缺陷都将影响钢材的力学性能。浇铸时的非金属夹杂物在轧制后能造成钢材的分层，会严重降低钢材的冷弯性能。钢材的轧制过程可使气泡、裂纹等焊合，辊轧次数多的薄板的强度比厚板的强度略高。钢材一般以热轧状态交货，热处理的目的在于使钢材取得高强度的同时能够保持良好的塑性和韧性，所以对新型高强度钢材可提出进行热处理后交货。

冶金缺陷对钢材性能的影响，不仅在结构或构件受力工作时表现出来，有时在加工制作过程中也可表现出来。

2.5.3　钢材硬化

钢材的性能和各种力学指标，除受化学成分和冶金过程影响外，制作和使用过程对其也有影响。如制作过程中的冷拉、冷弯、冲孔、机械剪切等冷加工可使钢材产生很大塑性变形，从而提高钢材的屈服点，同时降低了钢材的塑性和韧性，这种现象称为冷加工硬化（或应变硬化）。在一般钢结构中，不利用硬化所提高的强度，应将局部硬化部分用刨边或扩钻予以消除。用于冷弯薄壁型钢结构的冷弯型钢，可以利用在冷轧成型或弯曲成型时提高的屈服强度和抗拉强度。

在使用过程中，随着时间的增长，高温时熔化于铁中的少量氮和碳逐渐从纯铁中析出，形成自由碳化物和氮化物，对纯铁体的塑性变形起遏制作用，从而使钢材的强度提高，塑性、韧性下降。这种现象称为时效硬化。时效硬化的过程一般很长，若在材料塑性变形后加热，可加速时效硬化发展。这种方法称为人工时效。有些重要结构要求对钢材进行人工时效后检验其冲击韧性，以保证结构具有足够的抗脆性破坏能力。

此外还有应变时效，是应变硬化后又加时效硬化。

2.5.4　温度

随着温度的升高或降低，钢材性能变化很大。一般来说，温度升高，钢材强度降低，应变增大；温度降低，钢材强度略有增加，却降低了塑性和韧性，材料因此而呈现脆性（图2-6）。

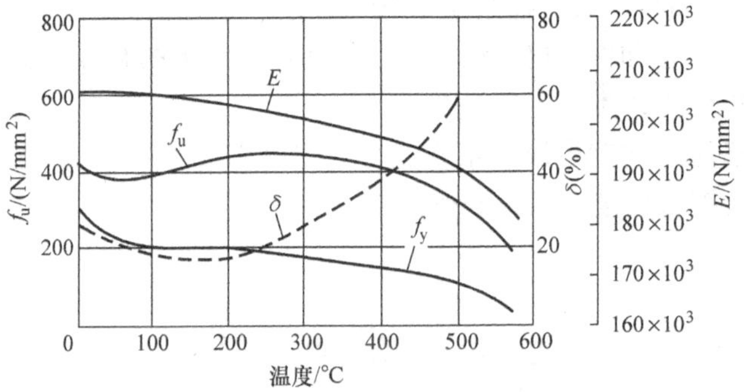

图 2-6 温度对钢材力学性能的影响

（1）正温范围 温度约在 200℃以内时钢材性能没有很大变化，430～540℃时强度急剧下降，600℃时强度很低不能承担荷载。但在 250℃左右，钢材的强度反而略有提高，同时塑性和韧性均下降，材料有转脆的倾向，钢材表面氧化膜呈现蓝色，称为蓝脆现象。钢材应避免在蓝脆温度范围内进行热加工。温度在 260～320℃时，钢材会产生徐变，即在应力持续不变的情况下，钢材以很缓慢的速度继续变形。

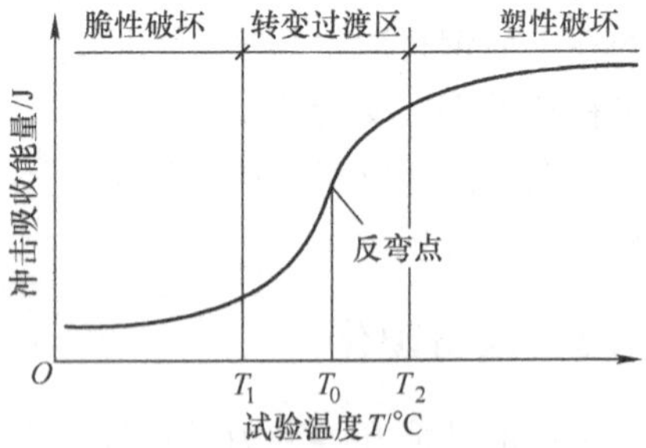

图 2-7 冲击韧性与温度的关系曲线

（2）负温范围 当温度处在负温范围时，钢材强度有一定提高，但其塑性和韧性降低，材料逐渐变脆，这种性质称为低温冷脆。图 2-7 是钢材冲击韧性与温度的关系曲线。由图可见，随着温度的降低冲击吸收功迅速下降，材料将由塑性破坏转变为脆性破坏，同时可见这一转变是在一个温度区间 T_1－T_2 内完成的，此温度区 T_1～T_2 称为钢材的脆性转变温度区，在此区内曲线的反弯点（最陡点）对应的温度 T_0 称为转变温度。如果把低于 T_0 完全脆性破坏的最高温度 T_1 作为钢材的脆断设计温度即可保证钢结构低温工作的安全。每种钢材的脆性转变温度区及脆断设计温度需要由大量破坏或不破坏的使用经验和试验资料统计分析确定。

2.5.5 应力集中

钢结构构件中经常存在的孔洞、槽口、凹角、截面突然改变及裂纹等缺陷，常常使截面的完整性遭到破坏。此时，构件中的应力分布将变得很不均匀，在缺陷和截面改变处产生局部高峰应力，形成所谓应力集中现象（图 2-8）。高峰区的最大应力与净截面的平均应力之比称为应力集中系数。研究表明，在应力高峰区域总是存在着同号的双向或三向应力，这是因为由高峰拉应力引起的截面横向收缩受到附近低应力区的阻碍而引起垂直于内力方向的拉应力 σ_y，在较厚的构件里还产生 σ_z，使材料处于复杂受力状态，由能量强度理论得知，这种同号的平面或立体应力场有使钢材变脆的趋势。应力集中系数越大，变脆的倾向越严重。但由于建筑钢材塑性较好，在一定程度上能促使应力进行重分配，使应力分布严重不均的现象趋于平缓。故受静荷载作用的构件在常温下工作时，在计算中可不考虑应力集中的影响。但在负温下或动荷载作用下工作的结构，应力集中的不利影响将十分突出，往往是引起脆性破坏的根源，故在设计中应采取措施避免或减小应力集中，并选用质量优良的钢材。

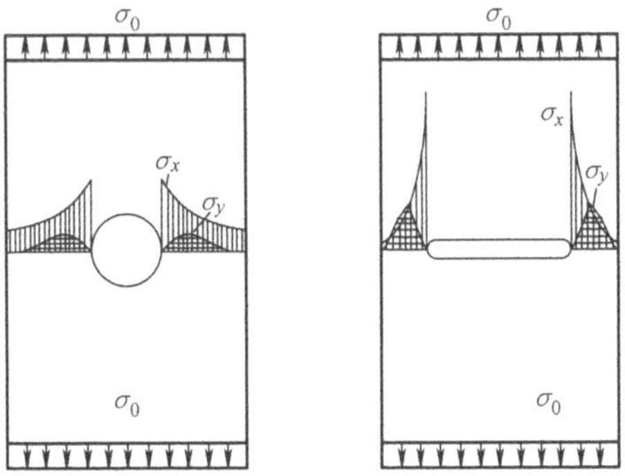

图 2-8 孔洞及槽孔处的应力集中

2.6 钢材的疲劳

钢材在直接连续反复的动荷载作用下，由于材料的损伤累积，会突然发生脆性断裂，称为疲劳破坏。实际工程中，在反复荷载作用下，材料先在其缺陷处发生塑性变形和硬化而生成一些极小的裂痕，此后这种微观裂痕逐渐发展成宏观裂纹，试件截面削弱，并在裂纹根部出现应力集中，使材料处于三向应力状态，塑性变形受到限制，当反复荷载达到一定的循环次数时，材料突然断裂破坏。因此，钢材的疲劳破坏是微观裂纹在连续重复荷载作用下不断扩展直至断裂的脆性破坏。

出现疲劳破坏时，构件截面上的应力低于材料的抗拉强度，甚至低于屈服强度，塑性变形极小。钢材疲劳破坏后的截面断口，一般具有光滑的和粗糙的两个区域，光滑部分表现出裂纹的扩张和闭合过程是由裂纹逐渐发展引起的，说明疲劳破坏也经历一个缓慢的转变过程；而粗糙部分表明，钢材最终断裂一瞬间的脆性破坏性质与拉伸试验的断口颇为相似，破坏是突然的，因而比较危险。因此，疲劳破坏的过程可分为裂纹的形成、裂纹缓慢扩展与最后迅速断裂三个阶段。

通常钢结构的疲劳破坏属高周疲劳，应变幅值小，破坏前荷载循环次数多。钢材的疲劳强度取决于应力集中（或缺口效应）和应力循环次数。截面几何形状的突然改变和钢材中存在的残余应力，将加剧疲劳破坏的发生。由于钢材疲劳破坏的极限状态目前正在研究中，《钢结构设计标准》规定，直接承受动荷载重复作用的钢结构构件及其连接，当应力变化的循环次数 $n \geqslant 5\times10^4$ 时，应进行疲劳计算。疲劳强度验算采用允许应力幅法。

2.6.1 疲劳曲线

1. 正应力幅

连续重复荷载之下应力往复变化一周叫作一个循环。应力循环特征常用应力比 ρ 来表示，其含义为绝对值最小与最大应力之比（拉应力取正值，压应力取负值）。图 2-9a 的 $\rho=-1$，称为完全对称循环；图 2-9b 的 $\rho=0$，称为脉冲循环；图 2-9c、d 的 ρ 在 0 与 -1 之间，称为不完全对称循环，但图 2-9c 为以拉应力为主，而图 2-9d 则以压应力为主。

$\Delta\sigma$ 称为正应力幅，表示构件某一点正应力变化的幅度，是应力谱中最大正应力与最小正应力之差，即 $\Delta\sigma=\sigma_{max}-\sigma_{min}$，$\sigma_{max}$ 为每次应力循环中的最大拉应力（取正值），σ_{min} 为每次应力循环中的最小拉应力（取正值）或压应力（取负值）。如果重复作用的荷载数值不随时间变化，则在所有应力循环内的应力幅将保持常量，称为常幅疲劳。

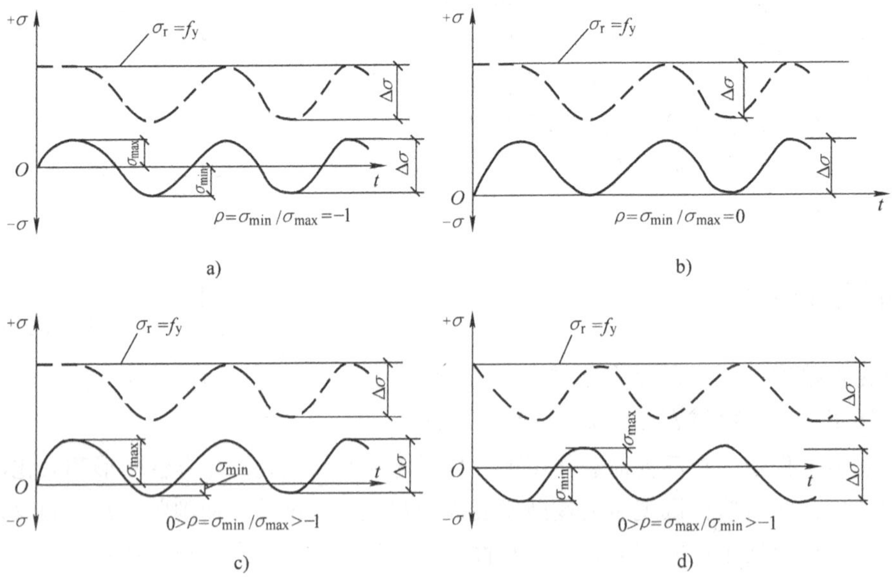

图 2-9 循环应力谱

2. $\Delta\sigma - n$ 曲线

对轧制钢材或非焊接结构，在循环次数 n 一定的情况下，根据试验资料可绘出 n 次循环的疲劳图，即 σ_{max} 和 σ_{min} 的关系曲线。由于此曲线的曲率不大，可近似用直线来代替，所以只要求得两个试验点便可决定疲劳图。

图 2-10 为 $n = 2 \times 10^6$ 次时的疲劳图。当 $\rho = 0$ 和 $\rho = -1$ 时的疲劳强度分别为 σ_0 和 σ_{-1}，由此便可决定 B（$-\sigma_{-1}$，σ_{-1}）和 C（0，σ_0）两点，并通过 B、C 两点得直线 $ABCD$。D 点的水平线代表钢材的屈服强度，即使 σ_{max} 不超过 f_y，当坐标为 σ_{max} 和 σ_{min} 的点落在直线 $ABCD$ 上或其上方，则这组应力循环达到 n 次时，将发生疲劳破坏，线段 BCD 以受拉为主，线段 AB 以受压为主。对轧制钢材或非焊接结构，疲劳强度与最大应力、应力比、循环次数和缺口效应（构造类型的应力集中情况）有关。

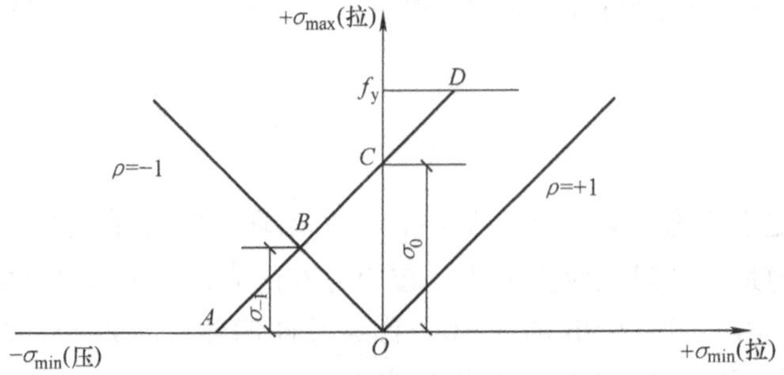

图 2-10 非焊接结构的疲劳图

对焊接结构则不同，由于焊接的加热和冷却过程，截面上产生很大的残余应力，尤其在焊缝及其附近主体金属部位，残余拉应力通常达到钢材的屈服点 f_y，而此部位正是形成和发展疲劳裂纹最为敏感的区域。在重复荷载作用下，循环内应力开始处于增大阶段时，焊缝附近的高峰应力将不再增加（只是塑性范围加大），即 $\sigma_{\max}=f_y$ 之后，循环应力下降到 $\sigma_{\min}$，再升至 $\sigma_{\max}=f_y$，即不论应力比 ρ 值如何，焊缝附近的实际应力循环情况均形成在拉应力范围内的 $\Delta\sigma=f_y-\sigma_{\min}$ 的循环（图 2-9 中的虚线所示）。所以焊接结构的疲劳强度与名义最大应力和应力比无关，而与应力幅 $\Delta\sigma$ 有关。图 2-9 中的实线为名义应力循环应力谱，虚线为实际应力谱。

根据试验数据可以画出构件或连接的应力幅 $\Delta\sigma$ 与相应的致损循环次数 n 的关系曲线（图 2-11），按试验数据回归的 $\Delta\sigma-n$ 曲线为平均值曲线，是疲劳验算的依据。目前国内外都常用双对数坐标轴的方法将曲线换算为直线以便于分析（图 2-12）。在双对数坐标图中，疲劳直线方程为

$$\lg n = b_1 - \beta\lg\Delta\sigma \tag{2-1}$$

或

$$n\,(\Delta\sigma)^{\beta} = 10^{b_1} = C_1 \tag{2-2}$$

式中 β——直线对纵坐标的斜率；

b_1——直线在横坐标轴上的截距；

n——循环次数。

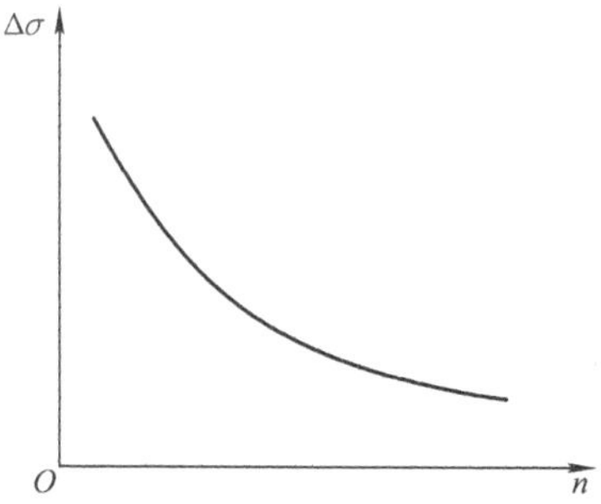

图 2-11 $\Delta\sigma-n$ 曲线

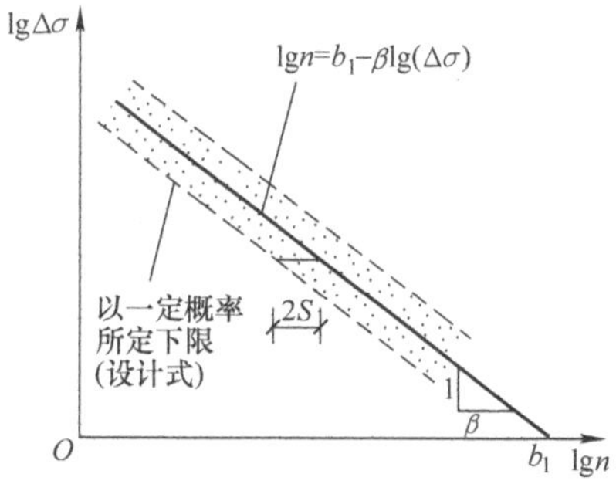

图 2-12 $\lg\Delta\sigma-\lg n$ 曲线

考虑到试验数据的离散性，取平均值减去 $2\lg n$ 的标准差（$2S$）作为疲劳强度下限值，如果 $\lg\Delta\sigma$ 为正态分布，则构件或连接抗力的保证率为 97.7%。下限值的直线方程为

$$\lg n = b_1 - \beta\lg(\Delta\sigma) - 2S = b_2 - \beta\lg(\Delta\sigma)$$

或

$$n(\Delta\sigma)^{\beta} = 10^{b_2} = C_2 \tag{2-3}$$

取此 $\Delta\sigma$ 作为允许应力幅：

$$[\Delta\sigma] = \left(\frac{C_2}{n}\right)^{\frac{1}{\beta}} \tag{2-4}$$

对于不同焊接构件和连接形式，按试验数据回归的直线方程，其斜率也不尽相同。为了设计的方便，《钢结构设计标准》按连接方式、受力特点和疲劳强度，再适当照顾 $S-n$ 曲线簇的等间距布置、归纳分类，划分为 14 类（图 2-13）。同理，可以得到剪应力幅与循环次数的关系曲线，划分为 3 类。构件和连接分类的构造图见附录 6。

2.6.2 疲劳验算

对于直接承受动力荷载重复作用的构件及其连接，如吊车梁、输送栈桥以及这些构件的

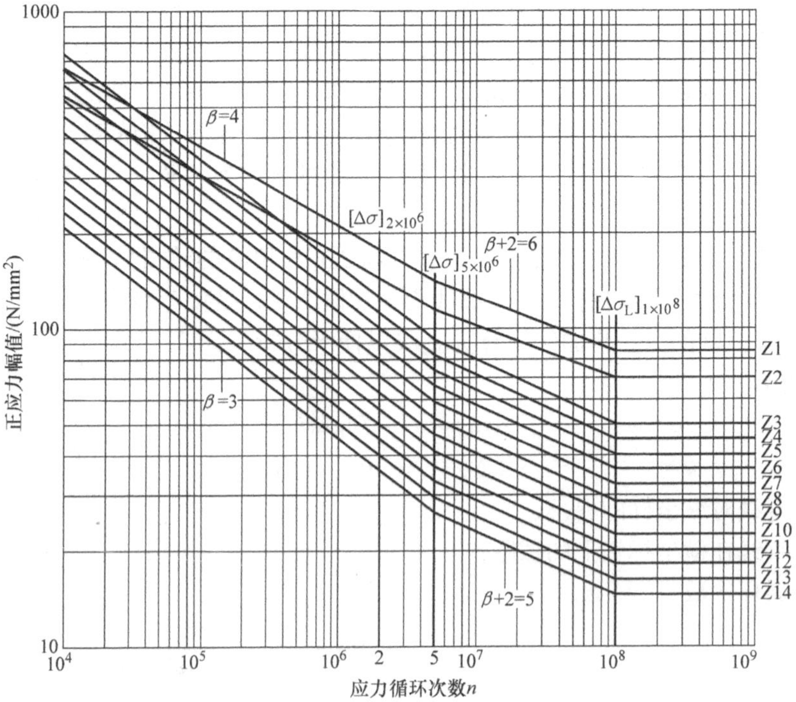

图 2-13 各类构件和连接类别的 $S-n$ 曲线

连接，在结构使用寿命期间，无论常幅疲劳还是变幅疲劳，对焊接结构的焊接部位，应按式（2-5a）和式（2-5b）进行验算。

$$\Delta\sigma = \sigma_{max} - \sigma_{min} \leqslant \gamma_t [\Delta\sigma_L]_{1\times10^8} \tag{2-5a}$$

$$\Delta\tau = \tau_{max} - \tau_{min} \leqslant [\Delta\tau_L]_{1\times10^8} \tag{2-5b}$$

对于非焊接部位，最大应力或应力比对疲劳强度有直接影响，允许应力幅采用折算应力幅，其疲劳强度由式（2-6a）和（2-6b）确定

$$\Delta\sigma = \sigma_{max} - 0.7\sigma_{min} \leqslant \gamma_t [\Delta\sigma_L]_{1\times10^8} \tag{2-6a}$$

$$\Delta\tau = \tau_{max} - 0.7\tau_{min} \leqslant [\Delta\tau_L]_{1\times10^8} \tag{2-6b}$$

式中 γ_t——板厚（或螺栓直径）修正系数，参照《钢结构设计标准》执行；

$[\Delta\sigma_L]_{1\times10^8}$、$[\Delta\tau_L]_{1\times10^8}$——正应力幅、剪应力幅的疲劳截止限，分别见表2-1和表2-2。

当常幅疲劳或变幅疲劳计算不能满足式（2-5a）、式（2-5b）或式（2-6a）、式（2-6b）时，根据具体的循环次数，参照《钢结构设计标准》计算。

表 2-1 正应力幅的疲劳计算参数

构件与连接类别	构件与连接相关系数		循环次数 n 为 2×10^6 次的允许正应力幅 $[\Delta\sigma]_{2\times10^6}$ /(N/mm²)	循环次数 n 为 5×10^6 次的允许正应力幅 $[\Delta\sigma]_{5\times10^6}$ /(N/mm²)	疲劳截止限 $[\Delta\sigma_L]_{1\times10^8}$ /(N/mm²)
	C_Z	β_Z			
Z1	1920×10^{12}	4	176	140	85
Z2	861×10^{12}	4	144	115	70

（续）

构件与连接类别	构件与连接相关系数		循环次数 n 为 2×10^6 次的允许正应力幅 $[\Delta\sigma]_{2\times10^6}$ /(N/mm²)	循环次数 n 为 5×10^6 次的允许正应力幅 $[\Delta\sigma]_{5\times10^6}$ /(N/mm²)	疲劳截止限 $[\Delta\sigma_L]_{1\times10^8}$ /(N/mm²)
	C_Z	β_Z			
Z3	3.91×10^{12}	3	125	92	51
Z4	2.81×10^{12}	3	112	83	46
Z5	2.00×10^{12}	3	100	74	41
Z6	1.46×10^{12}	3	90	66	36
Z7	1.02×10^{12}	3	80	59	32
Z8	0.72×10^{12}	3	71	52	29
Z9	0.50×10^{12}	3	63	46	25
Z10	0.35×10^{12}	3	56	41	23
Z11	0.25×10^{12}	3	50	37	20
Z12	0.18×10^{12}	3	45	33	18
Z13	0.13×10^{12}	3	40	29	16
Z14	0.09×10^{12}	3	36	26	14

注：构件与连接的分类应符合附录 6 的规定。

表 2-2　剪应力幅的疲劳计算参数

构件与连接类别	构件与连接的相关系数		循环次数 n 为 2×10^6 次的允许剪应力幅 $[\Delta\tau]_{2\times10^6}$/(N/mm²)	疲劳截止限 $[\Delta\tau_L]_{1\times10^8}$ /(N/mm²)
	C_J	β_J		
J1	4.10×10^{11}	3	59	16
J2	2.00×10^{16}	5	100	46
J3	8.61×10^{21}	8	90	55

注：构件与连接的类别应符合附录 6 的规定。

2.6.3　变幅疲劳和吊车梁的欠载效应系数

常幅疲劳属于特殊的情况，实际生产中，结构（如厂房吊车梁）所受荷载经常变化，其值一般小于计算荷载，称为变幅荷载，或称随机荷载。变幅疲劳的应力谱如图 2-14 所示。

常幅疲劳的研究结果可推广到变幅疲劳，但需引入累积损伤法则。当前通用的是 Palmgren – Miner 方法，简称 Miner 方法。

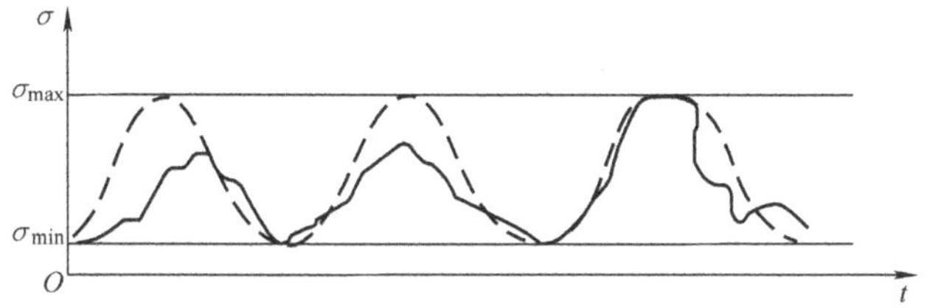

图 2-14　变幅疲劳的应力谱

应力幅为 $\Delta\sigma_1$，$\Delta\sigma_2$，…，$\Delta\sigma_i$ 和对应的循环次数为 n_1，n_2，…，n_i，再假设 $\Delta\sigma_1$，$\Delta\sigma_2$，…，$\Delta\sigma_i$ 为常幅时，相对应的疲劳寿命是 N_1，N_2，…，N_i。N_i 表示在常幅疲劳中 $\Delta\sigma$ 循环作用 n_i 次后，构件或连接即产生破损。在应力幅 $\Delta\sigma_1$ 作用下的一次循环所引起的损伤为 $1/N_1$，n_1 次循环所引起的损伤为 n_1/N_1。按累积损伤法则，将总的损伤按线性叠加计算，则得发生疲劳破坏的条件为

$$\frac{n_1}{N_1}+\frac{n_2}{N_2}+\cdots+\frac{n_i}{N_i}=\sum\frac{n_i}{N_i}=1 \tag{2-7}$$

或写成

$$\sum\left(\frac{n_i}{\sum n_i}\frac{\sum n_i}{N_i}\right)=1 \tag{2-8}$$

若认为变幅疲劳与同类常幅疲劳有相同的曲线，则任一级应力幅均有

$$(\Delta\sigma_i)^{\beta}N_i=C \quad 或 \quad N_i=\frac{C}{(\Delta\sigma_i)^{\beta}} \tag{2-9}$$

式中 C——疲劳计算参数，正应力为 C_Z，剪应力为 C_J，见表2-1、表2-2。

设想有常幅（等效应力幅）$\Delta\sigma_e$ 作用 $\sum n_i$ 次使同一结构也产生疲劳破坏，则有

$$(\Delta\sigma_e)^{\beta}\sum n_i=C \quad 或 \quad \sum n_i=\frac{C}{(\Delta\sigma_e)^{\beta}} \tag{2-10}$$

将式（2-9）和式（2-10）的 N_i 和 $\sum n_i$ 值代入式（2-8）得

$$\Delta\sigma_e=\left[\sum\frac{n_i(\Delta\sigma_i)^{\beta}}{\sum n_i}\right]^{1/\beta} \tag{2-11}$$

令 $\Delta\sigma_e=\alpha_f\Delta\sigma_{max}$，由此

$$\alpha_f=\frac{\Delta\sigma_e}{\Delta\sigma_{max}}=\frac{1}{\Delta\sigma_{max}}\left[\sum\frac{n_i(\Delta\sigma_i)^{\beta}}{\sum n_i}\right]^{1/\beta} \tag{2-12}$$

式中 $\Delta\sigma_{max}$——变幅疲劳中的最大应力幅；

α_f——变幅荷载的欠载效应系数，《钢结构设计标准》给出了以 $n=2\times10^6$ 次为基准的 α_f 值。

《钢结构设计标准》规定：重级工作制吊车梁和重级、中级工作制吊车桁架的变幅疲劳可取应力循环中最大的应力幅按下式计算

$$\alpha_f\Delta\sigma\leqslant\gamma_t[\Delta\sigma]_{2\times10^6} \tag{2-13a}$$

$$\alpha_f\Delta\tau\leqslant[\Delta\tau]_{2\times10^6} \tag{2-13b}$$

式中 $[\Delta\sigma]_{2\times10^6}$、$[\Delta\tau]_{2\times10^6}$——循环次数为 2×10^6 时的允许正应力幅和允许剪应力幅，见表2-1和表2-2；

α_f——欠载效应系数，对重级工作制硬钩起重机 $\alpha_f=1.0$，重级工作制软钩起重机 $\alpha_f=0.8$，中级工作制起重机 $\alpha_f=0.5$。

用允许应力幅法进行疲劳强度计算时，荷载应采用标准值，不考虑荷载分项系数和动力系数，而且应力按弹性工作计算。另外，对非焊接的构件和连接，在应力循环中不出现拉应力的部位可不计算疲劳。

2.7 建筑钢材的规格和选用

2.7.1 钢结构对材料的要求

根据用途的不同，钢材可分为多种类别，性能也有很大差别，适用于建筑钢结构的钢材必须符合下列要求：

（1）较高的抗拉强度f_u和屈服强度f_y　f_y是衡量结构承载能力和确定强度设计值的重要指标，f_y高则可减轻结构自重，节约钢材和降低造价。f_u是衡量钢材经过较大变形后抵抗拉断的性能指标，它直接反映钢材内部组织的优劣，而且与抗疲劳能力有着比较密切的关系，同时f_u高可以增加结构的安全保障。

（2）较好的塑性和韧性　塑性好，结构在静荷载作用下有足够的应变能力，破坏前变形明显，可减轻或避免结构脆性破坏的发生；塑性好，又可通过较大的变形调整局部应力，提高构件的延性，使其具有较好的抵抗重复荷载作用的能力，有利于结构的抗震。冲击韧性好，可在动荷载作用下破坏时吸收较多的能量，提高结构抵抗动荷载的能力，避免发生裂纹和脆性断裂。

（3）良好的加工性能（包括冷加工、热加工和焊接性能）　钢材经常在常温下进行加工，良好的加工性能不但可保证钢材在加工过程中不发生裂纹或脆断，而且不致因加工而对结构的强度、塑性、韧性等造成较大的不利影响。

在符合上述要求的条件下，根据结构的具体工作条件，有时还要求钢材具有适应低温、高温和腐蚀性环境的能力。

按以上要求，《钢结构设计标准》规定：承重结构采用的钢材应具有抗拉强度，断后伸长率，屈服强度，冷弯试验和硫、磷含量的合格保证，对焊接结构尚应具有碳当量的合格保证；对某些承受动荷载的结构、重要的受拉或受弯的焊接结构尚应具有常温或负温冲击韧性的合格保证。

2.7.2 钢的种类

根据钢结构对材料的要求，用于钢结构的钢材主要有两个大类，即碳素结构钢和低合金高强度结构钢。目前这两种钢主要采用氧气顶吹转炉进行冶炼，如没有特殊要求，一般钢结构用材不对冶炼方法提出要求。钢的牌号由代表屈服强度的字母Q、屈服强度数值、质量等级符号（A、B、C、D）、脱氧方法符号四个部分按顺序组成。根据钢水在浇铸过程中脱氧方法的不同，钢分为沸腾钢（符号为F）、镇静钢（符号为Z）和特殊镇静钢（符号为TZ），镇静钢和特殊镇静钢的符号可以省去。镇静钢脱氧充分，沸腾钢脱氧较差。目前轧制钢材的钢坯多采用连续铸锭法生产，钢材必然为镇静钢，所以推荐采用镇静钢。下面分别对碳素结构钢和低合金高强度结构钢的牌号和性能介绍如下：

1. 碳素结构钢

GB/T 700—2006《碳素结构钢》按质量等级将钢分为A、B、C、D四级。A级钢只保证抗拉强度、屈服强度、断后伸长率，必要时尚可附加冷弯试验的要求，碳、锰、硅含量可以不作为交货条件。B、C、D级钢均保证抗拉强度、屈服强度、断后伸长率、冷弯和冲击韧性等力学性能。其中，B级要求常温（20℃）冲击吸收能量值不小于27J，C级和D级则分别要求0℃、-20℃的冲击吸收能量值不小于27J。B、C、D级钢对碳、硫、磷等化学成分的极限含量也有严格要求。

碳素结构钢的牌号有Q195、Q215、Q235和Q275，钢结构仅用Q235钢。因此钢的牌号根据需要可表示为：Q235A，代表的意义是屈服强度为235N/mm^2、A级、镇静钢；Q235BF，代表的意义是屈服强度为235N/mm^2、B级、沸腾钢。另外还有Q235C、Q235D等。钢的冶炼方法一般由供方自行决定，设计者不再另行提出，如需方有特殊要求，可在合同中加以注明。上述屈服强度的数值是钢材厚度（或直径）不大于16mm时的屈服强度数值，根据钢材厚度的不同，屈服强度的数值有所不同，应用时参见附表1-1。

2. 低合金高强度结构钢

GB/T 1591—2018《低合金高强度结构钢》规定，钢的牌号由代表屈服强度“屈”字的汉语拼音字母Q，规定的最小上屈服强度值、交货状态代号、质量等级符号（B、C、D、E、F）四个部分组成。交货状态为热轧时，交货状态代号AR或WAR可省略；交货状态为正火或正火轧制状态时，交货状态代号为N。当需方要求钢板具有厚度方向性能时，则在上述规定的牌号后加上代表厚度方向（Z向）性能级别的符号，如Q355NDZ25。

GB/T 19879—2005《建筑结构用钢板》中，采用的钢种是Q345GJ，规定了钢材的屈服比、屈服强度波动范围，规定了碳当量C_{eq}和焊接裂纹敏感性指数P_{cm}，同时降低了硫、磷含量。

2.7.3 钢材的选择

为保证承重结构的承载能力，防止在一定条件下出现脆性破坏，做到技术可靠和经济合理，应根据下列因素综合考虑，选择合适的钢材牌号和材性。

（1）结构的重要性　按照GB 50008—2001《建筑结构可靠度设计统一标准》的规定，依据建筑结构及其构件破坏可能产生的后果（危及人的生命、造成经济损失、产生社会影响等）的严重性，把建筑物分为一级（重要的）、二级（一般的）和三级（次要的）三个安全等级。安全等级不同，对钢材质量的要求也不同。对重要结构，如重型厂房结构、大跨度结构、高层或超高层的民用建筑结构或构筑物等，应考虑选用质量好的钢材，对一般工业与民用建筑结构，可按工作性质分别选用普通质量的钢材。

（2）荷载特征　荷载可分为静荷载和动荷载两种。直接承受动荷载的结构和高烈度地震区的结构，应选用综合性能好的钢材；一般承受静荷载的结构则可选用价格较低的Q235钢。

（3）连接方法　钢结构的连接方法有焊接和非焊接两种。焊接的不均匀加热和冷却产生的焊接变形、焊接应力及其他焊接缺陷，会导致结构产生裂纹或脆性断裂。因此，焊接结构钢材的材质要求应高于同样情况的非焊接结构钢材。例如，在化学成分方面，焊接结构必须严格控制碳、硫、磷的极限含量；而非焊接结构对碳含量可降低要求。

（4）结构的工作环境　结构的工作环境包括温度和腐蚀性介质。钢材的塑性和韧性随温度的降低而降低，处于低温时容易冷脆，因此在低温条件下工作的结构，尤其是焊接结构，应选用具有良好抗低温脆断性能的镇静钢。对处于露天环境，且对耐腐蚀有特殊要求的结构及在腐蚀性气态或固态介质作用下的承重结构的钢材，应选择不同材质的钢材。

（5）钢材厚度　薄钢材辊轧次数多，轧制的压缩比大，厚度大的钢材压缩比小，所以厚度大的钢材不但强度较小，而且塑性、冲击韧性和焊接性能也较差。因此，厚度大的焊接结构应采用材质较好的钢材。

综合考虑上述因素，用于承重结构的钢材宜选用Q235、Q345、Q390、Q420和Q460，其质量要求应保证抗拉强度、屈服强度、断后伸长率、冷弯性能和硫、磷的极限含量，焊接结构尚应保证碳的极限含量。

对于需要验算疲劳的焊接结构的钢材，应具有常温冲击韧性的合格保证。当结构工作温度高于0℃时，钢材质量等级不应低于B级；当结构工作温度等于或低于0℃但高于－20℃时，Q235钢和Q345钢不应低于C级，Q390钢、Q420钢、Q460钢不应低于D级；当结构工作温度等于或低于－20℃时，Q235钢和Q345钢不应低于D级，Q390钢、Q420钢和Q460钢应选用E级。

对于需要验算疲劳的非焊接结构的钢材也应具有常温冲击韧性的合格保证。其钢材质量等级要求可较需要验算疲劳的焊接结构降低一级，但不应低于B级。另外，在不高于－20℃环境下工作的承重结构受拉板材，其选材还应符合下列规定：不宜采用过厚（厚度大于40mm）的钢板，质量等级不宜低于C级；严格控制钢材的硫、磷、氮含量；当板厚大于40mm时，质量等级不宜低于D级；重要承重结构受拉板材宜选用GJ钢。有抗震设防要求的钢结构，可能发生塑性变形的构件或部位所采用的钢材应符合现行GB 50011—2010《建筑抗震设计规范》中的相关规定。

根据以上要求，结构钢材合理选用建议见表2-3。

表2-3　结构钢材合理选用建议

<table>
<tr><th colspan="2" rowspan="2"></th><th colspan="4">工作温度（℃）</th></tr>
<tr><th>$T>0$</th><th>$-20<T\leqslant 0$</th><th colspan="2">$-40<T\leqslant -20$</th></tr>
<tr><td rowspan="2">不需验算疲劳</td><td>非焊接结构</td><td>B（允许用A）</td><td rowspan="2">B</td><td rowspan="2">B</td><td rowspan="4">受拉构件及承重结构的受拉板件：
1. 板厚或直径小于40mm：C；
2. 板厚或直径不小于40mm：D；
3. 重要承重结构的受拉板材宜选建筑结构用钢板</td></tr>
<tr><td>焊接结构</td><td>B
（允许用Q345A～Q420A）</td></tr>
<tr><td rowspan="2">需验算疲劳</td><td>非焊接结构</td><td>B</td><td>Q235B Q390C Q345GJC Q420C
Q345B Q460C</td><td>Q235C Q390D Q345GJC
Q420D Q345C Q460D</td></tr>
<tr><td>焊接结构</td><td>B</td><td>Q235C Q390D Q345GJC
Q420D Q345C Q460D</td><td>Q235D Q390E Q345GJD
Q420E Q345D Q460E</td></tr>
</table>

由于建筑钢材性能受多种因素的影响，材料选择的最终目的是为了防止建筑钢材可能发生的脆性破坏。钢材的脆性破坏受多种因素影响，如温度降低，荷载速度增大，使用应力较高，特别是这些因素同时存在时，材料或构件就有可能发生脆性断裂。根据现阶段研究情况来看，在建筑钢材中脆性断裂还不是一个单纯由设计计算或者加工制造某一个方面来控制的问题，而是一个必须由设计、制造及使用等方面来共同加以防止的事情。

为了防止脆性破坏的发生，一般需要在设计、制造及使用中注意下列各点：

（1）合理设计 构造设计应力求合理，使其能均匀、连续地传递应力，避免构件截面急剧变化，避免焊缝过分集中和多条焊缝交会，同时减少焊缝的数量和降低焊缝尺寸。低温下工作，受动荷载作用的钢结构应选择合适的钢材，使所用钢材的脆性转变温度低于结构的工作温度，如分别选用 Q235C（或 D）、Q345C（或 D）等，并尽量使用较薄的材料。

（2）正确制造 应严格遵守设计对制造所提出的技术要求，如尽量避免使材料出现应变硬化，因剪切、冲孔而造成的局部硬化区，要通过扩钻或刨边来除掉；要正确地选择焊接工艺，保证焊接质量，避免现场低温焊接，不在构件上任意起弧、打火和锤击，必要时可用热处理的方法消除重要构件中的焊接残余应力，重要部位的焊接，要由经过考试挑选的有经验的焊工操作。

（3）正确使用 例如，不在主要结构上任意焊接附加的零件，不任意悬挂重物，不任意超负荷使用结构；注意检查维护，及时油漆防锈，避免任何撞击和机械损伤；原设计在室温工作的结构，在冬季停产检修时要注意保暖等。

对设计工作者来说，不仅要注意适当选择材料和正确处理细部构造设计，也不能忽视制造工艺的影响，还应提出在使用期应注意的主要问题。

2.7.4 钢材的规格

钢结构采用的型材有热轧成型的钢板和型钢以及冷弯（或冷压）成型的薄壁型钢。

（1）热轧钢板 热轧钢板有厚钢板（厚度为 4.5 ~ 60mm）和薄钢板（厚度为 0.35 ~ 4mm），还有扁钢（厚度为 4 ~ 60mm，宽度为 30 ~ 200mm，此钢板宽度小）。钢板的表示方法为：在符号“—”后加“厚度（mm）×宽度（mm）×长度（mm）”，如—12×450×1200。

（2）热轧型钢 热轧型钢有角钢、工字钢、槽钢、H 型钢、剖分 T 型钢和钢管（图 2-15）。

角钢分等边和不等边两种。不等边角钢的表示方法为：在符号“∠”后加“长边宽（mm）×短边宽（mm）×厚度（mm）”，如∠100×80×8，等边角钢则以“边宽”（mm）×厚度（mm）表示，如∠100×8。

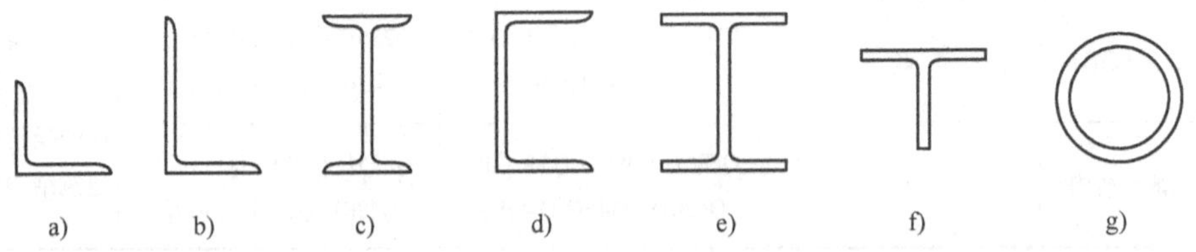

图 2-15 热轧型钢截面

工字钢有普通工字钢和轻型工字钢两种，用号数表示，号数即其截面高度的厘米数。20 号以上的工字钢，同一号数有三种腹板厚度，分别为 a、b、c 三类，如 I30a、I30b、I30c。a 类腹板较薄，用作受弯构件较为经济，c 类腹板较厚。轻型工字钢的腹板和翼缘均较普通工字钢薄，因而在相同重量下其截面模量和回转半径均较大。

H 型钢是世界各国使用很广泛的热轧型钢，与普通工字钢相比，其翼缘内外两侧平行，便于与其他构件相连。它可分为宽翼缘 H 型钢，代号 HW，翼缘宽度 B 与截面高度 H 相等；中翼缘 H 型钢，代号 HM，$B=(1/2\sim2/3)H$；窄翼缘 H 型钢，代号 HN，$B=(1/3—1/2)H$。各种 H 型钢均可剖分为 T 型钢供应，代号分别为 TW、TM 和 TN。H 型钢和剖分 T 型钢的规格标记均采用：高度 H(mm)×宽度 B(mm)×腹板厚度 t_1(mm)×翼缘厚度t_2(mm)表示。如 HM340×250×9×14，其剖分 T 型钢为 TM170×250×9×14。

槽钢有普通槽钢和轻型槽钢两种，也以其截面高度的厘米数编号，如［30a。号码相同的轻型槽钢，其翼缘较普通槽钢宽而薄，腹板也较薄，回转半径较大，重量较轻。

钢管有无缝钢管和焊接钢管两种，用符号“ϕ”后面加“外径(mm)×厚度(mm)”表示，如 ϕ400×6。

（3）薄壁型钢　薄壁型钢（图 2-16）是用薄钢板（一般采用 Q235 或 Q345 钢），经模压或弯曲而制成，其壁厚一般为 2～6mm，在国外薄壁型钢厚度有加大范围的趋势，如美国可用到 1in.(25.4mm)。有防锈涂层的彩色压型钢板（图 2-16j），所用钢板厚度为 0.4～1.6mm，可用作轻型屋面及墙面等构件。

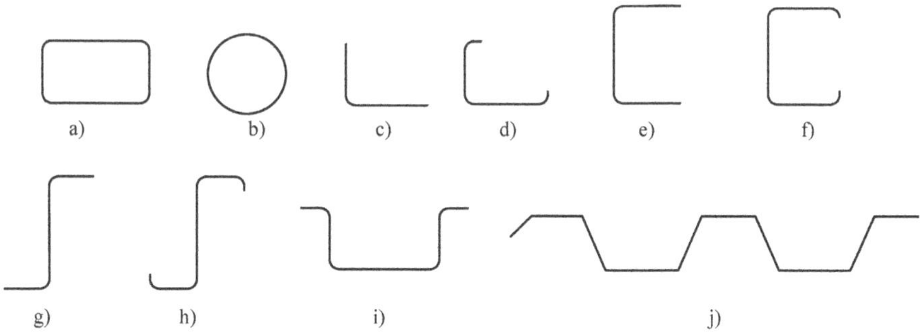

图 2-16　薄壁型钢截面

思 考 题

2-1　何谓碳素结构钢、低合金高强度结构钢？生产和加工过程对其工作性能有何影响？钢材中常见的冶金缺陷有哪些？

2-2　钢材有哪两种主要的破坏形式？与其化学成分和组织构造有何关系？

2-3　试述钢材的主要力学性能指标及其测试方法，解释它们的作用或意义。

2-4　影响钢材性能的主要化学成分有哪些？碳、硫、磷对钢材性能有何影响？

2-5　何谓钢材的焊接性能？影响钢材焊接性能的化学元素有哪些？

2-6　随着温度的变化，钢材的力学性能有何变化？为何钢材不耐火？

2-7　解释下列名词：①低温冷脆；②时效硬化；③冷作硬化；④应变时效硬化；⑤转变温度；⑥低周疲劳；⑦高周疲劳；⑧线性累积损伤准则。

2-8 引起钢材脆性破坏的主要因素有哪些？设计中应如何防止脆性破坏的发生？

2-9 什么是疲劳断裂？它的特点如何？简述其破坏过程。

2-10 为何影响焊接结构疲劳强度的主要因素是应力幅，而不是应力比？

2-11 等效应力幅 $\Delta\sigma_e$ 是根据什么原理求得的？

2-12 钢材的力学性能为何要按厚度分类？在选用钢材时，应如何考虑板厚的影响？

2-13 简述建筑钢结构对钢材的要求和指标。在选用钢材时应注意哪些问题？

第3章 钢结构的连接

钢结构的连接是钢结构的重要组成部分，钢结构的制作与安装工作量大部分都在连接上。连接设计是否合理可靠关系到结构的使用性能、施工难易和造价等各个方面。本章介绍钢结构的连接方法——焊接连接，普通螺栓连接和高强螺栓连接，要求掌握这些基本连接方法的计算和构造要求，了解焊接残余应力和焊接残余变形对钢结构性能的影响。

3.1 钢结构的连接简介

钢结构是由钢板、型钢等通过连接制成基本构件（如梁、柱、桁架等），再运到工地安装连接成整体结构，如厂房、桥梁等。因此在钢结构中，连接占有很重要的地位，设计任何钢结构都会遇到连接问题。

钢结构常用的连接方法有焊接连接、铆钉连接和螺栓连接（图3-1）。

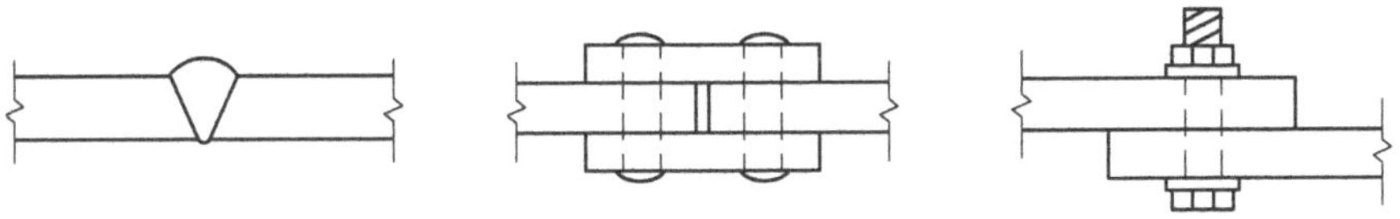

a)　　b)　　c)

图3-1　钢结构的连接方式

a）焊接连接　b）铆钉连接　c）螺栓连接

焊缝连接是现代钢结构最主要的连接方式，任何形状的结构都可用焊缝连接。其优点是构造简单，加工方便，节省钢材。焊缝连接一般不需拼接材料，省钢省工，而且能实现自动化操作，生产效率较高。目前土木工程中焊接结构占绝对优势。但是焊缝质量易受材料、操作的影响，对钢材性能要求较高，且焊接残余应力和残余变形对结构有不利影响。

铆钉连接需要先在构件上开孔，用加热的铆钉进行铆合，有时也可用常温的铆钉进行铆合，但需要较大的铆合力。铆钉连接的优点是传力可靠，韧性和塑性较好，质量易于检查，适用于经常承受动荷载作用、荷载较大和跨度较大的结构。但是由于铆钉连接费钢费工，现在已很少采用。

螺栓连接有普通螺栓连接和高强度螺栓连接之分。普通螺栓连接的优点是施工简单，拆装便利，不需要特殊设备；缺点是用钢量多。普通螺栓连接适用于安装连接和需经常拆卸的结构。

高强度螺栓用强度较高的钢材制作，安装时通过特制的扳手，以较大扭矩上紧螺母，使螺杆产生很大的预拉力。高强度螺栓的预拉力把被连接的部件夹紧，使部件的接触面间产生很大的摩擦力。当考虑外力通过摩擦力来传递时，称为高强度螺栓摩擦型连接。高强度螺栓摩擦型连接的优点是加工方便，对构件的削弱较小，可拆换，能承受动荷载，耐疲劳，韧性和塑性好，包含了普通螺栓和铆钉的优点，目前已成为代替铆钉连接的优良连接。此外，高强度螺栓也可依靠螺杆抗剪和螺孔之间的承压来传力。这种连接称为高强度螺栓承压型连接。

除上述常用连接方式外，在薄壁钢结构中还经常采用射钉、自攻螺钉和焊钉（栓钉）等连接方式。射钉和自攻螺钉主要用于薄板之间的连接，如压型钢板与梁连接，具有安装操作方便的特点。焊钉用于混凝土与钢板连接，使两种材料能共同工作。

3.2 焊接方法和焊缝连接形式

3.2.1 焊接方法

钢结构中一般采用的焊接方法有电弧焊、电阻焊和气体保护焊。

1. 电弧焊

电弧焊是利用通电后焊条和焊件之间产生的强大电弧提供热源，熔化焊条，滴落在焊件被电弧吹成凹槽的熔池中，并与焊件熔化部分结合形成焊缝，将两焊件连接成一整体。电弧焊的焊缝质量比较可靠，是最常用的一种焊接方法。

电弧焊分为手工电弧焊（图3-2）和自动或半自动埋弧焊（图3-3）。

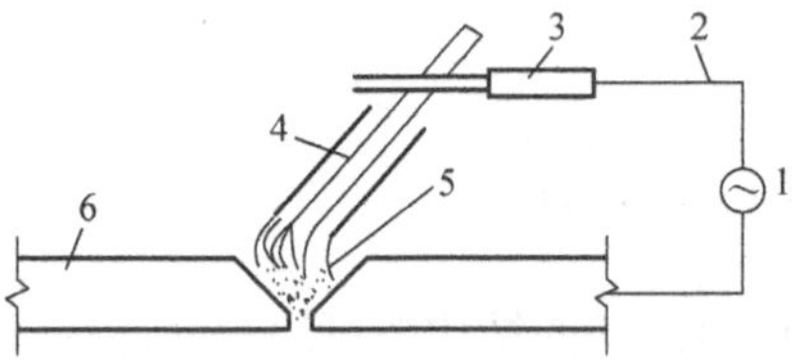

图3-2 手工电弧焊

1—电源 2—导线 3—夹具

4—焊条 5—电弧 6—焊件

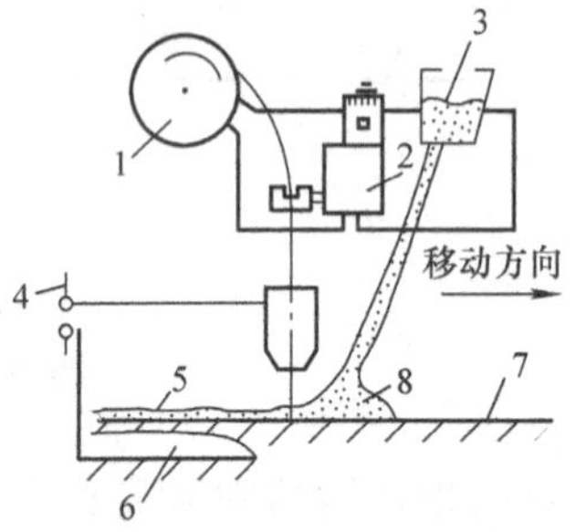

图3-3 自动埋弧焊

1—转盘 2—电动机 3—漏斗夹具

4—电源焊丝 5—熔化的焊剂电弧

6—焊缝金属 7—焊件 8—焊剂

手工电弧焊是通电后在涂有焊药的焊条与焊件之间产生电弧，熔化焊条而形成焊缝。焊药则随焊条熔化而形成熔渣覆盖在焊缝上，同时产生一种气体，隔离空气与熔化的液体金属，使它不与外界空气接触，保护焊缝不受空气中有害气体影响。手工电弧焊焊条应与焊件的金属强度相适应。对Q235钢焊件宜用E43型系列焊条；对Q345钢焊件宜用E50型系列焊条；对Q390钢焊件宜用E55型系列焊条。当不同钢种的钢材连接时，宜用与低强度钢材相适应的焊条。

自动或半自动埋弧焊采用没有涂层的焊丝，插入从漏斗中流出的覆盖在被焊金属上面的焊剂中，通电后由于电弧作用熔化焊丝和焊剂，熔化后的焊剂浮在熔化金属表面保护熔化金属，使之不与外界空气接触，有时焊剂还可提供焊缝必要的合金元素，以此改善焊缝质量。焊接进行时，焊接设备或焊体自行移动，焊剂不断由漏斗漏下，电弧完全被埋在焊剂之内。同时，绕在转盘上的焊丝也不断自动熔化和下降进行焊接。对 Q235 钢焊件，可采用 H08、H08A、H08MnA 等焊丝，对 Q345 钢焊件可采用 H08A、H08MnA 和 H10Mn2 焊丝；对 Q390 钢焊件可采用 H08MnA、H10Mn2 和 H08MnMoA 焊丝。自动焊的焊缝质量均匀，塑性好，冲击韧性高，抗腐蚀性强。半自动焊除人工操作前进外，其余与自动焊相同。

2. 电阻焊

电阻焊利用电流通过焊件接触点表面产生的热量来熔化金属，再通过压力使其焊合。冷弯薄壁型钢的焊接常采用电阻焊（图 3-4）。电阻焊适用于板叠加厚度不超过 12mm 的焊接。

3. 气体保护焊

气体保护焊是利用惰性气体或 CO_2 气体作为保护介质，在电弧周围形成保护层，使被熔化的金属不与空气接触，电弧加热集中，熔化深度大，焊接速度快，焊缝强度高，塑性好。CO_2 气体保护焊采用高锰、高硅型焊丝，具有较强的抗锈蚀能力，焊缝不易产生气孔，适用于低碳钢、低合金高强度钢的焊接。

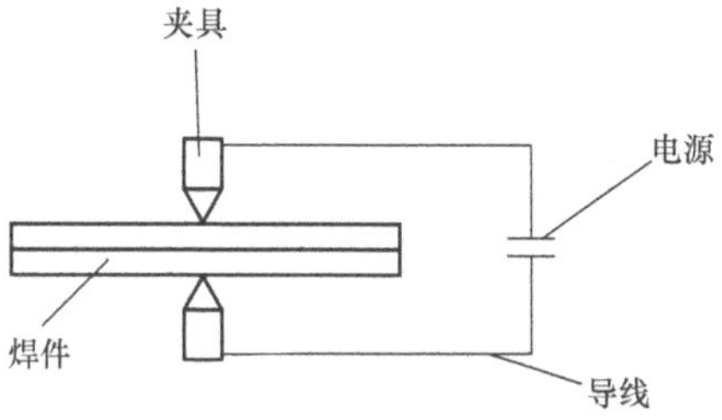

图 3-4　电阻焊

3.2.2　焊缝连接形式

焊缝连接形式可按构件相对位置、构造和施焊位置来划分。

1. 按被连接构件的相对位置分

焊件的连接形式按被连接构件的相对位置可分为平接、搭接、T 形连接和角接 4 种类型（图 3-5）。

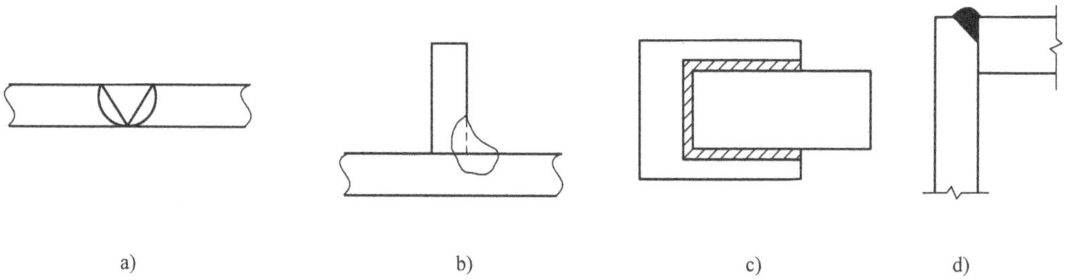

图 3-5　焊缝连接形式

a）平接　b）T 形连接　c）搭接　d）角接

2. 按焊缝本身构造分

焊接连接形式按构造可分为对接焊缝和角焊缝两种形式。对接焊缝位于被连接板件或其中一个板件的平面内；角焊缝位于两个被连接板件的边缘位置。

对接焊缝按作用力的方向与焊缝长度的相对位置可分为对接正焊缝和对接斜焊缝（图

3-6）。

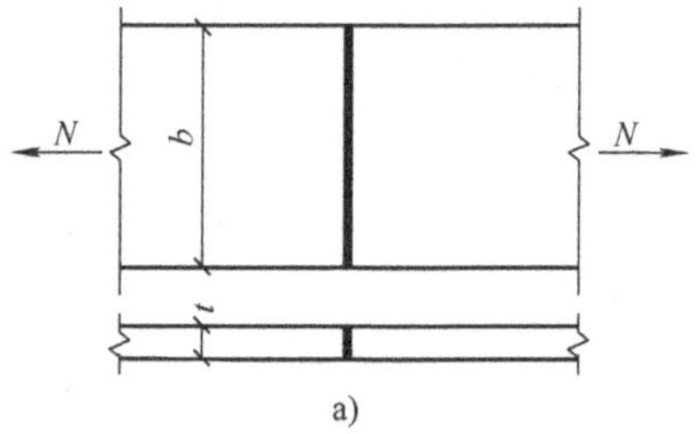

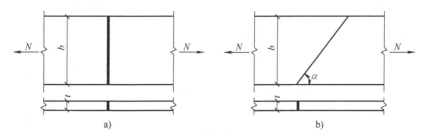

图 3-6 对接正焊缝与对接斜焊缝示意图

a）对接正焊缝 b）对接斜焊缝

角焊缝分为侧面角焊缝和正面角焊缝（图 3-7）。焊缝长度垂直于力作用方向的焊缝称为正面角焊缝，平行于力作用方向的焊缝称为侧面角焊缝。角焊缝按沿长度方向的布置不同分为连续角焊缝和断续角焊缝两种形式（图 3-8）。连续角焊缝受力情况较好，断续角焊缝容易引起应力集中现象，重要结构应避免采用，但可用于一些次要的构件或次要的焊接连接中。断续角焊缝焊段长度不得小于 $10h_f$（h_f 为焊脚尺寸）或 50mm，且其间断距离 L 不宜太长，一般在受压构件中不应大于 $15t$，在受拉构件中不应大于 $30t$，t 为较薄焊件的厚度。

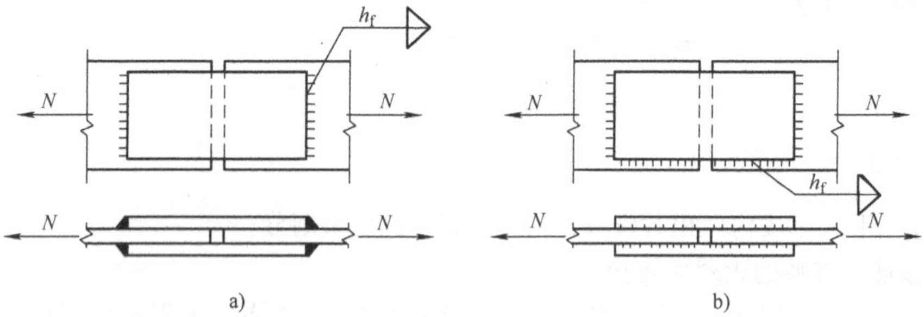

图 3-7 侧面角焊缝和正面角焊缝示意图

a）正面角焊缝 b）侧面角焊缝

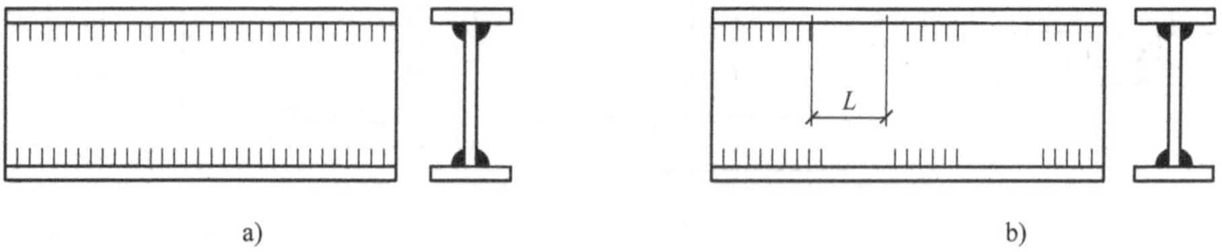

图 3-8 连续角焊缝和断续角焊缝示意图

a）连续角焊缝 b）断续角焊缝

3. 按施焊位置分

按施焊时焊缝在焊件之间的相对空间位置分为俯焊（平焊）、立焊、横焊和仰焊等（图 3-9）。俯焊的焊接工作最方便，质量也最好，应尽量采用。立焊和横焊的质量及生产效率比俯焊差一些。仰焊的操作条件最差，焊缝质量不易保证，因此应尽量避免采用。

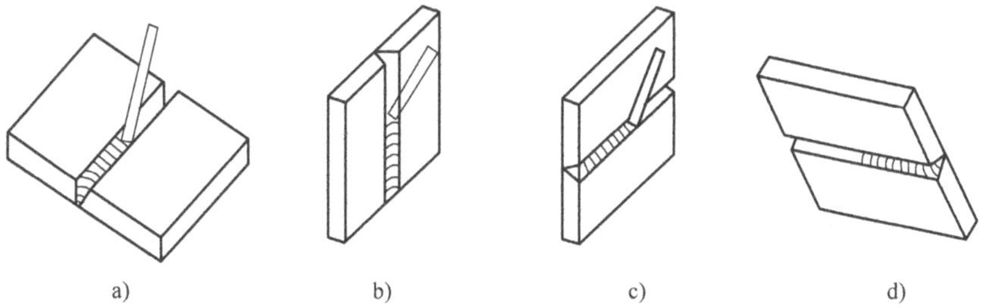

图 3-9 焊缝的施焊位置

a）俯焊 b）立焊 c）横焊 d）仰焊

3.2.3 焊缝连接的优缺点

焊缝连接与铆钉、螺栓连接比较有下列优点：

1）不需要在钢材上打孔钻眼，既省工省时，又不会使材料的截面积减小，材料可得到充分利用。

2）任何形状的构件都可直接连接，一般不需要辅助零件，使连接构造简单，传力路线短，适应面广。

3）气密性和水密性都较好，结构刚性也较大，结构的整体性较好。

焊缝连接的缺点：

1）由于高温作用在焊缝附近形成热影响区，钢材的金相组织和机械性能发生变化，材质变脆。

2）焊接的残余应力会使结构发生脆性破坏和降低压杆稳定的临界荷载，同时残余变形还会使构件尺寸和形状发生变化。

3）焊接结构具有连续性，局部裂缝一经发生便容易扩展到整体。

由于以上原因，焊接结构的低温冷脆问题就比较突出。设计焊接结构时，应考虑焊缝连接的上述特点，要扬长避短。遇到重要的焊接结构，结构设计与焊接工艺要密切配合，选择一个完美的设计和施工方案。

3.2.4 焊缝的缺陷及焊缝质量检验

1. 焊缝缺陷

焊缝在焊接过程中会在焊缝金属或附近热影响区钢材表面或内部产生缺陷。常见的缺陷有裂纹、焊瘤、烧穿、弧坑、气孔、夹渣、咬边、未熔合、未焊透等（图 3-10）；另外还存在焊缝外形尺寸不符合要求、焊缝成型不良等缺陷。其中，裂纹是焊缝连接中最危险的缺陷，产生裂纹的原因很多，如钢材化学成分不当、焊接工艺选择不当等。

2. 焊缝质量检查

焊缝缺陷将削弱焊缝的受力面积，而且缺陷处形成应力集中，成为连接破坏的根源，对结构不利。因此焊缝质量检验极为重要。GB 50205—2001《钢结构工程施工质量验收规范》规定，焊缝质量检查标准分为三级。三级只要求焊缝通过外观检查，即检查焊缝实际尺寸是否符合设计要求，有无看得见的缺陷。对于重要结构或要求焊缝与被焊金属等强的对接焊

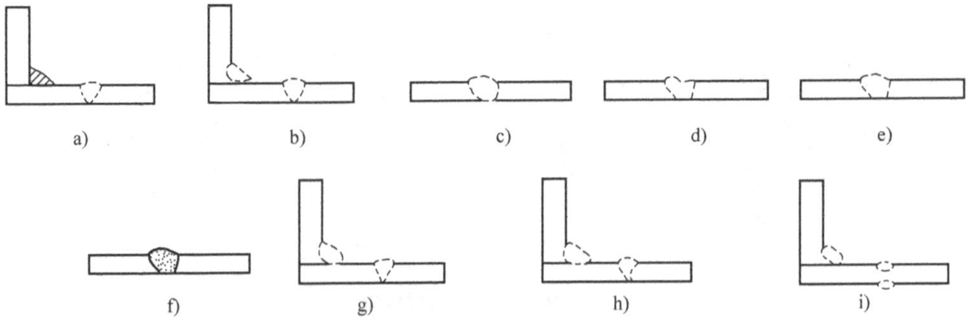

图 3-10 焊缝缺陷

a) 裂纹 b) 焊瘤 c) 烧穿 d) 弧坑 e) 气孔 f) 夹渣 g) 咬边 h) 未熔合 i) 未焊透

缝，则必须进行一级或二级质量检验，即在外观检验的基础上再做无损检验。二级为要求超声波检验每条焊缝 20% 的长度，一级要求用超声波检验每条焊缝的全部长度。

3.2.5 焊缝符号

焊缝符号由引出线、图形符号和辅助符号三部分组成。引出线由横线和带箭头的斜线组成。箭头指到图形当中的相应焊缝处，横线的上下用来标注图形符号和焊缝尺寸。当引出线的箭头指向焊缝所在位置一侧时，将图形符号和焊缝尺寸标注在横线的上面；反之，则将图形符号和焊缝尺寸标注在水平横线的下面。必要时，可以在水平横线的末端加一尾部作为标注其他说明的地方。图形符号表示焊缝的基本形式，如用⊿表示角焊缝，V 表示 V 形坡口的对接焊缝。辅助符号表示焊缝的辅助要求，如三角旗表示现场安装焊缝等。图 3-11 列举了一些常用焊缝的表示方法，可供参考。

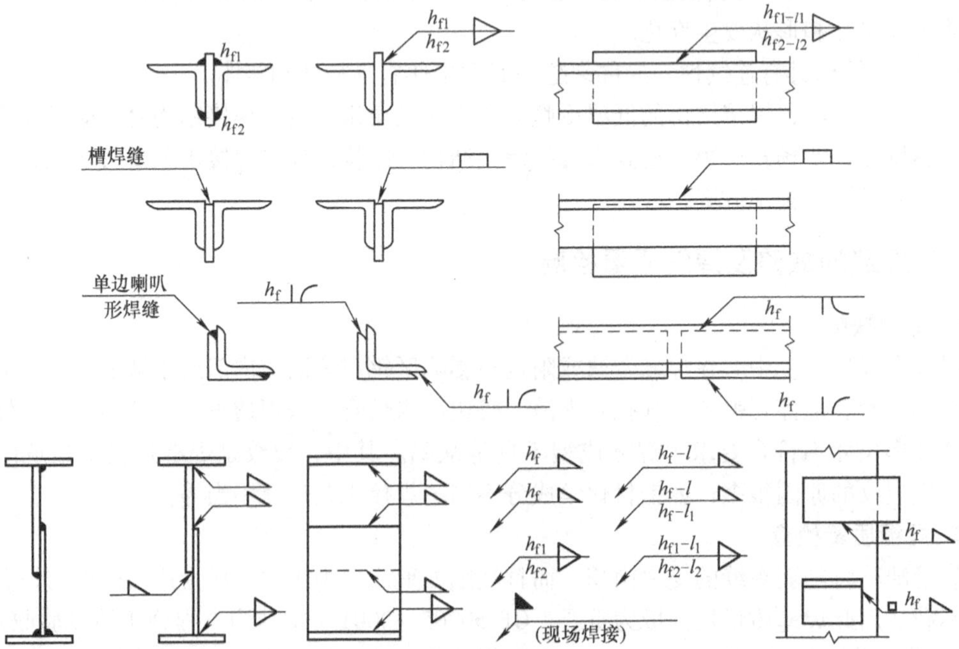

图 3-11 焊缝符号

当焊缝分布比较复杂或用上述标注方法无法表达清楚时，可在图形上加栅线表示（图 3-12）。

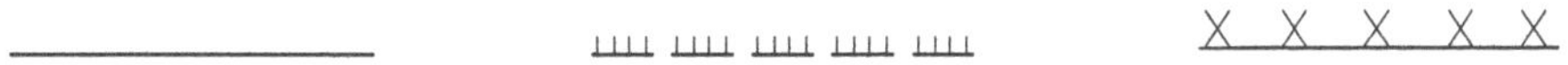

a) b) c)

图 3-12 栅线表示

a）正面焊缝 b）背面焊缝 c）安装焊缝

3.3 角焊缝的构造和计算

3.3.1 角焊缝的形式和构造

角焊缝按焊缝焊脚边之间的夹角 α 不同可分为直角角焊缝（$\alpha=90°$）和斜角角焊缝（$\alpha\neq90°$）两类。在钢结构中，最常用的是直角角焊缝，斜角角焊缝主要用于钢管结构或杆件倾斜相交，其间不用节点板而直接焊接时。直角角焊缝的截面形式有等边直角焊缝、不等边直角焊缝、等边凹形直角焊缝等（图 3-13）。一般情况下采用普通焊缝，由于这种焊缝传力线曲折，有一定的应力集中现象。因此在直接承受动荷载的连接中，为改善受力性能，可采用直线形或凹形焊缝。

角焊缝的焊脚尺寸是指焊缝根角至焊缝外边的尺寸 h_f（图 3-13）。普通焊缝最小截面在 45°方向，不计凸出部分余高的 h_e 称为焊缝截面的计算厚度。当两焊件之间距离 $b\leqslant1.5$mm 时，$h_e=0.7h_f$；当 1.5mm $<b\leqslant$5mm 时，$h_e=0.7(h_f-b)$；对于不等边直角焊缝和等边凹形直角焊缝，为了计算统一，其焊脚尺寸 h_f 和有效厚度 h_e 按图 3-13b、c 采用。

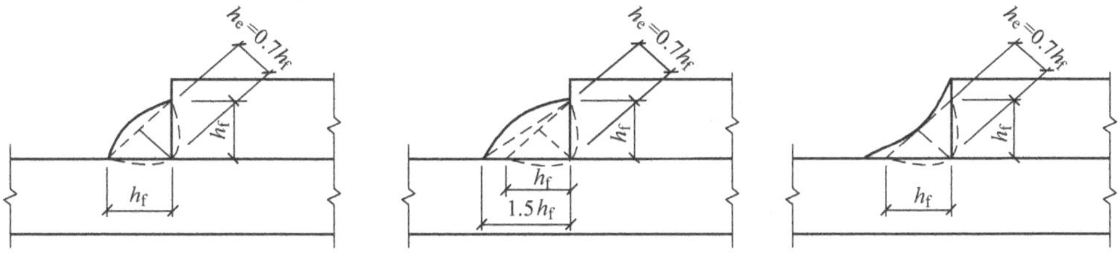

a) b) c)

图 3-13 直角角焊缝的截面形式

a）等边直角焊缝 b）不等边直角焊缝截面 c）等边凹形直角焊缝截面

两焊脚边夹角 $60°\leqslant\alpha\leqslant135°$ 的 T 形连接的斜角角焊缝（图 3-14），其计算厚度 h_e 的计算应符合下列规定：

1）当焊缝根部间隙 $b\leqslant1.5$mm 时，$h_e=h_f\cos\dfrac{\alpha}{2}$

2）当焊缝根部间隙 $b>1.5$mm，但≤5mm 时 $h_e=\left[h_f-\dfrac{b}{\sin\alpha}\right]\cos\dfrac{\alpha}{2}$

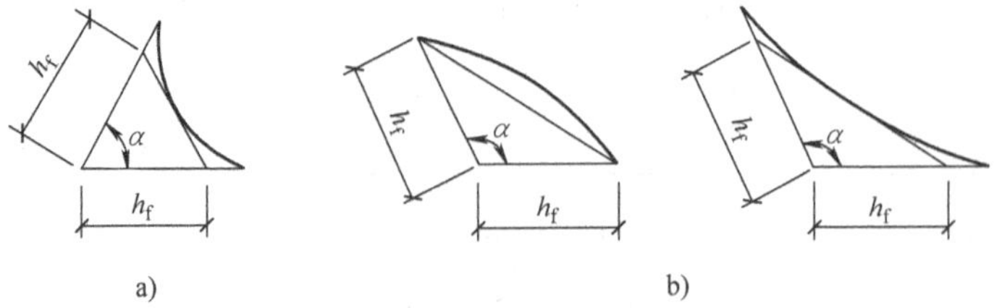

图3-14 斜角角焊缝

a）锐角角焊缝 b）钝角角焊缝

3）当30°≤α≤60°时，焊缝计算厚度 h_e 应在上述计算结果中减去相应 z 值（表3-1）。

表3-1 30°≤α<60°时焊缝计算厚度折减值 z

α	焊接方法	折减值 z/mm	
		立焊、仰焊	平焊、横焊
45°≤α<60°	焊条电弧焊	3	3
	药芯焊丝自保护焊	3	0
	药芯焊丝气体保护焊	3	0
	实心焊丝气体保护焊	3	0
30°≤α<45°	焊条电弧焊	6	6
	药芯焊丝自保护焊	6	3
	药芯焊丝气体保护焊	10	6
	实心焊丝气体保护焊	10	6

4）α<30°，必须进行焊接工艺评定确定焊缝计算厚度。

角焊缝的主要尺寸为焊脚尺寸 h_f 和焊缝计算长度 l_w。角焊缝的尺寸应符合下列规定：

1）角焊缝的最小计算长度应为其焊脚尺寸 h_f 的8倍，且不应小于40mm；焊缝计算长度应为扣除引弧、收弧长度后的焊缝长度。

2）断续角焊缝焊段的最小长度不应小于最小计算长度。

3）角焊缝最小焊脚尺寸宜按表3-2取值，承受动荷载时角焊缝焊脚尺寸不宜小于5mm。

4）被焊构件中较薄板厚度不小于25mm时，宜采用开局部坡口的角焊缝。

5）采用角焊缝焊接连接，不宜将厚板焊接到较薄板上。

为避免焊缝烧穿较薄的焊件，减小主体金属的翘曲和焊接残余应力，角焊缝的焊脚尺寸不宜太大（图3-15）。最大焊脚尺寸 h_f 不宜大于较薄焊件厚度的1.2倍（但钢管结构可酌量增加）。对板边缘的角焊缝，则应满足 $h_f=t_1(t_1\leqslant 6\text{mm})$ 或 $h_f\leqslant t_1-(1\sim2)\text{mm}(t_1>6\text{mm})$。塞焊和槽焊的 h_f：当母材厚度不大于16mm时，应与母材厚度相同；当母材厚度大于16mm时，不应小于母材厚度的一半和16mm两者中的较大者。

角焊缝的搭接焊缝连接中，当焊缝计算长度 l_w 超过 $60h_f$ 时，焊缝的承载力设计值应乘以折减系数 α_f，$\alpha_f=1.5-\dfrac{l_w}{120h_f}$，并不小于0.5。因为侧面角焊缝应力沿长度分布不均匀，两端较中间大，焊缝越长其差别也越大，太长时侧面角焊缝两端应力可先达到极限而破坏，此时焊缝中部还未充分发挥其承载力，这种应力分布不均匀，对承受动荷载的构件更加不利。因此受动荷载的侧缝长度比受静力荷载的侧缝长度限制严格。当内力沿侧面角焊缝全长均匀分布时，其计算长度不受此限。

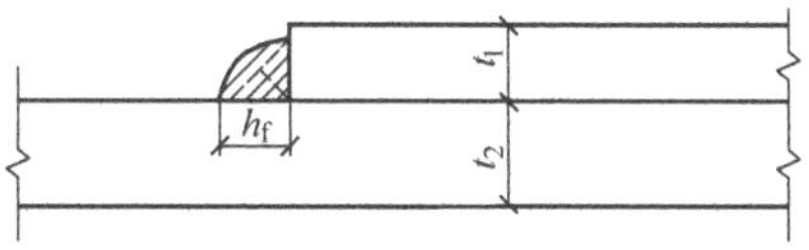

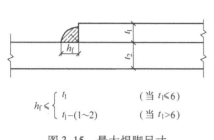

$$h_f \leqslant \begin{cases} t_1 & (当\ t_1 \leqslant 6) \\ t_1-(1\sim2) & (当\ t_1>6) \end{cases}$$

图 3-15 最大焊脚尺寸

表 3-2 角焊缝最小焊脚尺寸 （单位：mm）

母材厚度 t	角焊缝最小焊脚尺寸 h_f
$t \leqslant 6$	3
$6 < t \leqslant 12$	5
$12 < t \leqslant 20$	6
$t > 20$	8

注：1. 采用不预热的非低氢焊接方法进行焊接时，t 等于焊接连接部位中较厚件厚度，宜采用单道焊缝；采用预热的非低氢焊接方法或低氢焊接方法进行焊接时，t 等于焊接连接部位中较薄件厚度；

2. 焊缝尺寸 h_f 不要求超过焊接连接部位中较薄件厚度的情况除外。

当构件用两边侧面角焊缝连接时，每条侧缝长度不宜小于两侧缝之间的距离，同时两侧缝之间的距离不宜大于 $16t$（当 $t>12$mm）或 190mm（当 $t\leqslant 12$mm），t 为较薄焊件的厚度。

直接承受动荷载的结构中，角焊缝表面应做成直线形或凹形。焊脚尺寸的比例：正面角焊缝宜为 1∶1.5（长边顺内力方向），侧面角焊缝可为 1∶1。

杆件与节点板的连接焊缝一般采用两面侧焊（图 3-16a），也可用三面围焊（图3-16b），角钢焊件也可用 L 形围焊（图 3-16c），所有围焊的转角必须连续施焊。当角焊缝的端部在构件的转角处时，为避免起落弧缺陷发生在应力集中较大的转角处，且连续绕转角加焊一段长度，此长度为 $2h_f$。

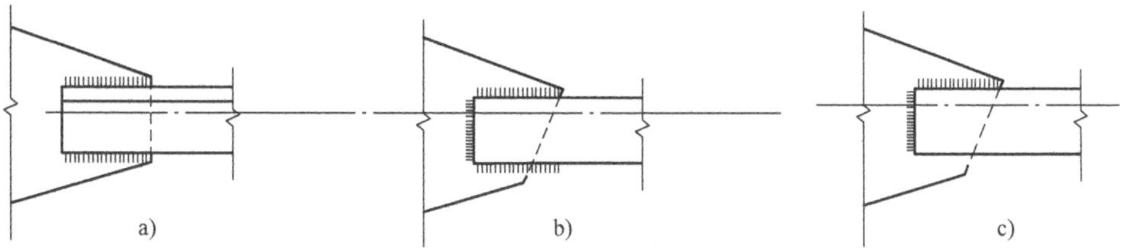

图 3-16 杆件与节点板的角焊缝连接

a）两面侧焊 b）三面围焊 c）L 形围焊

在搭接连接中，不得采用一条正面角焊缝连接，且搭接长度不得小于焊件较小厚度的 5 倍，并不应小于 25mm。

3.3.2 角焊缝的工作性能及强度

角焊缝中正面角焊缝的应力状态要比侧面角焊缝复杂得多，应力集中现象明显，塑性性能差。

1. 角焊缝的强度

角焊缝的应力分布比较复杂，正面角焊缝与侧面角焊缝工作差别较大。侧面角焊缝截面只有剪应力，应力分布沿焊缝长度不均匀，两端大而中间小（图 3-17），焊缝长度越长，越不均匀。破坏起点常在焊缝两端，破坏截面以 45°截面居多。正面角焊缝在外力作用下应力分布如图 3-18 所示，从图中看出，应力状态比侧面角焊缝复杂，各个方向均存在拉应力、压应力和剪应力作用，焊缝的根部产生应力集中，通常总是在根脚处首先出现裂缝，然后扩及整个焊缝截面导致断裂。正面角焊缝的破坏强度比侧面角焊缝的破坏强度要高一些，两者之比约为1.35~1.55。

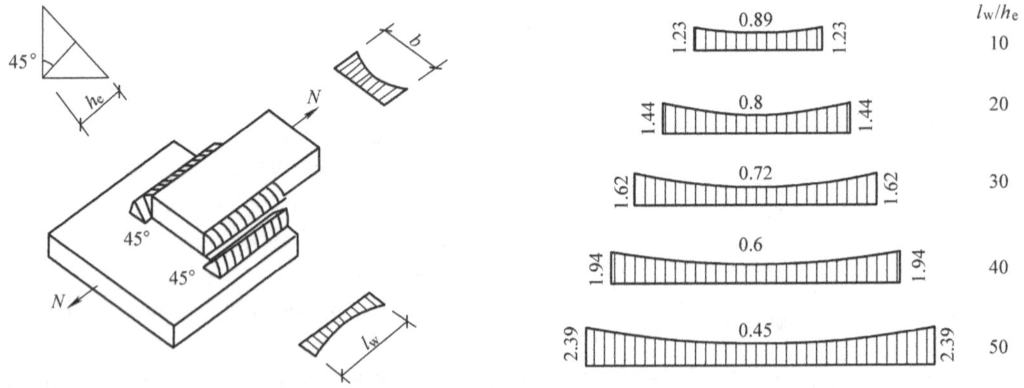

图3-17 侧面角焊缝应力分布

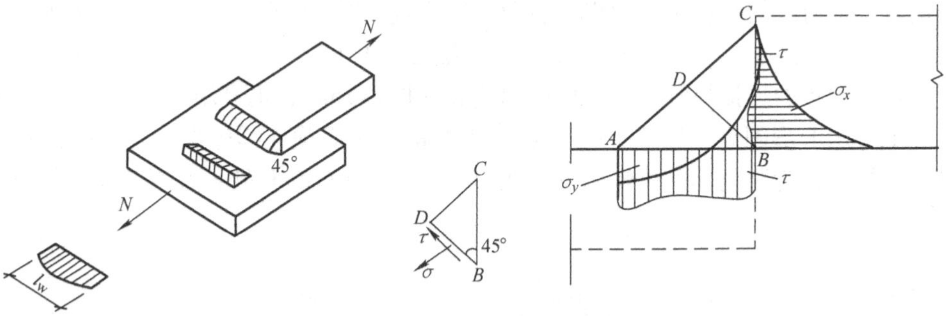

图3-18 正面角焊缝应力分布

2. 角焊缝有效截面上的应力

在外力作用下，直角角焊缝有效厚度截面上产生三个方向应力，即 $\sigma_{\perp}$、$\tau_{\perp}$、$\tau_{//}$（图3-19）。三个方向应力与焊缝强度间的关系，可用下式表示

$$\sqrt{\sigma_{\perp}^2 + 3(\tau_{\perp}^2 + \tau_{//}^2)} \leqslant \sqrt{3} f_f^w \tag{3-1}$$

式中 $\sigma_{\perp}$——垂直于角焊缝有效截面上的正应力；

$\tau_{\perp}$——有效截面上垂直于焊缝长度方向的剪应力；

$\tau_{//}$——有效截面上平行于焊缝长度方向的剪应力；

f_f^w——角焊缝的强度设计值（见附表1-2）。

3. 基本计算公式

由于式（3-1）使用不方便，可以通过下述变换得到实用的计算公式。

图3-19中，外力 N_{fx}、N_{fy} 互相垂直，且都垂直于焊缝长度方向，并通过焊缝重心，在有效截面上，沿焊缝长度产生平均应力 σ_{fx}、σ_{fy}，其值为

$$\sigma_{fx} = \frac{N_{fx}}{A_e} = \frac{N_{fx}}{h_e l_w} \tag{a}$$

$$\sigma_{fy} = \frac{N_{fy}}{A_e} = \frac{N_{fy}}{h_e l_w} \tag{b}$$

式中　h_e——焊缝的有效厚度，对直角角焊缝取 $h_e = 0.7h_f$；

l_w——焊缝计算长度。

σ_{fx}、σ_{fy}垂直于 z 轴，与角焊缝有效截面成45°，既不是正应力，也不是剪应力，对直角焊缝来说可分解为 $\sigma_\perp$ 与 $\tau_\perp$，即

$$\sigma_\perp = \frac{\sigma_{fx}}{\sqrt{2}} + \frac{\sigma_{fy}}{\sqrt{2}} \tag{c}$$

$$\tau_\perp = \frac{\sigma_{fy}}{\sqrt{2}} - \frac{\sigma_{fx}}{\sqrt{2}} \tag{d}$$

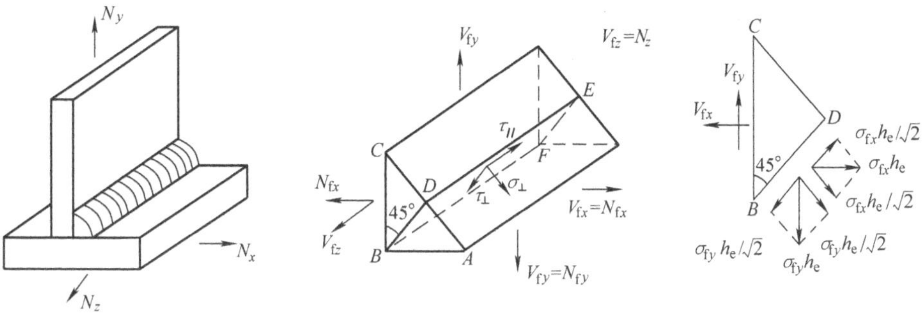

图 3-19　直角角焊缝有效截面上的应力

另外，外力 N_z平行于焊缝长度方向，且通过焊缝重心，沿焊缝长度方向产生平均剪应力 τ_{fz}，其值为

$$\tau_{fz} = \frac{N_z}{h_e l_w} \tag{e}$$

将 $\sigma_\perp$、$\tau_\perp$ 和 $\tau_{//}$ 代入式（3-1），可得 $\sqrt{\left(\frac{\sigma_{fx}}{\sqrt{2}} + \frac{\sigma_{fy}}{\sqrt{2}}\right)^2 + 3\left[\left(\frac{\sigma_{fy}}{\sqrt{2}} - \frac{\sigma_{fx}}{\sqrt{2}}\right)^2 + \tau_{fz}^2\right]} \leqslant \sqrt{3} f_f^w$，经整理后可得 $\sqrt{\frac{2}{3}(\sigma_{fx}^2 + \sigma_{fy}^2 - \sigma_{fx}\sigma_{fy}) + \tau_{fz}^2} \leqslant f_f^w$。这就是一般受力情况下直角角焊缝基本计算公式，以此为基础进行分析，可以得到以下几种特殊受力情况下的计算公式：

如果 N_{fx}（或 N_{fy}）$=0$，去掉轴脚标 x（或 y）、z，可得

$$\sqrt{\left(\frac{\sigma_f}{\beta_f}\right)^2 + \tau_f^2} \leqslant f_f^w \tag{3-2}$$

对正面角焊缝，只有垂直于焊缝长度方向的轴心力 N_x（或 N_{fy}）作用，计算公式为

$$\sigma_f = \frac{N_x}{h_e l_w} \leqslant \beta_f f_f^w \tag{3-3}$$

对侧面角焊缝，只有平行于焊缝长度方向的轴心力 N_z作用，计算公式为

$$\tau_f = \frac{N_z}{h_e l_w} \leqslant f_f^w \tag{3-4}$$

式中　β_f——正面角焊缝的强度设计值增大系数，对于承受静荷载和间接承受动荷载的结构，$\beta_f = 1.22$，对直接承受动荷载的结构，正面角焊缝的刚度大，韧性差，应力集中现象较严重，应取 $\beta_f = 1.0$；

σ_f——按焊缝有效截面计算，垂直于焊缝长度方向的应力；

τ_f——按焊缝有效截面计算，沿焊缝长度方向的剪应力。

3.3.3 角焊缝的计算

1. 轴心力（拉力、压力和剪力）**作用下角焊缝的计算**

通过焊缝重心作用一轴向力 N，焊缝的应力可认为是均匀分布的。图 3-20 所示为采用侧面角焊缝用拼接盖板的对接连接，按式（3-4）计算侧面角焊缝的强度；当采用正面角焊缝连接时，按式（3-3）计算焊缝强度。当采用三面围焊时，对矩形拼接板可先按式（3-3）计算正面角焊缝所能承担的内力 N'，再由 $N-N'$按式（3-4）计算侧面角焊缝。

为了使传力比较平顺并减小拼接盖板四角处的应力集中，可将拼接盖板做成菱形（图 3-21）。

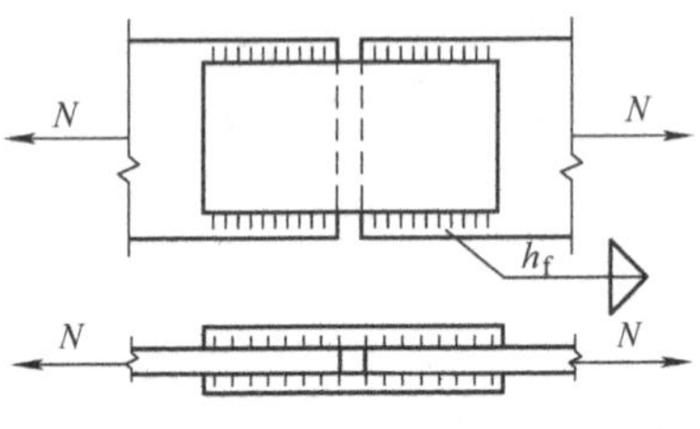

图 3-20 轴心力作用下的角焊缝

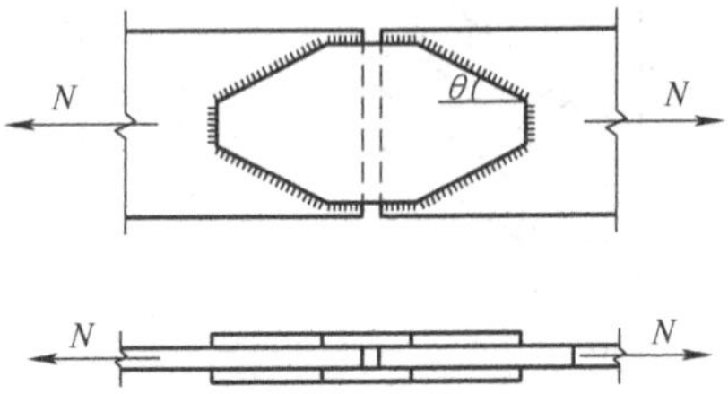

图 3-21 菱形盖板连接

2. 轴心力作用下，角钢与节点板连接的角焊缝计算

角钢用侧缝连接时（图 3-22a），由于角钢截面形心到肢背和肢尖的距离不相等，靠近形心的肢背焊缝承受较大的内力。设 N_1 和 N_2 分别为角钢肢背与肢尖焊缝承担的内力，由平衡条件可知

$$\begin{cases} N_1 + N_2 = N \\ N_1 e_1 = N_2 e_2 \end{cases}$$

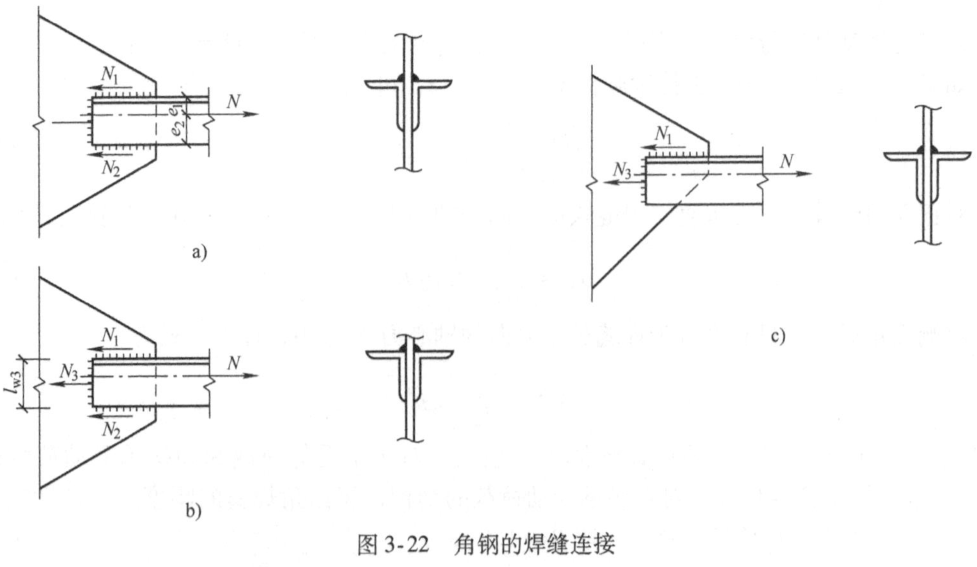

图 3-22 角钢的焊缝连接

解上式得肢背和肢尖受力为

$$N_1 = \frac{e_2}{e_1 + e_2}N = k_1 N \tag{3-5}$$

$$N_2 = \frac{e_1}{e_1 + e_2}N = k_2 N \tag{3-6}$$

式中　N——角钢承受的轴心力设计值；

k_1、k_2——角钢角焊缝的内力分配系数，按表3-3采用。

表3-3　角钢角焊缝的内力分配系数

角钢类型	连接形式	内力分配系数	
		肢背 k_1	肢尖 k_2
等肢角钢	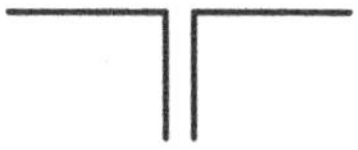	0.70	0.30
不等肢角钢短肢连接		0.75	0.25
不等肢角钢长肢连接		0.65	0.35

在 N_1、N_2作用下，侧焊缝的直角角焊缝计算公式为

$$\frac{N_1}{0.7h_{f1}\sum l_{w1}} \leqslant f_f^w \tag{3-7}$$

$$\frac{N_2}{0.7h_{f2}\sum l_{w2}} \leqslant f_f^w \tag{3-8}$$

式中　h_{f1}、h_{f2}——肢背、肢尖的焊脚尺寸；

$\sum l_{w1}$、$\sum l_{w2}$——肢背、肢尖的焊缝计算长度之和。

当角钢采用三面围焊时（图3-22b），计算时先选定正面角焊缝的焊脚尺寸 h_{f3}，并算出它所能承受的内力，即

$$N_3 = 0.7h_{f3}\sum l_{w3}\beta_f f_f^w \tag{3-9}$$

式中　h_{f3}——正面角焊缝的焊脚尺寸；

$\sum l_{w3}$——正面角焊缝的焊缝计算长度，$l_{w3} = b$（b 为角钢的肢宽）。

通过平衡关系得肢背和肢尖侧焊缝受力为

$$N_1 = k_1 N - N_3/2 \tag{3-10}$$

$$N_2 = k_2 N - N_3/2 \tag{3-11}$$

在 N_1和 N_2作用下，侧焊缝的计算公式与式（3-7）、式（3-8）相同。

当采用L形围焊时（图3-22c），$N_2 = 0$，用式（3-9）求得 N_3后，可得

$$N_1 = N - N_3$$

代入式（3-7）进行计算。

【例 3-1】 计算图 3-23 所示用拼接板的对接连接。被连接板截面为一 14 × 350，拼接盖板宽度 $b = 300\text{mm}$，厚度 $t_2 = 10\text{mm}$。承受轴心力设计值 $N = 930\text{kN}$（静荷载），钢材为 Q235，采用 E43 系列焊条，手工焊，采用三面围焊。试设计此连接。

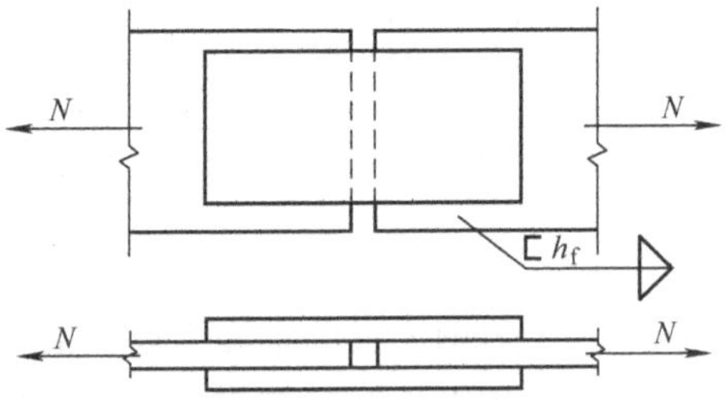

图 3-23 例 3-1 图

【解】 根据钢板和拼接盖板的厚度，角焊缝的焊脚尺寸可由下列规定确定

$$h_{\text{fmax}} = [t_2 - (1 \sim 2)]\text{mm} = [8 - (1 \sim 2)]\text{mm} = 7\text{mm} \text{ 或 } 6\text{mm}$$

$$h_{\text{fmin}} = 6\text{mm}$$

取 $h_f = 6\text{mm}$。

由附表 1-2 查得，$f_f^w = 160\text{N/mm}^2$。

采用三面围焊，正面角焊缝的长度为拼接盖板的宽度，即 $\sum l'_w = 2 \times 300\text{mm} = 600\text{mm}$，所承受的内力 N' 为

$$N' = \beta_f h_e \sum l'_w f_f^w = (1.22 \times 0.7 \times 6 \times 600 \times 160)\text{N} = 491904\text{N}$$

所需侧焊缝的总计算长度为

$$\sum l_w = \frac{N - N'}{h_e f_f^w} = \frac{930000 - 491904}{0.7 \times 8 \times 160}\text{mm} = 652\text{mm}$$

一条焊缝的实际长度

$$l = \frac{\sum l_w}{4} + h_f = \left(\frac{652}{4} + 6\right)\text{mm} = 169\text{mm}, \text{取 } 170\text{mm}$$

拼接盖板的长度为

$$L = (2l + 10)\text{mm} = (2 \times 170 + 10)\text{mm} = 350\text{mm}$$

【例 3-2】 计算如图 3-24 所示三面围焊的角钢连接，角钢为 2∟140 ×90 ×10，连接板厚度 $t = 12\text{mm}$，承受静荷载设计值 $N = 1000\text{kN}$。钢材为 Q235B，焊条 E43 型，手工焊。焊脚尺寸为 $h_f = 8\text{mm}$，焊缝强度设计值 $f_f^w = 160\text{N/mm}^2$。求角钢所需焊缝长度。

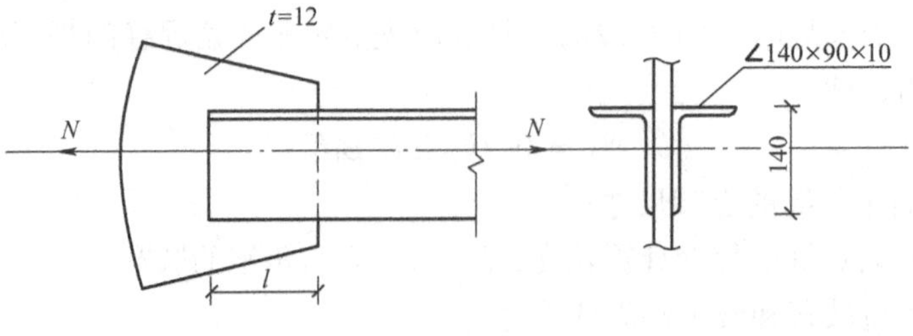

图 3-24 例 3-2 图

【解】 首先计算正面角焊缝所能承受的力

$$N_3 = 0.7 h_{f3} \sum l_{w3} \beta_f f_f^w = (1.22 \times 0.7 \times 8 \times 2 \times 140 \times 160)\text{N} = 306100\text{N}$$

肢背和肢尖侧焊缝受力

$$N_1 = k_1 N - \frac{1}{2}N_3 = \left(0.65 \times 1000 \times 10^3 - \frac{1}{2} \times 306100\right)\text{N} = 497\text{kN}$$

$$N_2 = k_2 N - \frac{1}{2}N_3 = \left(0.35 \times 1000 \times 10^3 - \frac{1}{2} \times 306100\right)\text{N} = 197\text{kN}$$

肢背和肢尖所需焊缝长度

$$l_{w1} = \frac{N_1}{2 \times 0.7 h_f f_f^w} = \frac{497 \times 10^3}{2 \times 0.7 \times 8 \times 160}\text{mm} = 277\text{mm}$$

$$l_{w2} = \frac{N_2}{2 \times 0.7 h_f f_f^w} = \frac{197 \times 10^3}{2 \times 0.7 \times 8 \times 160}\text{mm} = 110\text{mm}$$

侧焊缝的实际长度为

$$l_1 = (l_{w1} + 8)\text{mm} = (277 + 8)\text{mm} = 285\text{mm}, \text{取} 290\text{mm}$$

$$l_2 = (l_{w2} + 8)\text{mm} = (110 + 8)\text{mm} = 118\text{mm}, \text{取} 120\text{mm}$$

3. 在弯矩、轴力和剪力共同作用下角焊缝计算

梁或柱的牛腿通常通过其端部的角焊缝连接于支承构件上，同时承受轴力 N、剪力 V 和弯矩 M，如图 3-25 所示。计算角焊缝时，可先分别计算角焊缝在 N、V、M 作用下所产生的应力，并判断该应力对焊缝产生正面角焊缝受力（垂直于焊缝长度方向），还是侧面角焊缝受力（平行于焊缝长度方向）。正面角焊缝受力用 σ_f 表示，侧面角焊缝受力用 τ_f 表示。

在轴力 N 作用下，在焊缝有效截面上产生垂直于焊缝长度方向的均匀应力，属于正面角焊缝受力性质，则

$$\sigma_A^N = \frac{N}{A_f} = \frac{N}{h_e \sum l_w} \tag{3-12}$$

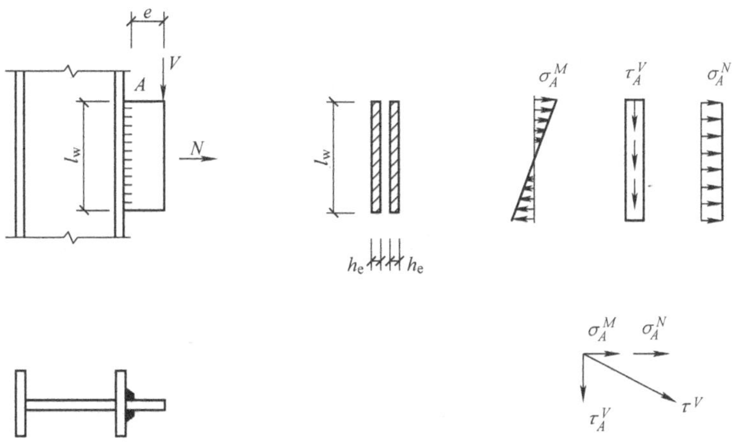

图 3-25 受弯矩、剪力、轴力作用的角焊缝

在剪力 V 作用下，产生平行于焊缝长度方向的应力，属于侧面角焊缝受力性质，在受剪截面上应力分布是均匀的，得

$$\tau_A^V = \frac{V}{A_f} = \frac{V}{h_e \sum l_w} \tag{3-13}$$

角焊缝连接在弯矩 M 的作用下，角焊缝有效截面上产生垂直于焊缝长度方向的应力，应力呈三角形分布，角焊缝受力为正面角焊缝性质，其应力的最大值为

$$\sigma_A^M = \frac{M}{W_f} \tag{3-14}$$

从图3-25可见，焊缝上端 A 处最危险，分别求得该点轴力作用下的应力 σ_A^N、剪力 V 作用下的应力 τ_A^V、弯矩 M 作用下的应力 σ_A^M 后，对应力进行组合，代入式（3-2）进行验算，即应满足

$$\sqrt{\left(\frac{\sigma_A^N + \sigma_A^M}{\beta_f}\right)^2 + (\tau_A^V)^2} \leqslant f_f^w \tag{3-15}$$

当只有轴力 N 和剪力 V 作用时，则

$$\sqrt{\left(\frac{\sigma_A^N}{\beta_f}\right)^2 + (\tau_A^V)^2} \leqslant f_f^w \tag{3-16}$$

当只有轴力 N 和弯矩 M 作用时，则

$$\sigma_A^N + \sigma_A^M \leqslant \beta_f f_f^w \tag{3-17}$$

当只有剪力 V 和弯矩 M 共同作用时，则

$$\sqrt{\left(\frac{\sigma_A^M}{\beta_f}\right)^2 + (\tau_A^V)^2} \leqslant f_f^w \tag{3-18}$$

当只有弯矩 M 作用时，则

$$\sigma_A^M \leqslant \beta_f f_f^w \tag{3-19}$$

设计时，一般已知角焊缝的实际长度，可按构造要求先假定焊脚尺寸 h_f，算出各应力分量后，代入式（3-2）验算焊缝危险点的强度。如不满足，则可调整 h_f，直到使计算结果符合要求为止。

4. 在扭矩、剪力和轴力共同作用下角焊缝计算

图3-26所示的搭接连接中，力 N 通过围焊缝的形心 O 点，而力 V 距 O 点的距离为 $(e+a)$。将力 V 向围焊缝的形心 O 点处简化，可得到剪力 V 和扭矩 $T=V(e+a)$。计算角焊缝在扭矩 T 作用下产生的应力时，采用如下假定：①被连接构件是绝对刚性的，而角焊缝是弹性的；②被连接构件绕角焊缝有效截面形心 O 旋转，角焊缝上任意一点的应力方向垂直该点与形心的连线，且应力大小与其距离 r 的大小成正比。

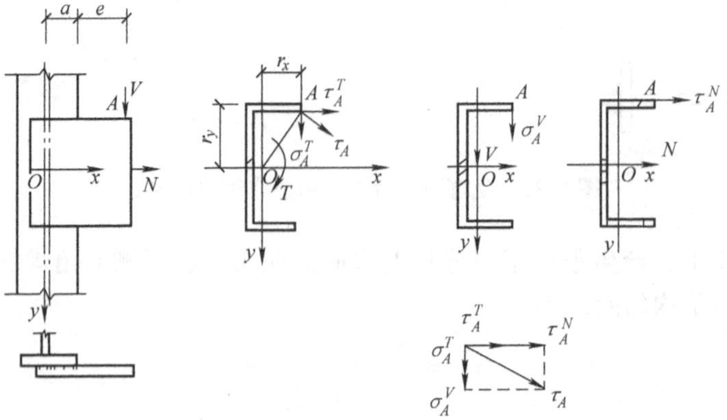

图3-26 受扭、受剪、受轴心力作用的角焊缝应力

图中在扭矩作用下 A 点由扭矩引起的剪应力最大。扭矩 T 在 A 点引起的应力为

$$\tau_A = \frac{Tr}{J} \tag{3-20}$$

式中 J——角焊缝有效截面的极惯性矩，$J = I_x + I_y$。

上式得出的应力与焊缝的长度方向成斜角，将其沿 x 轴和 y 轴分解得

$$\tau_A^T = Tr_y/J \quad \text{（侧面角焊缝受力性质）}$$

$$\sigma_A^T = Tr_x/J \quad \text{（正面角焊缝受力性质）}$$

由剪力 V 引起的应力均匀分布，A 点处应力垂直于焊缝长度方向，属于正面角焊缝受力性质，可按式（3-12）计算出 σ_A^V。由轴力 N 引起的应力在 A 点处平行于焊缝长度方向，属侧面角焊缝受力性质，可按式（3-13）计算出 τ_A^N。然后按下式进行验算

$$\sqrt{\left(\frac{\sigma_A^T + \sigma_A^V}{\beta_f}\right)^2 + (\tau_A^T + \tau_A^N)^2} \leqslant f_f^w \tag{3-21}$$

【例 3-3】 图 3-27 所示为板与柱翼缘用直角角焊缝连接，钢材采用 Q235，焊条为 E43 系列焊条，手工焊，焊脚尺寸 $h_f = 10\text{mm}$，$f_f^w = 160\text{N/mm}^2$，受静荷载作用，$F = 250\text{kN}$，$P = 150\text{kN}$。试验算此焊缝是否安全？

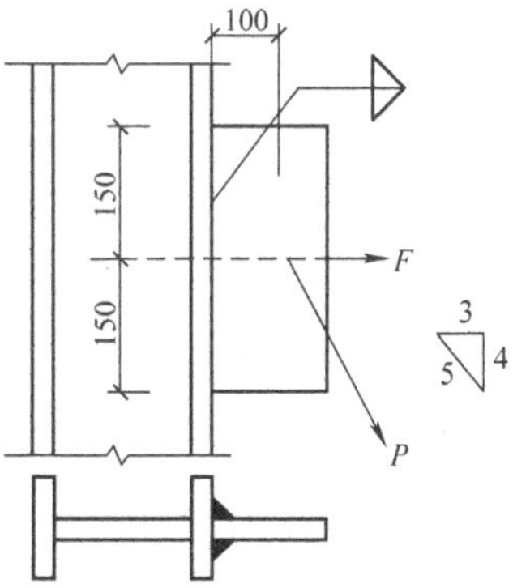

图 3-27 例 3-3 图

【解】 一条焊缝的计算长度 $l_w = (300 - 20)\text{mm} = 280\text{mm} \geqslant 8h_f = 80\text{mm}$，$l_w \leqslant 60h_f = 600\text{mm}$，符合构造要求。

将力 F、P 向焊缝形心简化得

$$V = \frac{4}{5}P = \frac{4}{5} \times 150\text{kN} = 120\text{kN}$$

$$N = F + \frac{3}{5}P = \left(250 + \frac{3}{5} \times 150\right)\text{kN} = 340\text{kN}$$

$$M = \frac{4}{5}Pe = \left(\frac{4}{5} \times 150 \times 100\right)\text{kN} \cdot \text{mm} = 12 \times 10^3 \text{kN} \cdot \text{mm}$$

$$\sigma_f^M = \frac{6M}{h_e \sum l_w^2} = \frac{6 \times 12 \times 10 \times 10^3}{0.7 \times 10 \times 2 \times 280^2}\text{N/mm}^2 = 65.6\text{N/mm}^2$$

$$\sigma_f^N = \frac{N}{h_e \sum l_w} = \frac{340 \times 10^3}{0.7 \times 10 \times 2 \times 280}\text{N/mm}^2 = 86.7\text{N/mm}^2$$

$$\tau_f^V = \frac{V}{h_e \sum l_w} = \frac{120 \times 10^3}{0.7 \times 10 \times 2 \times 280}\text{N/mm}^2 = 30.6\text{N/mm}^2$$

$$\sqrt{\left(\frac{\sigma_f^M + \sigma_f^N}{\beta_f}\right)^2 + (\tau_f^V)^2} = \sqrt{\left(\frac{65.6 + 86.7}{1.22}\right)^2 + 30.6^2}$$

$$= 128.5\text{N/mm}^2 < f_f^w = 160\text{N/mm}^2 \text{（满足要求，安全）}$$

【例 3-4】 图 3-28 所示牛腿连接，采用三面围焊直角角焊缝。钢材采用 Q235，焊条采用 E43 系列焊条，手工焊，焊脚尺寸 $h_f = 8\text{mm}$，试求按角焊缝连接所确定的牛腿的最大承载力。

【解】 1）计算角焊缝有效截面的形心位置和焊缝截面的惯性矩。

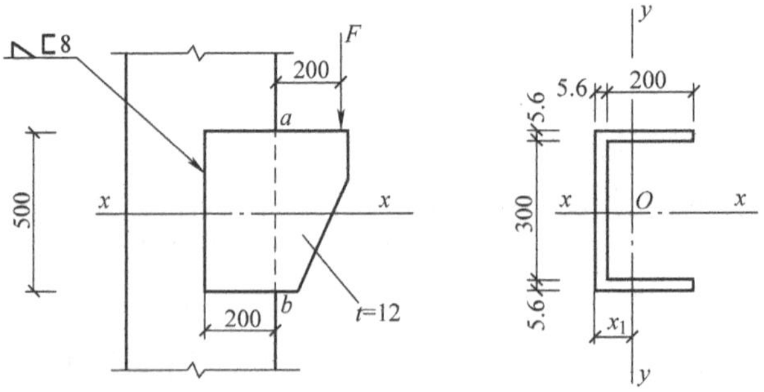

图 3-28 例 3-4 图

由于焊缝是连续围焊，所以焊缝的计算长度可取板边长度。焊缝的形心位置：

$$x_1 = \frac{2\times0.7\times0.8\times20\times10}{0.7\times0.8\times(2\times20+30)}\text{cm}\approx5.71\text{cm}$$

围焊缝的惯性矩

$$I_x = 0.7\times0.8\times\left(\frac{1}{12}\times30^3+2\times20\times15^2\right)\text{cm}^4 = 6300\text{cm}^4$$

$$I_y = 0.7\times0.8\times\left[30\times5.71^2+2\times\frac{1}{12}\times20^3+2\times20\times(10-5.71)^2\right)\text{cm}^4$$
$$\approx1707\text{cm}^4$$

$$J = I_x+I_y = (6300+1707)\text{cm}^4 = 8007\text{cm}^4$$

2）将力 F 向焊缝形心简化得：

$$T = (200+200-57.1)F = 342.9F$$
$$V = F$$

3）计算角焊缝有效截面上 a 点各应力的分量：

$$\tau_{fa}^T = \frac{Tr_y}{J} = \frac{342.9F\times10^3\times150}{8007\times10^4}\approx0.64F$$

$$\sigma_{fa}^T = \frac{Tr_x}{J} = \frac{342.9F\times10^3\times(200-57.1)}{8007\times10^4}\approx0.62F$$

$$\sigma_{fa}^V = \frac{V}{A_f} = \frac{F\times10^3}{(2\times200+300)\times0.7\times8}\approx0.26F$$

4）求最大承载力 F_{max}。根据角焊缝基本计算公式，a 点的合应力应小于或等于 f_f^w，即

$$\sqrt{\left(\frac{0.62F+0.26F}{1.22}\right)^2+(0.64F)^2}\leqslant f_f^w = 160\text{N/mm}^2$$

解得 $F\leqslant165.9\text{kN}$，故 $F_{max}=165.9\text{kN}$。

3.4 对接焊缝的构造和计算

3.4.1 对接焊缝的构造

对接焊缝按照坡口形式分有直边缝、单边 V 形缝、双边 V 形缝、U 形缝、K 形缝、X

形缝等（图 3-29）。

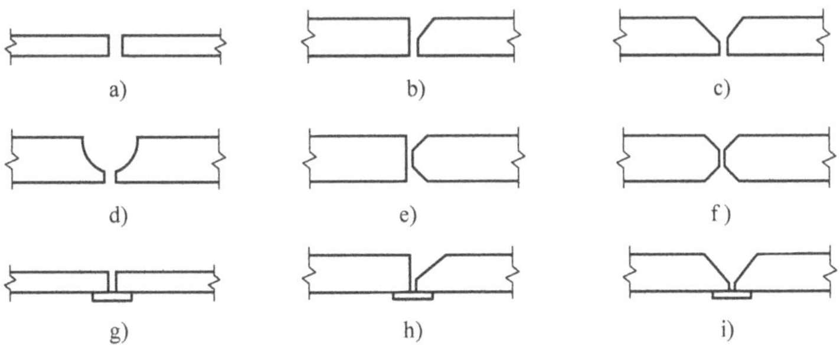

图 3-29 对接焊缝的结构

a）直边缝 b）单边 V 形缝 c）双边 V 形缝 d）U 形缝 e）K 形缝 f）X 形缝

g）加垫板的直边缝 h）加垫板的单边 V 形缝 i）加垫板的双边 V 形缝

当焊件厚度很小时（$t \leqslant 10$mm，t 为钢板厚度），可采用直边缝。对于一般厚度（$t=10 \sim 20$mm）的焊件，可采用有斜坡口的单边 V 形缝或双边 V 形缝，以使斜坡口和焊缝根部共同形成一个焊条能够运转的施焊空间，使焊缝易于焊透。对于较厚的焊件（$t>20$mm）则应采用 V 形缝、U 形缝、K 形缝、X 形缝。V 形缝和 U 形缝为单面施焊，但在焊缝根部还需要清除焊根并进行补焊。没有条件补焊者，要事先在根部加垫板（图 3-29g、h、i），以保证焊透。当焊件可随意翻转施焊时，使用 K 形缝和 X 形缝较好。

在钢板厚度或宽度有变化的焊接中，为了使构件传力均匀，减少应力集中，应在板的一侧或两侧做坡度不大于 1∶2.5 的斜坡（图 3-30），形成平缓的过渡。若板厚相差不大于 4mm，则可不做斜坡。

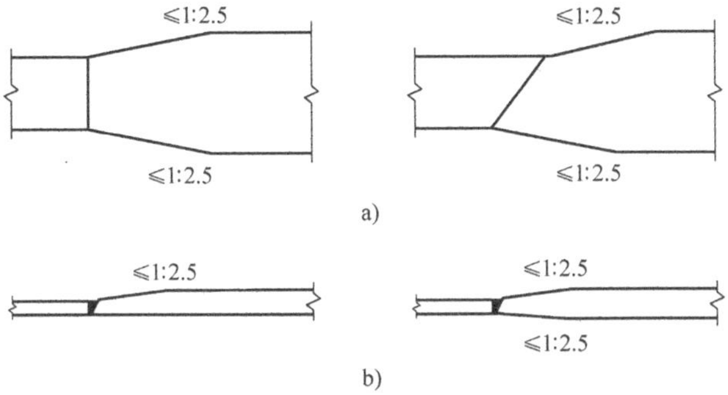

图 3-30 不同厚度或宽度的钢板（钢铸件）连接

a）改变宽度 b）改变厚度

对接焊缝的起点和终点，常因不能熔透而出现凹形的焊口，受力后易出现裂缝及应力集中。为消除这种不利情况，施焊时常将焊缝两端施焊至引弧板上，再将多余的部分割掉（图 3-31），并用砂轮将表面磨平。在工厂焊接时可采用引弧板，在工地焊接时，除了受动荷载的结构外，一般不用引弧板，

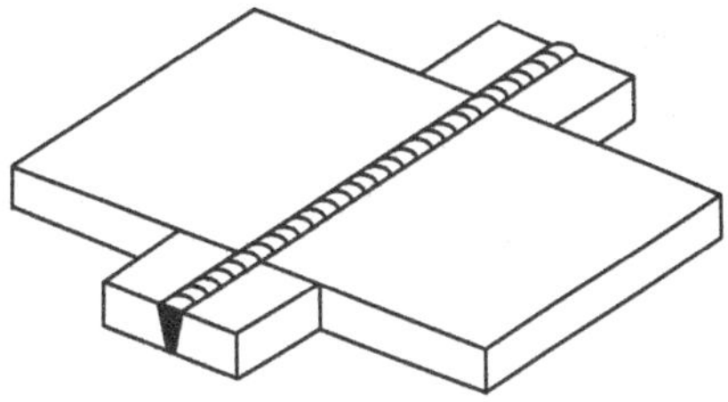

图 3-31 对接焊缝的引弧板

而是计算时扣除焊缝两端各 t（连接件较小厚度）长度。

由于对接焊缝形成了被连接构件截面的一部分，一般希望焊缝的强度不低于母材的强度，对接焊缝的抗压强度能够满足这一要求，但抗拉强度不一定能满足，因为焊缝中的缺陷（如气泡、夹渣、裂纹等）对焊缝抗拉强度的影响随焊缝质量检验标准的不同而有所不同。

3.4.2 对接焊缝的计算

对接焊缝中的应力分布情况与焊件原来的情况基本相同。设计时采用与被连接构件相同的计算公式。对于按一、二级标准检验焊缝质量的重要构件，对接焊缝和构件等强，不必计算。只对有拉应力构件中的三级对接直焊缝进行焊缝抗拉强度计算。

1. 轴心受力的对接焊缝计算

轴心受力的对接焊缝（图3-32）是指作用力 N 通过焊件截面形心，且垂直焊缝长度方向，按下式计算其强度

$$\sigma = \frac{N}{l_w t} \leqslant f_t^w \text{ 或 } f_c^w \tag{3-22}$$

式中 N——轴心拉力或压力的设计值；

l_w——焊缝计算长度，当采用引弧板时，取焊缝实际长度，当未采用引弧板时每条焊缝取实际长度减去 $2t$；

t——在平接接头中为连接件的较小厚度，在T形连接中为腹板厚度；

f_t^w、f_c^w——对接焊缝的抗拉、抗压强度设计值，可由附表1-2查得。

当对接正焊缝连接的强度低于焊件的强度时，为了提高连接的承载能力，可以改用斜焊缝（图3-32b）。当斜焊缝和作用力间夹角 θ 符合 $\tan\theta \leqslant 1.5$ 时，可不计算焊缝强度。

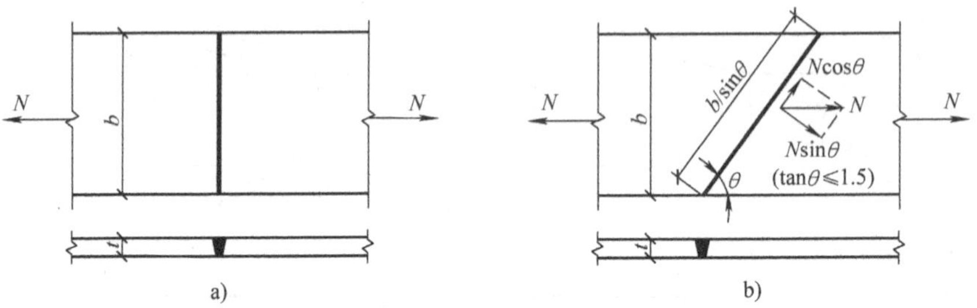

图3-32 轴心受力的对接焊缝连接

2. 弯矩和剪力共同作用的对接焊缝计算

矩形截面的对接焊缝，弯矩作用下焊缝产生正应力，剪力作用下焊缝产生剪应力。矩形截面的对接焊缝，其正应力和剪应力分布分别为三角形与抛物线形（图3-33），应分别计算正应力和剪应力。

$$\sigma_{max} = \frac{M}{W_w} \leqslant f_t^w \tag{3-23}$$

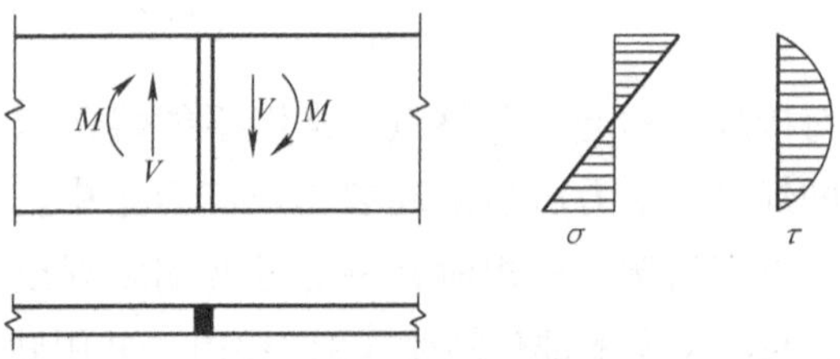

图3-33 弯矩和剪力共同作用下的对接焊接

$$\tau_{max} = \frac{VS_w}{I_w t} \leqslant f_v^w \tag{3-24}$$

式中 W_w——焊缝计算截面的截面模量；

I_w——焊缝截面对其中和轴的惯性矩；

S_w——焊缝截面在计算剪应力处以上部分或以下部分对中和轴的面积矩；

f_v^w——对接焊缝的抗剪强度设计值（见附表1.2）。

对于工字形、箱形等构件，在腹板与翼缘交接处（图3-34），焊缝截面同时受较大的正应力 σ_1 和较大的剪应力 τ_1 作用，还应计算折算应力。其公式为

$$\sigma_{eg} = \sqrt{\sigma_1^2 + 3\tau_1^2} \leqslant 1.1 f_t^w \tag{3-25}$$

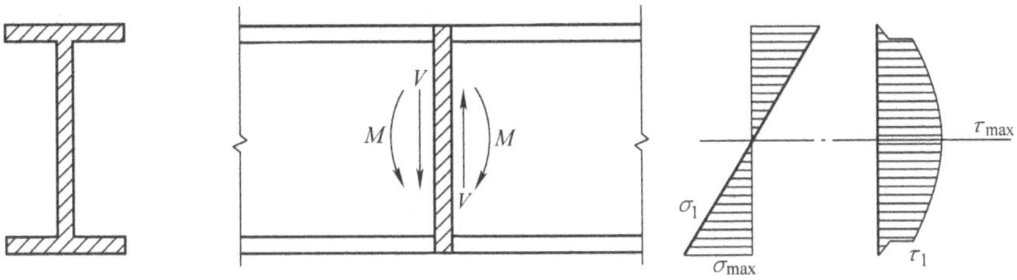

图3-34 受弯、剪作用的工字形截面对接焊缝

3. 轴力、弯矩和剪力共同作用下的对接焊缝计算

轴力、弯矩和剪力共同作用时，对接焊缝最大正应力应为轴力和弯矩引起的正应力之和，剪应力按式（3-24）验算。对于工字形、箱形截面，还要计算腹板与翼缘交界处的折算应力，折算应力仍然按式（3-25）计算。

【例3-5】 图3-35所示两块钢板采用对接焊缝。已知钢板宽度 b 为600mm，板厚 t 为8mm，轴心拉力 $N=950\text{kN}$，钢材为Q235，焊条用E43型，手工焊，不采用引弧板。试计算焊缝所能承受的最大应力。

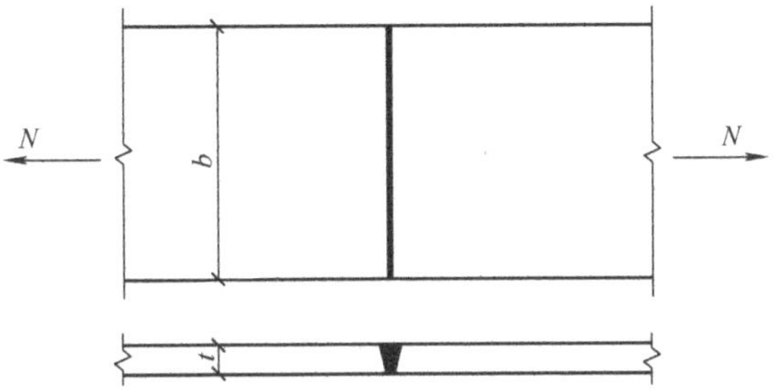

图3-35 例3-5图

【解】 因轴力通过焊缝形心，假定焊缝受力均匀分布，可按式（3-22）计算。不采用引弧板，则 l_w 为

$$l_w = 1 - 2t = (600 - 2\times 8)\text{mm} = 584\text{mm}$$

$$\sigma = \frac{N}{l_w t} = \frac{950\times 10^3}{584\times 8}\text{N/mm}^2 = 203.3\text{N/mm}^2$$

焊缝承受的最大应力是203.3N/mm²。

【例3-6】 试计算图3-36所示牛腿与柱连接的对接焊缝所能承受的最大荷载 F（设计值）。已知牛腿截面尺寸为：翼缘板宽度 $b_1=160\text{mm}$，厚度 $t_1=10\text{mm}$，腹板高度 $h=240\text{mm}$，厚度 $t=10\text{mm}$。钢材为Q235，焊条为E43型，手工焊，施焊时不用引弧板，焊缝质量为三级。

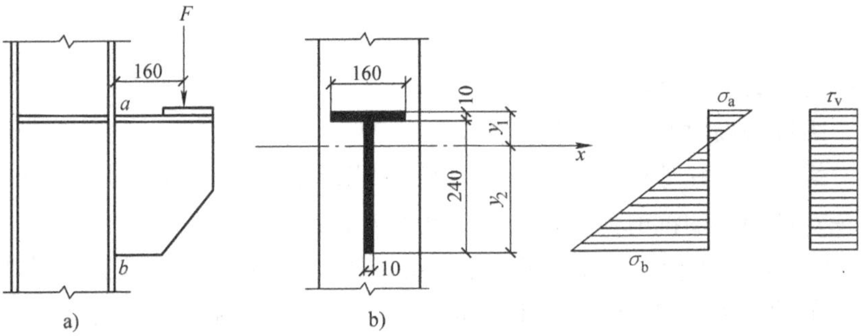

图3-36 例3-6图

【解】 1. 确定对接焊缝计算截面的几何特性

（1）确定中和轴的位置

$$y_1=\frac{(160-10)\times10\times5+(240-5)\times10\times127.5}{(160-10)\times10+(240-5)\times10}\approx79.8\text{mm}$$

$$y_2=(250-79.8)\text{mm}=170.2\text{mm}$$

（2）焊缝计算截面的几何特征

$$I_x\approx\frac{1}{12}\times1\times(24-0.5)^3\text{cm}^4+(24-0.5)\times1\times$$
$$(12.75-7.98)^2\text{cm}^4+(16\text{cm}^4-1\text{cm}^4)\times1\times7.48^2\text{cm}^4$$
$$\approx24450\text{cm}^4$$

腹板焊缝计算截面的面积

$$A_w=(24-0.5)\times1\text{cm}^2=23.5\text{cm}^2$$

2. 确定焊缝能承受的最大荷载设计值 F

将力 F 向焊缝截面形心简化得

$$M=Fe=160F$$
$$V=F$$

查附表1-2：$f_c^w=215\text{N/mm}^2$，$f_t^w=185\text{N/mm}^2$，$f_v^w=125\text{N/mm}^2$。

计算点 a 的拉应力 σ_a^M，且要求 $\sigma_a^M\leqslant f_t^w$

$$\sigma_a^M=\frac{My_1}{I_x}=\frac{160\times F\times79.8}{2455\times10^4}=0.52\times10^{-3}F=f_t^w=185\text{N/mm}^2$$

解得 $F\approx355.7\text{kN}$。

计算点 b 的压应力 σ_b^M，且要求 $\sigma_b^M\leqslant f_c^w$

$$\sigma_b^M=\frac{My_2}{I_x}=\frac{160\times F\times170.2}{2455\times10^4}=1.11\times10^{-3}F=f_c^w=215\text{N/mm}^2$$

解得 $F\approx193.7\text{kN}$。

计算由 $V=F$ 产生的剪应力 τ_V，且要求 $\tau_V\leqslant f_v^w$

$$\tau_V=\frac{F}{23.5\times10^2}=0.43\times10^{-3}F=f_v^w=125\text{N/mm}^2$$

解得 $F\approx290.7\text{kN}$。

计算点 b 的折算应力，且要求大于 $1.1f_t^w$

$$\sqrt{(\sigma_b^M)^2+3\tau_V^2}=\sqrt{(1.11\times10^{-3}F)^2+3\times(0.43\times10^{-3}F)^2}=1.1f_t^w$$

解得 $F\approx152.2\text{kN}$。

故此焊缝能承受的最大荷载设计值 F 为 152.2kN。

3.4.3 不焊透对接焊缝的计算

在钢结构的设计中，有时遇到板件较厚，而板件间连接受力较小，且要求焊接结构的外观齐平美观时，可以采用部分焊透的对接焊缝（图 3-37）。

部分焊透的对接焊缝由于它们未焊透，其工作情况与角焊缝类似，故规定按角焊缝进行计算。计算时注意两点：

1）取 $\beta_f=1.0$。

2）有效厚度应：对 V 形坡口，当 $\alpha\geqslant60°$时，$h_e=s$，当 $\alpha<60°$时，$h_e=0.75s$；对单边 V 形和 K 形坡口，$\alpha=45°\pm5°$，$h_e=s$；对 U、J 形坡口，$h_e=s$。其中有效厚度 h_e不得小于 $1.5\sqrt{t}$（t 为坡口所在焊件的较大厚度；s 为坡口根部至焊缝表面（不考虑余高）的最短距离（图 3-37）；α 为 V 形坡口的夹角。

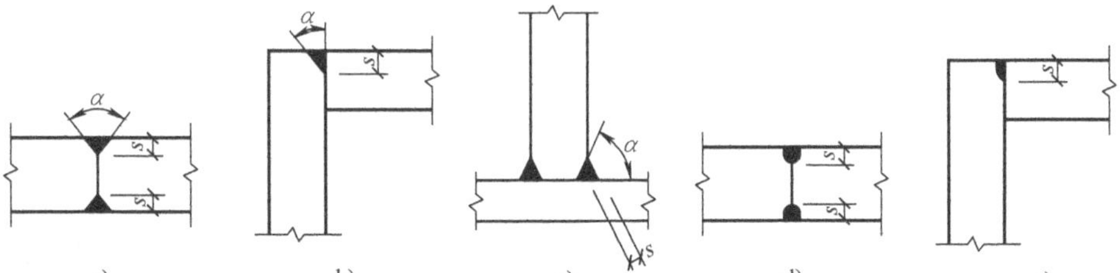

图 3-37 不焊透的对接焊缝
a)、b)、c) V 形坡口 d) U 形坡口 e) J 形坡口

3.5 焊接残余应力和焊接残余变形

3.5.1 焊接残余应力的产生原因和对钢结构的影响

钢结构在焊接过程中，局部区域受到高温作用，产生不均匀的加热和冷却，使构件发生焊接变形。由于在冷却时，焊缝和焊缝附近的钢材不能自由收缩，受到约束而产生焊接残余应力。焊接残余变形和焊接残余应力是焊接结构的主要问题之一，它将影响结构的实际工作。焊接残余应力有纵向残余应力、横向残余应力和沿厚度方向残余应力。纵向残余应力指沿焊缝长度方向的应力，横向残余应力是垂直于焊缝长度方向且平行于构件表面的应力，沿厚度方向的残余应力则是垂直于焊缝长度方向且垂直于构件表面的应力。这三种残余应力都是由收缩变形引起的。

1. 纵向焊接残余应力

在两块钢板上施焊时，钢板上产生不均匀的温度场，焊缝附近温度最高达 1600℃以上，其邻近区域温度较低，而且下降很快（图 3-38）。不均匀温度场产生了不均匀的膨胀。焊缝附近高温处的钢材膨胀最大，受到周围膨胀小的区域的限制，产生了热状态塑性压缩。焊缝冷却时钢材收缩，焊缝区收缩变形受到两侧钢材的限制而产生纵向拉力，两侧因中间焊缝收缩而产生纵向压力，这就是纵向收缩引起的纵向应力，如图 3-38 所示。

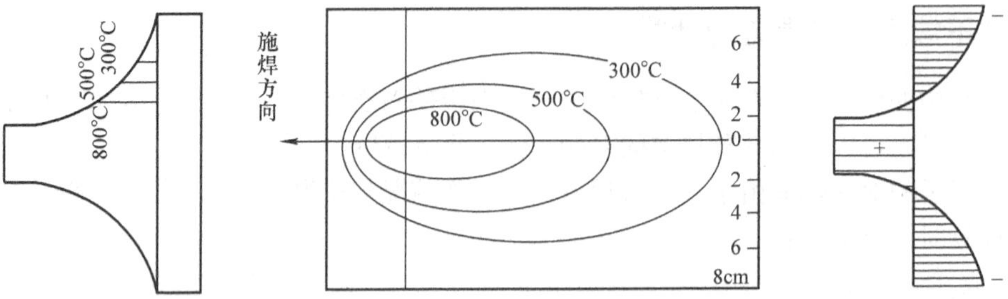

图 3-38　施焊时焊缝及附近的温度场和纵向焊接残余应力

三块钢板拼成的工字钢（图 3-39），腹板与翼缘用角焊缝连接，翼缘与腹板连接处因焊缝收缩受到两边钢板的阻碍而产生纵向拉应力，两边因中间收缩而产生压应力，因而形成中部焊缝区受拉而两边钢板受压的纵向应力。腹板纵向应力分布则相反，由于腹板与翼缘焊缝收缩受到腹板中间钢板的阻碍而受拉，腹板中间受压，因而形成中间钢板受压而两边焊缝区受拉的纵向应力。

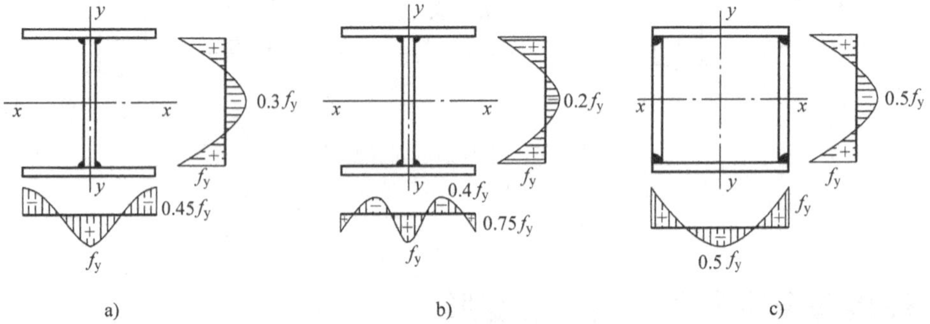

图 3-39　焊缝纵向残余应力分布

a）焊接 H 型钢，翼缘为轧制或剪切边　b）焊接 H 型钢，翼缘为焰切边　c）焊接方管

2. 横向焊接残余应力

横向焊接残余应力由两部分组成：一部分是焊缝纵向收缩，使两块钢板趋向于形成反方向的弯曲变形，但实际上焊缝将两块钢板连成整体，在焊缝中部产生横向拉应力，两端则产生横向压应力（图 3-40a、b）。另一部分是由于焊缝在施焊过程中冷却时间的不同，先焊的焊缝已经凝固，且具有一定强度，会阻止后焊焊缝的横向自由膨胀，使它发生横向塑性压缩变形。当先焊部分凝固后，中间焊缝部分逐渐冷却，后焊部分开始冷却，这三部分产生杠杆作用，结果后焊部分收缩而受拉，先焊部分因杠杆作用也受拉，中间部分受压。这两种横向应力叠加成最后的横向应力。

横向收缩引起的横向应力与施焊方向和先后次序有关。焊缝冷却时间不同产生的应力分布也不同（图3-40c、d、e）。

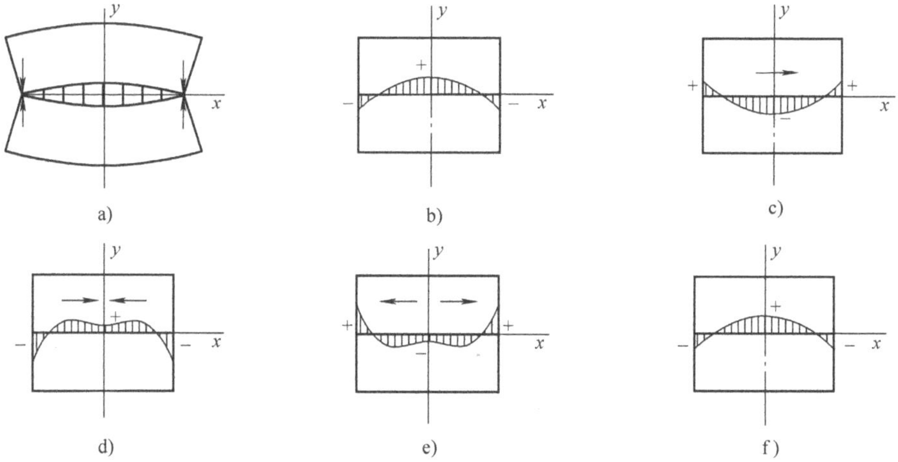

图3-40 横向焊接残余应力

3. 沿厚度方向的焊接残余应力

焊接厚钢板时，焊缝需要多层施焊，焊缝与钢板接触面和与空气接触面散热较快而先冷却结硬，中间后冷却而收缩受到阻碍，形成中间焊缝受拉、四周受压的状态（图3-41）。因而焊缝除了纵向和横向应力 σ_x、σ_y 外，还存在沿厚度方向的应力 σ_z。当钢板厚度 <25mm 时，厚度方向的应力不大，但板厚$\geqslant$50mm 时，厚度方向应力可达 $50N/mm^2$ 左右，将大大降低构件的塑性。

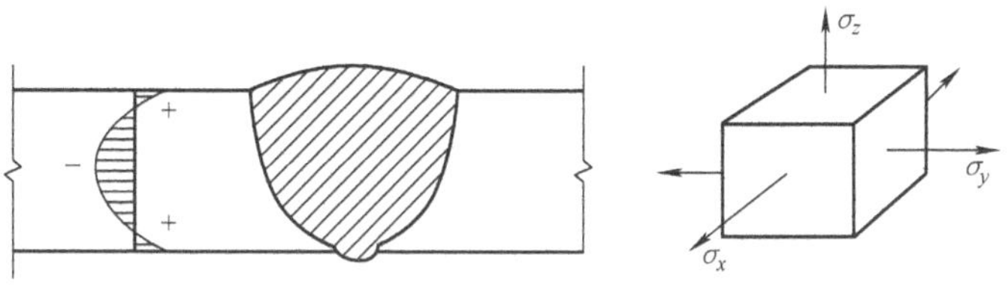

图3-41 厚板中的残余应力

4. 焊接残余应力的影响

（1）焊接残余应力对静力强度的影响 在常温下承受静荷载的焊接结构，当没有严重的应力集中，且所用钢材具有较好的塑性时，焊接残余应力不影响结构的静力强度，对承载能力没有影响，因为焊接应力加上外力引起的应力达到屈服点后，应力不再增大，外力由两侧弹性区承担，直到全截面达到屈服点为止。

（2）焊接残余应力对结构刚度的影响 焊接残余应力会降低结构的刚度。有残余应力的轴心受拉构件（图3-42），当加载时，图3-42a 中的中部塑性区 a 逐渐加宽，而两侧弹性区 m 逐渐减小。由于 $m<h$，所以有残余应力时对应于拉力增量 ΔN 的拉应变 $\Delta\varepsilon=\Delta N/(mtE)$ 一定大于无残余应力时的拉应变 $\Delta\varepsilon'=\Delta N/(htE)$，必然导致构件变形增大，刚度降低。

（3）焊接残余应力对构件稳定性的影响 焊接残余应力使压杆的挠曲刚度减小，从而

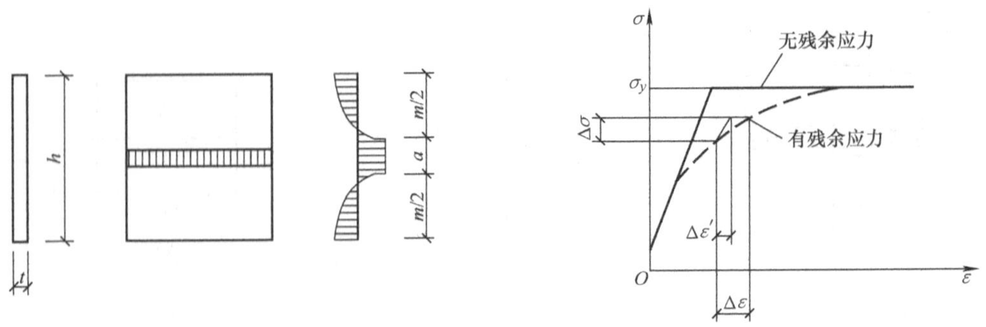

a) b)

图 3-42 有焊接残余应力时的应力与应变

降低压杆的稳定性。

（4）焊接残余应力对疲劳强度的影响 焊缝及其近旁的较高焊接残余应力对疲劳强度有不利影响，将使疲劳强度降低。

（5）焊接残余应力对低温冷脆的影响 由于焊缝中存在三向应力，阻碍了塑性变形，在低温下使裂缝易发生和发展，加速构件的脆性破坏。

3.5.2 减少焊接残余应力和焊接残余变形的方法

焊接变形与焊接应力相伴而生。在焊接过程中，由于焊区的收缩变形，构件总要产生一些局部鼓起、歪曲、弯曲或扭曲等，这是焊接结构的缺点。焊接变形包括纵向收缩、横向收缩、弯曲变形、角变形、波浪变形、扭曲变形等（图 3-43）。

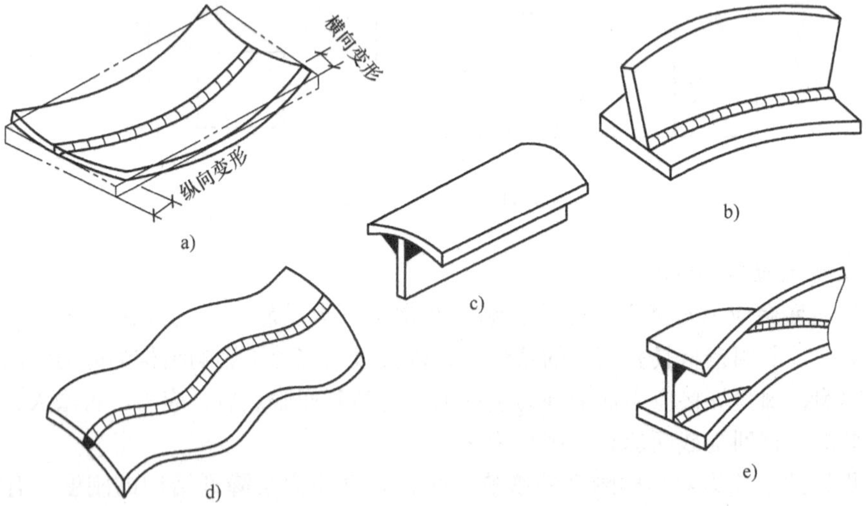

图 3-43 焊接变形

a）纵向收缩和横向收缩 b）弯曲变形 c）角变形 d）波浪变形 e）扭曲变形

残余应力是构件截面内存在的自相平衡的初始应力。其产生的原因主要是：①焊接时存在均匀加热和不均匀冷却；②型钢热轧后的不均匀冷却；③板边缘经火焰切割后的热塑性收缩；④构件经冷校正产生的塑性变形。

减少焊接残余应力和焊接残余变形的方法有：

1）采取合理的焊接次序。例如，钢板对接时，可采用分段施焊（图3-44a），厚焊缝采用分层施焊（图3-44b），工字形顶接采用对角跳焊（图3-44c）、钢板分块拼焊（图3-44d）。

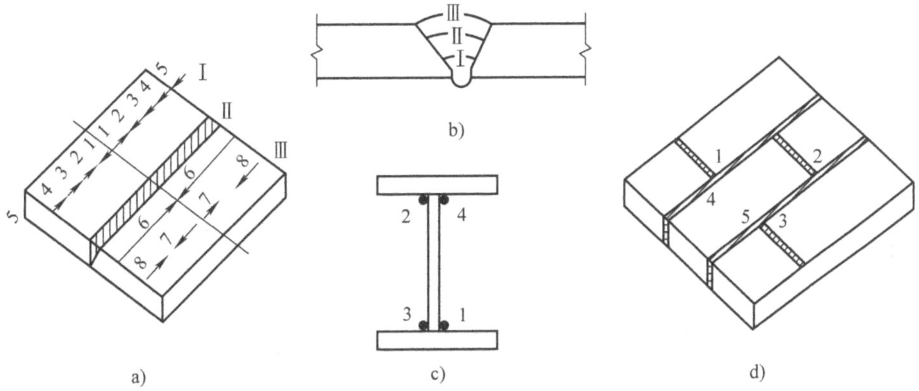

图3-44 合理的焊接次序

2）尽可能采用对称焊缝，使其变形相反而相互抵消，并在保证安全可靠的前提下，避免焊缝厚度过大。

3）施焊前给构件一个和焊接残余变形相反的预变形，使构件在焊接后产生的变形正好与之抵消。这种方法可以减少焊接后的变形量，但不会根除焊接应力。

4）对于小尺寸的杆件，可在焊前预热，或焊后回火（加热到600℃左右，然后缓慢冷却），可以消除焊接残余应力。焊接后对焊件进行锤击，也可减少焊接应力与焊接变形。此外，也可采用机械方法校正或氧－乙炔局部加热来消除焊接变形。

3.6 螺栓连接的构造

3.6.1 螺栓的排列

螺栓在构件上的布置、排列应满足受力要求、构造要求和施工要求。

（1）受力要求　在受力方向，螺栓的端距过小时，钢板有被剪断的可能。当各排螺栓距和线距过小时，构件有沿直线或折线破坏的可能。对受压构件，当沿作用力方向的螺栓距过大时，在被连接的板件间易发生张口或鼓曲现象。因此，从受力的角度规定了最大和最小的允许间距。

（2）构造要求　当螺栓栓距及线距过大时，被连接构件接触面不够紧密，潮气易侵入缝隙而产生腐蚀，所以规定了螺栓的最大允许间距。

（3）施工要求　要保证一定的施工空间，便于转动螺栓扳手，因此规定了螺栓最小允许间距。

根据上述要求，钢板上螺栓的排列规定如图3-45所示和表3-4。

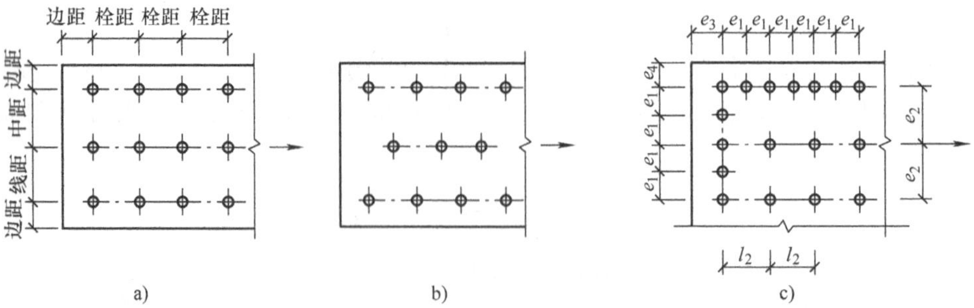

图 3-45 钢板上螺栓的排列

a）钢板上的并列螺栓 b）钢板上的错列螺栓 c）钢板上的螺栓允许间距

表 3-4 钢板上的螺栓允许间距

<table>
<tr><th>名称</th><th colspan="3">位置和方向</th><th>最大允许间距
（取两者的较小值）</th><th>最小允许间距</th></tr>
<tr><td rowspan="4">中心间距</td><td colspan="3">外排（垂直内力方向或顺内力方向）</td><td>$8d_0$ 或 $12t$</td><td rowspan="4">$3d_0$</td></tr>
<tr><td rowspan="3">中间排</td><td colspan="2">垂直内力方向</td><td>$16d_0$ 或 $24t$</td></tr>
<tr><td rowspan="2">顺内力
方向</td><td>构件受压力</td><td>$12d_0$ 或 $18t$</td></tr>
<tr><td>构件受拉力</td><td>$16d_0$ 或 $24t$</td></tr>
<tr><td rowspan="4">中心至构件
边缘的距离</td><td colspan="3">顺内力方向</td><td rowspan="4">$4d_0$ 或 $8t$</td><td>$2d_0$</td></tr>
<tr><td rowspan="3">垂直内
力方向</td><td colspan="2">剪切边或手工切割边</td><td>$1.5d_0$</td></tr>
<tr><td rowspan="2">轧制边、自动气
割或锯割边</td><td>高强度螺栓</td><td rowspan="2">$1.2d_0$</td></tr>
<tr><td>其他螺栓</td></tr>
</table>

注：1. d_0 为螺栓孔径，对槽孔为短边尺寸，t 为外层较薄板件厚度。

2. 钢板边缘与刚性构件（如角钢、槽钢等）相连的高强螺栓的最大间距，可按中间排数值采用。

3. 计算螺栓孔引起的截面削弱时可取 $d+4\text{mm}$ 和 d_0 的较大者。

型钢上的螺栓的排列规定见图 3-46 和表 3-5 ~ 表 3-7。

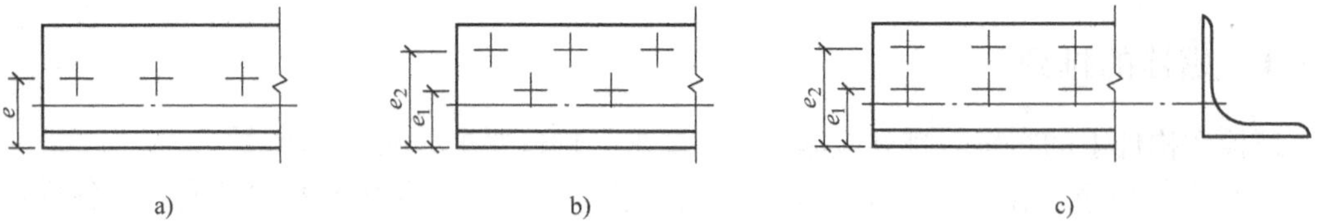

图 3-46 型钢的螺栓排列

a）角钢单排螺栓 b）角钢双排错列螺栓 c）角钢双排并列螺栓

表 3-5 角钢上螺栓允许最小间距 （单位：mm）

肢宽		40	45	50	56	63	70	75	80	90	100	110	125	140	160	180	200
单行	e	25	25	30	30	35	40	40	45	50	55	60	70				
	d_0	12	13	14	15.5	17.5	20	21.5	21.5	23.5	23.5	26	26				

（续）

肢宽		40	45	50	56	63	70	75	80	90	100	110	125	140	160	180	200
双行错列	e_1												55	60	70	70	80
	e_2												90	100	120	140	160
	d_0												23.5	23.5	26	26	26
双行并列	e_1														60	70	80
	e_2														130	140	160
	d_0														23.5	23.5	26

表 3-6 工字钢和槽钢腹板上的螺栓允许距离 （单位：mm）

工字钢型号	12	14	16	18	20	22	25	28	32	36	40	45	50	56	63
线距 e_{min}	40	45	45	45	50	50	55	60	60	65	70	75	75	75	75
槽钢型号	12	14	16	18	20	22	25	28	32	38	40				
线距 e_{min}	40	45	50	50	55	55	55	60	65	70	75				

表 3-7 工字钢和槽钢翼缘上的螺栓允许距离 （单位：mm）

工字钢型号	12	14	16	18	20	22	25	28	32	36	40	45	50	56	63
线距 e_{min}	40	40	50	55	60	65	65	70	75	80	80	85	90	95	95
槽钢型号	12	14	16	18	20	22	25	28	32	38	40				
线距 e_{min}	30	35	35	40	40	45	45	45	50	56	60				

3.6.2 螺栓连接的构造要求

螺栓连接除满足螺栓排列的允许距离外，还应满足下列构造要求：

1）当杆件在节点上或拼接接头的一端时，永久性的螺栓数不宜少于两个。对组合构件的缀条，其端部连接可采用一个螺栓。

2）高强度螺栓孔应采用钻成孔。摩擦型连接的高强度螺栓的孔径比螺栓公称直径 d 大 1.5 ~ 2.0mm；承压型连接的高强度螺栓的孔径比螺栓公称直径 d 大 1.0 ~ 1.5mm。

3）在高强度螺栓连接范围内，构件接触面的处理方法应在施工图中注明。

4）C 级普通螺栓宜用于沿其杆轴方向受拉的连接，在下列情况下可用于受剪连接：

① 承受静荷载或间接承受动荷载结构中的次要连接。

② 承受静荷载的可拆卸结构的连接。

③ 临时固定构件用的安装连接。

5）直接承受动荷载构件的普通螺栓受拉连接应采用双螺母或其他能防止螺母松动的有效措施。

6）当型钢构件拼接采用高强度螺栓连接时，其拼接件宜采用钢板。

7）沉头和半沉头铆钉不得用于沿其杆轴方向受拉的连接。

8）沿杆轴方向受拉的螺栓（或铆钉）连接中的端板（法兰板），应适当增强其刚度（如加设加劲肋），以减少撬力对螺栓（或铆钉）抗拉承载力的不利影响。

3.7 C级普通螺栓连接的工作性能和计算

3.7.1 C级普通螺栓连接的工作性能

普通螺栓分为C级螺栓和A、B级螺栓。C级螺栓一般采用Q235钢制作，用未加工的圆钢制成，尺寸不够精确，只需Ⅱ类孔，栓径与孔径相差1.5～2.0mm，便于安装，但螺杆与钢板孔壁不够紧密，受剪时工作性能较差，在螺栓群中各螺栓所受剪力也不均匀，因此适用于承受拉力的连接中，有时也可以用于不重要的受剪连接中。在受到拉剪联合作用的安装连接中，可设计成螺栓受拉、支托受剪的连接形式。A、B级螺栓一般采用45号钢或35号钢制作，栓杆与栓孔的加工都有严格要求，栓杆由车床加工而成，表面光滑，尺寸准确，要求用Ⅰ类孔，栓径与孔径公称尺寸相同，允许偏差为0.18～0.25mm。A、B级螺栓受力性能较C级螺栓好，但制造安装较复杂，费用较高，在钢结构中很少采用。

C级普通螺栓连接按螺栓传力方式可以分为抗剪螺栓和抗拉螺栓。当外力垂直于螺杆时，该螺栓为抗剪螺栓（图3-47a），当外力沿螺栓杆长方向时，该螺栓为抗拉螺栓（图3.47b）

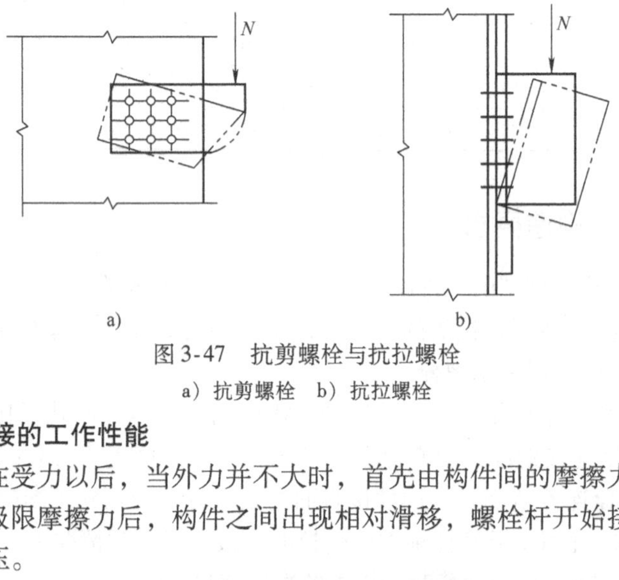

图3-47 抗剪螺栓与抗拉螺栓

a）抗剪螺栓 b）抗拉螺栓

1. 抗剪螺栓连接的工作性能

抗剪螺栓连接在受力以后，当外力并不大时，首先由构件间的摩擦力来传递外力。当外力继续增大而超过极限摩擦力后，构件之间出现相对滑移，螺栓杆开始接触螺栓孔壁而使螺栓杆受剪，孔壁受压。

抗剪螺栓连接可能出现5种破坏形式：①螺杆剪切破坏（图3-48a）；②钢板孔壁挤压破坏（图3-48b）；③构件本身由于截面开孔削弱过多而被拉断（图3-48c）；④由于钢板端部螺栓孔端距太小而被剪坏（图3-48d）；⑤由于钢板太厚，螺栓杆直径太小，发生螺栓杆弯曲破坏（图3-48e）。前三种破坏要进行计算。后两种破坏则用限制端距$e_3 \geq 2d_0$和板叠厚度不超过$5d$（d为螺栓直径）等构造措施来防止。

单个抗剪螺栓的设计承载力按下列两式计算

抗剪承载力设计值 $$N_v^b = n_v \frac{\pi d^2}{4} f_v^b \tag{3-26}$$

承压承载力设计值 $$N_c^b = d\Sigma t f_c^b \tag{3-27}$$

式中　n_v——每个螺栓的受剪面数，单剪（图3-49a）$n_v=1$，双剪（图3.49b）$n_v=2$，四剪（图3.49c）$n_v=4$等；

d——螺栓杆直径（铆钉连接取孔径 d_0）；

Σt——在同一受力方向的承压构件的较小总厚度；

f_v^b、f_c^b——C级普通螺栓的抗剪、承压强度设计值（见附表1-3），对铆接取 f_v^T、f_c^T。

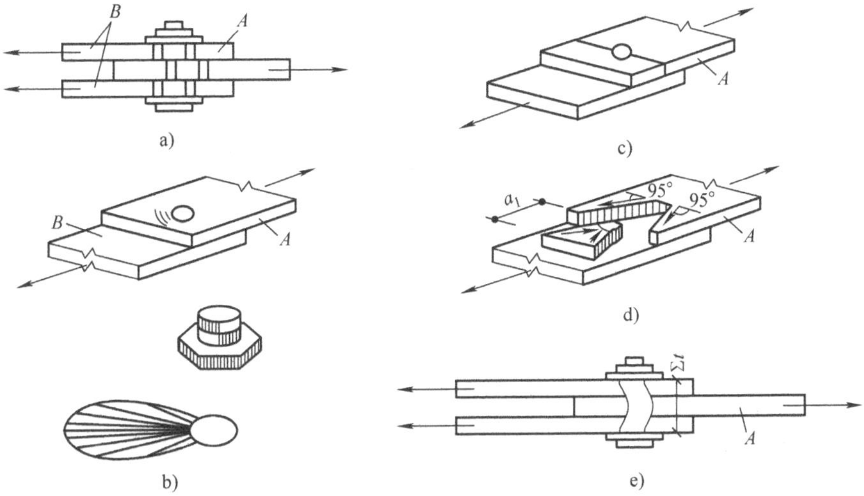

图3-48　抗剪螺栓的破坏情况

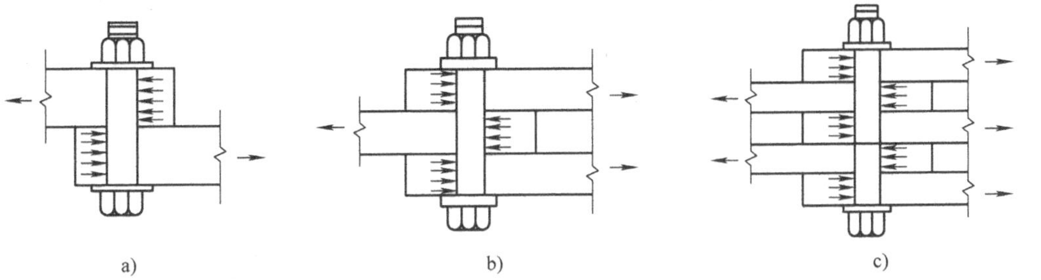

图3-49　抗剪螺栓的剪面数和承压厚度

单个抗剪螺栓的承载力设计值应取 N_v^b 和 N_c^b 的最小值 N_{min}^b。

2. 抗拉螺栓连接的工作性能

在抗拉螺栓连接中，外力使被连接构件的接触面有互相脱开的趋势而使螺栓受拉，最后螺栓杆被拉断而破坏。

单个抗拉螺栓的承载力设计值为

$$N_t^b = \frac{\pi d_e^2}{4} f_t^b \tag{3-28}$$

式中　d_e——普通螺栓或锚栓在螺纹处的有效直径，取值见附表8-1，铆钉连接取孔径 d_0；

f_t^b——普通螺栓、锚栓和铆钉的抗拉强度设计值（见附表1-3）。

在图3-50所示的T形连接中，由于角钢的刚度不大，受拉后，垂直于拉力作用方向的角钢肢会发生较大的变形，起杠杆作用，在角钢外侧产生撬力 $Q/2$。螺栓实际所受拉力为 $T=(Q+N)/2$，角钢的刚度越小，撬力越大。实际计算中撬力值很难计算。目前在计算中对普通螺栓连接采用不考虑撬力而用降低螺栓抗拉强度设计值的方法予以解决。此外，在构造上也可以采取一些措施来减少或消除撬力，如在角钢中设加劲肋或增加角钢厚度等。

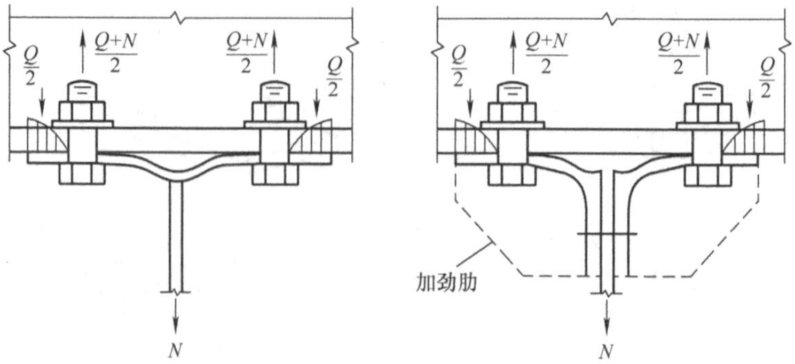

图 3-50 抗拉螺栓连接

3.7.2 螺栓群的计算

螺栓群的计算是在单个螺栓计算的基础上进行的。

1. 螺栓群在轴向力作用下的抗剪计算

当外力通过螺栓群形心时，如螺栓连接处于弹性阶段，螺栓群中的各螺栓受力不等，两端螺栓较中间的受力为大（图 3-51b）；当外力再继续增大，使受力大的螺栓超过弹性极限而达到塑性阶段，各螺栓承担的荷载逐渐接近，最后趋于相等（图 3-51c）直到破坏。计算时可假定所有螺栓受力相等，并用下式算出需要的螺栓数目。

$$n=\frac{N}{N_{\min}^{b}} \tag{3-29}$$

式中 N——连接件中的轴心力设计值。

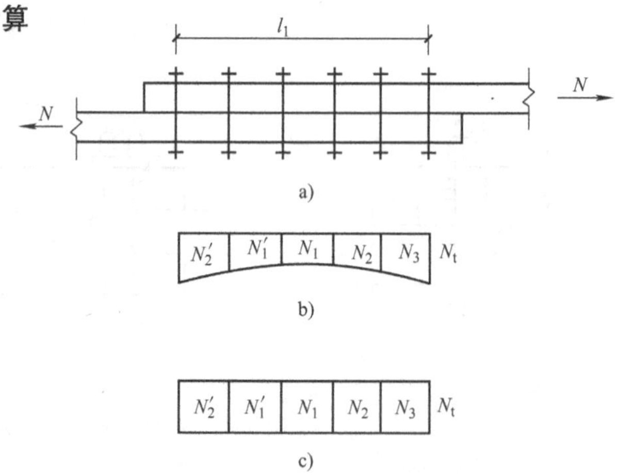

图 3-51 螺栓群的不均匀受力状态
a）受剪螺栓 b）弹性阶段受力状态 c）塑性阶段受力状态

当构件的节点处或拼接接头的一端螺栓很多，且沿受力方向的连接长度 l_1 过大时，端部的螺栓会因受力过大而首先破坏，随后依次向内发展，逐个破坏。《钢结构设计标准》规定，当 $l_1>15d_0$（d_0 为孔径）时，应将螺栓的承载力设计值乘以折减系数 $\beta=1.1-l_1/(150d_0)$，当 $l_1>60d_0$ 时，折减系数 $\beta=0.7$。

在螺栓连接中（图 3-52a），左边板件承担的内力 N 通过左边的螺栓传给两块拼接板，再由两块拼接板通过右边螺栓传至右边板件，这样左右板件内力平衡。由于螺栓孔削弱构件的截面，因此在排列好所需的螺栓后，还需验算构件或连接盖板的净截面强度，其表达式为

$$\sigma = \frac{N}{A_n} \leqslant 0.8f_u \tag{3-30}$$

式中　A_n——构件或连接盖板净截面面积，当螺栓孔交错布置时（图3-52b），净截面面积按垂直截面1－1或齿状截面2－2两者中较小者取用。

当螺栓并列布置时

$$A_n = t(b - n_1 d_0) \tag{3-31}$$

当螺栓错列布置时，构件有可能沿垂直截面1—1或齿状截面2—2破坏。2—2截面的净截面面积为

$$A_n = t[2e_4 + (n_2 - 1)\sqrt{e_1^2 + e_2^2} - n_2 d_0] \tag{3-32}$$

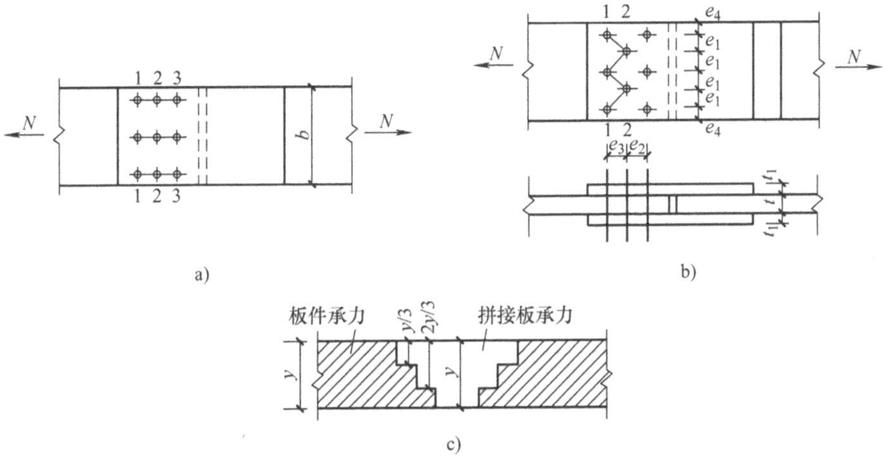

图3-52　轴向力作用下的抗剪螺栓群

2. 螺栓群在扭矩作用下的抗剪计算

螺栓群在扭矩作用下，每个螺栓实际受剪。计算时假定：①被连接构件是绝对刚性的，螺栓则是弹性的；②各螺栓都绕螺栓群的形心 O 旋转，其受力大小与到螺栓群形心的距离成正比，方向与螺栓到形心的连线垂直（图3-53）。

设螺栓1，2，…，n 到螺栓群形心 O 点的距离为 r_1，r_2，…，r_n，各螺栓承受的力分别为 N_1^T，N_2^T，…，N_n^T。根据平衡条件得

$$T = N_1^T r_1 + N_2^T r_2 + \cdots + N_n^T r_n \tag{a}$$

螺栓受力大小与其距形心的距离成正比，即

$$\frac{N_1^T}{r_1} = \frac{N_2^T}{r_2} = \cdots = \frac{N_n^T}{r_n} \tag{b}$$

将b）式代入式a）得

$$T = \frac{N_1^T}{r_1}(r_1^2 + r_2^2 + r_3^2 + \cdots + r_n^2) = \frac{N_1^T}{r_1}\Sigma r_i^2$$

$$N_1^T = \frac{Tr_1}{\Sigma r_i^2} = \frac{Tr_1}{(\Sigma x_i^2 + \Sigma y_i^2)} \tag{3-33}$$

当螺栓群布置在一个狭长带时，若 $y_1 > 3x_1$，r_1 趋近于 y_1，Σx_i^2 可忽略不计，则式（3-33）可写成

$$N_1^T = Ty_1 / \sum y_i^2 \tag{3-34}$$

受力最大螺栓承受的剪力应不大于螺栓的抗剪承载力设计值，即

$$N_1^T \leqslant N_{\min}^{\mathrm{b}} \tag{3-35}$$

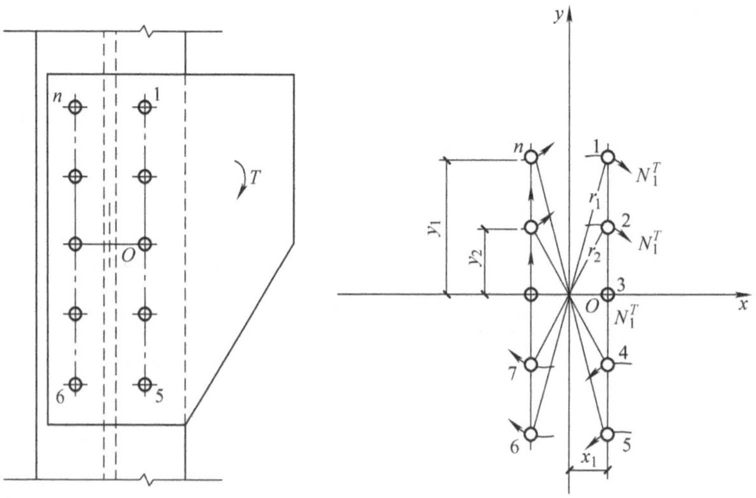

图 3-53 扭矩作用下受剪螺栓群的受力情况

3. 螺栓群在扭矩、剪力和轴力共同作用下的抗剪计算

螺栓群在通过其形心的剪力 V 和轴力 N 作用下（图3-54），每个螺栓受力相同，每个螺栓受力为

$$N_{1y}^V = \frac{V}{n} \quad (\downarrow)$$

$$N_{1x}^N = \frac{N}{n} \ (\rightarrow)$$

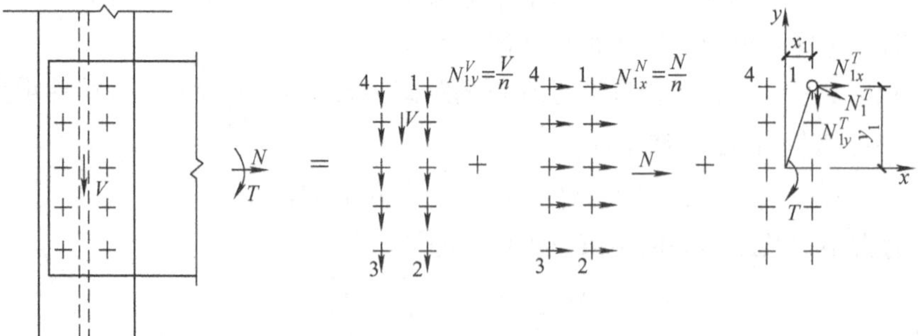

图 3-54 扭矩、剪力和轴力共同作用下受剪螺栓群的受力情况

在扭矩 T 作用下，螺栓 1 受力最大，将 N_1^T 分解为水平和竖直方向的分力

$$N_{1x}^T = N_1^T \frac{y_1}{r_1} = Ty_1 / (\sum x_i^2 + \sum y_i^2)$$

$$N_{1y}^T = N_1^T \frac{x_1}{r_1} = Tx_1 / (\sum x_i^2 + \sum y_i^2)$$

因此在扭矩、剪力和轴力共同作用下，螺栓群中受力最大的一个螺栓所承受的合力及强

度条件为

$$N_1 = \sqrt{(N_{1x}^T + N_{1x}^N)^2 + (N_{1y}^T + N_{1y}^V)^2} \leqslant N_{\min}^b \tag{3-36}$$

4. 螺栓群在轴力作用下的抗拉计算

当外力通过螺栓群形心，假定所有受拉螺栓受力相等，所需的螺栓数目为

$$n = \frac{N}{N_t^b} \tag{3-37}$$

式中　N——螺栓群承受的轴向力；

N_t^b——单个拉力螺栓的承载力设计值，按式（3-28）计算。

5. 螺栓群在弯矩作用下的抗拉计算

图3-55所示为在弯矩M作用下的螺栓群，上部螺栓受拉，使得连接的上部板件有分离的趋势，螺栓群的旋转中和轴下移。通常近似地假定螺栓群绕最下边的一排螺栓旋转，各排螺栓所受的拉力的大小与距最下一排螺栓的距离成正比。因此

$$M = m(N_1^M y_1 + N_2^M y_2 + \cdots + N_n^M y_n)$$

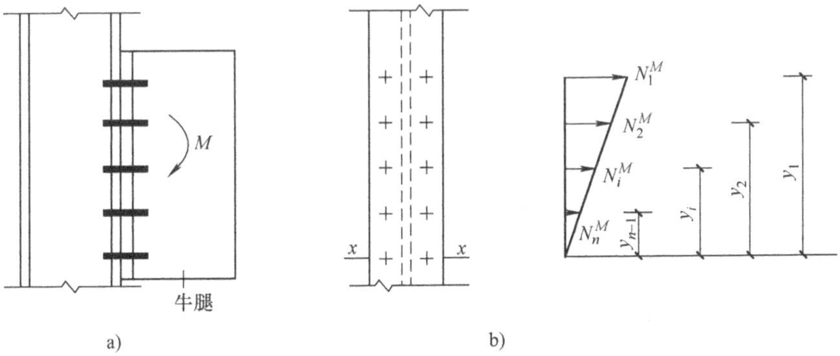

图3-55　在弯矩作用下螺栓群的受力情况

可得螺栓最大内力为

$$N_1^M = My_1/(m\sum y_i^2) \leqslant N_t^b \tag{3-38}$$

式中　m——螺栓排列的列数，在图3-55中$m=2$。

6. 同时承受剪力和拉力的螺栓群的计算

图3-56所示的连接，将作用力V移至螺栓群的形心时，螺栓群同时承受剪力V和弯矩$M=Ve$作用。

1）支托只作为安装时的临时支撑，不传递剪力。在剪力V作用下，各个螺栓均匀受力，每个螺栓受力为

$$N^V = V/n$$

在弯矩M作用下，螺栓群中受力最大的螺栓，按式（3-38）计算其所受拉力

$$N_1^M = My_1/(m\sum y_i^2)$$

螺栓在拉力和剪力共同作用下安全工作的条件应满足下列两式

$$\sqrt{\left(\frac{N^V}{N_v^b}\right)^2 + \left(\frac{N_1^M}{N_t^b}\right)^2} \leqslant 1.0 \tag{3-39}$$

$$N^V \leqslant N_c^b \tag{3-40}$$

式中 N_v^b、N_c^b、N_t^b——单个螺栓的抗剪、抗压和抗拉承载力设计值。

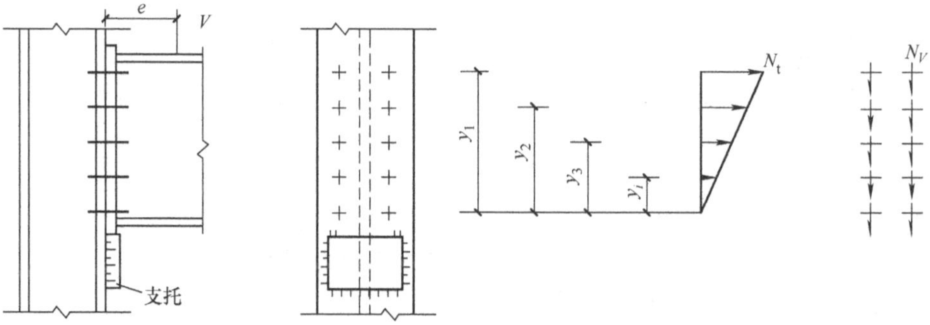

图3-56 剪力和拉力共同作用下螺栓群的受力情况

2）支托是永久性的，此时剪力由支托承受，弯矩由螺栓承受，则螺栓按式（3-38）计算。支托侧面与柱翼缘间采用角焊缝连接，按下式计算

$$\tau_f = \alpha V/(h_e \sum l_w) \leqslant f_f^w (\alpha = 1.25 \sim 1.35) \tag{3-41}$$

【例3-7】 两钢板截面为—18×410，钢材Q235，承受轴心力 $N=1250\text{kN}$（设计值），采用M20普通粗制螺栓拼接，孔径 $d_0=21.5\text{mm}$。试设计此连接。

【解】 1）确定连接盖板截面。采用双盖板拼接，截面尺寸选—10mm×410mm，与被连接钢板截面面积接近且稍大，钢材也为Q235。

2）计算需要的螺栓数目和布置螺栓。

单个螺栓抗剪承载力设计值为

$$N_v^b = n_v \frac{\pi d^2}{4} f_v^b$$

$$= 2 \times \frac{\pi \times 20^2}{4} \times 140 \times 10^{-3}\text{kN} = 87.9\text{kN}$$

单个螺栓抗压承载力设计值为

$$N_c^b = d \sum t f_c^b = 20 \times 18 \times 305 \times 10^{-3}\text{kN} = 109.8\text{kN}$$

连接所需的螺栓数目为

$$n \geqslant N/N_{\min}^b = 1250/87.9 = 14.2$$

取 $n=16$ 个。采用并列布置，如图3-57所示。连接盖板尺寸为—10×410×710。中距、端距、边距均符合构造要求。

$l_0 = 80 \times 3\text{mm} = 240\text{mm} < 15d_0 = 15 \times 21.5\text{mm} = 322.5\text{mm}$

所以 $\beta = 1.0$。

3）验算被连接钢板的净截面强度

被连接钢板Ⅰ—Ⅰ截面受力最大，连接盖板则是Ⅱ—Ⅱ截面受力最大，但后者截面面积稍大，故只验算被连接钢板即可。

$$A_n = A - n_1 d_0 t = (41 \times 1.8 - 4 \times 2.15 \times 1.8)\text{cm}^2 = 58.32\text{cm}^2$$

$$\sigma = \frac{N}{A_n} = \frac{1250 \times 10^3}{58.32 \times 10^2}\text{N/mm}^2 = 214.3\text{N/mm}^2 < 0.7 f_u = 259\text{N/mm}^2 \text{（符合要求）}$$

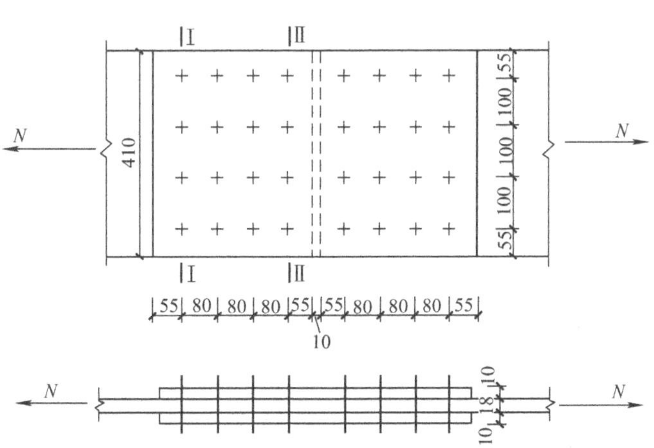

图3-57 例3-7图

【例3-8】 图3-58所示采用普通螺栓连接，钢材为Q235，$F=60\text{kN}$，采用M20普通螺栓（C级），孔径 $d_0=21.5\text{mm}$。试验算此连接的强度。

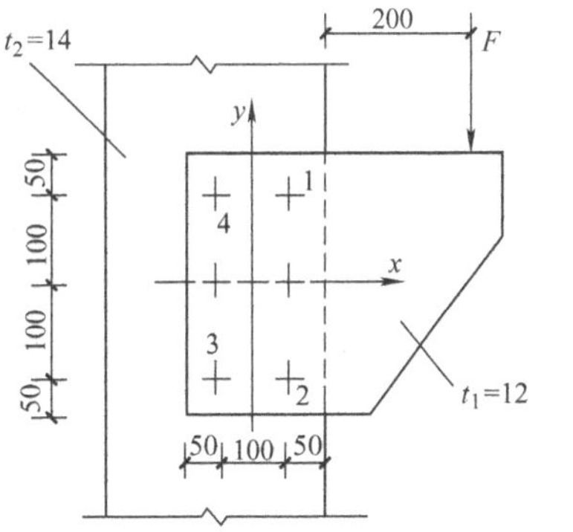

图3-58 例3-8图

【解】 将偏心力 F 向螺栓群形心简化得

$$T=eF=300\times60\text{kN}\cdot\text{mm}=1.8\times10^4\text{kN}\cdot\text{mm}$$

$$V=F=60\text{kN}$$

查附表1-3得，$f_v^b=140\text{N/mm}^2$，$f_c^b=305\text{N/mm}^2$。

单个螺栓的抗剪承载力设计值为

$$N_v^b=n_v\frac{\pi d^2}{4}f_v^b$$

$$=1\times\frac{\pi\times20^2}{4}\times140\times10^{-3}\text{kN}=43.98\text{kN}$$

单个螺栓的抗压承载力设计值为

$$N_c^b=d\sum tf_c^b$$

$$=20\times12\times305\times10^{-3}\text{kN}=73.2\text{kN}$$

在 T 和 V 作用下，1号螺栓所受剪力最大，为

$$N_{1x}^T=\frac{Ty_1}{\sum x_i^2+\sum y_i^2}=\frac{18000\times100}{6\times50^2+4\times100^2}\text{kN}\approx32.72\text{kN}$$

$$N_{1y}^T=\frac{Tx_1}{\sum x_i^2+\sum y_i^2}=\frac{18000\times50}{6\times50^2+4\times100^2}\text{kN}\approx16.36\text{kN}$$

$$N_{1y}^V=V/n=60/6\text{kN}=10\text{kN}$$

$$N_1=\sqrt{(N_{1x}^T)^2+(N_{1y}^T+N_{1y}^V)^2}=\sqrt{32.72^2+(16.36+10)^2}\text{kN}\approx42.19\text{kN}$$

$$N_1<N_{\min}^b=43.98\text{kN}(\text{满足要求})$$

【例3-9】 图3-59所示梁用普通螺栓与柱翼缘相连接，承受外力 $F=200\text{kN}$（设计值），$e=150\text{mm}$，梁端竖板下有承托。钢材采用Q235，螺栓为M20的C级螺栓，孔径 $d_0=21.5\text{mm}$，螺栓布置如图。试按考虑支托传递全部剪力和支托不传递剪力两种情况分别验算

此连接的强度。

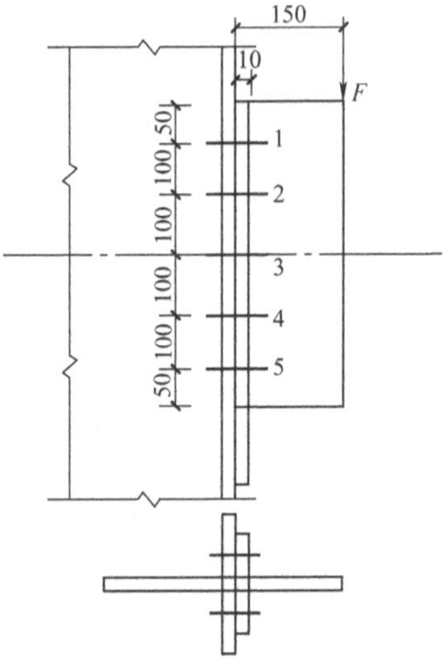

图 3-59 例 3-9 图

【解】 1）将外力 F 向螺栓群形心简化，得

$$V = F = 200\text{kN}$$

$$M = eF = 150 \times 200\text{kN} \cdot \text{mm} = 3 \times 10^4 \text{kN} \cdot \text{mm}$$

剪力 V 全部由承托传递，螺栓群只承受弯矩 M，假设螺栓群绕最下一排螺栓旋转。

单个螺栓抗拉承载力设计值为（A_e 查附表 8-1）

$$N_t^b = \frac{\pi d_e^2}{4} f_t^b = A_e f_t^b = 244.8 \times 170\text{N} = 41616\text{N} = 41.62\text{kN}$$

作用于单个螺栓的最大拉力为

$$N_1^M = \frac{M y_1}{m \sum y_i^2} = \frac{30000 \times 400}{2 \times (100^2 + 200^2 + 300^2 + 400^2)} \text{kN} = 20\text{kN}$$

$$N_1^M < N_t^b$$

承托与柱翼缘的连接焊缝计算：采用侧面角焊缝，焊脚尺寸 $h_f = 8\text{mm}$，则

$$\tau_f = \frac{\alpha V}{h_e \sum l_w} = \frac{1.35 \times 200000}{0.7 \times 8 \times 2 \times 170} \text{N/mm}^2 = 141.8\text{N/mm}^2 < f_f^w = 160\text{N/mm}^2 (\text{满足要求})$$

2）承托不承受剪力，螺栓群同时承受剪力 V 和弯矩 M 作用。螺栓群为拉力和剪力联合作用。

单个螺栓的抗剪承载力设计值为

$$N_v^b = n_v \frac{\pi d^2}{4} f_v^b = 1 \times \frac{\pi \times 20^2}{4} \times 140\text{N} = 43982\text{N} = 43.98\text{kN}$$

$$N_c^b = d \sum t f_c^b = 20 \times 10 \times 305\text{N} = 61000\text{N} = 61\text{kN}$$

$$N_t^b = 41.62\text{kN}$$

单个螺栓的最大拉力为

$$N_1^M = 20\text{kN}$$

单个螺栓的最大剪力为

$$N^V = \frac{V}{n} = \frac{200}{10}\text{kN} = 20\text{kN} < N_c^b = 61\text{kN}$$

螺栓在拉力和剪力联合作用下

$$\sqrt{\left(\frac{N^V}{N_v^b}\right)^2 + \left(\frac{N_1^M}{N_t^b}\right)^2} = \sqrt{\left(\frac{20}{43.98}\right)^2 + \left(\frac{20}{41.62}\right)^2} = 0.66 < 1 \text{（满足要求）}$$

3.8 高强度螺栓连接的工作性能和计算

3.8.1 高强度螺栓的工作性能

高强度螺栓的杆身、螺母和垫圈都要用抗拉强度很高的钢材制作。高强螺栓的性能等级

分为 10.9 级（20MnTiB 钢、ML20MnTiB 钢和 30VB 钢）和 8.8 级（20MnTiB 钢、ML20MnTiB 钢、40B 钢、40Cr、45 号钢、35 号钢、35CrMo 和 35VB）。

高强度螺栓摩擦型连接是依靠被连接构件间的摩擦力传递外力，安装时将螺栓拧紧，使螺杆产生预拉力压紧构件接触面，靠接触面的摩擦力来阻止其相互滑移，以达到传递外力的目的。当剪力等于摩擦力时，即为连接的承载力极限状态。高强度螺栓摩擦型连接与普通螺栓连接的重要区别，就是完全不靠螺杆的抗剪和孔壁的承压来传力，而是靠钢板间接触面的摩擦力传力。

高强度螺栓承压型连接的传力特征是当剪力超过摩擦力时，构件间产生相对滑移，螺杆与孔壁接触，使螺杆受剪和孔壁受压，破坏形式与普通螺栓相同。以螺杆被剪坏或孔壁承压破坏为承载力极限状态。承压型连接承载力高于摩擦型连接，但变形较大，不适用于直接承受动荷载的结构。

高强度螺栓的构造和排列要求，与普通螺栓的构造及排列要求相同。

1. 高强度螺栓的预拉力

高强度螺栓的预拉力是通过扭紧螺母实现的。一般采用扭矩法、转角法和扭剪法。

（1）扭矩法　采用可直接显示扭矩的特制扳手，根据事先测定的扭矩和螺栓拉力之间的关系施加扭矩，使之达到预定预拉力。

（2）转角法　先用人工扳手初拧螺母至拧不动为止，再终拧，即以初拧时拧紧的位置为起点，根据螺栓直径和板叠厚度确定的终拧角度，自动或人工控制旋拧螺母至预定角度，即达到预定的预拉力值。

（3）扭剪法　采用扭剪型高强度螺栓（图 3-60），该螺栓端部设有梅花头，拧紧螺母时，靠拧断螺栓梅花头切口处截面来控制预拉力值。

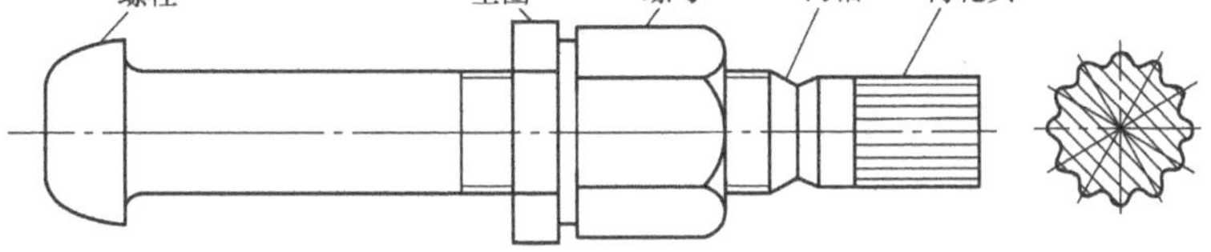

图 3-60　扭剪型高强度螺栓

高强度螺栓预拉力计算时应考虑：①在扭紧螺栓时扭矩使螺栓产生的剪力将降低螺栓的抗拉承载力；②施加预拉力时补偿应力损失的超张拉；③材料抗力的变异。《钢结构设计标准》规定预拉力设计值按下式确定

$$P=\frac{0.9\times0.9}{1.2}\times0.9f_uA_e=0.608f_uA_e \tag{3-42}$$

式中　f_u——高强度螺栓的抗拉强度；

A_e——高强度螺栓的有效截面面积，见附表 8-1。

单个高强度螺栓的预拉力见表 3-8。

2. 高强度螺栓连接的钢材摩擦面抗滑移系数

使用高强度螺栓摩擦型连接时，被连接构件接触面间的摩擦力不仅和螺栓的预拉力有关，还与被连接构件材料及其接触面处理方法所确定的摩擦面抗滑移系数μ有关，常用的处理方法和摩擦面抗滑移系数μ见表3-9。承压型连接的板件接触面只要求清除油污及浮锈。接触面涂红丹或在潮湿、淋雨状态下进行拼装时，摩擦面抗滑移系数将严重降低，故应严格避免，并应采取措施保证连接处表面干燥。

表3-8 单个高强度螺栓的预拉力 *P* （单位：kN）

螺栓的强度等级	螺栓公称直径					
	M16	M20	M22	M24	M27	M30
8.8级	80	125	150	175	230	280
10.9级	100	155	190	225	290	355

表3-9 钢材摩擦面的抗滑移系数μ

在连接处构件接触面的处理方法	构件的钢材牌号		
	Q235	Q345 或 Q390	Q420 或 Q460
喷硬质石英砂或铸钢棱角砂	0.45	0.45	0.45
抛丸（喷砂）	0.40	0.40	0.40
钢丝刷清除浮锈或未经处理的干净轧制表面	0.30	0.35	—

注：1. 钢丝刷除锈方向应与受力方向垂直。
2. 当连接构件采用不同钢材牌号时，μ按相应较低强度者取值。
3. 采用其他方法处理时，其处理工艺及抗滑移系数值均需经试验确定。

3.8.2 高强度螺栓连接的抗剪计算

1. 高强度螺栓摩擦型连接的抗剪承载力设计值

高强度螺栓承受剪力时的设计准则是外力不超过摩擦力。每个螺栓的摩擦阻力大小与摩擦面抗滑移系数μ、螺栓预拉力P及摩擦面数目n_f成正比。所以每个螺栓的摩擦阻力应为$n_f\mu P$。考虑整个连接中各螺栓受力的不均匀性，乘以系数α_R，即得单个高强度螺栓的抗剪承载力设计值为

$$N_v^b = 0.9kn_f\mu P \tag{3-43}$$

式中 k——孔型系数，标准孔取1.0，大圆孔取0.85，内力与槽孔长向垂直时取0.7，内力与槽孔长向平行时取0.6；

n_f——传力摩擦面数目；

μ——摩擦面的抗滑移系数，按表3-8采用；

P——单个高强度螺栓的预拉力设计值，按表3-7采用。

2. 高强度螺栓承压型连接的抗剪承载力设计值

高强度螺栓承压型连接受剪时，其最后的破坏形式与普通螺栓相同，因此，在抗剪连接中，每个高强度螺栓承压型连接的抗剪承载力设计值的计算方法与普通螺栓相同，承载力设计值仍按式（3-26）和式（3-27）计算，只是式中的f_v^b、f_c^b用承压型高强度螺栓的强度设计值。但当剪切面在螺纹处时，其受剪承载力设计值应按螺纹处的有效面积进行计算。

3. 高强度螺栓群连接的计算

（1）轴力作用下的计算（图3-61） 轴力N通过螺栓群形心，每个摩擦型连接的高强

度螺栓的受力应满足

$$\frac{N}{n}\leqslant N_{\mathrm{v}}^{\mathrm{b}} \tag{3-44}$$

式中 $N_{\mathrm{v}}^{\mathrm{b}}$——单个高强度螺栓的抗剪承载力，按式（3-43）计算。

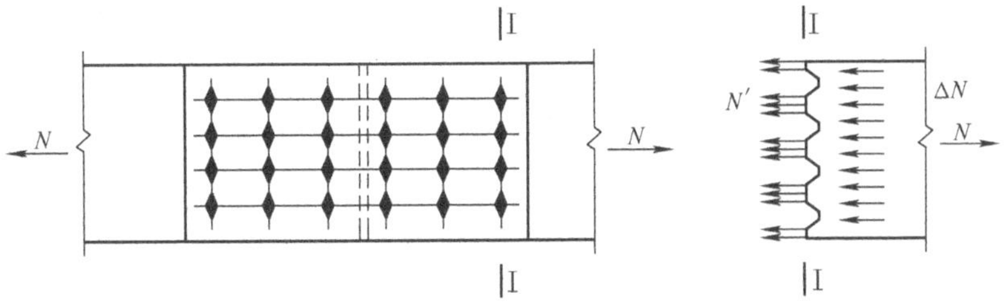

图3-61 轴力作用下的高强度螺栓连接

高强度螺栓摩擦型连接中的构件净截面强度计算与普通螺栓连接不同，要考虑由于摩擦阻力作用，一部分剪力已由孔前摩擦面传递，所以净截面1—1上的拉力 $N'<N$。根据试验结果，孔前传力系数可取0.5，即第一排高强度螺栓分担的内力，已有50%在孔前摩擦面中传递。则构件1—1净截面所传内力为

$$N'=N\left(1-\frac{0.5n_1}{n}\right) \tag{3-45}$$

式中 n_1——计算截面（最外列螺栓处）上的螺栓数；

n——连接一侧的螺栓总数。

然后按式（3-30）验算净截面强度。

对高强度螺栓承压型连接，构件净截面强度验算和普通螺栓连接相同。

（2）在扭矩作用下及扭矩、剪力和轴力共同作用下的计算　高强度螺栓群在扭矩作用下及扭矩、剪力和轴力共同作用下抗剪计算方法与普通螺栓相同，单个螺栓承受的剪力值应不大于高强度螺栓的承载力设计值。

【例3-10】 如图3-62所示，采用8.8级M20摩擦型高强度螺栓，钢材Q235，接触面采用喷硬质石英砂处理，螺栓孔孔型为标准孔，$d_0=21.5\mathrm{mm}$，螺栓排列如图。试求此连接能承受的最大轴心力。

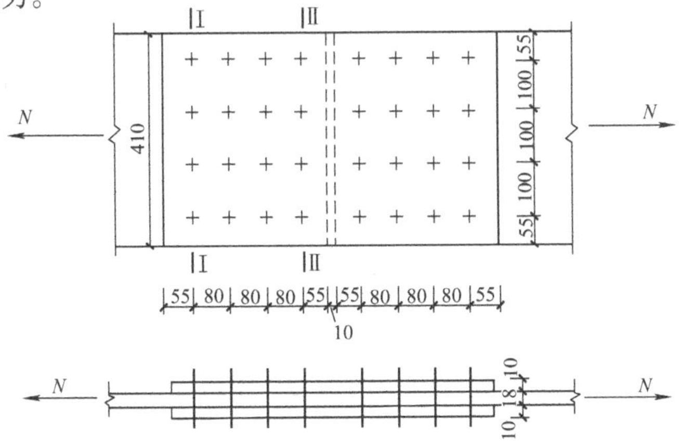

图3-62 例3-10图

【解】 1）确定摩擦型高强度螺栓所能承受的最大轴心力设计值。根据已知条件，查表3-8、表3-9得，$P=125\text{kN}$，$\mu=0.45$。

$$l_1=240\text{mm}<15d_0=322.5\text{mm}，故取\beta=1.0$$

单个螺栓的抗剪承载力设计值

$$N_v^b=0.9k\mu n_f P=0.9\times1.0\times0.45\times2\times125\text{kN}=101.25\text{kN}$$

所以一侧螺栓所能承担的轴心力为

$$N=nN_v^b=16\times101.25\text{kN}=1620\text{kN}$$

2）构件Ⅰ—Ⅰ截面所能承受的最大轴心力为

$$A_n=(410\times18-4\times21.5\times18)\text{mm}^2=5832\text{mm}^2$$

$$N'=\left(1-0.5\times\frac{n_1}{n}\right)N=\left(1-0.5\times\frac{4}{16}\right)N=0.875N$$

由$\dfrac{N'}{A_n}\leqslant0.7f_u$，$f_u=370\text{N/mm}^2$得

$$N=5832\times0.7\times370\times10^{-3}/0.875\text{kN}=1726\text{kN}$$

此连接所能承受的最大轴心力设计值为$N_{max}=1620\text{kN}$。

3.8.3 高强度螺栓连接的抗拉计算

1. 高强度螺栓连接的抗拉工作性能

高强度螺栓连接由于预拉力作用，构件间在承受外力作用前已经有较大的挤压力，高强度螺栓受到外拉力作用时，首先要抵消这种挤压力，在克服挤压力之前，螺杆的预拉力基本不变。

如图3-63所示，高强度螺栓在外力作用之前，螺杆受预拉力P，钢板接触面上产生挤压力C，因钢板刚度很大，挤压应力分布均匀。挤压力C与预拉力P相平衡，即

$$C=P \tag{a}$$

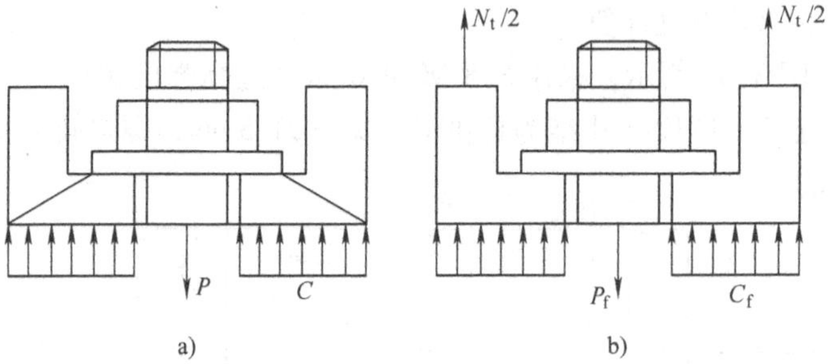

图3-63 高强度螺栓受拉

a）外力作用前 b）外力N_t作用时

在外力N_t作用下，螺栓拉力由P增至P_f，钢板接触面上挤压力由C降至C_f，由平衡条件得

$$P_f=C_f+N_t \tag{b}$$

在外力作用下，根据变形协调，螺杆的伸长量应等于构件压缩的恢复量。设螺杆截面面

积为 A_b，钢板厚度为 δ，钢板挤压面积为 A_p，由变形关系可得

$$\Delta b=\Delta P \tag{c}$$

其中 $\Delta b=(P_f-P)\delta/EA_b,\Delta P=(C-C_f)\delta/EA_p$

式中　Δb——螺栓在 δ 长度内的伸长量；

ΔP——钢板在 δ 长度内的恢复量。

将式（a）、式（b）代入式（c）得

$$P_f=P+\frac{N_t}{1+A_b/A_p} \tag{e}$$

一般 $A_p>A_b$，上式右边第二项约等于第一项的 0.05～0.1，因此可以认为 $P_f\approx1.1P$。

2. 高强度螺栓连接中抗拉连接计算

试验表明，当外拉力过大时，卸荷后螺栓将发生松弛现象，这对连接抗剪性能是不利的，因此《钢结构设计标准》规定，单个高强度螺栓抗拉承载力不得大于 0.8P，即

$$N_t\leqslant N_t^b=0.8P \tag{3-46}$$

式中　P——高强度螺栓的预拉力。

在承压型连接中，单个高强度螺栓抗拉承载力设计值 N_t^b 的计算方法与普通螺栓相同。

在外力 N 作用下，N 通过螺栓群形心，每个螺栓所受外力相同，单个螺栓受力应满足

$$\frac{N}{n}\leqslant N_t^b \tag{3-47}$$

式中　n——高强度螺栓数。

如图 3-64 所示连接，高强度螺栓群在弯矩 M 作用下，由于高强度螺栓预拉力很大，被连接面一直保持紧密贴合，可认为螺栓群的中和轴位于螺栓群的形心轴线上。这种情况以板不被拉开为条件，得

$$N_1^M=My_1/(m\sum y_i^2)\leqslant N_t^b \tag{3-48}$$

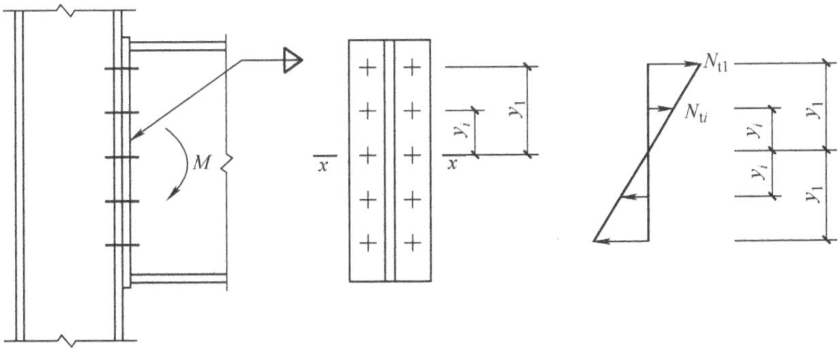

图 3-64　高强度螺栓群在弯矩 M 作用下

3. 同时承受拉力和剪力作用的高强度螺栓连接的计算

高强度螺栓摩擦型连接，随着外力的增大，构件接触面挤压力由 P 变为 $P-N_t$，每个螺栓的抗剪承载力也随之减小，同时摩擦系数下降。考虑这个影响，《钢结构设计标准》规定，当高强度螺栓摩擦型连接同时承受摩擦面间的剪力和螺栓杆轴方向的外拉力时，其承载力按下式计算

$$\frac{N_v}{N_v^b}+\frac{N_t}{N_t^b}\leqslant 1 \tag{3-49}$$

同时承受剪力和杆轴方向拉力的高强度螺栓承压型连接，应按下式计算

$$\sqrt{\left(\frac{N_v}{N_v^b}\right)^2+\left(\frac{N_t}{N_t^b}\right)^2}\leqslant 1.0 \tag{3-50}$$

$$N_v\leqslant N_c^b/1.2 \tag{3-51}$$

式中　N_v、N_t——每个高强度螺栓承受的剪力和拉力；

N_v^b、N_t^b、N_c^b——单个高强度螺栓的抗剪、抗拉和抗压承载力设计值。

式（3-51）右边分母1.2是考虑螺栓杆轴方向的外拉力使孔壁承压强度的设计值有所降低。

高强度螺栓承压型连接仅用于承受静荷载和间接承受动荷载的连接中。

【例3-11】　被连接构件钢材为Q235B，8.8级M20的高强度螺栓，接触面采用抛丸处理，螺栓孔为标准孔。试验算图3-65所示高强度螺栓摩擦型连接的强度是否满足设计要求。

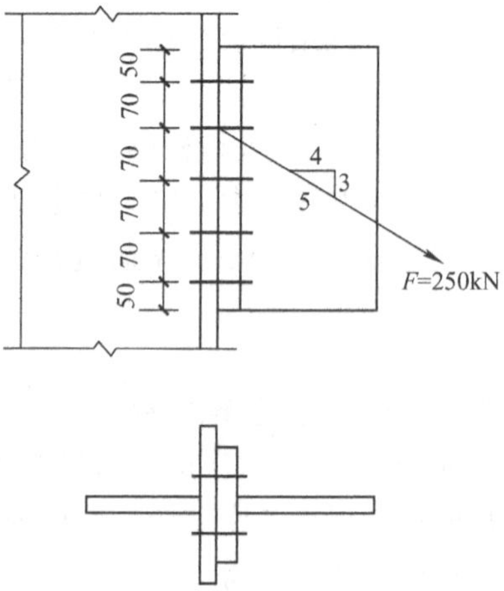

图3-65　例3-11图

【解】　8.8级M20的高强度螺栓，查表3-6、表3-7得高强度螺栓预拉力 $P=125\text{kN}$，抗滑移系数 $\mu=0.40$。

作用于螺栓群形心处的内力为

$$N=\frac{4}{5}F=\frac{4}{5}\times 250\text{kN}=200\text{kN}$$

$$V=\frac{3}{5}F=\frac{3}{5}\times 250\text{kN}=150\text{kN}$$

$$M=Ne=200\times 70\text{kN}\cdot\text{mm}=14000\text{kN}\cdot\text{mm}$$

单个高强度螺栓的承载力设计值

$$N_t^b=0.8P=0.8\times 125\text{kN}=100\text{kN}$$

$$N_v^b=0.9kn_f\mu P=0.9\times 1\times 0.4\times 125\text{kN}=39.4\text{kN}$$

最上排单个螺栓承受的内力

$$N_t=\frac{N}{n}+\frac{My}{m\sum y_i^2}=\frac{200}{10}+\frac{14000\times 140}{2\times 2\times(70^2+140^2)}\text{kN}=40\text{kN}$$

$$N_v=\frac{V}{n}=\frac{150}{10}\text{kN}=15\text{kN}$$

同时承受拉力和剪力的高强度螺栓承载力验算

$$\frac{N_v}{N_v^b}+\frac{N_t}{N_t^b}=\frac{15}{39.4}+\frac{40}{100}=0.78<1\ （满足要求）$$

3.9 轻型钢结构紧固件的构造和计算

可用于轻型钢结构的连接方式很多，除了前面介绍的焊接和螺栓连接外，还可以采用抽芯铆钉、射钉、自攻螺钉、焊钉（栓钉）及锚栓等连接方式。抽芯铆钉、射钉和自攻螺钉主要用于薄板之间以及薄板与冷弯型钢构件之间的紧密连接，如压型钢板与梁连接，具有安装操作方便的特点。焊钉用于混凝土与钢板连接，使两种材料能共同工作。锚栓主要用于钢柱脚与基础连接。本节主要介绍抽芯铆钉、射钉和自攻螺钉的构造要求与计算。

3.9.1 轻型钢结构紧固件的构造要求

1. 抽芯铆钉（拉铆钉）

抽芯铆钉的适用直径为2.6～6.4mm，在受力蒙皮结构中宜选用直径不小于4mm的抽芯铆钉。抽芯铆钉的钉头部分应靠在较薄的板件一侧连接。多个抽芯铆钉在板件上排列时，其中距和端距不得小于抽芯铆钉直径的3倍，边距不得小于1.5倍直径，可参照图3-45。在受力连接中，抽芯铆钉数量不宜少于2个。

2. 射钉

射钉只用于薄板与支承构件（即基材，如檩条）的连接。射钉的适用直径为3.7～6.0mm。射钉的间距不得小于射钉直径的4.5倍，且其中距不得小于20mm，到基材的端部和边缘的距离不得小于15mm。射钉的穿透深度（指射钉尖端到基材表面的深度，如图3-66所示）应不小于10mm。

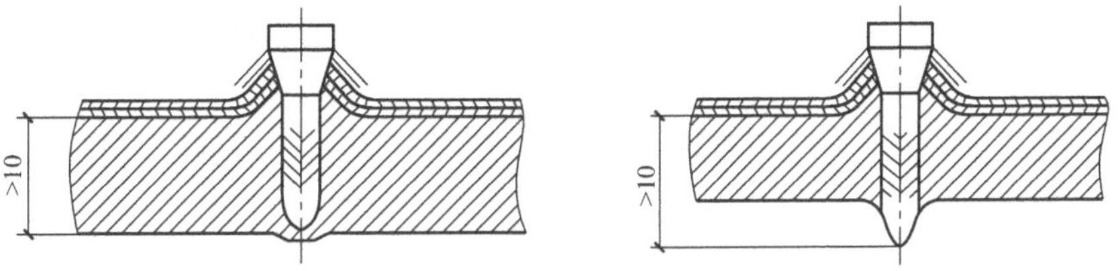

图3-66 射钉的穿透深度

基材的屈服强度应不小于150N/mm²，被连钢板的最大屈服强度应不大于360N/mm²。基材和被连钢板的厚度应满足表3-10和表3-11的要求。在抗拉连接中，射钉的钉头或垫圈直径不得小于14mm；且应通过试验保证连接件由基材中的拔出强度不小于连接件的抗拉承载力设计值。

表3-10 基材的最小厚度

射钉直径 d/mm	$3.7 \leqslant d < 4.5$	$4.5 \leqslant d < 5.2$	$d \geqslant 5.2$
最小厚度/mm	4.0	6.0	8.0

3. 自攻螺钉

自攻螺钉是一种带有钻头的螺钉，通过专用的电动工具施工，钻孔、攻丝、固定、锁紧一次完成。自攻螺钉的适用直径为3.0～8.0mm，在受力蒙皮结构中宜选用直径不小于5mm的自攻螺钉。自攻螺钉主要用于一些较薄板件的连接与固定，如彩钢板与彩钢板的连接，彩钢板与檩条、墙梁的连接等，其穿透能力一般不超过6mm，最大不超过12mm。它的钉头部分应靠在较薄的板件一侧。

自攻螺钉与抽芯铆钉的排列要求相同；在抗拉连接中，自攻螺钉的钉头或垫圈直径以及由基材中的拔出强度要求均与射钉相同。

表 3-11 被连钢板的最大厚度

射钉直径 d/mm	$3.7 \leqslant d < 4.5$	$4.5 \leqslant d < 5.2$	$d \geqslant 5.2$
单一方向	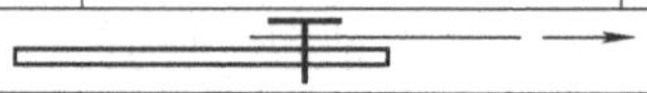		
单层被固定钢板最大厚度/mm	1.0	2.0	3.0
多层被固定钢板最大厚度/mm	1.4	2.5	3.5
相反方向	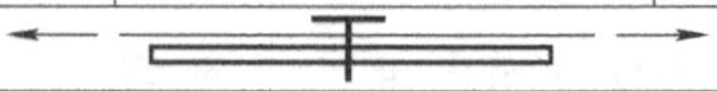		
所有被固定钢板最大厚度/mm	2.8	5.0	7.0

被连板件上安装自攻螺钉（非自钻自攻螺钉）用的钻孔孔径直接影响连接的强度和柔度。自攻螺钉连接的板件上的预制孔径 d_0 应符合下列要求

$$d_0 = 0.7d + 0.2t_t \tag{3-52}$$

且

$$d_0 \leqslant 0.9d \tag{3-53}$$

式中 d——自攻螺钉的公称直径（mm）；

t_t——被连接板的总厚度（mm）。

3.9.2 轻型钢结构紧固件承载力计算

大量试验表明，承受拉力的压型钢板与冷弯型钢等支承构件间的紧固件有可能被从基材中拔出而失效；也可能被连接的薄钢板沿连接件头部被剪脱或拉脱而失效。后者在承受风力作用时有可能出现疲劳破坏，因此遇风组合作用时，连接件的抗剪脱和抗拉脱的抗拉承载力设计值取静荷载作用时的一半。考虑连接件在压型钢板波谷的不同部位设置时，可能产生的杠杆力和两个连接件传力不等而带来的不利影响，可采用不同的折减系数。试验表明传递剪力的连接不存在遇风组合的疲劳问题，抗剪连接的破坏模式主要以被连接板件的撕裂和连接件的倾斜拔出为主。单个连接件的抗剪承载力设计值仅与被连板件的厚度和其屈服强度的标准值以及连接件的直径有关。

用于压型钢板之间和压型钢板与冷弯型钢构件之间紧密连接的抽芯铆钉（拉铆钉）、射钉和自攻螺钉连接的承载力可按压型钢板与冷弯型钢等支承构件之间的连接件的受力形式来分别计算。

1. 抗拉承载力计算

自攻螺钉或射钉在其杆轴方向受拉的连接中，每个自攻螺钉或射钉的抗拉承载力设计值按下列公式计算：

1）当只受静荷载作用时 $$N_t^f = 17tf \tag{3-54}$$

2）当受含有风荷载的组合荷载作用时 $$N_t^f = 8.5tf \tag{3-55}$$

式中 N_t^f——单个自攻螺钉或射钉的抗拉承载力设计值（N）；

t——紧挨钉头侧的压型钢板厚度（mm），应满足 $0.5\text{mm} \leqslant t \leqslant 1.5\text{mm}$；

f——被连接钢板的抗拉强度设计值（N/mm^2）。

3）当连接件位于压型钢板波谷的一个四分点时（图3-67b），其抗拉承载力设计值应乘以折减系数0.9；当两个四分点均设置连接件时（图3-67c），则应乘以折减系数0.7。

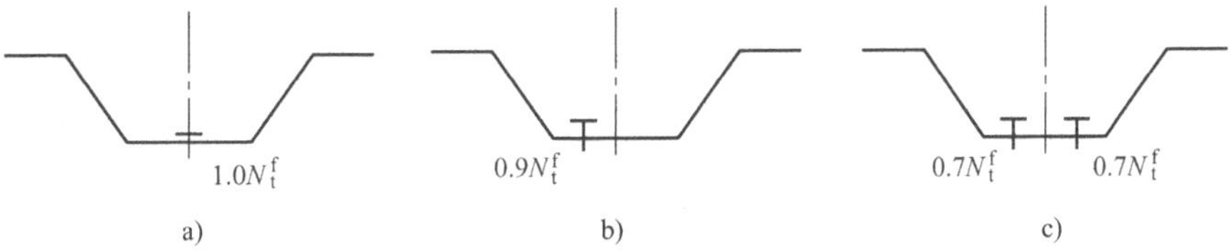

图3-67 压型钢板连接

4）自攻螺钉在基材中的钻入深度t_c应大于0.9mm，其所受的拉力除不应大于1）、2）条件外还应不大于按下式计算的抗拉承载力设计值。

$$N_t^f = 0.75 t_c d f \tag{3-56}$$

式中 d——自攻螺钉的直径（mm）；

t_c——钉杆的圆柱状螺纹部分钻入基材中的深度（mm）；

f——基材的抗拉强度设计值（N/mm^2）。

2. 抗剪承载力计算

当连接件受剪时，每个连接件所承受的剪力应不大于按下列公式计算的抗剪承载力设计值：

1）抽芯铆钉、自攻螺钉：

当$\frac{t_1}{t}=1$时

$$N_v^f = 3.7\sqrt{t^3 df}，且 \quad N_v^f \leqslant 2.4tdf \tag{3-57}$$

当$\frac{t_1}{t} \geqslant 2.5$时：

$$N_v^f = 2.4tdf \tag{3-58}$$

当$1<\frac{t_1}{t}<2.5$时，N_v^f可由式（3-57）和式（3-58）插值求得。

式中 N_v^f——单个连接件的抗剪承载力设计值（N）；

d——铆钉或螺钉直径（mm）；

t——较薄板（钉头接触侧的钢板）的厚度（mm）；

t_1——较厚板（在现场形成钉头一侧的板或钉尖侧的板）的厚度（mm）；

f——被连接钢板的抗拉强度设计值（N/mm^2）。

2）射钉

$$N_v^f = 3.7tdf \tag{3-59}$$

式中 t——被固定的单层钢板的厚度（mm）；

d——射钉直径（mm）；

f——被固定钢板的抗拉强度设计值（N/mm^2）。

当抽芯铆钉或自攻螺钉用于压型钢板端部与支承构件（如檩条）的连接时，其抗剪承载力设计值应乘以折减系数0.8。

同时承受剪力和拉力作用的自攻螺钉和射钉连接，应符合下式要求

$$\sqrt{\left(\frac{N_v}{N_v^f}\right)^2+\left(\frac{N_t}{N_t^f}\right)^2}\leqslant 1.0 \tag{3-60}$$

式中 N_v、N_t——单个连接件所承受的剪力和拉力；

N_v^f、N_t^f——单个连接件的抗剪和抗拉承载力设计值。

思 考 题

3-1 简述钢结构连接的类型及特点。

3-2 受剪普通螺栓有哪几种可能的破坏形式？如何防止？

3-3 简述普通螺栓连接与高强度螺栓摩擦型连接在弯矩作用下计算时的异同点。

3-4 螺栓的排列有哪些形式和规定？为何要规定螺栓排列的最大和最小间距要求？

3-5 影响高强螺栓承载力的因素有哪些？

3-6 角焊缝的尺寸有哪些要求？为什么？

3-7 焊缝质量级别如何划分和应用？

3-8 对接焊缝如何计算？在什么情况下对接焊缝可不必计算？

3-9 说明常用焊缝符号表示的意义。

3-10 焊接残余应力和残余变形对结构工作有什么影响？

习 题

3-1 图3-68所示的对接焊缝连接，钢材为Q235，焊条E43型，手工焊，焊缝质量为三级，施焊时加引弧板。已知 $f_t^w=185\text{N/mm}^2$，$f_c^w=215\text{N/mm}^2$，试求此连接能承受的最大荷载。

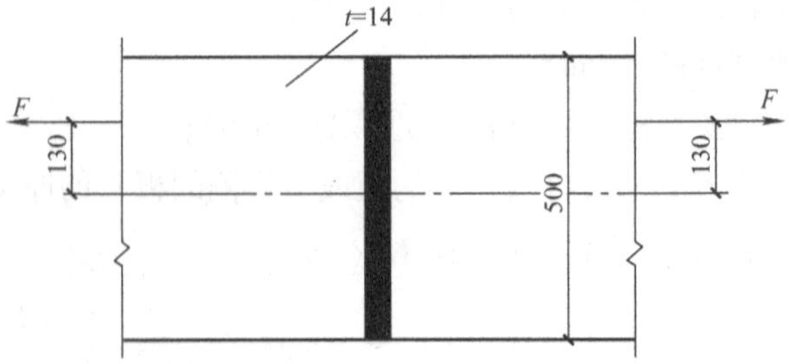

图3-68 习题3-1

3-2 如图3-69所示，双角钢（长肢相连）和节点板用直角角焊缝相连，采用三面围焊，钢材为Q235，手工焊，焊条E43型，$h_f=8\text{mm}$。试求此连接能承担的最大静力N?

3-3 图3-70所示角钢支托与柱用侧面角焊缝连接，焊脚尺寸 $h_f=10\text{mm}$，钢材为Q345，焊条为E50型，手工焊。试计算焊缝能承受的最大静力荷载设计值F（焊缝有绕角，

焊缝长度可以不减去 $2h_f$)。

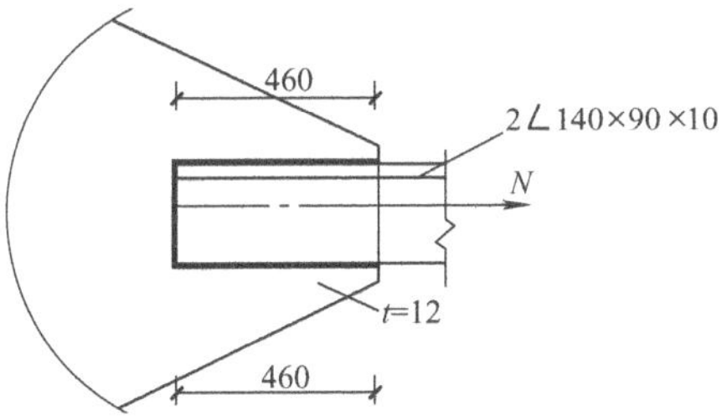

图3-69 习题3-2

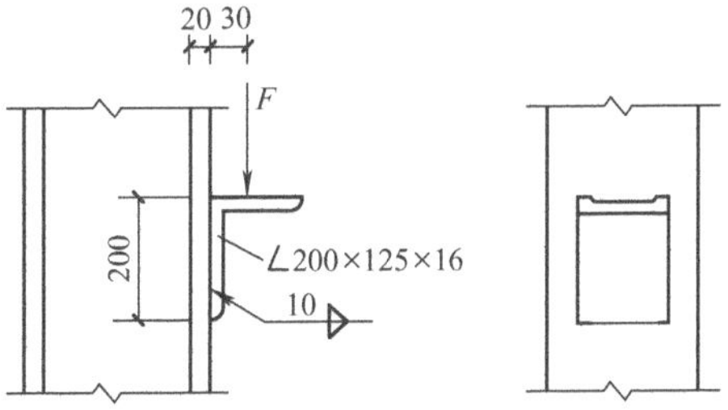

图3-70 习题3-3

3-4 图3-71所示的连接节点，斜杆承受轴向拉力设计值 $N=250\text{kN}$（静荷载），钢材采用Q235BF，E43型手工焊条；螺栓连接为M22C级普通螺栓；与角钢相连节点板厚度 $t_1=10\text{mm}$，柱翼缘及与柱相连节点板厚度 $t_2=10\text{mm}$。

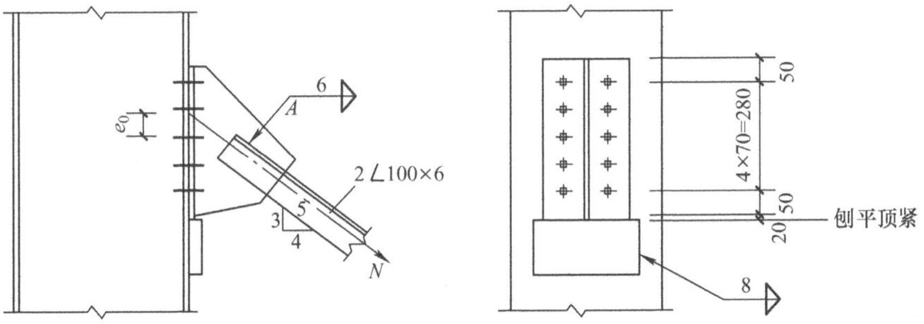

图3-71 习题3-4

(1) 计算双面角焊缝 A 的长度。

(2) 当偏心距 $e_0=60\text{mm}$ 时，翼缘板与柱能否采用10个普通螺栓连接？

3-5 图3-72所示连接，承受静荷载设计值 $P=300\text{kN}$，$N=240\text{kN}$，钢材为Q235BF，焊条为E43型，$f_f^w=160\text{N/mm}^2$。试计算图3-72所示角焊缝连接的焊脚尺寸。

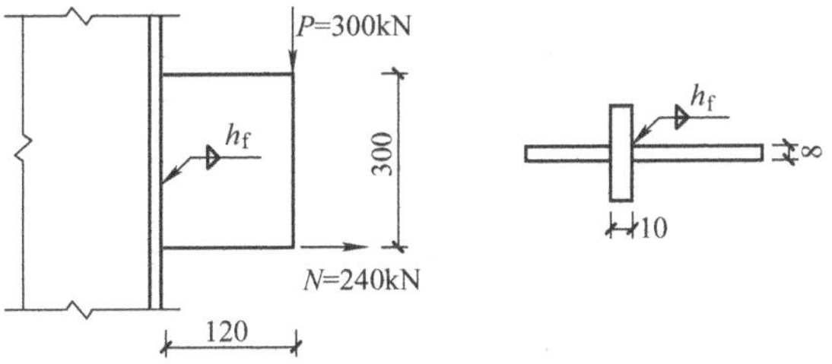

图3-72 习题3-5

3-6 两被连接钢板为 -510×18，钢材为Q235，承受轴心拉力 $N=1500\text{kN}$（设计值），对接处用双盖板并采用M22的C级普通螺栓拼接。试设计此连接。

3-7 按高强度螺栓摩擦型连接和承压型连接设计习题3-6中钢板的拼接，采用8.8级M20（$d_0=22\text{mm}$）的高强度螺栓，孔型为标准孔，接触面采用喷硬质石英砂处理。

（1）确定连接盖板的截面尺寸。

（2）计算需要的螺栓数目。如何布置？

（3）验算被连接钢板的强度。

3-8 试验算图 3-73 所示的高强度螺栓摩擦型连接。钢材为 Q235，螺栓为 10.9 级，M20，孔型为标准孔，连接接触面采用抛丸处理。

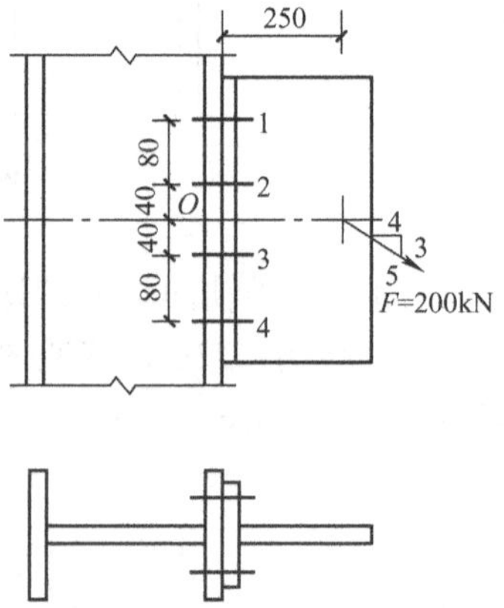

图 3-73 习题 3-8

第 4 章 轴心受力构件

轴心受力构件主要用于承重钢结构，如桁架和网架等。轴心受压构件常用于工业建筑的平台、其他结构的支柱及各种支撑。

轴心受力构件的截面形式较多（图 4-1），依据截面的组成情况可以分为三种。第一种是热轧型钢截面（图 4-1a），包括圆钢、圆管、方管、角钢、工字钢、T 型钢和槽钢等；第二种是冷弯薄壁型钢截面（图 4-1b），包括带卷边或不带卷边的角形、槽形截面和方管等；第三种是用型钢和钢板连接而成的组合截面，有实腹式焊接截面（图 4-1c）和格构式组合截面（图 4-1d）。

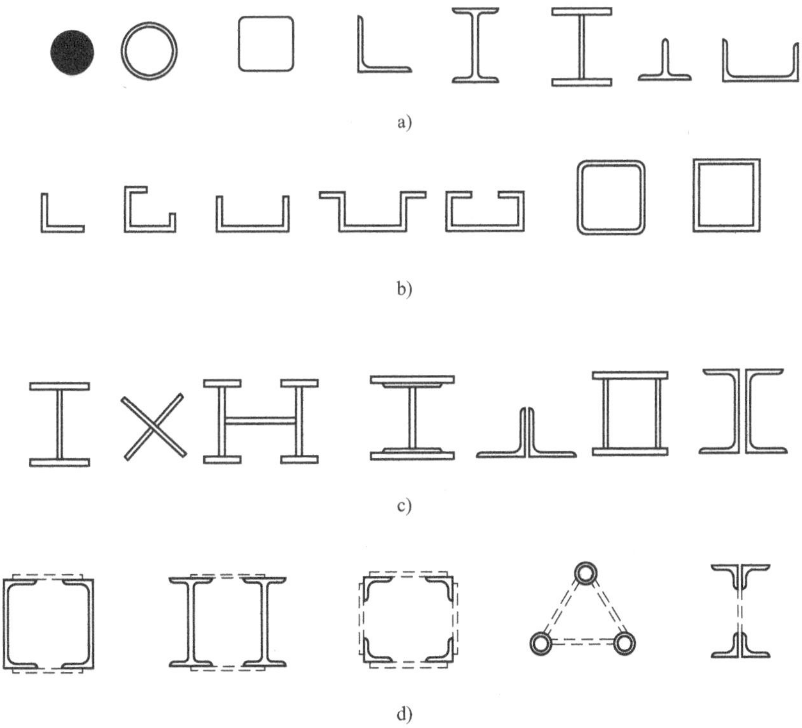

图 4-1　轴心受力构件的截面形式

a）热轧型钢截面　b）冷弯薄壁型钢截面　c）实腹式焊接截面　d）格构式组合截面

4.1 轴心受力构件的强度和刚度

4.1.1 强度计算

轴心受力构件的强度是以截面的平均应力达到钢材的屈服应力为极限。但当构件的截面有局部削弱时，截面上的应力分布不再是均匀的，在孔洞附近有图 4-2a 所示的应力集中现象，在弹性阶段，孔壁边缘的最大应力 σ_{max}可能达到构件毛截面平均应力 σ_0 的 3 倍。若拉力继续增加，当孔壁边缘的最大应力达到材料的屈服强度以后，应力不再继续增加而只发展塑性变形，截面上的应力产生塑性重分布，最后达到均匀分布（图 4-2b）。因此，对于有孔洞削弱的轴心受力构件，以其净截面的平均应力达到其抗拉强度最小值的 0.7 倍作为设计时的控制值。这就要求在设计时应选用具有良好塑性性能的材料。

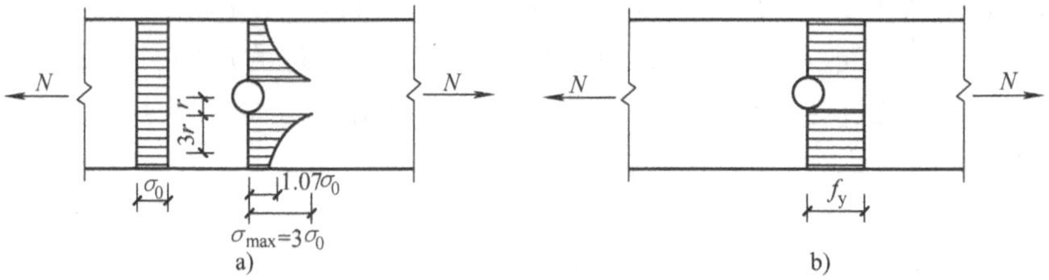

图 4-2 孔洞处截面应力分布

a）弹性状态应力 b）极限状态应力

对轴心受拉构件的强度计算，《钢结构设计标准》规定毛截面的平均应力不应超过钢材的抗拉强度设计值；净截面的平均应力不应超过钢材的抗拉强度最小值的 0.7 倍。从构件的受力性能看，一般是偏于安全的。轴心受拉构件的强度计算公式是

毛截面屈服
$$\sigma=\frac{N}{A}\leqslant f \tag{4-1}$$

净截面断裂
$$\sigma=\frac{N}{A_n}\leqslant 0.7f_u \tag{4-2}$$

式中 N——计算截面处的拉力设计值；

A——构件的毛截面面积；

A_n——构件的最不利净截面面积；

f——钢材的抗拉强度设计值，见附表 1-1；

f_u——钢材的抗拉强度最小值。

当轴心受拉构件采用螺栓（或铆钉）连接时，应按式（4-2）计算最危险处的净截面强度。当构件为沿全长都有排列较密螺栓的组合构件时，其截面强度应按下式计算

$$\sigma=\frac{N}{A_n}\leqslant f \tag{4-3}$$

对于摩擦型高强度螺栓连接的杆件，应考虑截面上每个螺栓所传之力的一部分已经由摩擦力在孔前传走，净截面上所受内力应按式（3-45）计算，然后按式（4-2）计算最危险处的净截面强度。

轴心受压构件，当端部连接及中部拼接处组成截面的各板件都有连接件直接传力时，截面强度应按式（4-1）计算；但含有虚孔的构件尚需在孔心所在截面按式（4-2）计算。

轴心受力构件在节点或拼接处非全截面直接传力时，应对危险截面的面积乘以有效截面系数 η，取值见附录附表10-1。

4.1.2 刚度计算

为满足结构的正常使用要求，轴心受力构件不应做得过分柔细，以免产生过度变形。轴心受拉和受压构件的刚度是以保证其长细比限值 λ 来实现的，即

$$\lambda=\frac{l_0}{i}\leqslant[\lambda] \tag{4-4}$$

式中 λ——构件的最大长细比；

l_0——构件的计算长度；

i——截面的回转半径；

$[\lambda]$——构件的允许长细比，见表4-1及表4-2。

当构件的长细比太大时，会产生下列不利影响：

1）在运输和安装过程中产生弯曲或过大的变形。

2）使用期间因其自重而明显下挠。

3）在动力荷载作用下发生较大的振动。

4）压杆的长细比过大时，除具有前述各种不利因素外，还使得构件的极限承载力显著降低，同时，初弯曲和自重产生的挠度也将给构件的整体稳定带来不利影响。

《钢结构设计标准》在总结了钢结构长期使用经验的基础上，根据构件的重要性和荷载情况，对受拉和受压构件的允许长细比规定了不同的要求和数值，分别见表4-1和表4-2。比较表4-1和表4-2可发现《钢结构设计标准》对压杆允许长细比的规定更为严格。

表4-1 受拉构件的允许长细比

项次	构件名称	承受静荷载或间接承受动荷载的结构			直接承受动荷载的结构
		一般建筑结构	对腹杆提供平面外支点的弦杆	有重级工作制起重机的厂房	
1	桁架的杆件	350	250	250	250
2	吊车梁或吊车桁架以下的柱间支撑	300	—	200	—
3	其他拉杆、支撑、系杆等（张紧的圆钢除外）	400	—	350	—

注：1. 除对腹杆提供平面外支点的弦杆外，承受静荷载的结构受拉构件，可仅计算竖向平面内的长细比。

2. 在直接或间接承受动荷载的结构中，计算单角钢受压构件的长细比时，应采用角钢的最小回转半径，但计算在交叉点相互连接的交叉杆件平面外的长细比时，可采用与角钢肢边平行轴的回转半径。

3. 中、重级工作制吊车桁架下弦杆的长细比不宜超过200。

4. 在设有夹钳或刚性料耙等硬钩起重机的厂房中，支撑的长细比不宜超过300。

5. 受拉构件在永久荷载与风荷载组合作用下受压时，其长细比不宜超过250。

6. 跨度等于或大于60m的桁架，其受拉弦杆和腹杆的允许长细比值不宜超过300（承受静荷载或间接承受动荷载）或250（直接承受动荷载）。

表 4-2 受压构件的允许长细比

项次	构 件 名 称	允许长细比
1	轴心受压柱、桁架和天窗架中的杆件	150
	柱的缀条、吊车梁或吊车桁架以下的柱间支撑	
2	支撑（吊车梁或吊车桁架以下的柱间支撑除外）	200
	用以减少受压构件长细比的杆件	

注：1. 桁架（包括空间桁架）的受压腹杆，当其内力等于或小于承载能力的50%时，允许长细比可取200。

2. 计算单角钢受压构件的长细比时，应采用角钢的最小回转半径。但计算在交叉点相互连接的交叉杆件平面外的长细比时，可采用与角钢肢边平行轴的回转半径。

3. 跨度等于或大于60m的桁架，其受压弦杆、端压杆和直接承受动荷载的受压腹杆的允许长细比不宜大于120。

4. 计算长细比时，可不考虑扭转效应。

4.1.3 轴心拉杆的设计

受拉构件没有整体稳定和局部稳定问题，极限承载力一般由强度控制，所以，设计时只考虑强度和刚度。

钢材比其他材料更适合于受拉，所以钢拉杆不但用于钢结构，还用于钢与钢筋混凝土或木材的组合结构中。此种组合结构的受压构件用钢筋混凝土或木材制作，而拉杆用钢材做成。

【例 4-1】 图 4-3 所示为一中级工作制起重机的厂房屋架的双角钢拉杆，截面为 2∠100×10，角钢上有交错排列的普通螺栓孔，孔径 $d_0=20\text{mm}$。试计算此拉杆所能承受的最大拉力及允许达到的最大计算长度。钢材为 Q235 钢。

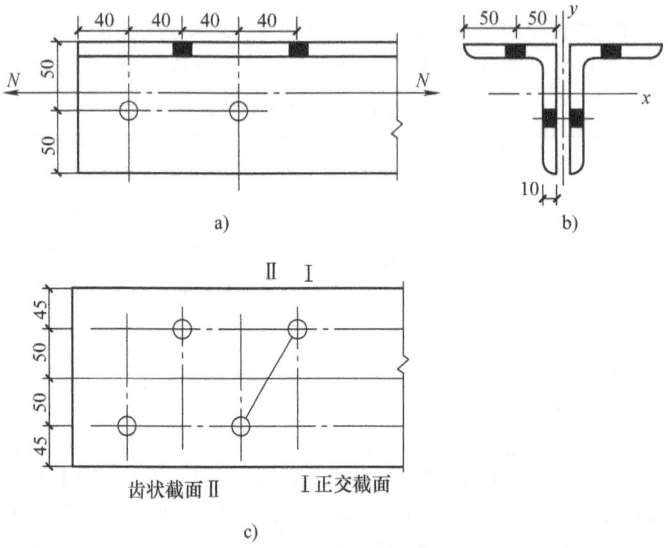

图 4-3 例 4-1 图

【解】 查附表 7-4，2∠100×10 角钢，毛截面面积 $A=38.52\text{cm}^2$，$i_x=3.05\text{cm}$，$i_y=4.52\text{cm}$，$f=215\text{N/mm}^2$，$f_u=370\text{N/mm}^2$，角钢的厚度为 10mm，在确定危险截面之前，把它按中面展开，如图 4-3c 所示。

正交净截面的面积为

$$A_n = 2 \times (4.5 + 10 + 4.5 - 2) \times 1.0\text{cm}^2 = 34.0\text{cm}^2$$

齿状净截面的面积为

$$A_n = 2 \times (4.5 + \sqrt{10^2 + 4^2} + 4.5 - 2 \times 2) \times 1.0\text{cm}^2 = 31.5\text{cm}^2$$

危险截面是齿状截面，此拉杆净截面所能承受的拉力为

$$N = 0.7A_n f_u = 0.7 \times 31.5 \times 10^2 \times 370\text{N} = 815850\text{N} = 815.9\text{kN}$$

毛截面所能承受的拉力为

$$N = Af = 38.52 \times 10^2 \times 215\text{N} = 827750\text{N} = 827.8\text{kN}$$

经比较，该拉杆所能承受的最大拉力为815.9kN。

允许的最大计算长度为

对 x 轴　　$l_{0x} = [\lambda] i_x = 350 \times 30.5\text{mm} = 10675\text{mm}$

对 y 轴　　$l_{0y} = [\lambda] i_y = 350 \times 45.2\text{mm} = 15820\text{mm}$

4.2　轴心受压构件的整体稳定

轴心受压构件的受力性能与受拉构件不同。除构件很短或有孔洞等削弱时净截面的平均应力可能达到屈服强度而发生强度破坏外，通常由整体稳定控制其承载力。轴心受压构件丧失整体稳定常常是突发性的，容易造成严重后果，应予以特别重视。

4.2.1　理想轴心压杆的失稳形式

所谓理想轴心压杆就是假定杆件完全挺直、荷载沿杆件形心轴作用，杆件在受荷之前没有初始应力，也没有初弯曲和初偏心等缺陷，截面沿杆件是均匀的。此种杆件失稳，叫作发生屈曲。屈曲形式可分为三种：

（1）弯曲屈曲　只发生弯曲变形，杆件的截面只绕一个主轴旋转，杆的纵轴由直线变为曲线，这是双轴对称截面最常见的屈曲形式。图4-4a就是两端铰支（即支撑端能绕截面主轴转动但不能侧移和扭转）工字形截面压杆发生绕弱轴（y 轴）的弯曲屈曲情况。

（2）扭转屈曲　失稳时杆件除支承端外的各截面均绕纵轴扭转，这是某些双轴对称截面压杆可能发生的屈曲形式。图4-4b为长度较小的十字形截面杆件可能发生的扭转屈曲情况。

（3）弯扭屈曲　单轴对称截面绕对称轴屈曲时，杆件在发生弯曲变形的同时必然伴随着扭转。图4-4c为T形截面的弯扭屈曲情况。

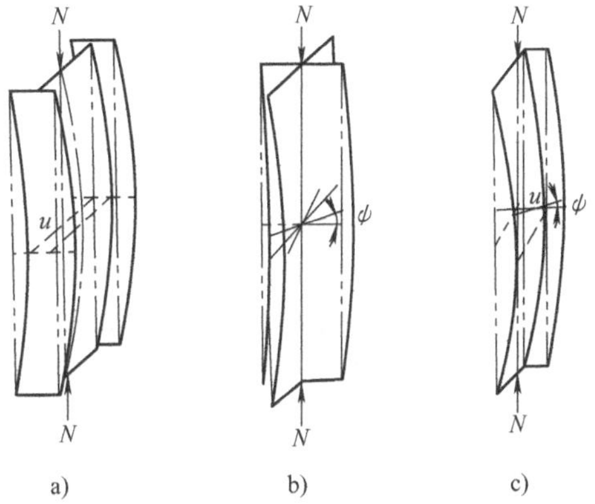

图4-4　轴心压杆的屈曲变形

a）弯曲屈曲　b）扭转屈曲　c）弯扭屈曲

4.2.2　理想轴心压杆的弯曲屈曲

如图4-5所示的两端铰支的理想细长压杆，当压力 N 较小时，杆件只有轴心压缩变形，

杆轴保持平直。如有干扰使之微弯，干扰撤去后，杆件就恢复原来的直线状态，这表示荷载对微弯杆各截面的外力矩小于各截面的抵抗力矩，直线状态的平衡是稳定的。当逐渐加大 N 到某一数值时，如有干扰，杆件就可能微弯，而撤去此干扰后，杆件仍然保持微弯状态不再恢复其原有的直线状态（图 4-5），这时除直线形式的平衡外，还存在微弯状态下的平衡位置。这种现象称为平衡的“分枝”，而且此时外力和内力的平衡是随遇的，叫作随遇平衡或中性平衡。当外力 N 超过此数值时，微小的干扰将使杆件产生很大的弯曲变形随即破坏，此时的平衡是不稳定的，即杆件“屈曲”。中性平衡状态是从稳定平衡过渡到不稳定平衡的一个临界状态，所以称此时的外力 N 值为临界力。此临界力可定义为理想轴心压杆呈微弯状态的轴心压力。

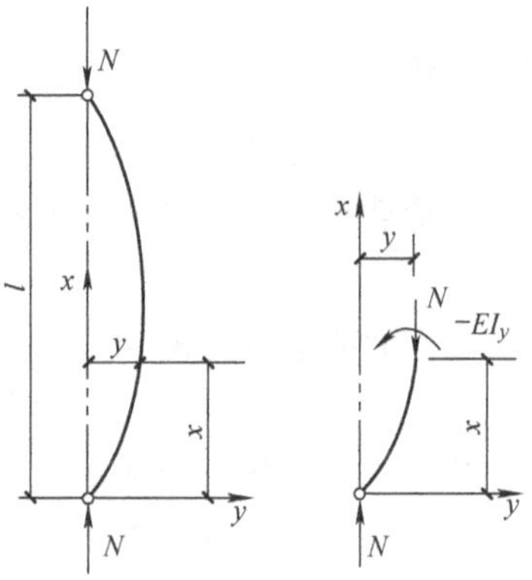

图 4-5 轴心压杆的临界状态

欧拉（Euler）早在 18 世纪就对理想轴心压杆的整体稳定问题进行了研究，并得到了著名的欧拉临界力，即

$$N_E = \frac{\pi^2 EI}{l^2} = \frac{\pi^2 EA}{\lambda^2} \tag{4-5}$$

$$\lambda = l/i, \quad i = \sqrt{I/A}$$

式中 N_E——欧拉临界力；

E——材料的弹性模量；

A——压杆的截面面积；

λ——压杆的长细比；

i——截面的回转半径；

I——截面惯性矩。

当轴心压力 $N < N_E$ 时，压杆维持直线平衡，不发生弯曲；当 $N = N_E$ 时，压杆发生弯曲并处于曲线平衡状态，压杆发生屈曲，因此是压杆的屈曲压力；欧拉临界力也因此而得名。

欧拉临界力只适用于弹性范围。弹塑性阶段发生弯曲屈曲的轴心受压杆件可以采用切线模量理论或折算模量理论来解决。

（1）切线模量理论　切线模量理论认为，在非弹性应力状态，应取应力 - 应变关系曲线上相应应力点的切线斜率 E_t（称为切线模量）代替线弹性模量 E。因此，图 4-5 轴心压杆的非弹性临界力为

$$N_t = \frac{\pi^2 E_t A}{\lambda^2} \tag{4-6}$$

（2）折算模量理论（也称为双模量理论）　折算模量理论认为，荷载达到临界值后杆件即弯曲，这将导致截面上一部分加压，而另一部分减压。减压区采用弹性模量 E，加压区采用切线模量 E_t。于是，图 4-5 所示轴心压杆的临界力为

$$N_r = \frac{\pi^2 (EI_1 + E_t I_2)}{l^2} \tag{4-7}$$

式中 I_1、I_2——截面的减压区和加压区对中性轴的惯性矩。

试验研究表明，临界力都达不到 N_r，而和 N_t 比较接近。原因在于：失稳的瞬间既有弯曲应力增量又有轴压力增量，整个截面无卸载区，仍然处在非弹性状态，应以切线模量理论来描述。

4.2.3 实际轴心压杆的弯曲屈曲及计算

在钢结构中实际的轴心受压柱和上述理想柱的受力性能之间是有很大差别的。实际上，轴心受压柱的受力性能受许多因素的影响，主要有截面中的残余应力、杆轴的初弯曲、荷载作用点的初偏心及杆端的约束条件等。这些因素的影响是错综复杂的，其中残余应力、初弯曲和初偏心都是不利的因素，被看作是轴心压杆的缺陷；而杆端约束往往是有利因素，能提高轴心压杆的承载能力。

因此，目前世界各国在研究钢结构轴心压杆的整体稳定时，基本上都摒弃了理想轴心压杆的假定，而以具有初始缺陷的实际轴心压杆作为研究的力学模型。

1. 柱子缺陷对压杆承载能力的影响

图4-6a所示为有初始弯曲的受压杆件，它和理想轴心受压杆不同，荷载一作用就发生弯曲，属于偏心受压，显然临界力要比理想轴心受压杆低。初始弯曲越大，对临界力的影响也越大。

图4-6b为荷载有初始偏心距 e_0 的受压杆件，和有初始弯曲的受压杆件一样，荷载一作用就发生弯曲。如将杆件的挠曲线由两端向外延伸到和荷载作用线相交，此偏心受压杆就相当于杆长加大为 l_1 的轴心受压杆，显然其临界力必然低于杆长为 l 的轴心受压杆，且偏心距 e_0 越大，临界力降低也越多。

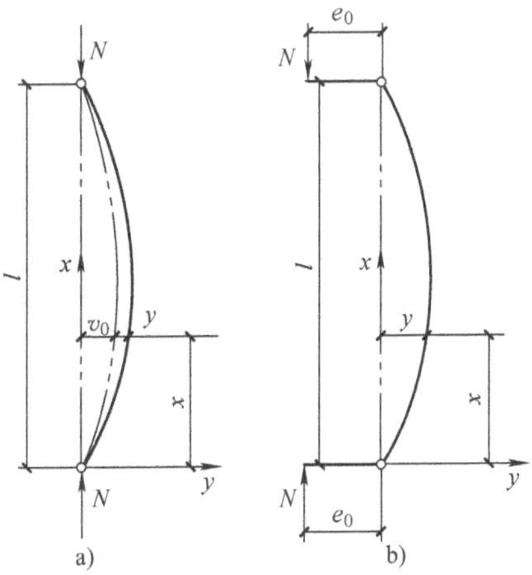

图4-6 有初弯曲和初偏心的轴压杆

总之，设计中的轴心受压杆件不可避免地具有一定的初始弯曲和初始偏心，它们都将影响轴心受压杆件的临界应力，使轴心受压杆件的稳定承载力降低。

残余应力是杆件截面内存在的自相平衡的初始应力。其产生原因有：①焊接时的不均匀加热和不均匀冷却；②型钢热轧后的不均匀冷却；③板边缘经火焰切割后的热塑性收缩；④构件经冷校正产生的塑性变形。

残余应力有平行于杆轴方向的纵向残余应力和垂直于杆轴方向的横向残余应力两种。横向残余应力的绝对值一般很小，而且对杆件承载力的影响甚微，故通常只考虑纵向残余应力。

为了考察残余应力对压杆承载能力的影响，图4-7列举了几种典型截面的残余应力分布，其数值都是在实测数据的基础上稍作整理和概括后确定的。应力都是与杆轴线方向一致的纵向应力，压应力取负值，拉应力取正值。

残余应力使构件的刚度降低，对压杆的承载能力有不利影响，残余应力的分布情况不同，影响的程度也不同。此外，残余应力对两端铰接的等截面直柱的影响和对有初弯曲柱的影响也不同。柱的长度不同，残余应力的影响也不同。

残余应力对构件的强度承载力并无影响，因它本身自相平衡。但对稳定承载力是有影响的，现分析如下。

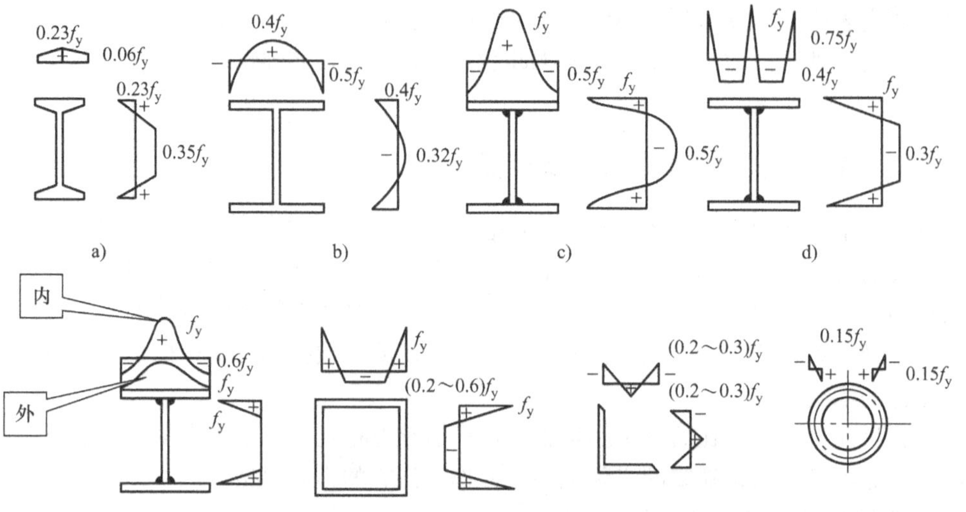

图 4-7 典型截面的残余应力

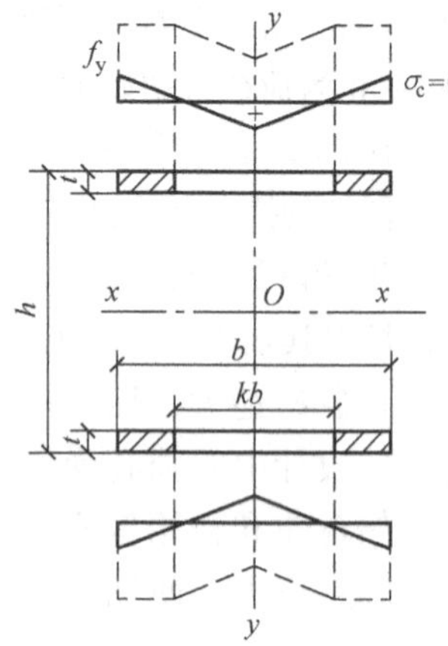

图 4-8 焊接工字钢的残余应力分布

图 4-8 所示为工字形截面轴心受压构件。为了便于分析，略去腹板不计。图中实线表示翼缘板中的残余应力分布，翼缘板中部受拉，两端受压。当此构件承受外加压力达临界状态时，截面应力分布如图 4-8 中虚线所示。荷载引起的压应力和翼缘板两端的残余应力同号，叠加后该部分翼缘板达到屈服点，发展塑性，荷载引起的压应力和翼缘板中部的残余应力异号，叠加后该部分翼缘板保持弹性（kb 部分）。因此，此轴心受压构件达临界状态时，截面由变形模量不同的两部分组成：翼缘板中部为弹性区，模量为 E，翼缘板两端为塑性区，模量 $E=0$。显然只有弹性区才能继续有效承载，因此，构件的临界力可按弹性有效截面的惯性矩 I_e 近似地来确定，即

$$N_{cr}=\pi^2EI_e/l^2=(\pi^2EI/l^2)m$$

相应的临界应力为

$$\sigma_{cr}=(\pi^2E/\lambda^2)m$$

式中，$m=I_e/I$。

当对 y—y 轴（弱轴）屈曲时

$$m=I_e/I=[2t(kb)^3/12]/(2tb^3/12)=k^3$$

$$\sigma_{cr}^y=(\pi^2E/\lambda_y^2)k^3$$

当对 x—x 轴（强轴）屈曲时

$$m=I_e/I=[2t(kb)h^2/4]/(2tbh^2/4)=k$$

$$\sigma_{cr}^x=(\pi^2E/\lambda_x^2)k$$

因 $k<1$，所以残余应力降低了构件的临界应力，其不利影响对弱轴要比对强轴严重得多。因此，残余应力对轴心受压构件临界应力的影响随截面上残余应力分布的不同而不同，对不同截面和不同的轴也不同。

2. 轴心压杆的极限承载力

以上介绍了理想轴心受压直杆和分别考虑各种缺陷压杆的临界力或临界应力。对理想的轴心受压杆，其弹性弯曲屈曲临界力为欧拉临界力 N_E（图4-9中的曲线 a），弹塑性弯曲屈曲临界力为切线模量临界力 N_{crt}，（图4-9中的曲线 b），这些都属于分枝屈曲，即杆件屈曲时才产生挠度。但实际的轴心受压柱不可避免地都存在几何缺陷和残余应力，所以，实际的轴心受压柱一经压力作用就产生挠度，其压力－挠度曲线如图4-9中的曲线 c 所示。图4-9中的 A 点表示压杆跨中截面边缘屈服。边缘屈服准则就是以 N_A 作为最大承载力。但从极限状态设计来说，压力还可增加，只是压力超过 N_A 后，构件进入弹塑性阶段，随着截面塑性区的不断扩展，v 值增加得更快，到达 C 点之后，压杆的抵抗能力开始小于外力的作用，不能维持稳定平衡。曲线的最高点 C 处的压力 N_u 才是实际的轴心受压柱真正的极限承载力，以此为准则计算压杆稳定，称为“最大强度准则”。

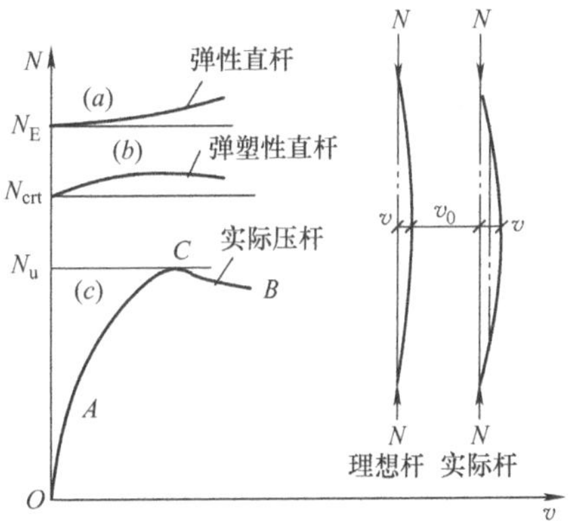

图4-9 轴心压杆的压力－挠度曲线

实际压杆中往往各种初始缺陷同时存在，但从概率统计观点，各种缺陷同时达到最不利的可能性极小。由热轧钢板和型钢组成的普通钢结构，通常只考虑影响最大的残余应力和初弯曲两种缺陷。

采用最大强度准则计算时，如果同时考虑残余应力和初弯曲缺陷，则沿横截面的各点以及沿杆长方向各截面，其应力－应变关系都是变数，很难列出临界力的解析式，只能借助计算机用数值方法求解。

3. 轴心受压构件的稳定系数

由于各类钢构件截面上的残余应力分布情况和大小有很大差异（图4-7），其影响又随压杆屈曲方向而不同。另外初弯曲的影响也与截面形式和屈曲方向有关。这样，各种不同截面形式和不同屈曲方向都有各自不同的柱子曲线，即无量纲化的 $\varphi-\overline{\lambda}$ 曲线。这些柱子曲线形成有一定宽度的分布带，图4-10的虚线之间就表示此分布带的范围。为了便于在设计中应用，必须适当归并为代表曲线。如果用一条曲线来代表这个分布带，则变异系数太大，必然降低轴压杆的可靠度。所以，国际上多数国家和地区都采用几条柱子曲线来代表这个分布带。我国经重庆建筑大学和西安建筑科技大学等单位的研究，取为 a、b、c、d 4条柱子曲线（图4-10）。a、b、c、d 4类截面的轴心受压构件的稳定系数见附表4，其 $\varphi-\overline{\lambda}$ 曲线的数学表达式见《钢结构设计标准》（GB 50017—2017）相应内容。

组成板件厚度 $t<40$mm 的轴心受压构件的截面分类见表4-3，而 $t\geq40$mm 的截面分类见表4-4。一般的截面情况属于b类。轧制圆管及轧制普通工字钢绕 x 轴失稳时其残余应力影响较小，故属于a类。格构式构件绕虚轴的稳定计算，由于此时不宜采用塑性深入截面的最大强度准则，参考《冷弯薄壁型钢结构设计规范》（GB 50018—2002），采用边缘屈服准则确定的 φ 值与曲线 b 接近，故取用曲线 b。当槽形截面用于格构式柱的分肢时，由于分肢的扭转变形受到缀材的牵制，所以计算分肢绕其自身对称轴的稳定时，可用曲线 b。翼缘为轧

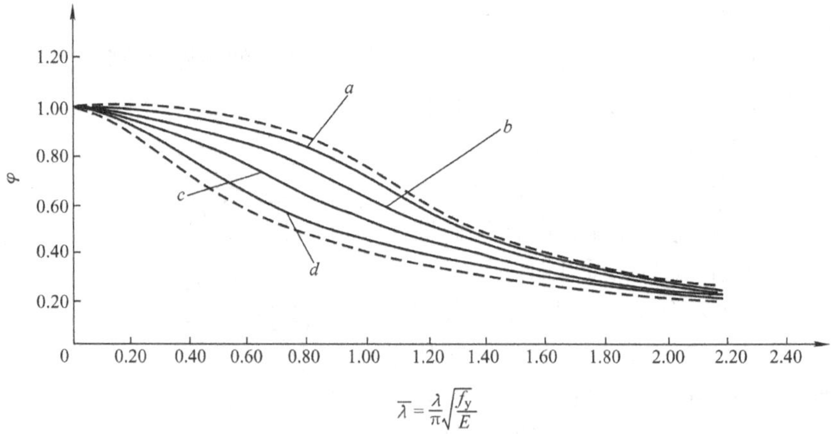

图 4-10 轴心受压构件的稳定性数

制或剪切边的焊接工字形截面，绕弱轴失稳时边缘为残余压应力，使承载能力降低，故将其归入曲线 c。《钢结构设计标准》新增了 a*、b* 两类情况，见表 4-3 注 1。

表 4-3 轴心受压构件的截面分类（板厚 $t<40$mm）

<table>
<tr><th colspan="2">截 面 形 式</th><th>对 x 轴</th><th>对 y 轴</th></tr>
<tr><td colspan="2">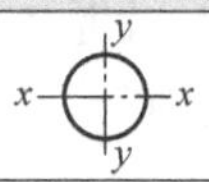 轧制</td><td>a 类</td><td>a 类</td></tr>
<tr><td rowspan="2">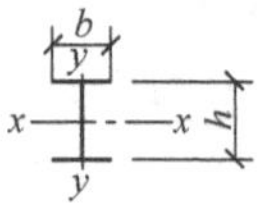 轧制</td><td>$b/h\leqslant0.8$</td><td>a 类</td><td>a 类</td></tr>
<tr><td>$b/h>0.8$</td><td>a* 类</td><td>b* 类</td></tr>
<tr><td colspan="2">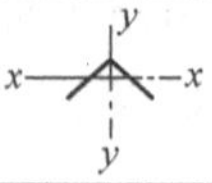 轧制等边角钢</td><td>a* 类</td><td>b* 类</td></tr>
<tr><td>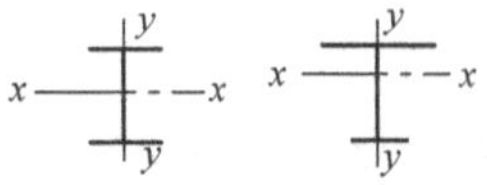 焊接、翼缘为焰切边</td><td>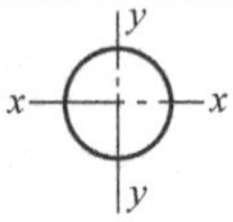 焊接</td><td rowspan="5">b 类</td><td rowspan="5">b 类</td></tr>
<tr><td colspan="2">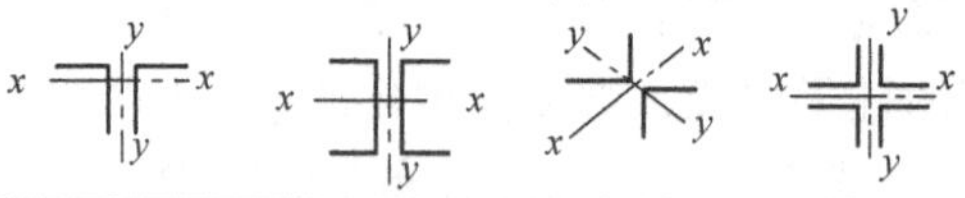 轧制</td></tr>
<tr><td>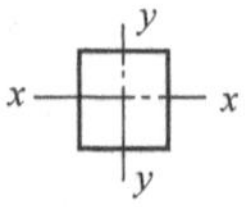 轧制，焊接（板件宽厚比大于 20）</td><td>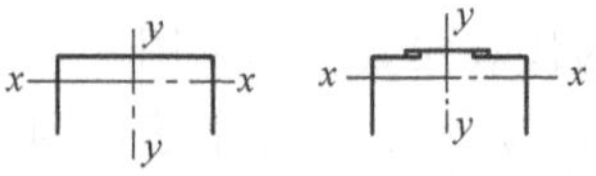 轧制或焊接</td></tr>
<tr><td>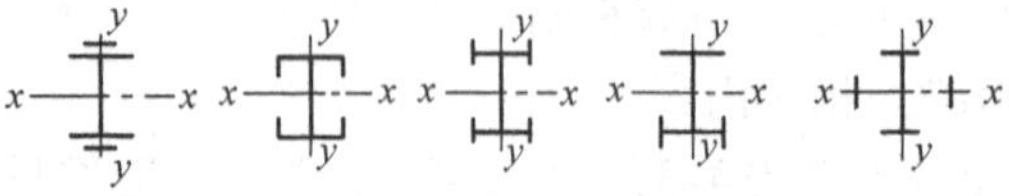 焊接</td><td>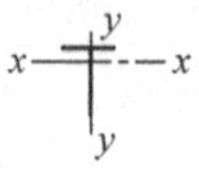 轧制截面和翼缘为焰切边的焊接截面</td></tr>
<tr><td>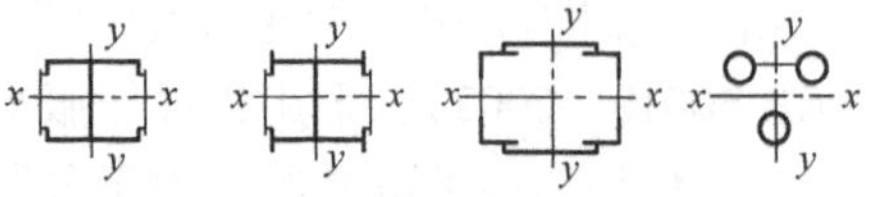 格构式</td><td>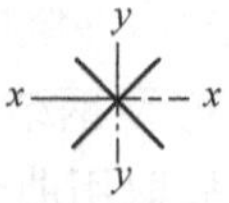 焊接、板件边缘焰切</td></tr>
</table>

（续）

截面形式		对 x 轴	对 y 轴
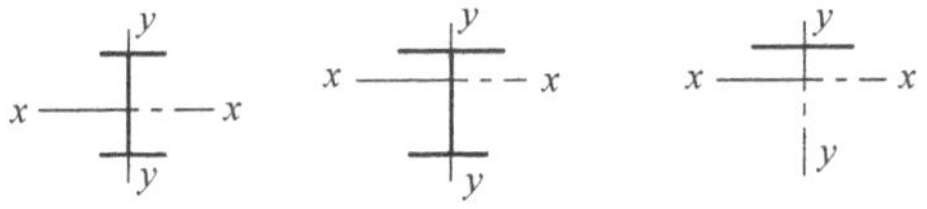 焊接，翼缘为轧制或剪切边		b 类	c 类
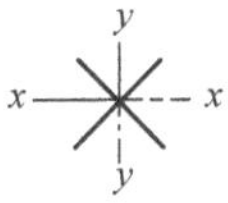 焊接，板件边缘为轧制或剪切	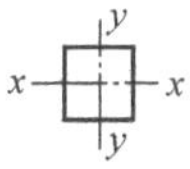 焊接，板件宽厚比≤20	c 类	c 类

注：1. a* 类含义为 Q235 钢取 b 类，Q345、Q390、Q420 和 Q460 钢取 a 类。b* 类含义为 Q235 钢取 c 类，Q345、Q390、Q420 和 Q460 钢取 b 类。

2. 无对称轴且剪心和形心不重合的截面，其截面分类可按有对称轴的类似截面确定，如不等边角钢采用等边角钢的类别；当无类似截面时，可取 c 类。

板件厚度大于 40mm 的轧制工字形截面和焊接实腹截面，残余应力不但沿板件宽度方向变化，在厚度方向的变化也比较显著，另外厚板质量较差也会给稳定带来不利影响，故应按照表 4-4 进行分类。

表 4-4　轴心受压构件的截面分类（板厚 $t \geqslant 40$ mm）

截面形式		对 x 轴	对 y 轴
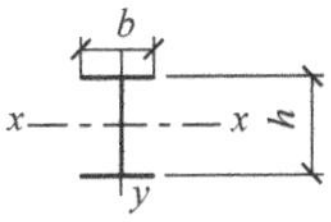 轧制工字形或 H 形截面	$t<80$mm	b 类	c 类
	$t \geqslant 80$mm	c 类	d 类
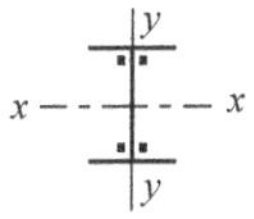 焊接工字形截面	翼缘为焰切边	b 类	b 类
	翼缘为轧制或剪切边	c 类	d 类
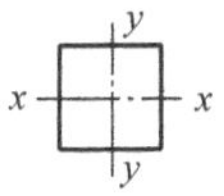 焊接箱形截面	板件宽厚比 >20	b 类	b 类
	板件宽厚比≤20	c 类	c 类

4. 轴心受压构件的整体稳定计算

轴心受压构件所受应力应不大于整体稳定的临界应力，考虑抗力分项系数 γ_R 后，即为

$$\sigma = \frac{N}{A} \leqslant \frac{\sigma_{cr}}{\gamma_R} = \frac{\sigma_{cr}}{f_y}\frac{f_y}{\gamma_R} = \varphi f$$

轴心受压构件应按下式计算整体稳定

$$\frac{N}{\varphi A f} \leqslant 1.0 \tag{4-8}$$

式中 N——轴心受压构件的压力设计值；

A——构件的毛截面面积；

φ——轴心受压构件的整体稳定系数；

f——钢材的抗压强度设计值，见附表 1-1。

整体稳定系数 φ 值应根据表 4-3、表 4-4 的截面分类和构件的长细比，按附录 4 附

表4-1～附表4-4查得。

【例4-2】 验算图4-11a所示结构中两端铰接的轴心受压柱AB的整体稳定。柱承受的压力设计值$N=1000\text{kN}$，柱的长度为4.2m。在柱截面的强轴平面内有支撑系统，以阻止柱在$ABCD$的平面内产生侧向位移，如图4-11a所示。柱截面为焊接工字形，具有轧制边翼缘，其尺寸为翼缘2—10×220，腹板1—6×200，如图4-11b所示。柱由Q235钢制作。

【解】 已知$N=1000\text{kN}$，由支撑体系知对截面强轴弯曲的计算长度$l_{0x}=420\text{cm}$，对弱轴的计算长度$l_{0y}=0.5\times420\text{cm}=210\text{cm}$。钢材的抗压强度设计值$f=215\text{N/mm}^2$。长细比限值为150。

1）计算截面特性。

毛截面面积 $A=(2\times22\times1+20\times0.6)\text{cm}^2=56\text{cm}^2$

截面惯性矩 $I_x=(0.6\times20^3/12+2\times1\times22\times10.5)\text{cm}^4=5251\text{cm}^4$

$I_y=(2\times1\times22^3/12)\text{cm}^4=1775\text{cm}^4$

截面回转半径 $i_x=(I_x/A)^{1/2}=(5251/56)^{1/2}\text{cm}=9.68\text{cm}$

$i_y=(I_y/A)^{1/2}=(1775/56)^{1/2}\text{cm}=5.63\text{cm}$

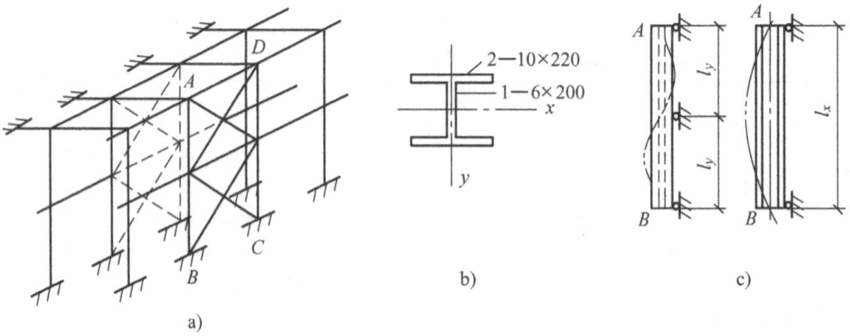

图4-11 例4-2图

2）柱的长细比。

$$\frac{\lambda_x}{[\lambda]}=\frac{l_x/i_x}{[\lambda]}=\frac{420/9.68}{150}=\frac{43.4}{150}=0.29<1.0$$

$$\frac{\lambda_y}{[\lambda]}=\frac{l_y/i_y}{[\lambda]}=\frac{210/5.63}{150}=\frac{37.3}{150}=0.25<1.0$$

3）整体稳定验算。

从截面分类表4-3可知，此柱对截面的强轴屈曲时属于b类轴心受压构件截面，由附表4-2得$\varphi_x=0.885$，对弱轴屈曲时属于c类截面，由附表4-3得$\varphi_y=0.856$

$$\frac{N}{\varphi Af}=\frac{1000\times10^3}{0.856\times56\times10^2\times215}=\frac{208.6}{215}=0.97<1.0$$

经验算截面后可知，此柱满足整体稳定和刚度要求。同时φ_x和φ_y值比较接近，说明材料在截面上的分布比较合理。$\varphi_x=\varphi_y$的构件，可以称为对两个主轴等稳定的轴心压杆，这种杆的材料消耗最少。

4.2.4 轴心压杆的扭转屈曲和弯扭屈曲

上述轴心受压构件的屈曲形态都只涉及弯曲屈曲（图4-4a），然而，轴心受压构件也可呈扭转屈曲和弯扭屈曲。一般而言，截面的形心和剪切中心重合时，弯曲屈曲和扭转屈曲不会耦合；单轴对称截面（图4-13）的构件在绕非对称主轴失稳时也不会出现弯扭屈曲，而呈弯曲屈曲，但当其绕对称轴失稳时通常呈弯扭屈曲。

1. 扭转屈曲

根据弹性稳定理论，两端铰支且翘曲无约束的杆件，其扭转屈曲临界力可由下式计算

$$N_z=\frac{1}{i_0^2}\left(GI_t+\frac{\pi^2 EI_w}{l_w^2}\right) \tag{4-9}$$

式中　G——材料的剪切模量；

i_0——截面关于剪心的极回转半径；

I_w——翘曲常数或扇性惯性矩，对于双轴对称工字形截面 $I_w=I_y h^2/4$；

I_t——扭转常数或扭转惯性矩；

l_w——扭转屈曲的计算长度，对两端铰接端部截面可自由翘曲或两端嵌固端部截面的屈曲完全受到约束的构件，取 $l_w=l_{0y}$。

对于薄壁组合开口截面，可以近似取为

$$I_t=\frac{1}{3}\sum_{i=1}^{n} b_i t_i^3 \tag{4-10}$$

式中　b_i——第 i 个板件的宽度；

t_i——第 i 个板件的厚度。

对于热轧型钢截面，板件交接处的圆角使厚度局部增大，扭转常数为

$$I_t=\frac{1}{3}k\sum_{i=1}^{n} b_i t_i^3 \tag{4-11}$$

式中　k——根据截面形状确定的常数，可参照表4-5取用。

表4-5　系数 k

截面形状					
k	1.0	1.15	1.12	1.31	1.29

对于薄板组成的闭合截面箱形梁的扭转常数为

$$I_t=4A^2/\oint\frac{ds}{t} \tag{4-12}$$

式中　A——闭合截面板件中线所围成的面积；

$\oint\frac{ds}{t}$——沿壁板中线一周的积分。

需要指出，这里的铰支座应能保证杆端不发生扭转，否则临界力将低于式（4-9）算得的值。引进如下定义的扭转屈曲换算长细比 λ_z

$$N_z=\frac{\pi^2 EA}{\lambda_z^2}=\frac{1}{i_0^2}\left(GI_t+\frac{\pi^2 EI_w}{l_w^2}\right) \tag{4-13}$$

则

$$\lambda_z^2=i_0^2 A/\left(\frac{I_t}{25.7}+\frac{I_w}{l_w^2}\right) \tag{4-14}$$

对热轧型钢和钢板焊接而成的截面来说，由于板件厚度比较大，因而自由扭转刚度 GI_t 也比较大，失稳通常都是以弯曲形式发生的。具体地说，工字形和 H 形截面无论是热轧或焊接，都是绕弱轴弯曲屈曲的临界力 N_{Ey} 低于扭转屈曲临界力 N_z。

对于图 4-12 所示的十字形截面而言，因其没有强、弱轴之分，并且扇形截面二次矩为零，因而

$$\lambda_z^2 = 25.7 \times \frac{Ai_0^2}{I_t} = 25.7 \times \frac{I_p}{I_t} = 25.7 \times \frac{2t\ (2b)^3/12}{4bt^3/3} = 25.7 \times \left(\frac{b}{t}\right)^2$$

于是

$$\lambda_z = 5.07b/t \tag{4-15}$$

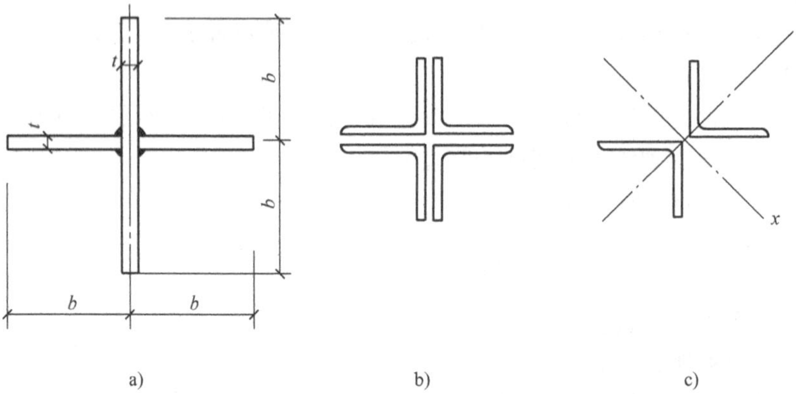

图 4-12 十字形截面

此时，$N_z = GI_t/i_0^2$ 与杆长度 l_w 无关，有可能在 l_w 较小时 N_z低于弯曲屈曲临界力，然而这时 N_z和板件局部屈曲临界力相等。因此，只要局部稳定有保证，就不会出现扭转失稳问题，因此，《钢结构设计标准》规定，双轴对称十字形截面的 λ_x 或 λ_y 不得小于 5.07b/t（b/t 为悬伸板件宽厚比）。

2. 弯扭屈曲

单轴对称截面绕对称轴失稳时必然呈弯扭屈曲，可以从图 4-13b 中获得解释。当 T 形截面绕通过腹板轴线的对称轴弯曲时，截面上必然有剪力 V，此力通过形心 C 而和剪切中心 S 相距 e_0，从而产生绕 S 点的扭转。实际上除了绕垂直于对称轴的主轴外，绕其他轴屈曲时都要伴随扭转变形。图 4-13c 所示的单个卷边角钢，如果绕平行于边的轴 y_0 屈曲，也是既弯又扭。设 y 轴为对称轴，根据弹性稳定理论，开口截面的弯扭屈曲临界力 N_{yz}，可由下式计算

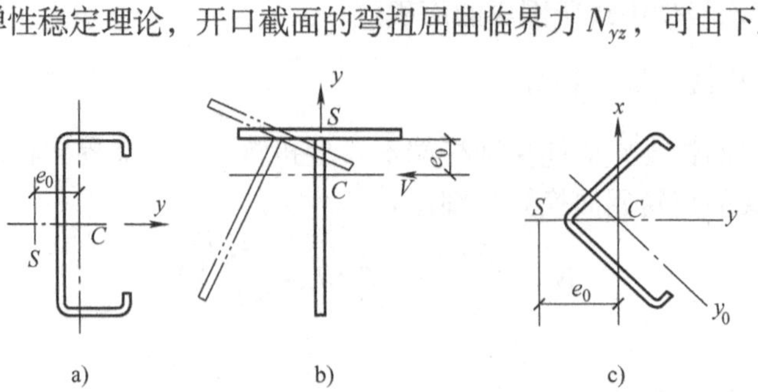

图 4-13 单轴对称截面

$$i_0^2(N_{Ey}-N_{yz})(N_z-N_{yz})-N_{yz}^2e_0^2=0 \tag{4-16}$$

式中　N_{Ey}——关于对称轴 y 轴的欧拉临界力。

引进如下定义的弯扭屈曲换算长细比 λ_{yz}

$$N_{yz}=\frac{\pi^2EA}{\lambda_{yz}^2} \tag{4-17}$$

代入式(4-16)，得

$$\lambda_{yz}=\frac{1}{\sqrt{2}}\left[(\lambda_y^2+\lambda_z^2)+\sqrt{(\lambda_y^2+\lambda_z^2)^2-4\left(1-\frac{e_0^2}{i_0^2}\right)(\lambda_y^2\lambda_z^2)}\right]^{\frac{1}{2}} \tag{4-18}$$

式中　e_0——截面形心至剪心的距离；

i_0——截面对剪心的极回转半径，单轴对称截面 $i_0^2=e_0^2+i_x^2+i_y^2$；

λ_y——构件对对称轴 y 轴的长细比；

λ_z——扭转屈曲的换算长细比；

A——毛截面面积。

虽然由式（4-17）引入 λ_{yz}是按弹性弯曲屈曲的换算入手的，但是由 λ_{yz}进而求得的系数 φ 则考虑了非弹性和初始缺陷。因此，《钢结构设计标准》规定：对于单轴对称截面绕对称轴的整体稳定的校核，要由式（4-18）计算换算长细比 λ_{yz}，然后由换算长细比求得相应的系数 φ，再由式（4-8）进行整体稳定性校核。

单轴对称截面轴心压杆在绕对称轴屈曲时，出现既弯又扭的情况，此力比单纯弯曲的 N_{Ey}和单纯扭转的 N_z都低，所以 T 形截面轴心压杆当弯扭屈曲而失稳时，稳定性较差。截面无对称轴的构件总是发生弯扭屈曲，其临界荷载总是既低于相应的弯曲屈曲临界荷载，又低于扭转屈曲临界荷载。由以上分析不难理解，没有对称轴的截面比单轴对称截面的性能更差，一般不宜用做轴心压杆。

单角钢截面和双角钢组合 T 形截面（图 4-14）绕对称轴的换算长细比 λ_{yz}可采用下列简化方法计算。

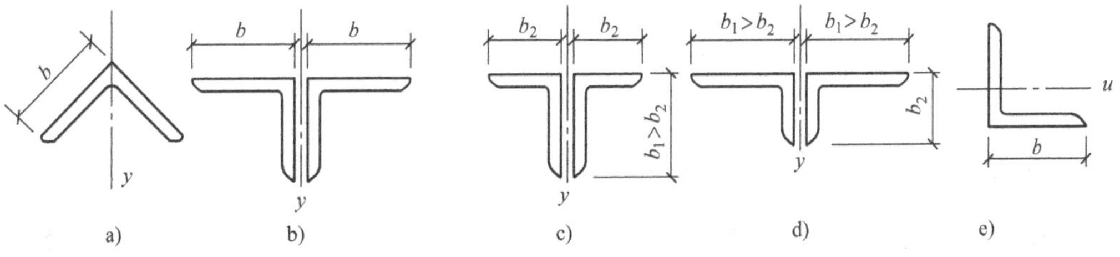

图 4-14　单角钢截面和双角钢组合 T 形截面

1）等边单角钢轴心受压构件当绕两主轴弯曲的计算长度相等时，可不计算弯扭屈曲。

2）双角钢组合 T 形截面构件绕对称轴的换算长细比 λ_{yz}可按下列简化公式确定

① 等边双角钢（图 4-14b）

当 $\lambda_y \geqslant \lambda_z$ 时　　$$\lambda_{yz}=\lambda_y\left[1+0.16\left(\frac{\lambda_z}{\lambda_y}\right)^2\right] \tag{4-19}$$

当 $\lambda_y < \lambda_z$ 时
$$\lambda_{yz}=\lambda_z\left[1+0.16\left(\frac{\lambda_y}{\lambda_z}\right)^2\right] \tag{4-20}$$

$$\lambda_z=3.9\frac{b}{t} \tag{4-21}$$

② 长肢相并的不等边双角钢（图 4-14c）

当 $\lambda_y \geqslant \lambda_z$ 时
$$\lambda_{yz}=\lambda_y\left[1+0.25\left(\frac{\lambda_z}{\lambda_y}\right)^2\right] \tag{4-22}$$

当 $\lambda_y < \lambda_z$ 时
$$\lambda_{yz}=\lambda_z\left[1+0.25\left(\frac{\lambda_y}{\lambda_z}\right)^2\right] \tag{4-23}$$

$$\lambda_z=5.1\frac{b_2}{t} \tag{4-24}$$

③ 短肢相并的不等边双角钢（图 4-14d）

当 $\lambda_y \geqslant \lambda_z$ 时
$$\lambda_{yz}=\lambda_y\left[1+0.06\left(\frac{\lambda_z}{\lambda_y}\right)^2\right] \tag{4-25}$$

当 $\lambda_y < \lambda_z$ 时
$$\lambda_{yz}=\lambda_z\left[1+0.06\left(\frac{\lambda_y}{\lambda_z}\right)^2\right] \tag{4-26}$$

$$\lambda_z=3.7\frac{b_1}{t} \tag{4-27}$$

无任何对称轴且又非极对称的截面（单面连接的不等边单角钢除外）不宜用作轴心受压构件。

对单面连接的单角钢轴心受压构件，考虑折减系数（附表 1-4）后，可不考虑弯扭效应。当槽形截面用于格构式构件的分肢，计算分肢绕对称轴（y 轴）的稳定性时，不必考虑扭转效应，直接用 λ_y，并按 b 类截面查出 φ_y 值。

4.3 轴心受压构件的局部稳定

4.3.1 均匀受压板件的屈曲现象

轴心受压构件不仅有丧失整体稳定的可能性，也有丧失局部稳定的可能性。组成构件的板件，如工字形截面构件的翼缘和腹板，它们的厚度与板其他两个尺寸相比很小。在均匀压力的作用下，当压力到达某一数值时，板件不能继续维持平面平衡状态而产生凸曲现象，（图 4-15）。因为板件只是构件的一部分，所以把这种屈曲现象称为丧失局部稳定。丧失局部稳定的构件还可能继续维持整体稳定的平衡状态，但因为有部分板件已经屈曲，所以会降低构件的刚度并影响其承载力。

4.3.2 均匀受压板件的屈曲应力

图 4-16a、b 分别画出了一根双轴对称工字形截面轴心受压柱的腹板和一块翼缘在均匀

压应力作用下板件屈曲后的变形状态。当板端的压应力到达翼缘产生凸曲现象的临界值时，图4-16a所示的腹板由屈曲前的平面状态变形为曲面状态，板的中轴线 AG 由直线变为曲线 $ABCDEFG$。变形后的板件形成两个向前的凸曲面和一个向后的凹曲面。这种腹板在纵向出现 ABC、CDE 和 EFG 三个屈曲半波。对于更长的板件，屈曲可能使它出现 m 个半波。在板件的横向每个波段都只出现一个半波。对于如图4-16b所示的翼缘，它的支承边是直线 OP，如果同时也是简支边，在板件屈曲以后在纵向只会出现一个半波；如果支承边有一定约束作用，也可能会出现多个半波。实际上，组成压杆的板件在屈曲时有相关性，使临界应力和屈曲波长与单板有所不同。

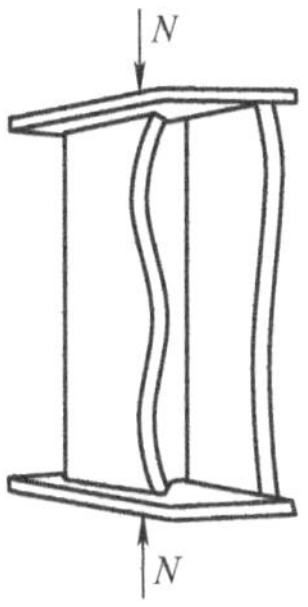

图4-15 轴心受压构件的局部屈曲

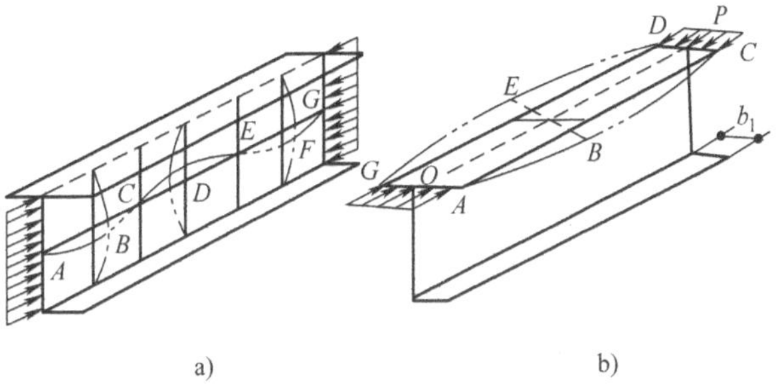

图4-16 均匀受压板件的局部屈曲变形

1. 板件的弹性屈曲应力

在图4-17中虚线表示一块四边简支的均匀受压平板的屈曲变形。在弹性状态屈曲时，由弹性力学可知，单位宽度板的力平衡方程是

$$D\left(\frac{\partial^4 w}{\partial^4 x}+2\frac{\partial^4 w}{\partial^2 x\partial^2 y}+\frac{\partial^4 w}{\partial^4 y}\right)+N_x\frac{\partial^2 w}{\partial^2 x}=0 \tag{4-28}$$

式中 w——板件屈曲以后任一点的挠度；

N_x——单位宽度板承受的压力；

D——板的柱面刚度，$D=Et^3/[12(1-\nu^2)]$，其中 t 是板的厚度，ν 是钢材的泊松比。

对于四边简支的板，其边界条件是板边缘的挠度和弯矩均为零，板的挠度可以用下列二重三角级数表示

$$w=\sum_{m=1}^{\infty}\sum_{n=1}^{\infty}A_{mn}\sin\frac{m\pi x}{a}\sin\frac{m\pi y}{b} \tag{4-29}$$

将式（4-29）代入式（4-28）后可以得到板的屈曲力为

$$N_{crx}=\pi^2 D\left(\frac{m}{a}+\frac{a}{m}\times\frac{n^2}{b^2}\right)^2 \tag{4-30}$$

式中 a、b——受压方向板的长度和板的宽度；

m、n——板屈曲后纵向和横向的半波数。

当 $n=1$ 时，可以得到 N_{crx} 的最小值。将 $n=1$ 代入式（4-30）后写成 N_{crx} 的下列两种表达式，每一种表达式都有其特定的物理意义

$$N_{crx}=\frac{\pi^2 D}{a^2}\left(m+\frac{1}{m}\times\frac{a^2}{b^2}\right)^2 \tag{4-31}$$

$$N_{crx}=\frac{\pi^2 D}{b^2}\left(m\frac{b}{a}+\frac{a}{mb}\right)^2=K\frac{\pi^2 D}{b^2} \tag{4-32}$$

将式（4-31）右边的平方展开后由三项组成，前一项和推导两端铰接的轴心压杆的临界力时得到的结果是一致的。而后两项则表示板的两侧边支承对板变形的约束作用提高了板的临界力。比值 b/a 越小，则侧边支承的约束作用越大，N_{crx} 提高得也越多。

式（4-32）中的系数 K 称为板的屈曲系数或（凸曲系数）。$K=(mb/a+a/mb)^2$，可以按照 $m=1$、2、3 和 4 画成一组图 4-18 所示的曲线。各条曲线都在 $a/b=m$ 为整数值处出现最低点。K 的最小值是 $K_{min}=4$。几条曲线的较低部分组成了图中的实线，表示在 $a/b=1$ 以后屈曲系数虽略有变化，但变化的幅度不大。通常板的长度 a 比宽度 b 大得多，因此可以认为，当 $a/b>1$ 后 K 值为一常数 4。所以一般情况下减小板的长度并不能提高板的临界力，这和轴心压杆是不同的。但是，减小板的宽度则能十分明显地提高板的临界力。

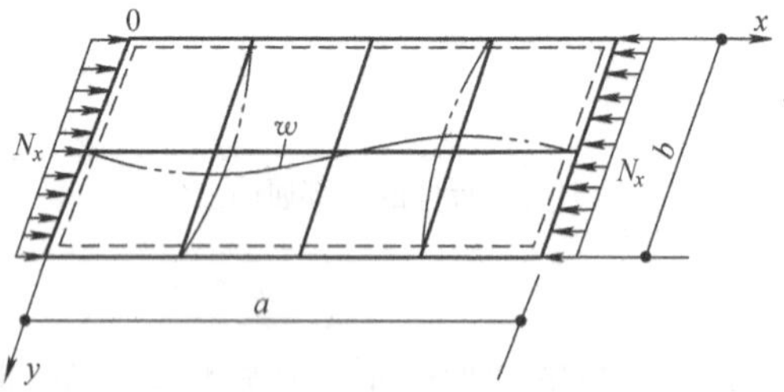

图 4-17　四边简支的均匀受压板屈曲

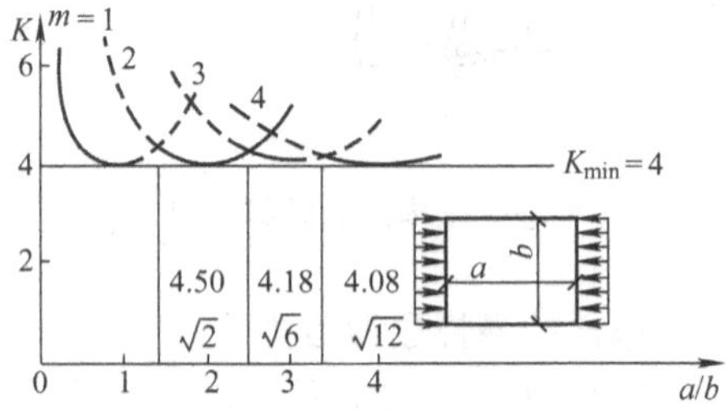

图 4-18　四边简支均匀受压板的屈曲系数

从式（4-32）可以得到板的弹性屈曲应力为

$$\sigma_{crx}=\frac{N_{crx}}{t}=\frac{K\pi^2 E}{12(1-\nu^2)}\left(\frac{t}{b}\right)^2 \tag{4-33}$$

式（4-33）虽然是根据四边简支的板得到的，但是对于其他支承条件的板，用相同的方法也可以得到和式（4-33）相同的表达式，只是屈曲系数 K 不相同。对于工字形截面的翼缘，与作用压力平行的外侧，即图 4-16b 中 AC 边为自由边，而其他三条边 OP、OA 和 PC 看作简支边时的屈曲系数为

$$K=(0.425+b_1^2/a^2) \tag{4-34}$$

通常翼缘板的长度 a 比它的外伸宽度 b_1 大很多倍，因此可取最小值 $K_{min}=0.425$。

轴心受压构件总是由几块板件连接而成的。这样，板件与板件之间常常不能像简支板那样可以自由转动，而是强者对弱者起约束作用。这种受到约束的板边缘称为弹性嵌固边缘，弹性嵌固板的屈曲应力比简支板的高，可以用大于 1 的弹性嵌固系数 χ 对式（4-33）进行修正。这时板的弹性屈曲应力是

$$\sigma_{crx}=\frac{\chi K\pi^2 E}{12(1-\nu^2)}\left(\frac{t}{b}\right)^2 \tag{4-35}$$

弹性嵌固的程度取决于相互连接的板件的刚度。对于图 4-16b 中工字形截面的轴心压杆，一个翼缘的面积可能接近腹板面积的两倍，翼缘的厚度比腹板大得多，而宽度又小得

多，因此常常是翼缘对腹板有嵌固作用，计算腹板的屈曲应力时考虑了残余应力的影响后可用嵌固系数$\chi=1.3$。相反，对腹板起嵌固作用的翼缘因提前屈曲而需要小于1.0的约束作用系数。

2. 板件的弹塑性屈曲应力

处理板件的非弹性屈曲可以不具体分析残余应力的效应，只是把钢材的比例极限作为进入非弹性状态的判据。板件受力方向的变形应遵循切线模量E_t的变化规律，而$E_t=\eta E$。但是，在与压应力垂直的方向，材料的弹性性质没有变化，因此仍用弹性模量E。这样，在弹塑性状态受力的板是正交异性板，它的屈曲应力可以用下式表示

$$\sigma_{crx}=\frac{\chi\sqrt{\eta}K\pi^2E}{12(1-\nu^2)}\left(\frac{t}{b}\right)^2 \tag{4-36}$$

利用一系列对轴心压杆的试验资料可以概括出弹性模量修正系数η，即

$$\eta=0.1013\lambda^2(1-0.0248\lambda^2f_y/E)f_y/E\leqslant 1.0 \tag{4-37}$$

4.3.3 板件的宽厚比

对于板件的宽厚比有两种考虑方法。一种是不允许板件的屈曲先于构件的整体屈曲，并以此来限制板件的宽厚比，《钢结构设计标准》对轴心压杆就是这样规定的。另一种是允许板件先屈曲。虽然板件屈曲会降低构件的承载能力，但由于构件的截面较宽，整体刚度好，从节省钢材来说反而合算，《冷弯薄壁型钢结构技术规范》（GB 50018—2002）就有这方面的条款。有时对于一般钢结构的部分板件，如大尺寸的焊接组合工字形截面的腹板，也允许其先有局部屈曲。本节介绍的板件宽厚比限值是基于局部屈曲不先于整体屈曲的原则。根据板件的临界应力和构件的临界应力相等即可确定，即由式（4-35）或式（4-36）得到的σ_x应该等于构件的$\varphi_{min}f_y$。

1. 翼缘的宽厚比

在弹性工作范围内，当构件和板件都不考虑缺陷的影响时，根据前述等稳定的原则可以得到

$$\frac{K\pi^2E}{12(1-\nu^2)}\left(\frac{t}{b_1}\right)^2=\frac{\pi^2E}{\lambda^2} \tag{4-38}$$

式中 b_1、t——翼缘的外伸宽度、厚度，如图4-19所示。

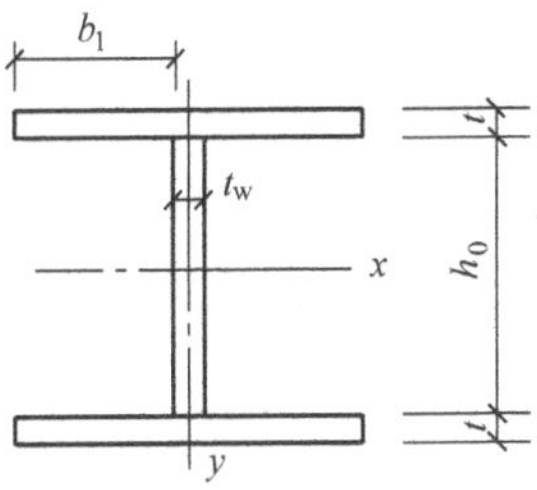

图4-19 板的尺寸

$\nu=0.3$时，K系数取最低值0.425，不再乘以小于1的约束作用系数，则

$$b_1/t=0.2\lambda \tag{4-39}$$

对于常用的杆，当$\lambda=75$时，由上式得到$b_1/t=15$。但是实际上轴心压杆是在弹塑性阶段屈曲的，因此由下式确定b_1/t的值

$$\frac{\sqrt{\eta}\times 0.425\pi^2E}{12(1-\nu^2)}\left(\frac{t}{b_1}\right)^2=\varphi_{min}f_y \tag{4-40}$$

将式（4-37）中的η值和《钢结构设计标准》中b类截面的φ值代入式（4-40）后可以得到如图4-20中虚线所示的b_1/t与λ的关系曲线。为使用方便，可以用三段直线代替，如图中实线所示。《钢结构设计标准》采用

$$b_1/t \leqslant (10+0.1\lambda)\varepsilon_k \tag{4-41}$$

式中 λ——构件两个方向长细比的较大者，当 $\lambda<30$ 时，取 $\lambda=30$，当 $\lambda \geqslant 100$ 时，取 $\lambda=100$。

ε_k——钢号修正系数，$\varepsilon_k=\sqrt{235/f_y}$，其值为235与钢材牌号中屈服点数值的比值的平方根。f_y 应以 N/mm^2 计。

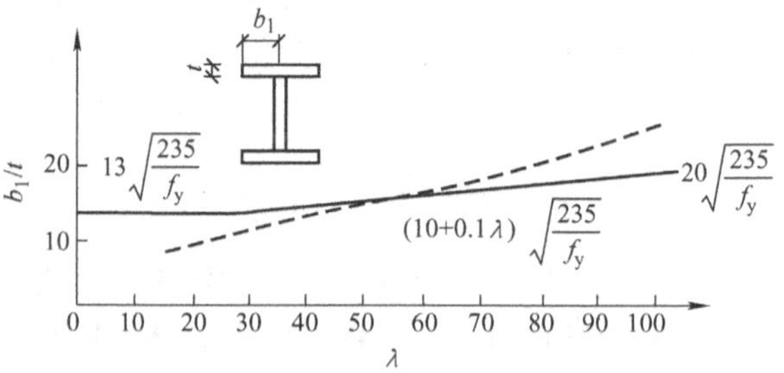

图4-20 翼缘板的宽厚比

2. 腹板的高厚比

《钢结构设计标准》根据构件在弹塑性阶段工作确定腹板的高厚比。

$$\frac{1.3\times4\sqrt{\eta}\pi^2E}{12(1-\nu^2)}\left(\frac{t_w}{h_0}\right)^2=\varphi_{\min}f_y \tag{4-42}$$

腹板的高度 h_0 与厚度 t_w 如图4-19所示。由式（4-42）得到的 h_0/t_w 与 λ 的关系曲线如图4-21中的虚线所示，《钢结构设计标准》采用了下列直线式

$$h_0/t_w \leqslant (25+0.5\lambda)\varepsilon_k \tag{4-43}$$

式中 λ——构件的较大长细比，当 $\lambda<30$ 时，取为30，当 $\lambda>100$ 时，取为100。

双腹壁箱形截面的腹板高厚比 h_0/t_w 取 $40\varepsilon_k$，不与构件的长细比发生关系，是偏于安全的。

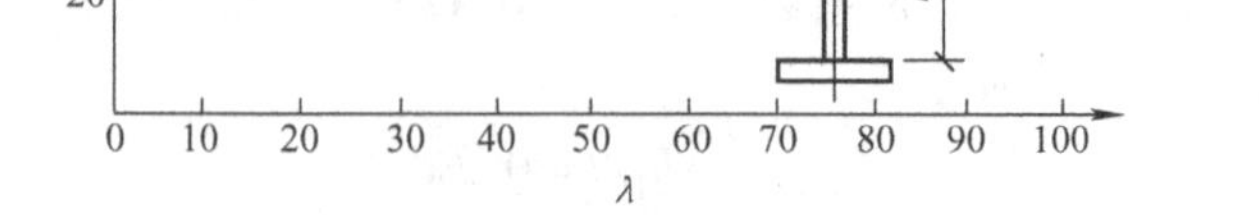

图4-21 腹板的高厚比

3. 圆管的径厚比

在海洋和化工结构中圆管的径厚比也是根据管壁的局部屈曲不先于构件的整体屈曲确定的。对于无缺陷的圆管，在均匀的轴线压力作用下，管壁弹性屈曲应力的理论值是

$$\sigma_{cr}=1.21Et/D \tag{4-44}$$

式中 D——管径；

t——壁厚。

但是圆管管壁的缺陷（如局部凹凸）对屈曲应力的影响很大，管壁越薄而管长度越小，这种影响越大。根据理论分析和试验研究，因径厚比 D/t 不同，弹性屈曲应力要乘以折减系数0.3～0.6，而且一般圆管都按在弹塑性状态下工作进行设计。因此，要求圆管的径厚比

$$D/t \leqslant 100\varepsilon_k^2 \tag{4-45}$$

4.4　实腹式轴心受压柱的设计

4.4.1　实腹式轴心压杆的截面形式的选择

实腹式轴心压杆常用的截面形式有图 4-1 所示的型钢和焊接截面两种。

实腹式轴心受压柱一般采用双轴对称截面，以避免弯扭失稳。常用截面形式有轧制普通工字钢、H 型钢、焊接工字形截面、型钢和钢板的组合截面、圆管和方管截面等，如图 4-1 所示。

轴心受压构件实腹柱的截面形式的共同原则是：①能提供强度所需的截面积；②制作比较简便；③便于与其他构件连接；④截面面积应尽量开展，以满足柱的整体稳定性和刚度要求。对于轴心受压构件，截面的面积开展更具有重要意义，因为这类构件的截面往往取决于稳定承载力，整体刚度大则构件的稳定性好，用料比较经济。对构件截面的两个主轴都应达到此要求。根据以上情况，轴心压杆除经常采用双角钢和宽翼缘工字钢截面外，有时需采用实腹式或格构式组合截面。格构式截面容易使压杆实现两主轴方向的等稳定性，同时刚度大，抗扭性能好，用料较省。轮廓尺寸宽大的四肢或三肢格构式组合截面适用于轴心压力较小但比较长的构件，以便满足构件刚度、稳定性要求。在轻型钢结构中，采用冷弯薄壁型钢截面比较有利。

在进行轴心受力构件的设计时，应同时满足承载能力极限状态和正常使用极限状态的要求。对于承载能力极限状态，受拉构件一般以强度控制，而受压构件需同时满足强度和稳定性的要求。对于正常使用极限状态，是通过保证构件的刚度及限制其长细比来达到的。因此，按其受力性质的不同，轴心受拉构件的设计需进行强度和刚度的验算，而轴心受压构件的设计需进行强度、稳定和刚度的验算。

选择截面时，一般应根据内力大小、两个方向的计算长度及制造加工、材料供应等情况综合考虑。

单角钢截面适用于塔架、桅杆结构和起重机臂杆，轻型桁架也可用单角钢做成。双角钢便于在不同情况下组成接近于等稳定的压杆截面，常用于由节点板连接杆件的平面桁架。

热轧普通工字钢虽然有制造省工的优点，但因为两个主轴方向的回转半径差别较大，而且腹板又较厚，很不经济，因此很少用于单根压杆。轧制 H 型钢的宽度与高度相同时，对强轴的回转半径约为弱轴回转半径的两倍，适用于中点有侧向支撑的独立支柱。

焊接工字形截面可以利用自动焊做成一系列定型尺寸的截面，其腹板按局部稳定的要求可做得很薄，以节省钢材，应用十分广泛。为使翼缘与腹板便于焊接，截面的高度和宽度做得大致相同。工字形截面的回转半径与截面轮廓尺寸的近似关系是 $i_x=0.43h$、$i_y=0.24b$。所以，只有两个主轴方向的计算长度相差一倍时，才有可能达到等稳定的要求。

十字形截面在两个主轴方向的回转半径是相同的，对于重型中心受压柱，当两个方向的计算长度相同时，这种截面较为有利。

圆管截面轴心压杆的承载能力较强，但是轧制钢管取材不易，应用不多。焊接圆管压杆用于海洋平台结构，因其腐蚀面小又可做成封闭构件，比较经济合理。

方管或由钢板焊成的箱形截面，因其承载能力和刚度都较大，虽然和其他构件连接构造相对复杂些，但可用作轻型或高大的承重支柱。

在轻型钢结构中，可以灵活地应用各种冷弯薄壁型钢截面组成的压杆，从而获得经济效果。冷弯薄壁方管是轻钢屋架中常用的一种截面形式。

4.4.2 截面设计

截面设计时，首先按上述原则选定合适的截面形式，初步选择截面尺寸，然后进行强度、整体稳定、局部稳定、刚度等的验算。具体步骤如下：

1）假定柱的长细比 λ，求出需要的截面积 A。一般假定 $\lambda = 50 \sim 100$，当压力大而计算长度小时取较小值，反之取较大值。根据 λ、截面分类和钢种可查得稳定系数 φ，则需要的截面面积为

$$A = \frac{N}{f\varphi} \tag{4-46}$$

2）求两个主轴所需要的回转半径。

$$i_x = \frac{l_{0x}}{\lambda},\ i_y = \frac{l_{0y}}{\lambda} \tag{4-47}$$

3）由已知截面面积 A，两个主轴的回转半径 i_x、i_y，优先选用轧制型钢，如普通工字钢、H 型钢等。当现有型钢规格不满足所需截面尺寸时，可以采用焊接截面，这时需先初步定出截面的轮廓尺寸，一般是利用附表 9 中截面回转半径和其轮廓尺寸的近似关系初步确定所需截面的高度 h 和宽度 b。

4）由所需的 A、h、b 等，再考虑构造要求、局部稳定及钢材规格等，确定截面的初选尺寸。

5）构件强度、稳定和刚度验算。

① 当截面有削弱时，需按式(4-1)～式(4-3)进行强度验算。

② 按式（4-8）进行整体稳定验算

③ 按式（4-41）和式（4-43）进行局部稳定验算。如上所述，轴心受压构件的局部稳定是以限制其组成板件的宽厚比来保证的。对于热轧型钢截面，由于其板件的宽厚比较小，一般能满足要求，可不验算。对于焊接截面，则应根据标准的规定对板件的宽厚比进行验算。

④ 刚度验算。轴心受压实腹柱的长细比应按式（4-4）进行验算，并符合《钢结构设计标准》规定的允许长细比要求。事实上，在进行整体稳定验算时，构件的长细比已预先求出，以确定整体稳定系数 φ，因而刚度验算可与整体稳定验算同时进行。

4.4.3 构造要求

当实腹柱的腹板高厚比 $h_0/t_w > 80\varepsilon_k$ 时，为防止腹板在施工和运输过程中发生变形，提高柱的抗扭刚度，应设置横向加劲肋。横向加劲肋的间距不得大于 $3h_0$，其截面尺寸要求为双侧加劲肋的外伸宽度 b_s 不小于（$h_0/30 + 40$）mm，厚度 t_s 应大于外伸宽度的 1/15。

轴心受压实腹柱的纵向焊缝（翼缘与腹板的连接焊缝）受力很小，不必计算，可按构造要求确定焊缝尺寸。

【例 4-3】 图 4-22a 所示为一管道支架，其支柱的设计压力为 $N = 1600\text{kN}$（设计值），

柱两端铰接，钢材为Q235，截面无孔眼削弱。试设计此支柱的截面：①用普通轧制工字钢；②用热轧H型钢；③用焊接工字形截面，翼缘板为焰切边。

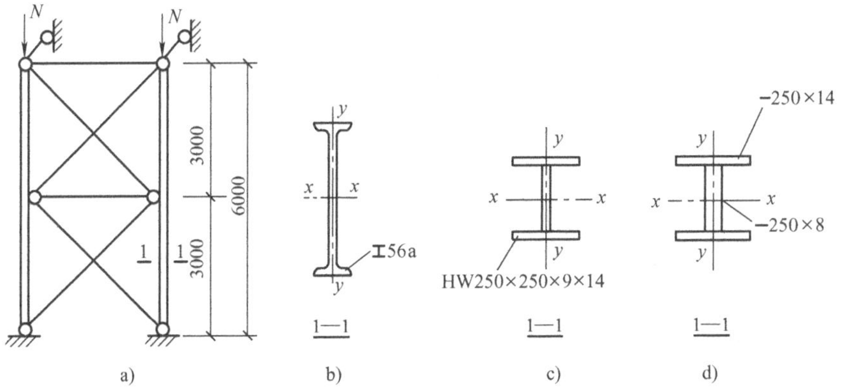

图4-22 例4-3图

【解】 支柱在两个方向的计算长度不相等，故取如图4-22b所示的截面朝向，将强轴沿 x 轴方向，弱轴沿 y 轴方向。此时，柱在两个方向的计算长度分别为 $l_{0x}=600\text{cm}$，$l_{0y}=300\text{cm}$。

1. 轧制工字钢（图4-22b）

（1）试选截面 假定 $\lambda=90$，对于轧制工字钢。当绕 x 轴失稳时属于a类截面，由附表4-1查得 $\varphi_x=0.714$；绕 y 轴失稳时属于b类截面，由附表4-2查得 $\varphi_y=0.621$。需要的截面几何量为

$$A=\frac{N}{\varphi_{\min}f}=\frac{1600\times10^3}{0.621\times215\times10^2}\text{cm}^2=119.8\text{cm}^2$$

$$i_x=\frac{l_{0x}}{\lambda}=\frac{600}{90}\text{cm}=6.67\text{cm}$$

$$i_y=\frac{l_{0y}}{\lambda}=\frac{300}{90}\text{cm}=3.33\text{cm}$$

由附表7-1中不可能选出同时满足 A、i_x 和 i_y 的型号，可适当照顾到 A 和 i_y 进行选择。现试选I56a，$A=135\text{cm}^2$，$i_x=22.0\text{cm}$，$i_y=3.18\text{cm}$。

（2）截面验算 因截面无孔眼削弱，可不验算强度。又因轧制工字钢的翼缘和腹板均较厚，可不验算局部稳定，只需进行整体稳定和刚度验算。

$$\lambda_x=\frac{l_{0x}}{i_x}=\frac{600}{22.0}=27.3<[\lambda]=150$$

$$\lambda_y=\frac{l_{0y}}{i_y}=\frac{300}{3.18}=94.3<[\lambda]=150$$

λ_y 远大于 λ_x，故由 λ_y 查附表4-2得 $\varphi=0.591$。因为翼缘厚度 $t=21\text{mm}>16\text{mm}$，故 $f=205\text{N/mm}^2$。

$$\frac{N}{\varphi Af}=\frac{1600\times10^3}{0.591\times135\times10^2\times205}=0.98<1.0$$

2. 热轧H型钢

（1）试选截面（图4-22c） 由于热轧H型钢可以选用宽翼缘的形式，截面宽度较大，

因此长细比的假设值可适当减小，假定 $\lambda=60$。对宽翼缘 H 型钢，因 $b/h>0.8$，对 x 轴或 y 轴都属于 b 类截面，当 $\lambda=60$ 时，由附表 4-2 查得 $\varphi=0.807$，所需截面几何量为

$$A=\frac{N}{\varphi f}=\frac{1600\times10^3}{0.807\times215\times10^2}\text{cm}^2=92.2\text{cm}^2$$

$$i_x=\frac{l_{0x}}{\lambda}=\frac{600}{60}\text{cm}=10.0\text{cm}$$

$$i_y=\frac{l_{0y}}{\lambda}=\frac{300}{60}\text{cm}=5.0\text{cm}$$

由附表 7-2 中试选 HW250×250×9×14，$A=92.18\text{cm}^2$，$i_x=10.8\text{cm}$，$i_y=6.29\text{cm}$。

（2）截面验算　因截面无孔眼削弱，可不验算强度。又因为热轧型钢，也可不验算局部稳定，只需进行整体稳定和刚度验算。

$$\lambda_x=\frac{l_{0x}}{i_x}=\frac{600}{10.8}=55.6<[\lambda]=150$$

$$\lambda_y=\frac{l_{0y}}{i_y}=\frac{300}{6.29}=47.7<[\lambda]=150$$

因对 x 轴或 y 轴均属 b 类，故由长细比较大者 $\lambda_x=55.6$ 查附表 4-2 得 $\varphi=0.83$。

$$\frac{N}{\varphi Af}=\frac{1600\times10^3}{0.83\times92.18\times10^2\times215}=0.97<1.0$$

3. 焊接工字形截面（图 4-22d）

（1）试选截面　参照 H 型钢截面，选用截面如图 4-22d 所示，翼缘 2—250×14，腹板 1—250×8，其截面面积为

$$A=(2\times25\times1.4+25\times0.8)\text{cm}^2=90\text{cm}^2$$

$$I_x=(25\times27.8^3-24.2\times25^3)/12\text{cm}^4=13250\text{cm}^4$$

$$I_y=2\times(1.4\times25^3)/12\text{cm}^4=3645.8\text{cm}^4$$

$$i_x=\sqrt{\frac{I_x}{A}}=\sqrt{\frac{13250}{90}}\text{cm}=12.13\text{cm}$$

$$i_y=\sqrt{\frac{I_y}{A}}=\sqrt{\frac{3645.8}{90}}\text{cm}=6.36\text{cm}$$

（2）整体稳定和长细比验算

$$\lambda_x=\frac{l_{0x}}{i_x}=\frac{600}{12.13}=49.5<[\lambda]=150$$

$$\lambda_y=\frac{l_{0y}}{i_y}=\frac{300}{6.36}=47.2<[\lambda]=150$$

因对 x 轴和 y 轴均属于 b 类截面，故由长细比的较大值查附表 4-2 得 $\varphi=0.859$

$$\frac{N}{\varphi Af}=\frac{1600\times10^3}{0.859\times92.18\times10^2\times215}=0.96<1.0$$

（3）局部稳定验算

翼缘外伸部分　$$\frac{b_1}{t}=\frac{12.1}{1.4}=8.64<(10+0.1\lambda)\varepsilon_k=14.95$$

腹板的局部稳定 $\frac{h_0}{t_w}=\frac{25}{0.8}=31.25<(25+0.5\lambda)\varepsilon_k=49.75$

原截面无孔眼削弱，不必验算强度。

(4) 构造 因腹板高厚比小于80，故不必设置横向加劲肋。翼缘与腹板的连接焊缝最小焊脚尺寸按表3-2取6mm。

上文采用三种不同截面的形式对本例中的支柱进行了设计，由计算结果可知，轧制普通工字钢截面要比热轧H型钢截面和焊接工字形截面约大50%，这是由于普通工字钢绕弱轴的回转半径太小。在本例中，尽管弱轴方向的计算长度仅为强轴方向计算长度的1/2，前者的长细比仍远大于后者，故支柱的承载能力是由弱轴控制的，对强轴而言则有较大富裕，这显然是不经济的，若必须采用此种截面，宜增加侧向支撑的数量。对于轧制H型钢和焊接工字形截面，由于其两个方向的长细比非常接近，基本上做到了等稳定性，用料最经济。但焊接工字形截面的焊接工作量大，在设计轴心受压实腹柱时宜优先选用H型钢。

4.5 格构式轴心受压构件的截面设计

4.5.1 格构式轴心压杆的组成

格构式轴心压杆通常由两个肢件组成，肢件为槽钢、工字钢或H型钢，用缀材把它们连成整体，如图4-23所示。对于十分强大的柱，肢件有时用焊接组合工字形截面。槽钢肢件的翼缘向内者比较普遍，因为这样可以有一个平整的外表，而且可以得到较大的截面惯性矩。

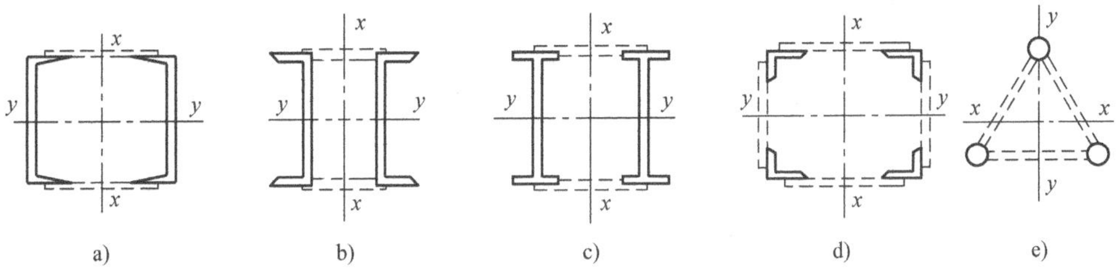

图4-23 截面形式

缀材有缀条和缀板两种。缀条用斜杆组成，如图4-24a所示，也可以由斜杆和横杆共同组成，如图4-24b所示，一般用单角钢做缀条。缀板用钢板组成，如图4-24c所示。

对于长度较大而受力不大的压杆，肢件可以由四个角钢组成，如图4-23d所示，四周均用缀材连接，由三个肢件组成的格构柱如图4-23e所示，有时用于桅杆等结构。

在构件的截面上与肢件的腹板相交的轴线称为实轴，如图4-23a、b和c中的y轴，与缀材平面垂直的轴线称为虚轴，如图4-23a、b和c中的x轴。图4-23d和e中的x轴与y轴都是虚轴。

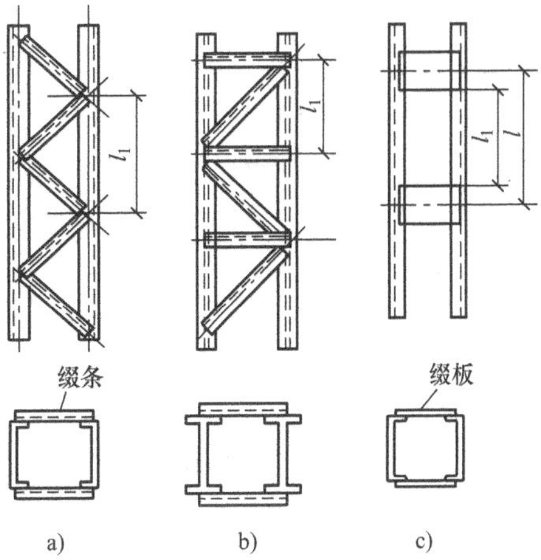

图4-24 格构式柱的组成

4.5.2 剪切变形对虚轴稳定性的影响

实腹式轴心受压杆工作时，构件中横向剪力很小。实腹式压杆的腹板较厚，抗剪刚度比较大，因此横向剪力对构件产生的附加变形很微小，对构件临界力的降低不到1%，可以忽略不计。当格构式轴心受压杆绕实轴发生弯曲失稳时情况和实腹式压杆一样。但是当绕虚轴发生弯曲失稳时，因为剪力要由比较柔弱的缀材负担或是柱腹板也参与负担，剪切变形较大，导致构件产生较大的附加侧向变形，它对构件临界力的降低是不能忽略的。经理论分析，用换算长细比 λ_{0x}来代替对 x 轴的长细比 λ_x，就可以确定考虑剪切变形影响的格构式轴心压杆的临界力。按照《钢结构设计标准》，双肢格构式构件对虚轴的换算长细比的计算公式是

缀条构件
$$\lambda_{0x} = \sqrt{\lambda_x^2 + 27A/A_{1x}} \tag{4-48}$$

缀板构件
$$\lambda_{0x} = \sqrt{\lambda_x^2 + \lambda_1^2} \tag{4-49}$$

式中 λ_x——整个构件对 x 的长细比；

A——整个构件横截面的毛截面面积；

A_{1x}——构件截面中垂直于 x 轴的各斜缀条的毛截面面积之和；

λ_1——分肢对最小刚度轴 1—1 的长细比（其计算长度为：焊接时，为相邻两缀板的净距离；螺栓连接时，为相邻两缀板边缘螺栓的距离）。

由四肢或三肢组成的格构式压杆，其对虚轴的换算长细比见《钢结构设计标准》的有关条文。

4.5.3 杆件的截面选择

格构柱对实轴的稳定计算与实腹式压杆相同，可确定肢件截面的尺寸。肢件之间的距离需根据对实轴和虚轴的等稳条件确定。

将等稳条件 $\lambda_{0x} = \lambda_y$ 代入式（4-48）或式（4-49），可以得到对虚轴的长细比

$$\lambda_x = \sqrt{\lambda_{0x}^2 - 27A/A_{1x}} = \sqrt{\lambda_y^2 - 27A/A_{1x}} \tag{4-50}$$

或
$$\lambda_x = \sqrt{\lambda_{0x}^2 - \lambda_1^2} = \sqrt{\lambda_y^2 - \lambda_1^2} \tag{4-51}$$

算出需要的 λ_x 和 $i_x = l_{0x}/\lambda_x$ 以后，可以利用附表 9 中截面回转半径与轮廓尺寸的近似关系确定单肢之间的距离。

对于缀条式压杆，按式（4-50）计算时要预先给定缀条的截面尺寸。因为杆件的几何缺陷可能使一个单肢的受力大于另一个单肢，因此单肢的长细比应不超过杆件最大长细比的0.7 倍，这样分肢的稳定可以得到保证。如果单肢是组合截面，还应保证板件的稳定性。

对于缀板式压杆，按式（4-51）计算时先要假定单肢的长细比 λ_1，为了防止单肢过于细长而先于整个杆件失稳，要求单肢的长细比 λ_1 不应大于 $40\varepsilon_k$，且不应大于杆件最大长细比的0.5 倍（当 $\lambda_{max} < 50$ 时，取 $\lambda_{max} = 50$）。

4.5.4 格构式压杆的剪力

当格构式压杆绕虚轴失稳发生弯曲时，缀材要承受横向剪力的作用。因此，需要首先计算出横向剪力的数值，然后才能进行缀材的设计。

如图4-25a所示两端铰接的压杆，其初始挠曲线为 $y_0=v_0\sin(\pi x/l)$，则任意截面处的总挠度为

$$Y=y_0+y=\frac{v_0}{1-N/N_E}\sin\frac{\pi x}{l}$$

在杆的任意截面的弯矩

$$M=N(y_0+y)=\frac{Nv_0}{1-N/N_E}\sin\frac{\pi x}{l}$$

任意截面的剪力

$$V=\frac{dM}{dx}=\frac{N\pi v_0}{l(1-N/N_E)}\cos\frac{\pi x}{l}$$

杆两端的最大剪力

$$V=\frac{N\pi v_0}{l(1-N/N_E)}$$

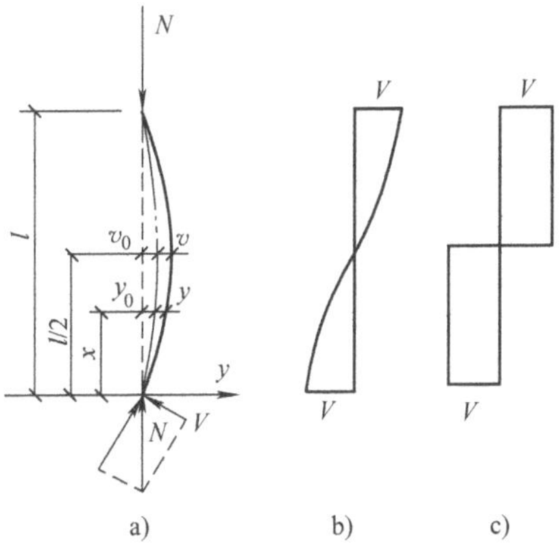

图4-25 轴心压杆的剪力

《钢结构设计标准》在规定剪力时，以压杆弯曲至中央截面边缘纤维屈服为条件，导出最大剪力 V 和轴线压力 N 之间的关系，经简化后可得

$$V=\frac{Af}{85\varepsilon_k} \tag{4-52}$$

设计缀材及其连接时认为剪力沿杆全长不变化，如图4-25c所示。

4.5.5 缀材设计

对于缀条柱，缀条可视为以柱肢为弦杆的平行弦桁架的腹杆进行计算，内力与桁架腹杆的计算方法相同，如图4-26a所示，在横向剪力作用下，一个斜缀条的内力 N_t 为

$$N_t=V_b/(n\cos\alpha) \tag{4-53}$$

式中 V_b——分配到一个缀材面的剪力，图4-26a和b中每根柱子都有两个缀材面，故 V_b 为 $V/2$；

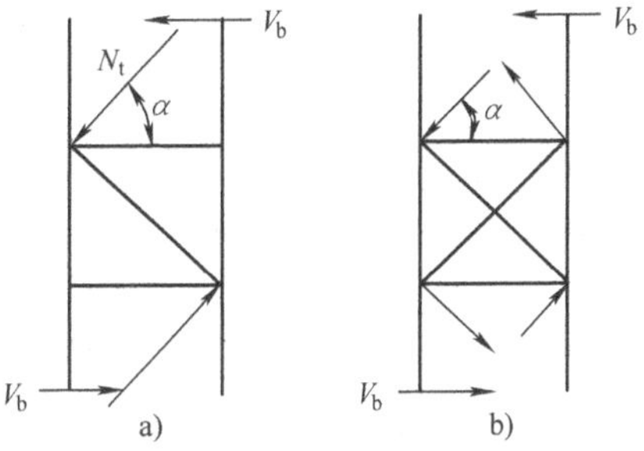

图4-26 缀条计算简图

n——承受剪力 V_b 的斜缀条数，图4-26a为单缀条体系，$n=1$，图4-26b为双缀条超静定体系，通常简单地认为每根缀条负担一半的剪力 V_b，取 $n=2$；

α——缀条夹角，在40°~70°采用。

斜缀条一般采用单角钢，与柱单面连接，由于剪力的方向取决于杆的初弯曲，可以向左也可以向右。因此，缀条可能承受拉力也可能承受压力。缀条截面应按轴心压杆设计。由于角钢只有一个边和构件的肢件连接，考虑到受力时的偏心和受压时的弯扭，计算构件稳定性（不考虑扭转效应）时可将材料强度设计值乘以折减系数 γ_r。

对于等边角钢 $\gamma_r=0.6+0.0015\lambda$，但不大于1.0 （4-54）

对于短边相连的不等边角钢 $\gamma_r=0.5+0.0025\lambda$，但不大于1.0 （4-55）

对于长边相连的不等边角钢 $\gamma_r=0.7$

在式（4-54）和式（4-55）中，当 $\lambda<20$ 时，取 $\lambda=20$，其中 λ 为缀条的长细比。

在利用式（4-53）、式（4-54）计算长细比时，对于中间无联系的单角钢缀条，取由角钢截面的最小回转半径确定的长细比；对于中间有联系的单角钢缀条，取由与角钢边平行或与其垂直的轴的长细比。

横缀条主要用于减小肢件的计算长度，其截面尺寸与斜缀条相同，也可按允许长细比确定，取较小的截面。

对于缀板柱，先按单肢的长细比 λ_1 及其回转半径 i_1 确定缀板之间的净距离 l_1，即 $l_1=\lambda_1 i_1$。

为了满足一定的刚度，缀板的尺寸应足够大，《钢结构设计标准》规定，在构件同一截面处缀板的线刚度之和不得小于柱较大分肢线刚度的6倍。缀板的宽度确定以后，就可以得到缀板轴线之间的距离 l。在满足缀板刚度要求的前提下，可以假定缀板和肢件组成多层刚架，缀板的内力根据图4-27b所示的计算简图确定。在图中的反弯点处弯矩为零，只承受剪力。如果一个缀板面分担的剪力为 V_b，缀板所受的内力为

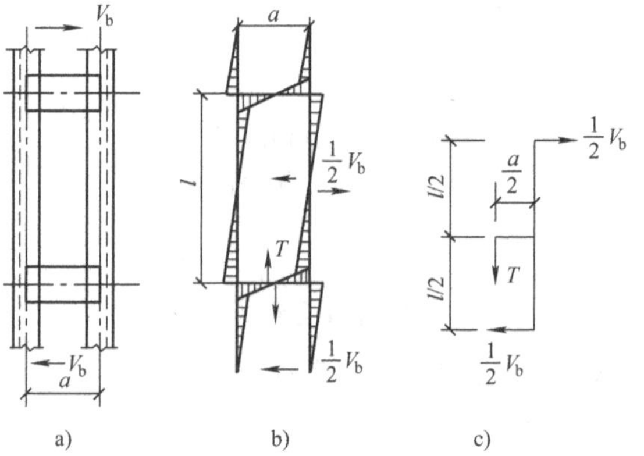

图4-27 缀板计算简图

剪力 $$T=V_b l/a \tag{4-56}$$

弯矩（与肢件连接处） $$M=V_b l/2 \tag{4-57}$$

缀板用角焊缝与肢件相连接，搭接长度一般为20～30mm。角焊缝承受剪力 T 和弯矩 M 的共同作用。如果验算角焊缝后确认符合了强度要求，就不必再验算缀板的强度，因为角焊缝的强度设计值小于钢材的强度设计值。

为了保证杆件的截面形状不变和增加杆件的刚度，应该设置图4-28所示的横隔，它们之间的中距不应大于杆件截面较大宽度的9倍，也不应大于8m，且每个运送单元的端部应设置横隔。横隔可用钢板或角钢组成，如图4-28所示。

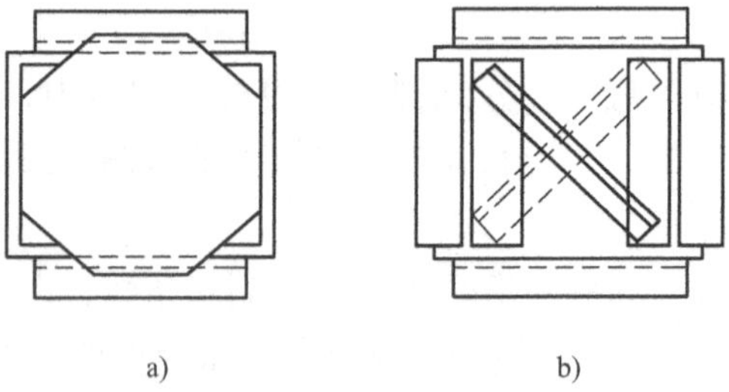

图4-28 隔板构造

【例4-4】 图4-29中 AB 为一轴心受压柱，计算轴力 $N=2800\text{kN}$，$l=4\text{m}$。支撑杆与 AB 相连，AB 杆无截面削弱，材料为Q235钢。试选用个槽钢组成的格构式缀条柱。焊条用E43型，手工焊。

【解】 分析：根据实轴选槽钢截面，这时以 x 轴为实轴（图4-29），并以此确定两个槽钢的间距 b 和缀条设计。

$$l_{0x}=l=4\text{m}=400\text{cm},\ l_{0y}=l/2=2\text{m}=200\text{cm}$$

1）由实轴 x—x 选择槽钢型号。假定 $\lambda=60$，按b类截面查附表4-2得，$\varphi=0.807$，则

$$A_r=\frac{N}{\varphi f}=\frac{2800\times10^3}{0.807\times215}\text{mm}^2=16137\ \text{mm}^2$$

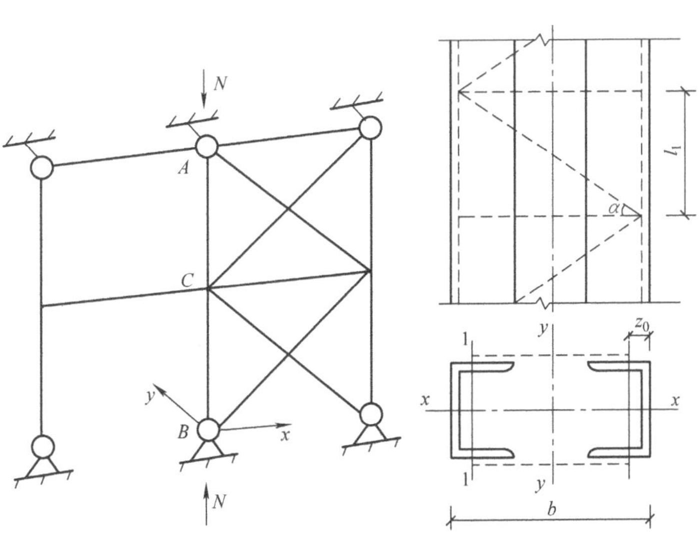

图4-29 例4-4图

$$i_{rx}=\frac{l_{0x}}{\lambda}=\frac{400}{60}\text{cm}=6.7\text{cm}$$

选用2［36b，$A=2\times6810\text{mm}^2=13620\text{mm}^2$，$i_x=13.6\text{cm}$，$I_1=497\text{cm}^4$。所选截面 $A<A_r$，但 $i_x>i_{rx}$，故所选截面可能满足要求。

验算 $$\lambda_x=\frac{l_{0x}}{i_x}=\frac{400}{13.6}=29.4<[\lambda]=150$$

按b类截面查附表4-2得，$\varphi_x=0.937$。

$$\frac{N}{\varphi Af}=\frac{2800\times10^3}{0.937\times13620\times215}=1.02>1.0$$

改用2［40a，$A=2\times7500\ \text{mm}^2=15000\ \text{mm}^2$，$i_x=15.3\text{cm}$。

$$I_1=592\ \text{cm}^4,\ z_0=2.49\text{cm},\ i_1=2.81\text{cm}$$

验算 $$\lambda_x=\frac{l_{0x}}{i_x}=\frac{400}{15.3}=26.1<[\lambda]=150$$

按b类截面查附表4-2得，$\varphi_x=0.950$。

$$\frac{N}{\varphi_x Af}=\frac{2800\times10^3}{0.950\times15000\times215}=0.91<1.0$$

满足要求。

2）对虚轴 $y—y$ 确定两分肢间距离 b。假定缀条取∠45×4，查附表7-4得，$A_1=3.49\ \text{cm}^2$，$i_{min}=0.89\text{cm}$，则

$$\lambda_y=\sqrt{\lambda_x^2-27\frac{A}{A_1}}=\sqrt{26.1^2-27\times\frac{75}{3.49}}=9.8$$

$$i_y=\frac{l_{0y}}{\lambda_y}=\frac{200}{9.8}\text{cm}=20.4\text{cm}$$

查附表9得，$b=\frac{i_y}{0.44}=\frac{20.4}{0.44}\text{cm}=46.4\text{cm}$，取 $b=46\text{cm}$。

$$I_y = 2(592 + 75 \times 20.5^2)\text{cm}^4 = 64221\ \text{cm}^4$$

$$i_y = \sqrt{\frac{I_y}{A}} = \sqrt{\frac{64221}{150}}\text{cm} = 20.69\text{cm}$$

$$\lambda_y = \frac{200}{20.69} = 9.67$$

$$\lambda_{0y} = \sqrt{\lambda_y^2 + 27\frac{A}{A_1}} = \sqrt{9.67^2 + 27 \times \frac{75}{3.49}} = 26 < [\lambda] = 150$$

根据换算长细比按 b 类截面查附表 4-2 得，$\varphi_y = 0.950$。

$$\frac{N}{\varphi_y Af} = \frac{2800 \times 10^3}{0.950 \times 15000 \times 215} = 0.91 < 1.0$$

3）分肢稳定性。当缀条取 $\alpha = 45°$时，分肢计算长度为

$$l_1 = b - 2z_0 = (46 - 2 \times 2.49)\text{cm} = 41\text{cm}$$

$$i_1 = 2.81\text{cm}$$

$$\lambda_1 = \frac{l_1}{i_1} = \frac{41}{2.81} = 14.6 < 0.7\lambda_{\max} = 0.7 \times 26.1 = 18.2$$

分肢稳定性满足要求。

4）缀条及与柱肢连接的角焊缝计算。

$$V = \frac{Af}{85\varepsilon_k} = \frac{15000 \times 215}{85}\text{N} = 3.79 \times 10^4\text{N} = 37.9\text{kN}$$

每一斜缀条所受轴力

$$N_t = \frac{V/2}{\cos\alpha} = \frac{V}{2}\sqrt{2} = \frac{37.9}{2} \times \sqrt{2}\text{kN} = 26.79\text{kN}$$

斜缀条长度

$$l = \frac{l_1}{\cos 45°} = \sqrt{2} \times 41\text{cm} = 58\text{cm}$$

缀条用单角钢，属于斜向屈曲，计算长度为 0.9 倍几何长度，即

$$l_0 = 0.9 l_1 = 0.9 \times 58\text{cm} = 52.2\text{cm}$$

$$\lambda = \frac{l_0}{i_{\min}} = \frac{52.2}{0.89} = 58.7$$

按 b 类截面查附表 4-2 得，$\varphi = 0.81$。单面连接的单角钢其稳定折减系数

$$\gamma = 0.6 + 0.0015\lambda = 0.6 + 0.0015 \times 58.7 = 0.688$$

则

$$\frac{N_t}{\gamma\varphi Af} = \frac{26790}{0.688 \times 0.81 \times 349 \times 215} = 0.64 < 1.0$$

5）缀条与柱身连接的角焊缝设计。设焊脚尺寸 $h_f = 4\text{mm}$，则

肢背焊缝长度

$$l_{w1} = \frac{K_1 N_t}{0.7h_f 0.85 f_f^w} + 10 = \left(\frac{0.7 \times 26790}{0.7 \times 4 \times 0.85 \times 160} + 10\right)\text{mm} = 59\text{mm}，取\ l_{w1} = 60\text{mm}$$

$$l_{w1} = 60\text{mm} > 8h_f = 8 \times 4\text{mm} = 32\text{mm}，且大于\ 40\text{mm}$$

肢尖焊缝长度

$$l_{w2}=\frac{K_2N_t}{0.7h_f0.85f_f^w}+10=\left(\frac{0.3\times26790}{0.7\times4\times0.85\times160}+10\right)\text{mm}=31\text{mm}，取\ l_{w2}=40\text{mm}$$

$$l_{w2}=40\text{mm}>8h_f=8\times4\text{mm}=32\text{mm}$$

4.6 轴心受压柱的柱头和柱脚

当受压构件用作柱子时，为了把位于它上面的结构承受的荷载通过它传给基础，必须把柱的上下端部适当扩大并进行合理构造，形成柱头和柱脚。轴心受压柱和偏心受压柱，因为传递的荷载不同，柱头和柱脚的构造要求也不同，但构造的原则相同。应该做到：传力明确，传力过程简捷，安全可靠，经济合理，并且具有足够的刚度而构造又不复杂。

4.6.1 柱头

轴心受压柱的柱头承受由横梁传来的压力 N，图 4-30 是典型的实腹式柱的柱头构造，图 4-32 是典型的格构式柱的柱头构造。

首先应在柱顶设一块顶板来安放梁。梁的全部压力通过梁端凸缘压在柱顶板的中部，有时为了提高顶板的抗弯刚度，可在顶板上加焊一块垫板，在它的下面设加劲肋，这样，柱顶板本身就不需要太厚，一般不小于 14mm 即可。

对于实腹式柱，梁传来的全部压力 N 通过梁端凸缘和垫板间的端面承压传给垫板，垫板又以挤压传给柱顶板，而垫板只需用一些构造焊缝和顶板焊连固定位置。柱顶板将 N 分传给前后两个加劲肋，每根加劲肋和柱顶板之间可以采用局部承压传入 $N/2$（当力较大时），也可采用两根角焊缝①传力（当力不大时），如图 4-30 所示。焊缝①受向下的均布剪力作用。计算公式如下

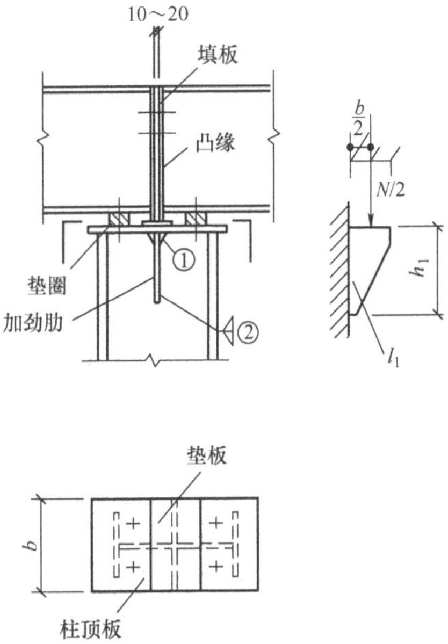

图 4-30 实腹式柱柱头构造

局部承压传力

$$\sigma=\frac{N/2}{b_lt_l}\leqslant f_{ce} \tag{4-58}$$

焊缝①传力

$$\sigma_f=\frac{N/2}{2\times0.7h_{f1}(b_l-10)}\leqslant\beta_f f_f^w \tag{4-59}$$

式中 b_l、t_l——柱端加劲肋的宽度和厚度；

h_{f1}——角焊缝①的焊脚尺寸；

f_{ce}——钢材的端面承压强度设计值。

加劲肋在 $N/2$ 的偏心力作用下，用两根角焊缝②把向下的剪力 $N/2$ 和偏心弯矩 $b_lN/4$ 传给柱子腹板，加劲肋犹如悬臂梁的工作，如图 4-30 所示。通常先假设加劲肋的高度 h_l，就是焊缝②的长度，再进行焊缝验算。加劲肋的宽度 b_l 参照柱顶板的宽度 b 确定，厚度 t_l 应符合局部稳定的要求，取不小于 $b_l/15$ 及不小于 10mm，同时不宜比柱腹板厚度超过太多。在验算焊缝②的同时，应按悬臂梁验算加劲肋本身的抗剪和抗弯强度。

焊缝②的强度验算

$$\sqrt{\left(\frac{\sigma_f}{\beta_f}\right)^2+(\tau_f)^2}=\sqrt{\left(\frac{b_lN/4}{\beta_fW_f}\right)^2+\left(\frac{N/2}{A_f}\right)^2}\leqslant f_f^w \tag{4-60}$$

式中 W_f——焊缝②的有效截面模量，$W_f=\frac{1}{6}\times2\times0.7h_{f2}(h_l-10)^2$；

A_f——焊缝②的有效截面面积，$A_f=2\times0.7h_{f2}$（h_l-10）。

加劲肋强度按下式验算

$$\sigma=\frac{6\times b_lN/4}{t_lh_l^2}\leqslant f \tag{4-61}$$

$$\tau=\frac{1.5N/2}{t_lh_l}\leqslant f_v \tag{4-62}$$

有时，梁传来的压力 N 很大，设计成悬臂梁的加劲肋要很高才能满足焊缝②的强度要求，这样的构造显得不够合理，这时可把前后两根肋连成一整根，在柱子腹板上开一个槽使其通过，就使加劲肋成为双悬臂梁，它本身的受力状态并未改变，却使焊缝②的受力大大简化，只承受向下作用的剪力而不传递偏心弯矩，因而可以大大缩短加劲肋的高度。这时应把柱子上端和加劲肋相连的一段腹板换成较厚的板（图 4-31）。

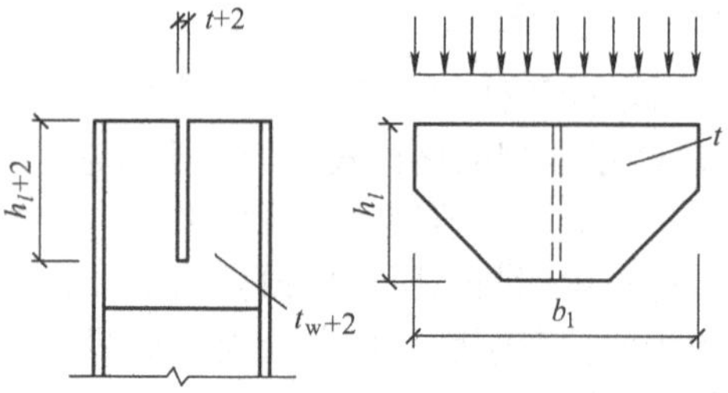

图 4-31 双悬臂加劲肋

焊缝②按下式验算

$$\tau_f=\frac{N}{4\times0.7h_{f2}(h_l-10)}\leqslant f_f^w \tag{4-63}$$

加劲肋仍按式（4-61）和式（4-62）验算。

为了固定柱顶板的位置，顶板和柱身应用构造焊缝进行围焊相连。为了固定梁在柱头上的位置，常采用四个粗制螺栓穿过梁的下翼缘和柱顶板相连。

图 4-32 所示为格构式柱的柱头构造。由柱顶板、柱端加劲肋和两块柱端缀板组成。传力过程如下：由梁传来的力 N，以挤压传力的方式作用于柱端垫板上，经垫板传给柱顶板。柱顶板则通过挤压或焊缝①把 N 传给加劲肋。

局部承压传力时

$$\sigma=\frac{N}{at_l}\leqslant f_{ce} \tag{4-64}$$

端焊缝①传力时

$$\sigma_f=\frac{N}{2\times0.7h_{f1}\ (a-10)}\leqslant \beta_f f_f^w \tag{4-65}$$

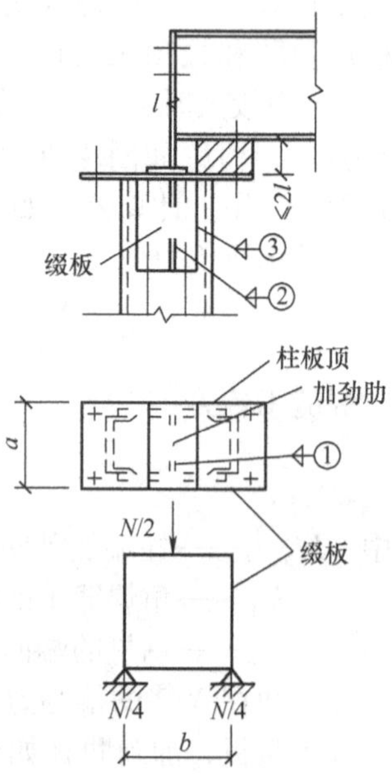

图 4-32 格构式柱的柱头

此加劲肋按简支梁计算，承受柱顶板传来的均布荷载 $q=N/a$，按简支梁验算强度

$$\sigma=\frac{1}{8}qa^2/\left[\frac{1}{6}t_l h_l^2\right]\leqslant f \tag{4-66}$$

$$\tau=\frac{1.5}{2}qa/(t_l h_l)\leqslant f_v \tag{4-67}$$

式中 t_l、h_l——柱端加劲肋的厚度和高度。

加劲肋的支反力为 $N/2$，通过两根角焊缝②传给柱端缀板，焊缝②按下式验算

$$\tau_f=\frac{N/2}{2\times 0.7h_{f2}(h_l-10)}\leqslant f_f^w \tag{4-68}$$

柱端缀板近似地看作简支梁，支承在柱肢上，在跨中承受由焊缝②传来的集中力 $N/2$，应按下列公式验算强度

$$\sigma=\frac{Nb}{8}/\left[\frac{1}{6}t_l h_l^2\right]\leqslant f \tag{4-69}$$

$$\tau=\frac{1.5N}{4}/(t_l h_l)\leqslant f_v \tag{4-70}$$

式中 t_l——缀板厚度；

h_l——缀板高度，和柱端加劲肋高度相同。

最后，缀板通过焊缝③，把力传给柱肢，焊缝③按下式验算

$$\tau_f=\frac{N/4}{0.7h_{f3}(h_l-10)}\leqslant f_f^w \tag{4-71}$$

柱端加劲肋和柱端缀板的厚度都应满足板件局部稳定的要求，即厚度不小于承载边的宽度的$\frac{1}{40}$，且不小于10mm。

图4-33的柱头构造最简单。梁在荷载作用下产生挠曲时，作用于柱顶的压力分布不均匀，可看成三角形分布荷载。如图4-33a所示，这种构造只能用于荷载不大的情况。当荷载较大时，可采用图4-33b中的构造，在正对梁端加劲肋的位置，在梁的下翼缘下贴焊一条集中垫板，可使传力位置明确。不论是图4-33a还是图4-33b的构造，都应按一侧梁无活荷载时对柱子可能产生的偏心压力来验算柱子的承载力。

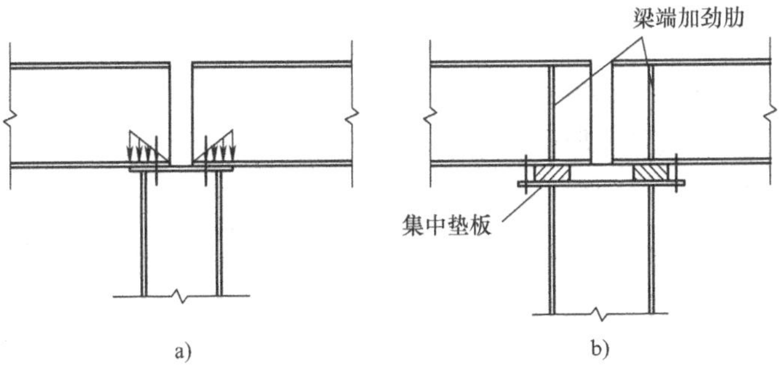

图4-33 实腹式柱顶端构造

梁连接于柱侧的简支构造如图4-34所示。当梁传来的支反力不大时，可采用图4-34a的构造，这时支反力经图示的承托传给柱子。梁的上翼缘应设一短角钢和柱身相连，虽不能有效地限制梁端发生转角，但能防止梁端在出平面方向产生偏移。图4-34b的构造适用于梁

的支反力较大的情况，但制造精度要求较高。这时在柱翼缘板上设一块较厚的承托，厚度应比梁端凸缘板的厚度加大 10～20mm，如果用厚角钢截成，则更便于安装，如图 4-34 所示。承托的顶面应刨平，与梁的凸缘板以局部承压传力，承托宽度应比梁的凸缘板加宽 10mm。承托用角焊缝和柱身焊连，考虑到传来的支反力可能产生偏心的不利因素，按 1.25 倍梁的支反力来计算焊缝

$$\tau_f = \frac{1.25N}{2\times 0.7h_f(l_w - 10)} \leqslant f_f^w \tag{4-72}$$

式中 h_f、l_w——承托和柱身相连的角焊缝的焊脚尺寸和焊缝长度，即承托的长度。

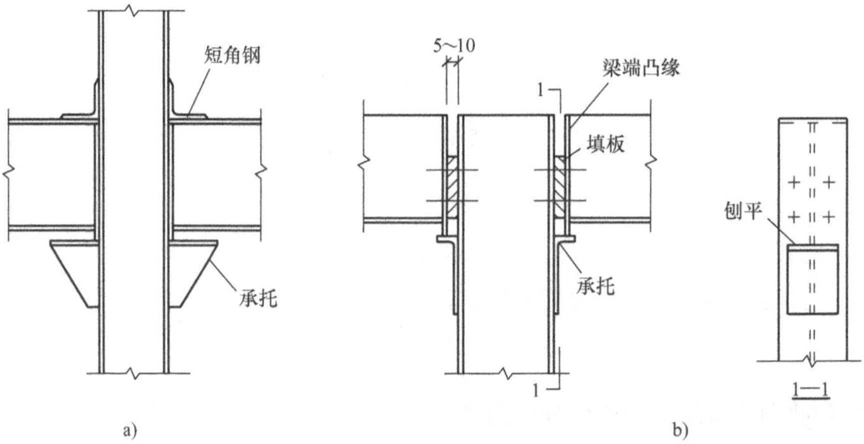

图 4-34 梁和柱侧面连接的构造

梁端与柱身间应留 5～10mm 的空隙，安装时加填板并设置构造螺栓，以固定梁的位置。同理，这样的梁柱连接，当左右梁传来的荷载不相等时，柱应按偏心受压进行验算。

【例 4-5】 某焊接工字形截面柱，腹板—8×450，翼缘板—18×180，承受两梁端传来的轴心压力 1000kN，两梁均以凸缘加劲肋支承于柱截面中心轴上，凸缘宽 220mm。钢材为 Q235 钢，焊条为 E43 系列。试设计其柱头构造。

【解】 1）按柱截面及梁的凸缘加劲肋尺寸决定柱顶板尺寸为：长(450+2×18+20)mm=506mm；宽（220+20）mm=240mm；厚 20mm。其中长、宽各加 20mm 是使顶板比柱或梁每边宽 10mm。于是柱顶板尺寸取—510×240×20。

2）垫板取宽 100mm，厚 20mm。

3）加劲肋宽度和厚度。根据梁端凸缘加劲肋的宽度，腹板两侧加劲肋的宽度为 (220－8)/2mm=106mm。

端面承压所需面积

$$A \geqslant \frac{N}{f_c} = \frac{1000\times 10^3}{320}\text{mm}^2 = 3125\ \text{mm}^2$$

加劲肋厚度

$$t = \frac{3125}{220}\text{mm} = 14.2\text{mm}，取 16\text{mm}$$

因为加劲肋厚度为 16mm，故将柱头腹板局部改用 16mm，加劲肋宽度则为 102mm，

取 100mm。

4）加劲肋的高度及其与腹板连接焊缝的厚度。

由式（4-61）可得

$$h_1 \geqslant \sqrt{\frac{6 \times b_l N/4}{t_l f}} = \sqrt{\frac{6 \times 100 \times 1000 \times 10^3 N/4}{16 \times 215}} \text{mm} = 211\text{mm}$$

由式（4-62）可得

$$h_2 \geqslant \frac{1.5N/2}{t_l f_v} = \frac{1.5 \times 1000 \times 10^3 N/2}{16 \times 125} \text{mm} = 375\text{mm}$$

故加劲肋高度取 380mm。

加劲肋与腹板连接焊缝的焊脚尺寸按式（4-60）计算

$$h_f \geqslant \sqrt{\left(\frac{b_l N/4}{\frac{1}{6} \times 2 \times 0.7 f_f^w \beta_f (h_l - 10)^2}\right)^2 + \left(\frac{N/2}{2 \times 0.7 f_f^w (h_l - 10)}\right)^2}$$

$$= \sqrt{\left(\frac{100 \times 1000 \times 10^3/4}{\frac{1}{6} \times 2 \times 0.7 \times 160 \times 1.22 \times 370^2}\right)^2 + \left(\frac{1000 \times 10^3/2}{2 \times 0.7 \times 160 \times 370}\right)^2} \text{mm}$$

$$= \sqrt{16.7 + 36.4} \text{mm} = 7.3\text{mm}$$

经设计计算最后接头构造如图 4-35 所示。

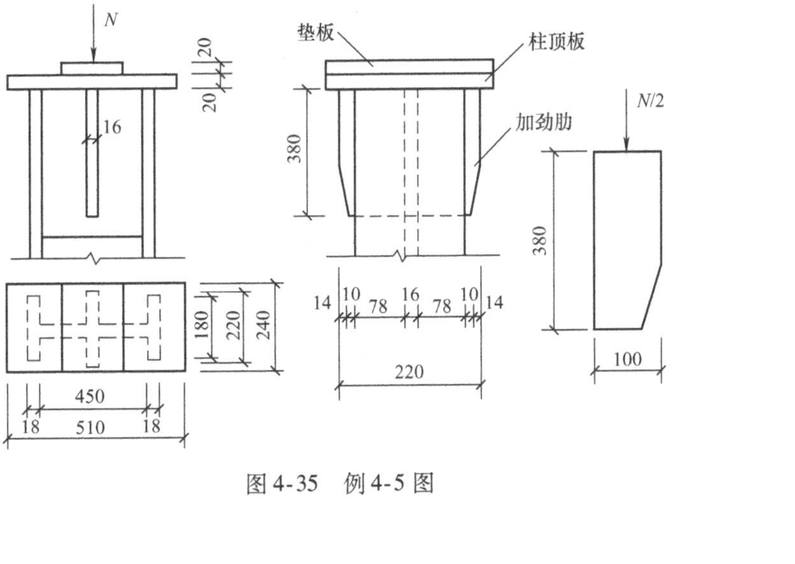

图 4-35　例 4-5 图

4.6.2 柱脚

柱脚的构造应使柱身的内力可靠地传给基础，并和基础有牢固的连接。轴心受压柱的柱脚主要传递轴心压力，与基础的连接一般采用铰接（图 4-36）。

图 4-36 是几种常用的平板式铰接柱脚。由于基础混凝土强度远比钢材低，所以必须把柱的底部放大，以增加其与基础顶部的接触面积。图 4-36a 是一种最简单的柱脚构造形式，在柱下端仅焊一块底板，柱中压力由焊缝传至底板，再传给基础。这种柱脚只能用于小型

柱，如果用于大型柱，底板会太厚。一般的铰接柱脚常采用图4-36b的形式，在柱端部与底板之间增设一些中间传力零件，如靴梁、隔板等，以增加柱与底板的连接焊缝长度，并且将底板分隔成几个区格，使底板的弯矩减小，厚度减小。

柱脚是利用预埋在基础中的锚栓来固定其位置的。铰接柱脚只沿着一条轴线设立两个连接于底板上的锚栓，如图4-36所示。按照构造要求采用2～4个直径为20～25mm的锚栓。为了便于安装，底板上的锚栓孔径用锚栓直径的1.5～2倍，套在锚栓上的零件板是在柱脚安装定位以后焊上的。底板的抗弯刚度较小，锚栓受拉时，底板会产生弯曲变形，阻止柱端转动的抗力不大，因而此种柱脚仍视为铰接。如果用完全符合力学图形的铰，将给安装工作带来很大困难，而且构造复杂，一般情况没有此种必要。

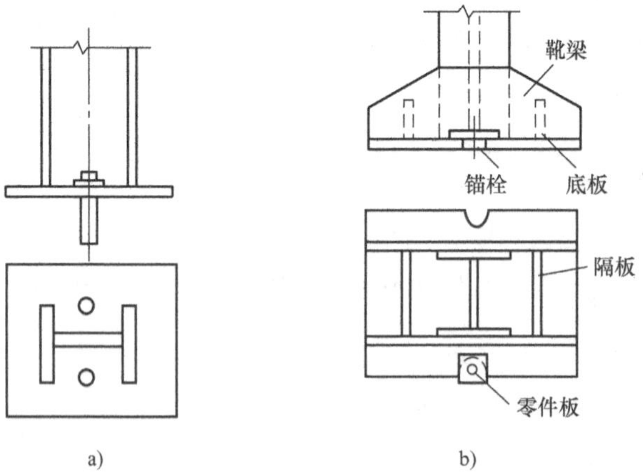

图4-36 平板式铰接柱脚

铰接柱脚不承受弯矩，只承受轴向压力和剪力。剪力通常由底板与基础表面的摩擦力传递。当此摩擦力不足以承受水平剪力时，应在柱脚底板下设置抗剪键，抗剪键可用方钢、短T型钢或H型钢做成。

铰接柱脚通常仅按承受轴向压力计算，轴向压力N一部分由柱身传给靴梁、肋板等，再传给底板，最后传给基础；另一部分是经柱身与底板间的连接焊缝传给底板，再传给基础。然而实际工程中，柱端难以做到齐平，而且为了便于控制柱长的准确性，柱端可能比靴梁缩进一些。

1. 底板的计算

(1) 底板的面积 底板的平面尺寸决定了基础材料的抗压能力，基础对底板的压应力可近似认为是均匀分布的，这样，所需的底板净面积A_n（底板宽乘以长，减去锚栓孔面积）应按下式确定

$$A_n \geqslant \frac{N}{\beta_c f_c} \tag{4-73}$$

式中 f_c——基础混凝土的抗压强度设计值；

β_c——基础混凝土局部承压时的强度提高系数。

f_c和β_c均按GB 50010—2010《混凝土结构设计规范》取值。

(2) 底板的厚度 底板的厚度由板的抗弯强度决定。底板可视为一支承在靴梁、隔板

和柱端的平板，它承受基础传来的均匀反力。靴梁、肋板、隔板和柱的端面均可视为底板的支承边，并将底板分隔成不同的区格，其中有四边支承、三边支承、两相邻边支承和一边支承等区格。在均匀分布的基础反力作用下，各区格板单位宽度上的最大弯矩为

四边支承区格

$$M = \alpha q a^2 \tag{4-74}$$

式中 q——作用于底板单位面积上的压应力，$q = N/A_n$；

a——四边支承区格的短边长度；

α——系数，根据长边 b 与短边 a 的比值按表4-6取用。

表4-6 α 值

b/a	1.0	1.1	1.2	1.3	1.4	1.5	1.6	1.7	1.8	1.9	2.0	3.0	≥4.0
α	0.048	0.055	0.063	0.069	0.075	0.081	0.086	0.091	0.095	0.099	0.101	0.119	0.125

三边支承区格和两相邻边支承区格

$$M = \beta q a_1^2 \tag{4-75}$$

式中 a_1——对三边支承区格为自由边长度，对两相邻边支撑区格为对角线长度；

β——系数，根据 b_1/a_1 值由表4-7查得，对三边支承区格，b_1 为垂直于自由边的宽度，对两相邻边支撑区格，b_1 为内角顶点到对角线的垂直距离。

表4-7 β 值

b_1/a_1	0.3	0.4	0.5	0.6	0.7	0.8	0.9	1.0	1.1	≥1.2
β	0.026	0.042	0.056	0.072	0.085	0.092	0.104	0.111	0.120	0.125

三边支承区格的 $b_1/a_1 < 0.3$ 时，可按悬臂长度为 b_1 的悬臂板计算。

一边支承区格（即悬臂板）

$$M = \frac{1}{2} q c^2 \tag{4-76}$$

式中 c——悬臂长度。

这几部分板承受的弯矩一般不相同，取各区格板中的最大弯矩 M_{max} 来确定板的厚度 t

$$t \geqslant \sqrt{\frac{6M_{max}}{f}} \tag{4-77}$$

设计时应注意靴梁和隔板的布置要尽可能使各区格板中的弯矩相差不太大，以免所需的底板太厚。当各区格板中弯矩相差太大时，应调整底板尺寸并重新划分区格。

底板的厚度通常为20~40mm，最薄一般不得小于14mm，以保证底板具有必要的刚度，从而满足基础反力均匀分布的假设。

2. 靴梁的计算

靴梁的高度由其与柱边连接所需的焊缝长度决定，此连接焊缝承受柱身传来的压力 N。靴梁的厚度比柱翼缘厚度略小。

靴梁按支承于柱边的双悬臂梁计算，根据承受的最大弯矩和最大剪力来验算靴梁的抗弯和抗剪强度。

3. 隔板的计算

为了支撑底板，隔板应具有一定刚度，因此隔板的厚度不得小于其宽度 b 的1/50，一

般比靴梁略薄些，高度略小些。

隔板可视为支承于靴梁上的简支梁，荷载可按承受图 4-37 中阴影面积的底板反力计算，按此荷载产生的内力验算隔板与靴梁的连接焊缝以及隔板本身的强度。注意隔板内侧的焊缝不易施焊，计算时不能考虑受力。

【例 4-6】 试设计轴心受压格构柱的柱脚，柱的截面尺寸如图 4-38 所示。轴线压力设计值 $N=2275\text{kN}$，柱的自重为 5kN，基础混凝土强度等级为 C25，钢材为 Q235 钢。焊条为 E43 系列。

【解】 采用图 4-37 所示的柱脚构造形式。柱脚的具体构造和尺寸如图 4-38 所示。

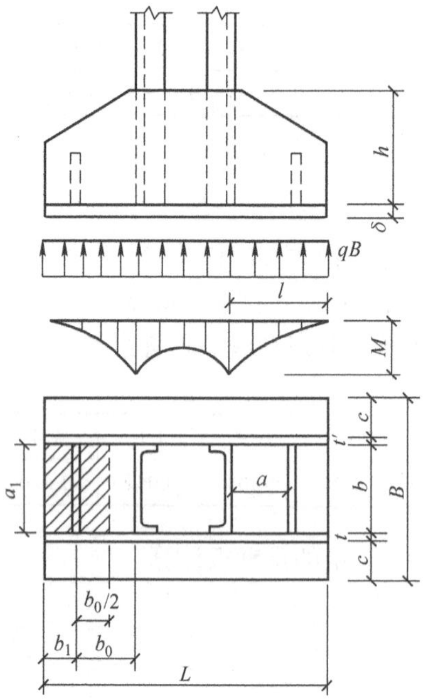

图 4-37 柱脚的计算简图

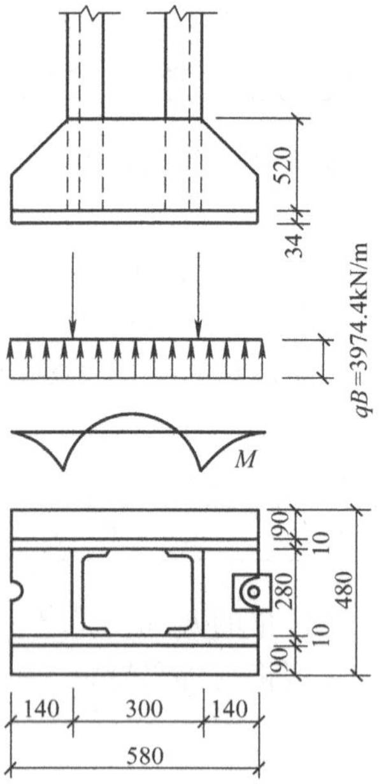

图 4-38 例 4-6 图

（1）底板计算 对于 C25 混凝土，考虑了局部承压的有利作用后的抗压强度设计值 $f_c=12.9\text{N/mm}^2$。底板所需的净面积

$A=N/f_c=(2280\times10^3/12.9)\ \text{mm}^2=1767\text{cm}^2$。

底板宽度 $B=b+2t+2c=(28+2\times1+2\times9)\ \text{cm}=48\text{cm}$

所需底板的长度 $L=1767/48\text{cm}=36.8\text{cm}$，取 $L=58\text{cm}$，可以满足其毛面积的要求，安装孔两个，每个孔边取 40mm，削弱面积取 40mm × 40mm。

底板承受的均布压力

$$q=\frac{2280\times10^3}{(48\times58-2\times4\times4)\times10^2}\text{N/mm}^2=8.28\ \text{N/mm}^2<f_c=12.9\ \text{N/mm}^2$$

四边支承部分板的弯矩：$b/a=30/28=1.07$，查表 4-6 得，$\alpha=0.053$。

$$M_4=\alpha qa^2=0.053\times8.28\times280^2\text{N}\cdot\text{mm}=34405\text{N}\cdot\text{mm}=34.405\text{N}\cdot\text{m}$$

三边支承部分板的弯矩：$b_1/a_1=14/28=0.5$，查表 4-7 得，$\beta=0.058$。

$$M_3=\beta qa_1^2=0.058\times8.28\times280^2\text{N}\cdot\text{mm}=37651\text{N}\cdot\text{mm}=37.651\text{N}\cdot\text{m}$$

悬臂部分板的弯矩

$$M_1=\frac{1}{2}qc_1^2=0.5\times8.28\times90^2=33534\text{N}\cdot\text{mm}=33.534\text{N}\cdot\text{m}$$

经过比较得，板的最大弯矩为 M_3，取钢材的抗弯强度设计值 $f=205\ \text{N/mm}^2$，得 $t=\sqrt{6M_{max}/f}=\sqrt{6\times37.651\times10^3/205}\text{mm}=33.2\text{mm}$，取 34mm，厚度未超过 40mm，所用 f 值无误。

（2）靴梁计算　靴梁与柱身连接的焊脚尺寸取 $h_f=10\text{mm}$。靴梁高度根据焊缝长度 l_f 确定

$$l_f=\frac{N}{4\times0.7\times h_f\times f_f^w}=\frac{2280\times10^3}{4\times0.7\times10\times160}\text{mm}$$
$$=508.9\text{mm}=50.9\text{cm}$$

靴梁高度取 52cm，厚度取 1.0cm。

两块靴梁板承受的线荷载为

$$qB=8.28\times480\text{N/mm}=3974.4\text{N/mm}=3974.4\text{kN/m}$$

承受的最大弯矩　$M=\frac{1}{2}qBl^2=\frac{1}{2}\times3974.4\times0.14^2\text{kN}\cdot\text{m}=38.95\text{kN}\cdot\text{m}$

$$\frac{\sigma}{f}=\frac{M}{Wf}=\frac{6\times38.95\times10^6}{2\times1\times52^2\times10^3\times215}=0.20<1.0$$

剪力 $V=qBl=3974.4\times140\text{N}=556416\text{N}=556.4\text{kN}$

$$\frac{\tau}{f}=1.5\frac{V}{2h\delta f}=1.5\times\frac{556.4\times10^3}{2\times52\times1\times10^2\times125}=0.642<1.0$$

靴梁板与底板的连接焊缝和柱身与底板的连接焊缝传递全部柱的压力，焊缝的总长度应为 $\sum l_w=[2\times(58-2)+4\times(14-1)+2\times(28-1)]\text{cm}=218\text{cm}$。

所需的焊脚尺寸为

$$h_f=\frac{N}{1.22\times0.7\sum l_w f_w^f}=\frac{2280\times10^3}{1.22\times0.7\times2180\times160}\text{mm}=7.65\text{mm},\text{取 }8\text{mm}$$

柱脚与基础的连接按构造采用两个直径为 20mm 的锚栓。

思　考　题

4-1　有哪些因素会影响轴心受压杆件的稳定系数？

4-2　轴心受压构件腹板局部稳定的设计原则是什么？

4-3　单轴对称截面和双轴对称截面整体稳定计算有何异同？

4-4　格构式构件绕虚轴稳定计算有何特点？如何考虑分肢的稳定性？

4-5　简述柱头和柱脚的传力和计算特点。

习　　题

4-1　验算由 2∠63×5 组成的水平放置的轴心拉杆的强度和长细比。轴心拉力的设计值

为 270kN，只承受静力作用，计算长度为 2m。杆端有一排直径为 20mm 的孔眼，如图 4-39 所示。钢材为 Q235 钢。若截面尺寸不满足，应改用什么角钢？

注：计算时忽略连接偏心和构件自重的影响。

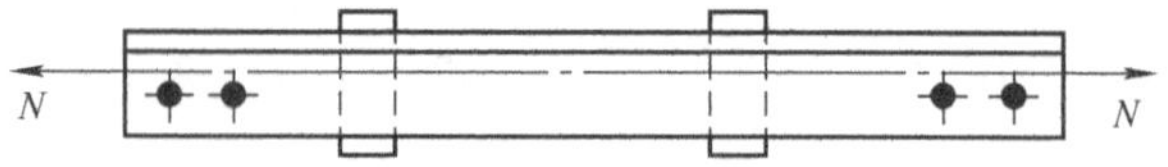

图 4-39　习题 4-1 图

4-2　一块—20×400 的钢板用两块拼接板—12×400 进行拼接。螺栓孔径为 22mm，排列如图 4-40 所示。钢板轴心受拉，$N=1350$kN（设计值）。钢材为 Q235 钢。解答下列问题：

1）钢板 1—1 截面的强度是否满足要求？

2）是否还需要验算 2—2 截面的强度？假定 N 在 13 个螺栓中平均分配，2—2 截面应如何验算？

3）拼接板的强度是否满足要求？

4-3　验算如图 4-41 所示用摩擦型高强度螺栓连接的钢板的净截面强度。螺栓直径 20mm，孔径 22mm，钢材为 Q235AF，承受轴心拉力 $N=600$kN（设计值）。

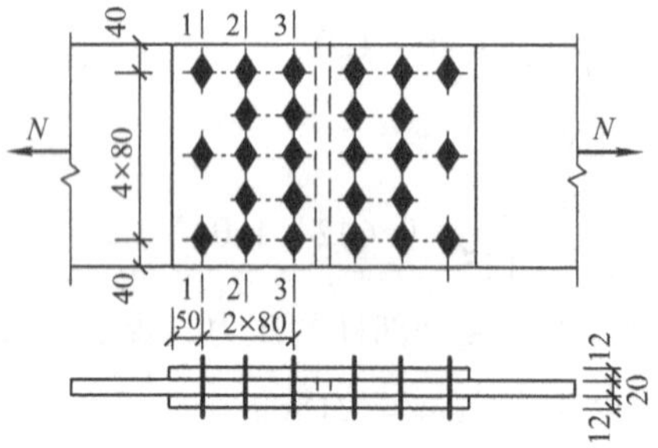

图 4-40　习题 4-2 图

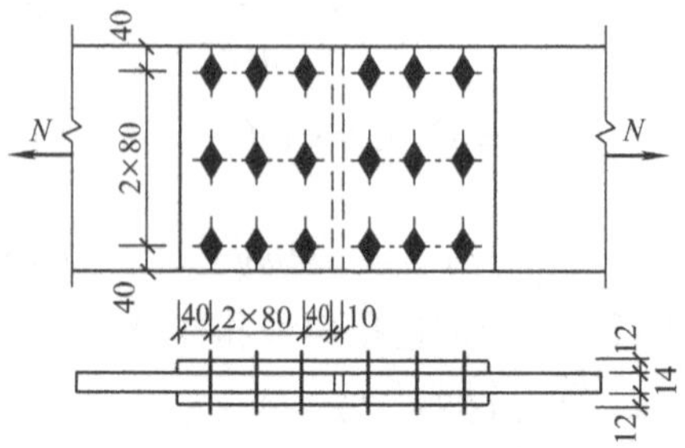

图 4-41　习题 4-3 图

4-4　一水平放置两端铰接的 Q345 钢做成的轴心受拉构件，长 9m，截面为由 2∠90×8 组成的肢尖向下的 T 形截面。问是否能承受轴心力设计值 870kN？

4-5　某车间工作平台柱高 2.6m，按两端铰接的轴心受压柱考虑，如果柱采用I16（16 号热轧工字钢）。试经计算解答：

1）钢材采用 Q235 钢时，设计承载力为多少？

2）钢材改用 Q345 钢时，设计承载力是否显著提高？

3）如果轴心压力为 330kN（设计值），I16 能否满足要求？如不满足，从构造上采取什么措施就能满足要求？

4-6　设某工作平台柱承受轴心压力 5000kN（设计值），柱高 8m，两端铰接。要求设计一 H 型钢或焊接工字形截面柱及其柱脚（钢材为 Q235 钢）。基础混凝土的强度等级为 C15（$f_c=7.5\text{N/mm}^2$）。

4-7　图 4-42a、b 所示两种截面（焰切边缘）的截面积相等，钢材均为 Q235。

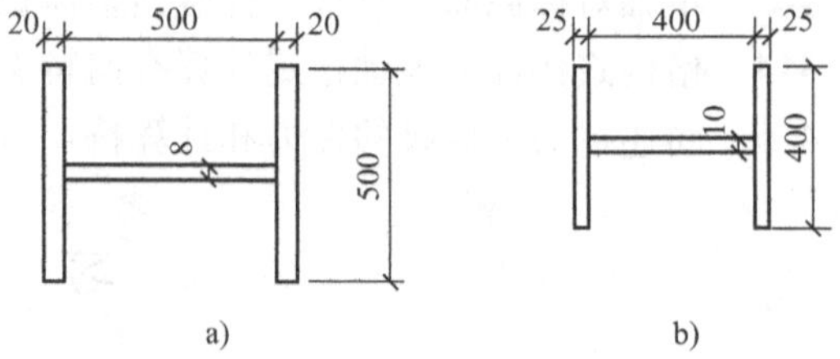

图 4-42　习题 4-7 图

当用作长度为 10m 的两端铰接轴心受压柱时，是否能安全承受设计荷载 3200kN?

4-8 设计由两槽钢组成的缀板柱，柱长 7.5m，两端铰接，设计轴心压力为 1500kN，钢材为 Q235B，截面无削弱。

4-9 根据习题 4-8 的设计数据和设计结果，设计柱的柱头和柱脚，并画出构造图。

第5章 受弯构件

承受横向荷载的构件，称为受弯构件，也叫作梁。钢结构中梁的应用非常广泛，如工业和民用建筑中的楼盖梁、屋盖梁、檩条、墙架梁、吊车梁和工作平台梁（图5-1），以及桥梁、水工闸门、起重机、海上采油平台的梁等。

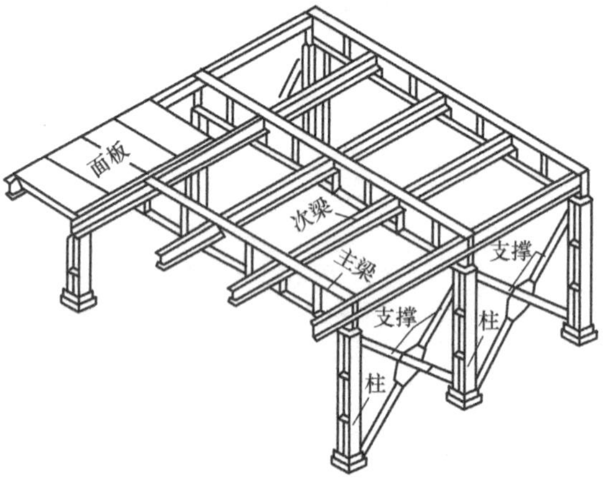

图5-1　工作平台梁格

钢梁按支承情况可分为简支梁、连续梁、悬挑梁等。与连续梁相比，简支梁虽然跨中弯矩常常较大，但它不受支座沉陷及温度变化的影响，并且制造、安装、维修、拆换方便，因此得到广泛应用。

钢梁按受力和使用要求可采用型钢梁和组合梁。型钢梁加工简单，价格低廉，但型钢截面尺寸受到一定规格的限制。当荷载和跨度较大、采用型钢截面不能满足承载力或刚度要求时，需采用组合梁。型钢梁大多采用工字钢（图5-2a）、槽钢（图5-2c）或H型钢（图5-2b）制成。工字钢及H型钢截面双轴对称，受力性能好，应用广泛。槽钢多用作檩条、墙梁等。槽钢梁由于截面剪切中心在腹板外侧，弯曲时容易同时产生扭转，设计时宜采取构造措施阻止截面扭转。冷弯薄壁型钢梁（图5-2d、e、f）常用于承受较轻荷载的情况，其用钢量较省，但对防腐要求较高。

组合梁由钢板或型钢用焊缝、铆钉或螺栓连接而成。最常用的是由三块钢板焊接的工形截面梁（图5-2g），构造简单，制造方便，用钢量省。

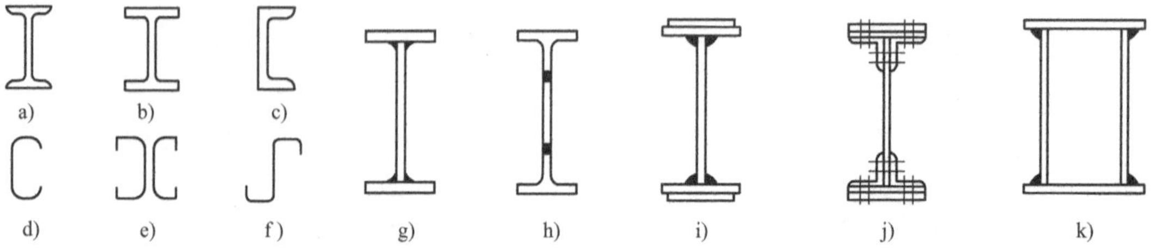

图5-2　钢梁截面形式

组合梁的连接方法一般用焊接（图5-2g、h、i）。但对跨度和动荷载较大的梁，如所需厚钢板的质量不能满足焊接结构或动荷载的要求时，可采用铆接或摩擦型高强度螺栓连接组合梁（图5-2j）。当荷载较大而高度受到限制时，可采用双腹板的箱形梁（图5-2k），这种梁具有较好的抗扭刚度。

钢与混凝土组合梁是在梁的受压区采用混凝土而其余部分采用钢材，充分发挥两种材料的优势，可以大大减小受压翼缘的用钢量。这种梁主要用在楼盖和公路桥梁的主次梁，这时现浇的钢筋混凝土面板正好同时作为梁的受压翼缘；为了保证两种材料共同受力，钢梁表面应焊接抗剪连接件以与现浇混凝土板相联系。

组合梁一般采用双轴对称截面（图5-2g～j）；但也可采用加强受压翼缘的单轴对称截面（图5-3c、d），这种梁可以提高梁的侧向刚度和稳定性，也适用于既承受竖向轮压又承受作用于梁上翼缘顶部的横向水平制动力的吊车梁中。

钢梁按承受荷载的情况，可分为仅在一个主平面内受弯的单向弯曲梁和在两个主平面内受弯的双向弯曲梁。大多数梁是单向弯曲（图5-3a），屋面檩条（图5-2f和图5-3b）和吊车梁（图5-3c、d）等是双向弯曲。

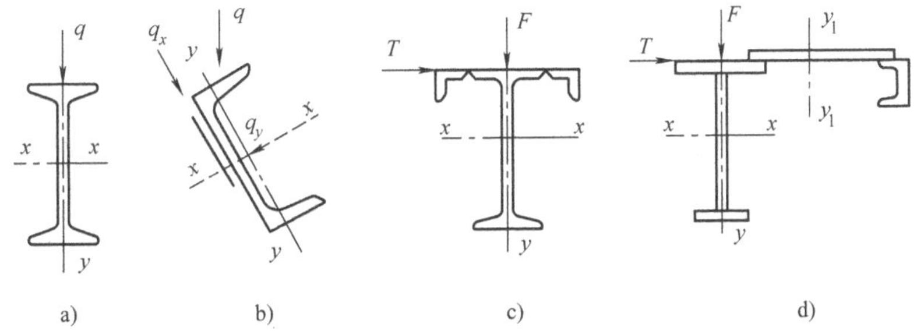

图5-3 钢梁荷载

梁格按主次梁排列情况可分为三种形式：

1）简单梁格（图5-4a），只有主梁，适用于主梁跨度较小或面板长度较大的情况。

2）普通梁格（图5-4b），在主梁间另设次梁，次梁上再支承面板，适用于大多数梁格尺寸和情况，应用最广。

3）复式梁格（图5-4c），在主梁间设纵向次梁，纵向次梁间再设横向次梁；荷载传递层次多，构造复杂，只用在主梁跨度大和荷载重的情况。

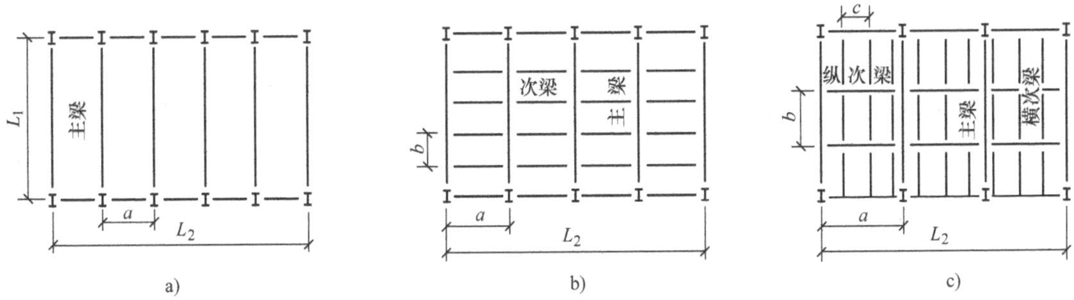

图5-4 梁格形式

a）简单梁格 b）普通梁格 c）复式梁格

与轴心受压构件相似，钢梁设计应考虑强度、刚度、整体稳定和局部稳定 4 个方面要求。

5.1 梁的强度和刚度计算

钢梁的设计，应满足承载能力极限状态和正常使用极限状态的要求。承载能力极限状态包括强度和稳定两个方面，正常使用极限状态由挠度控制。

5.1.1 梁的强度计算

梁的强度计算包括抗弯强度（弯曲正应力 σ）、抗剪强度（剪应力 τ）、局部压应力 σ_c 和折算应力 σ_{eq}。

梁的设计首先应考虑其强度和刚度满足设计要求，对于钢梁，强度要求就是要保证梁净截面的抗弯强度及抗剪强度不超过钢材抗弯及抗剪强度极限。对于工字形、箱形等截面的梁，在集中荷载处，还要求腹板边缘局部承压强度满足要求。最后还应对弯曲正应力、剪应力及局部压应力共同作用下的折算应力进行验算。

1. 梁的抗弯强度

（1）梁在弯矩作用下截面上正应力发展的三个阶段　分析时一般假定钢材为理想弹塑性材料，以工字钢为例，随弯矩的增大，梁截面的弯曲应力的变化可分为三个阶段（图 5-5）：

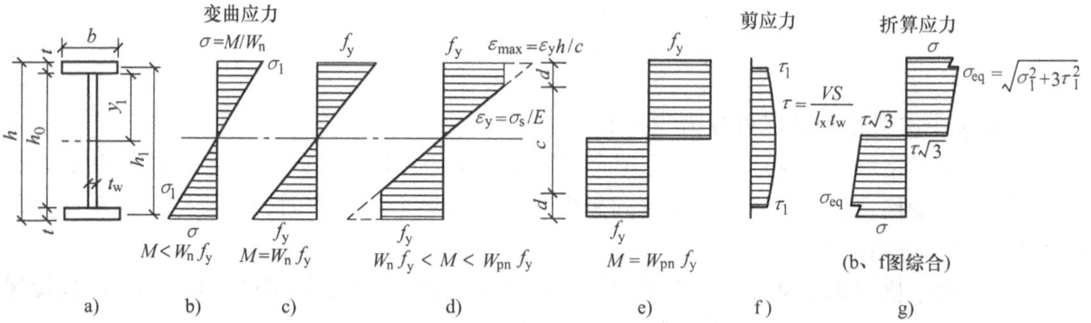

图 5-5　梁截面的应力分布

1）弹性工作阶段。梁截面弯曲应力为三角形直线分布（图 5-5b），边缘纤维最大应力 σ 未达到屈服强度 f_y，材料未充分发挥作用，弹性工作阶段的极限弯矩，即钢梁能安全工作的最大弯矩（图 5-5c）为

$$M_e = W_n f_y \tag{5-1}$$

式中　M_e——梁的弹性极限弯矩；

W_n——梁的净截面模量；

f_y——钢材的屈服强度（或屈服点）。

2）弹塑性工作阶段。弯矩继续增加，截面边缘部分进入塑性受力状态，边缘区域因达到屈服强度而呈现塑性变形，但中间部分因未达到屈服强度仍保持弹性工作状态

（图 5-4d）。

3）塑性工作阶段。在弹塑性工作阶段，如果弯矩再继续增加，截面塑性变形逐渐由边缘向内扩展，弹性核心部分逐渐减小，直到弹性区消失，整个截面达到屈服，截面全部进入塑性状态，形成塑性铰区。这时梁截面弯曲应力呈上下两个矩形分布（图 5-5e），梁截面已不能负担更大的弯矩，而变形将继续增加。塑性极限弯矩为

$$M_{\mathrm{p}} = W_{\mathrm{pn}} f_{\mathrm{y}} \tag{5-2}$$

式中 M_{p}——梁的塑性极限弯矩；

W_{pn}——梁的塑性净截面模量，为截面中和轴以上和以下的净截面对中和轴的面积矩 $S_{1\mathrm{n}}$ 和 $S_{2\mathrm{n}}$ 之和。

比较式（5-1）和式（5-2）可见，塑性工作阶段比弹性工作阶段能承受更大的弯矩，更能充分发挥材料的作用，在《钢结构设计标准》规定范围内，某些梁的抗弯强度可按塑性工作阶段计算，塑性设计可以提高经济效益。

考虑到梁达到塑性弯矩形成塑性铰时，梁的变形较大，同时梁内塑性区发展过大，将引起梁的挠度过大，整体和局部稳定性降低，腹板计算高度上边缘的局部承压强度不足。对于承受静荷载或间接承受动荷载的梁，不是以梁的塑性极限弯矩，而是取截面部分区域进入塑性区作为设计极限状态；对于直接承受动荷载的梁，则以弹性极限弯矩作为设计极限状态。

（2）梁的抗弯强度计算公式　在主平面内受弯的实腹构件，承受静荷载或间接动荷载作用时，考虑截面部分发展塑性。

单向弯曲时，翼缘边缘纤维最大正应力应满足以下强度要求

$$\sigma_{\max} = \frac{M_x}{\gamma_x W_{\mathrm{n}x}} \leqslant f \tag{5-3}$$

双向弯曲时，翼缘边缘一点的最大正应力满足强度要求，强度公式中应叠加另一方向的弯曲应力，即

$$\frac{M_x}{\gamma_x W_{\mathrm{n}x}} + \frac{M_y}{\gamma_y W_{\mathrm{n}y}} \leqslant f \tag{5-4}$$

式中 M_x、M_y——同一截面绕 x 轴和 y 轴的弯矩设计值（对工字形截面：x 轴为强轴，y 轴为弱轴）；

$W_{\mathrm{n}x}$、$W_{\mathrm{n}y}$——对 x 轴和 y 轴的净截面模量，当截面板件宽厚比（梁受压翼缘的自由外伸宽度与其厚度之比）等级为 S1 ~ S4 级（见附录附表 11-1）时，应取全截面模量，当截面板件宽厚比等级为 S5 级时，应取有效截面模量，具体参照《钢结构设计标准》的规定。

γ_x、γ_y——截面塑性发展系数，当截面板件宽厚比等级为 S1 ~ S3 级时，对工字形截面，$\gamma_x = 1.05$，$\gamma_y = 1.20$；对箱形截面，$\gamma_x = \gamma_y = 1.05$；对其他截面，可按表 5-1 采用。当截面板件宽厚比等级为 S4 和 S5 级时，应取 $\gamma_x = 1.0$；

f——钢材的抗弯强度设计值，根据应力计算点钢材厚度或直径查附表 1-1。

直接承受动荷载（需要计算疲劳）的梁，不考虑截面部分发展塑性，按弹性设计，式（5-3）和式（5-4）仍可应用，但宜取 $\gamma_x = \gamma_y = 1.0$。

表 5-1 截面塑性发展系数 γ_x、γ_y 值

截面形式	γ_x	γ_y	截面形式	γ_x	γ_y	截面形式	γ_x	γ_y
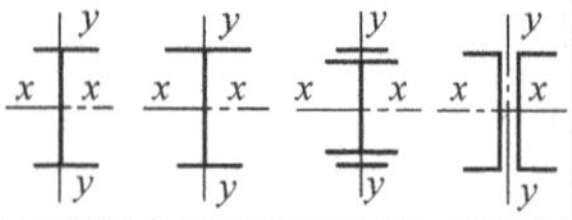	1.05	1.2	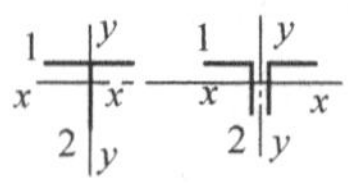	γ_{x1} = 1.05 γ_{x2} = 1.2	1.2	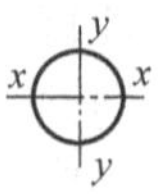	1.15	1.15
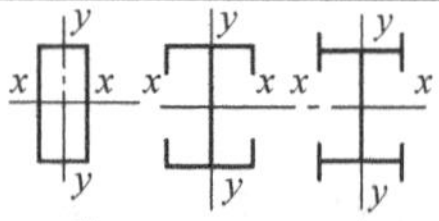		1.05	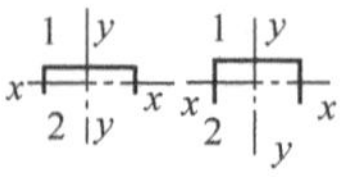		1.05	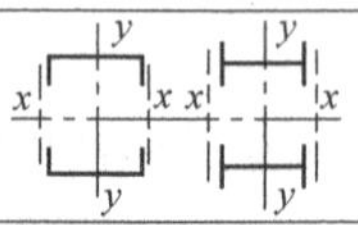	1.0	1.05
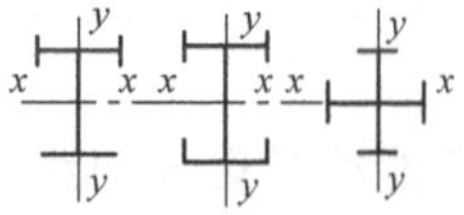			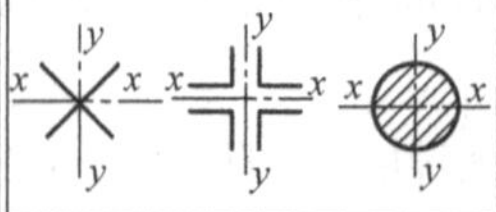	1.2	1.2	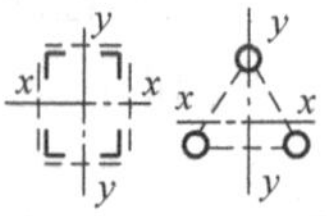		1.0

2. 梁的抗剪强度

在主平面内受弯的实腹构件（不考虑腹板屈曲时），其抗剪强度应按下式计算

$$\tau=\frac{VS}{It_{\mathrm{w}}}\leqslant f_{\mathrm{v}} \tag{5-5}$$

式中 V——计算截面沿腹板平面作用的剪力设计值；

S——计算剪应力处以上（或以下）毛截面对中和轴的面积矩；

I——构件毛截面惯性矩；

t_{w}——构件腹板厚度；

f_{v}——钢材的抗剪强度设计值，见附表 1-1。

因受轧制条件限制，工字钢和槽钢的腹板厚度 t_{w} 往往较厚，如无钻孔、焊接等机械加工引起较大截面削弱，可不计算其抗剪强度。

3. 梁的腹板局部压应力

当梁上翼缘受沿腹板平面作用有集中荷载（图 5-6），且该荷载处又未设置支承加劲肋时，集中荷载会通过翼缘传给腹板，在集中荷载作用位置，腹板计算边缘产生很大的局部压应力，向下和向两侧压应力则逐渐减小，应力分布如图 5-6c 所示。为保证腹板不致受压破坏，必须对腹板在集中荷载作用处的局部压应力进行计算。

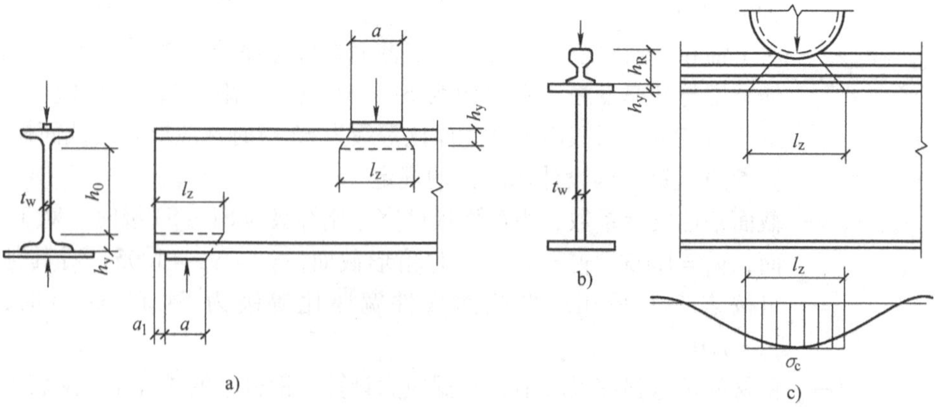

图 5-6 梁腹板局部压应力

实际计算时，假定集中荷载从作用点开始，按 45°角均匀地向腹板内扩散，在 l_z 范围内 σ_c 均匀分布，则腹板计算高度上边缘的局部承压强度应按下式计算

$$\sigma_c = \frac{\psi F}{t_w l_z} \leqslant f \tag{5-6}$$

$$l_z = 3.25\sqrt[3]{\frac{I_R + I_f}{t_w}} \tag{5-7a}$$

或

$$l_z = a + 5h_y + 2h_R \tag{5-7b}$$

式中 F——集中荷载设计值，对动荷载应考虑动力系数；

ψ——集中荷载增大系数，对重级工作制吊车梁，$\psi = 1.35$，对其他梁，$\psi = 1.0$；

l_z——集中荷载在腹板计算高度上边缘的假定分布长度；

a——集中荷载沿梁跨度方向的支承长度，对钢轨上的轮压可取50mm；

I_R——轨道绕自身形心轴的惯性矩；

I_f——梁上翼缘绕翼缘中面的惯性矩；

h_y——自梁顶面至腹板计算高度上边缘的距离（对焊接梁为上翼缘厚度；对轧制工字形截面梁，是梁顶面到腹板过渡完成点的距离）；

h_R——轨道的高度，对梁顶无轨道的梁 $h_R = 0$；

f——钢材的抗压强度设计值，见附表1-1。

式（5-7b）为简化公式，在无轨道情况下使用更为方便。

在梁的支座处，当不设置支承加劲肋时，也应按式（5-6）计算腹板计算高度下边缘的局部压应力，但 ψ 取1.0。支座集中反力的假定分布长度，应根据支座具体尺寸参照式(5-7b)计算。

当计算不能满足要求时，对于固定集中荷载（包括支座反力），则应在集中荷载处设置加劲肋。这时集中荷载考虑全部由加劲肋传递，腹板局部压应力可以不再计算。对于移动集中荷载则一般应加厚腹板，或考虑加强梁上轨道的高度或刚度，以加大 h_y 和 l_z 等，从而减小 σ_c 值。

应注意的是，腹板的计算高度 h_0，对轧制型钢梁，为腹板与上、下翼缘相接处两内弧起点间的距离；对焊接组合梁，为腹板高度；对铆接（或高强度螺栓连接）组合梁，为上、下翼缘与腹板连接的铆钉（或高强度螺栓）线间最近距离。

4. 折算应力

在梁的腹板计算高度边缘处，若同时受有较大的正应力、剪应力和局部压应力，或同时受有较大的正应力和剪应力（如连续梁中部支座处或梁的翼缘截面改变处等）时，根据第四强度理论（保证钢材在复杂受力状态下处于弹性状态条件下），折算应力 σ_{eq} 应按下式计算

$$\sigma_{eq} = \sqrt{\sigma^2 + \sigma_c^2 - \sigma\sigma_c + 3\tau^2} \leqslant \beta_1 f \tag{5-8}$$

$$\sigma = \frac{M}{I_n} y_1 \tag{5-9}$$

式中 σ、τ、σ_c——腹板计算高度边缘同一点上同时产生的正应力、剪应力和局部压应力，τ 和 σ_c 应按式（5-5）和式（5-6）计算，σ 和 σ_c 以拉应力为正值，压应力为负值；

I_n——梁净截面惯性矩；

y_1——计算点至梁中和轴的距离；

β_1——强度增大系数（当 σ 与 σ_c 异号时，取 $\beta_1 = 1.2$；当 σ 与 σ_c 同号或 $\sigma_c = 0$时，取 $\beta_1 = 1.1$）因折算应力是局部受力，因此强度承载力可提高10% ~20%。

计算时首先沿梁长方向找出 M 和 V 都比较大的危险截面（一般是集中力作用的截面、支座反力作用的截面、变截面梁截面改变处、均布载荷不连续的截面），然后沿梁高方向找出危险点（一般在集中荷载作用位置的腹板边缘处，这一点的弯曲应力、剪应力、局部压应力综合考虑相对较大），算出危险点的 σ、τ、σ_c，最后按式（5-8）计算折算应力。

5.1.2 梁的刚度计算

为保证梁正常使用，梁应有足够的刚度。梁的正常使用极限状态要求对梁的最大挠度进行限制，主要是控制荷载标准值引起的最大挠度不超过按受力和使用要求规定的允许值（附表 2-1）。其表达式为

$$v \leqslant [v] \text{或} v/l \leqslant [v/l] \tag{5-10}$$

式中 l——梁的跨度，悬臂梁取悬伸长度的 2 倍；

v——梁的最大挠度，按毛截面上作用的荷载标准值计算；

v/l——梁的相对挠度。

简支梁受均布荷载标准值 q_k 时，跨中产生的弯矩为 M_k，则

$$\frac{v}{l}=\frac{5}{384}\frac{q_k l^3}{EI}=\frac{5}{48}\frac{M_k l}{EI} \tag{5-11}$$

对等间距 a 布置的集中荷载 F_k，$q_k \approx F_k/a$

对均布荷载变截面简支梁

$$\frac{v}{l}=\frac{5}{384}\frac{q_k l^3}{EI}\eta=\frac{5}{48}\frac{M_k l}{EI}\eta \tag{5-12}$$

式中，η 一般在 1.05 以内，刚度不够应调整截面尺寸，其中以增加截面高度最为有效。

5.2 梁的整体稳定

5.2.1 钢梁整体稳定的概念

钢梁一般做成高而窄的截面，承受横向荷载作用时，在最大刚度平面内产生弯曲变形，截面上翼缘受压，下翼缘受拉，当弯矩增大，使受压翼缘的最大弯曲压应力达到某一数值时，钢梁会在偶然的很小的侧向干扰力下，突然向刚度很小的侧向发生较大的弯曲，受拉下翼缘的阻止（通过腹板）使钢梁发生不可恢复的弯扭屈曲，如弯矩继续增大，则弯扭变形继续迅速增大，从而使梁丧失承载能力。这种因弯矩超过临界限值而使钢梁从稳定平衡状态转变为不稳定平衡状态并发生侧向弯扭屈曲的现象，称为钢梁侧扭屈曲或钢梁丧失整体稳定（图 5-7）。

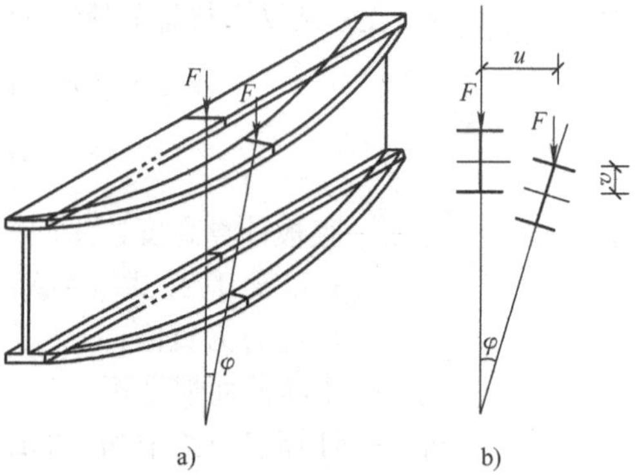

图 5-7 简支梁丧失整体稳定的变形

5.2.2 梁的整体稳定的计算原理

图5-8为一双轴对称截面简支梁，在最大刚度 yOz 平面内受弯矩 M（常数）作用。图中 u、v 分别为剪切中心沿 x、y 方向的位移，φ 为扭转角。在小变形条件下，梁处于弹性阶段，根据薄壁构件的计算理论得梁失稳的临界弯矩为

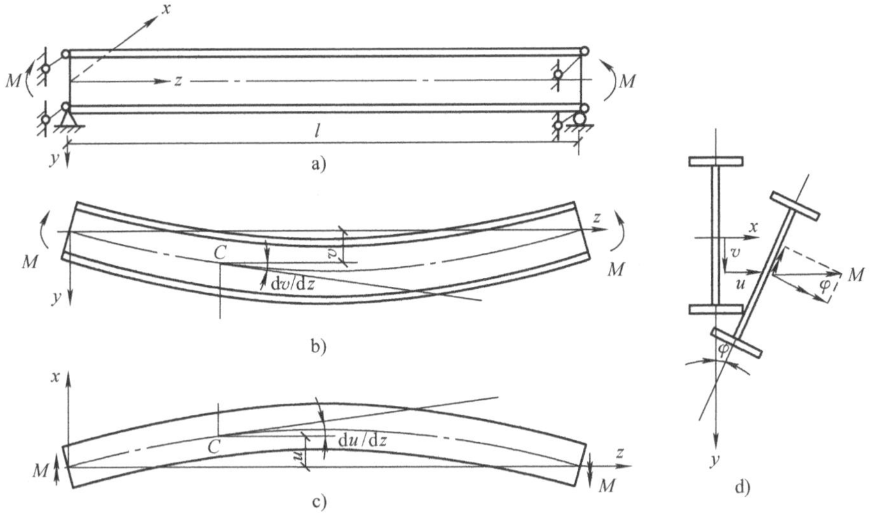

图5-8 简支钢梁失稳变形示意图

$$M_{cr}=\frac{\pi}{l}\sqrt{EI_yGI_t}\sqrt{1+\frac{EI_w}{GI_t}\left(\frac{\pi}{l}\right)^2}=\frac{\pi^2EI_y}{l^2}\sqrt{\frac{I_w}{I_y}\left(1+\frac{l^2GI_t}{\pi^2EI_w}\right)} \tag{5-13}$$

式（5-13）为双轴对称截面简支梁受纯弯曲时的临界弯矩公式。梁为单轴对称截面、不同支承情况或不同荷载类型时的一般式可用能量法推导得出

$$M_{cr}=\beta_1\frac{\pi^2EI_y}{l^2}\left[\beta_2a+\beta_3y_b+\sqrt{(\beta_2a+\beta_3y_b)+\frac{I_w}{I_y}\left(1+\frac{l^2GI_t}{\pi^2EI_w}\right)}\right] \tag{5-14}$$

$y_b=y_0+\left[\int_A y(x^2+y^2)\mathrm{d}A\right]/(2I_x)$（坐标原点取截面形心 O，纵坐标指向受拉翼缘为正）；

式中 y_0——剪切中心 S 至形心 O 的距离（SO 指向受拉翼缘为正，反之为负）；

a——剪切中心 S 至荷载作用点 P 的距离（荷载向下时，P 点在 S 点下方，如作用在下翼缘，a 值为正，不易失稳；反之，P 点在 S 点的上方，如作用在上翼缘，a 值为负值，易失稳，图5-9）；

β_1、β_2、β_3——支承条件和荷载类型影响系数（见表5-2）。

表5-2 工字形截面简支梁支承条件和荷载类型影响系数

荷载情况	β_1	β_2	β_3
纯弯曲	1.00	0	1.00
全跨均布荷载	1.13	0.46	0.53
跨度中点集中荷载	1.35	0.55	0.40

由式（5-14）可见，抗弯刚度 EI_y、抗扭刚度 GI_t、抗翘曲刚度 EI_w 越大，临界弯矩越大；梁的跨度或侧向支承点间距越小，临界弯矩越大；β_1 越大，临界弯矩越大；当 $a>0$（荷载作用在剪切中心下方），则 $\beta_2 a$ 越大，临界弯矩越大；当 $y_b>0$（工字形截面不对称），则 $\beta_3 y_b$ 越大，临界弯矩越大；反之，当 $a<0$ 或 $y_b<0$，对整体稳定不利。

因此，影响梁整体稳定承载力的因素有：荷载类型、荷载作用于截面上的位置、截面平面外的抗弯刚度和抗扭刚度，以及梁受压翼缘侧向支承点的距离。

提高梁整体稳定承载力的最有效的措施是加大梁的侧向抗弯刚度和抗扭刚度（主要是加宽受压翼缘板的宽度 b_1），减小梁的侧向计算长度（增加受压翼缘的侧向支承点，以减小受压翼缘侧向自由弯曲的长度）。

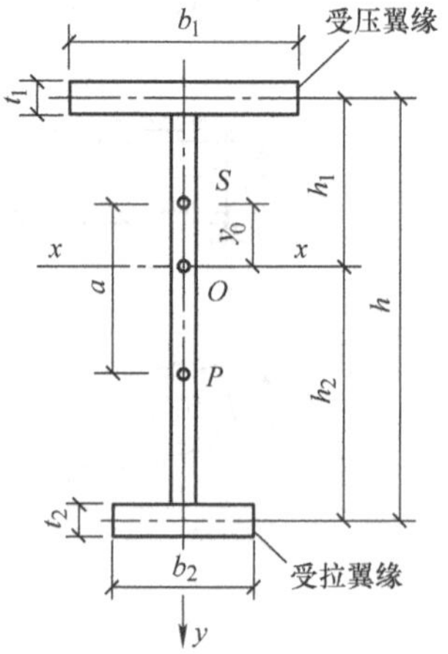

图 5-9 单轴对称工形截面

5.2.3 梁的整体稳定系数

梁的整体稳定系数 φ_b 为整体稳定临界应力与钢材屈服强度的比值，即

$$\varphi_b=\frac{\sigma_{cr}}{f_y}=\frac{M_{cr}}{W_x f_y} \tag{5-15}$$

对图 5-8 所示工字形截面简支梁，将式（5-13）代入得

$$\varphi_b=\frac{\pi^2 EI_y}{W_x f_y l^2}\sqrt{\frac{I_w}{I_y}\left(1+\frac{l^2 GI_t}{\pi^2 EI_w}\right)}$$

对受纯弯曲的双轴对称工字形截面简支梁，上式可进一步简化为

$$\varphi_b=\frac{4320}{\lambda_y^2}\frac{Ah}{W_x}\left[\sqrt{1+\left(\frac{\lambda_y t_1}{4.4h}\right)^2}\right]\varepsilon_k \tag{5-16}$$

对一般的受横向荷载或不等端弯矩作用的焊接工字形等截面简支梁，包括单轴对称和双轴对称工字形截面，应按下式计算其整体稳定系数

$$\varphi_b=\beta_b\frac{4320}{\lambda_y^2}\frac{Ah}{W_x}\left[\sqrt{1+\left(\frac{\lambda_y t_1}{4.4h}\right)^2}+\eta_b\right]\varepsilon_k \tag{5-17}$$

式中 β_b——梁整体稳定的等效临界弯矩系数，按附录 3 采用；

λ_y——梁在侧向支承点间对截面弱轴 $y-y$ 的长细比，$\lambda_y=l_1/i_y$，l_1 为简支梁受压翼缘侧向支承间的距离，i_y 为梁毛截面对 y 轴的截面回转半径；

A——梁的毛截面面积；

h、t_1——梁截面的全高和受压翼缘厚度；

η_b——截面不对称影响系数［对双轴对称截面，$\eta_b=0$；对单轴对称工字形截面，加强受压翼缘 $\eta_b=0.8(2\alpha_b-1)$，加强受拉翼缘 $\eta_b=2\alpha_b-1$，$\alpha_b=\dfrac{I_1}{I_1+I_2}$，$I_1$、$I_2$ 分别为受压翼缘和受拉翼缘对 y 轴的二次矩］。

当按式（5-16）、式（5-17）算得的 $\varphi_b>0.6$ 时，说明梁在弹塑性状态下失稳，应用式（5-18）计算的 φ'_b 代替 φ_b 值。

$$\varphi'_b = 1.07 - \frac{0.282}{\varphi_b} \leqslant 1.0 \tag{5-18}$$

另外，式（5-17）也适用于等截面铆接（或高强度螺栓连接）简支梁，其受压翼缘厚度包括翼缘角钢厚度在内。

针对均匀弯曲的受弯构件，当 $\lambda_y \leqslant 120\varepsilon_k$ 时，其整体稳定系数可按式（5-19）~式(5-23)近似计算。

（1）工字形截面（含 H 型钢）

双轴对称时

$$\varphi_b = 1.07 - \frac{\lambda_y^2}{44000\varepsilon_k^2} \tag{5-19}$$

单轴对称时

$$\varphi_b = 1.07 - \frac{W_x}{(2\alpha_b + 0.1)Ah} \frac{\lambda_y^2}{14000\varepsilon_k^2} \tag{5-20}$$

（2）T 形截面（弯矩作用在对称轴平面，绕 x 轴）

1）弯矩使翼缘受压时：

双角钢 T 形截面　$\varphi_b = 1 - 0.0017\lambda_y/\varepsilon_k$　(5-21)

剖分 T 型钢和两板组合 T 形截面　$\varphi_b = 1 - 0.0022\lambda_y/\varepsilon_k$　(5-22)

2）弯矩使翼缘受拉且腹板宽厚比不大于 $18\varepsilon_k$ 时：

$$\varphi_b = 1 - 0.0005\lambda_y/\varepsilon_k \tag{5-23}$$

当按式（5-19）~式（5-23）算得的 $\varphi_b > 0.6$ 时，不需按式（5-18）换算成 φ'_b；当按式（5-19）和式（5-20）算得的 $\varphi_b > 1.0$ 时，取 $\varphi_b = 1.0$。由于在一般情况下，梁的侧向长细比都大于 $120\varepsilon_k$，所以式（5-19）~式（5-23）主要用于压弯构件的平面外稳定计算。

5.2.4　梁的整体稳定计算方法

《钢结构设计标准》规定：在最大刚度平面内受弯的构件，其整体稳定性应按下式计算

$$\frac{M_x}{\varphi_b W_x f} \leqslant 1.0 \tag{5-24}$$

式中　M_x——绕强轴作用的最大弯矩设计值；

W_x——按受压纤维确定的梁毛截面模量，当截面板件宽厚比（梁受压翼缘的自由外伸宽度与其厚度之比）等级为 S1 ~ S4 时，应取全截面模量，当截面板件宽厚比为 S5 时，应取有效截面模量，具体参照《钢结构设计标准》的规定；

φ_b——梁的整体稳定系数，应按式（5-17）确定。

在两个主平面受弯的 H 型钢截面或工字形截面构件，其整体稳定性应按下式计算：

$$\frac{M_x}{\varphi_b W_x f} + \frac{M_y}{\gamma_y W_y f} \leqslant 1.0 \tag{5-25}$$

式中　W_x、W_y——按受压纤维确定的对 x 轴和对 y 轴毛截面模量；

φ_b——绕强轴弯曲确定的梁整体稳定系数，应按式（5-17）确定；

γ_y——对弱轴的截面塑性发展系数，按表 5-1 采用。

《钢结构设计标准》规定，符合下列情况之一时，可不计算梁的整体稳定性：

1）有铺板（各种钢筋混凝土板和钢板）密铺在梁的受压翼缘上并与其牢固相连，能阻止梁受压翼缘的侧向位移时，可不计算梁的整体稳定性。

2）不符合第1）条情况的箱形截面简支梁，其截面尺寸（图5-10）应满足 $h/b_0 \leqslant 6$，$l_1/b_0 \leqslant 95\varepsilon_k^2$。对跨中无侧向支承点的梁，$l_1$ 为其跨度；对跨中有侧向支承点的梁，l_1 为受压翼缘侧向支承点间的距离（梁的支座处视为有侧向支承）。

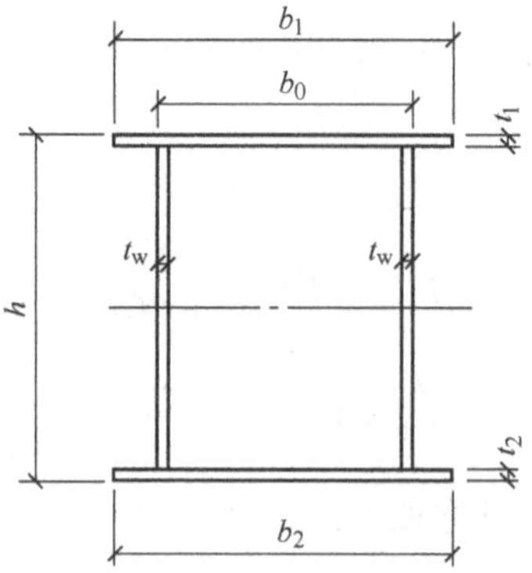

图5-10　箱形截面

梁的支座处，应采取构造措施，以防止梁端截面的扭转。当简支梁仅腹板与相邻构件相连时，钢梁稳定性计算的侧向支承点距离应取实际距离的1.2倍计算稳定性。

5.3　梁的局部稳定和腹板加劲肋

在梁的强度和整体稳定承载力都能得到保证的前提下，腹板或翼缘部分作为板件首先发生屈曲失去稳定，称为丧失局部稳定。

5.3.1　梁受压翼缘的局部稳定

梁的上翼缘受到均匀分布的最大弯曲压应力，当宽厚比超过某一限值，上翼缘就会产生凸凹变形丧失稳定（图5-11）。为保证其局部稳定，《钢结构设计规范》规定：梁受压翼缘自由外伸宽度 b 与其厚度之比，应符合下式要求

$$\frac{b}{t} \leqslant 13\varepsilon_k \tag{5-26a}$$

当计算梁抗弯强度取 $\gamma_x = 1.0$ 时，b/t 可放宽至 $15\varepsilon_k$　　(5-26b)

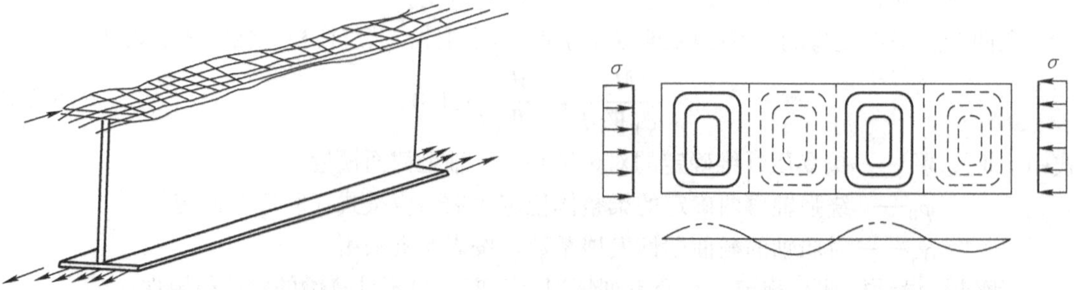

图5-11　受压翼缘的局部稳定

具体设计板件宽厚比时，根据截面允许达到的塑性范围，按《钢结构设计标准》规定的截面板件宽厚比等级选用。

箱形截面梁受压翼缘板在两腹板之间的无支承宽度 b_0 与其厚度 t 的比值，应符合下式要求

$$\frac{b_0}{t}\leqslant 42\varepsilon_k \tag{5-26c}$$

当箱形截面梁受压翼缘板设有纵向加劲肋时，则式（5-26c）中的 b_0 取为腹板与纵向加劲肋之间的翼缘板无支承宽度。

5.3.2　梁腹板的局部稳定

1. 腹板在纯弯曲作用下失稳（图 5-12）

腹板纯弯失稳时沿梁高方向为一个半波，沿梁长方向一般为每区格 1～3 个半波（半波宽≈0.7 腹板高），

2. 在局部压应力作用下失稳（图 5-13）

腹板在一个翼缘处承受局部压应力 σ_c，失稳时在纵横方向均为一个半波。

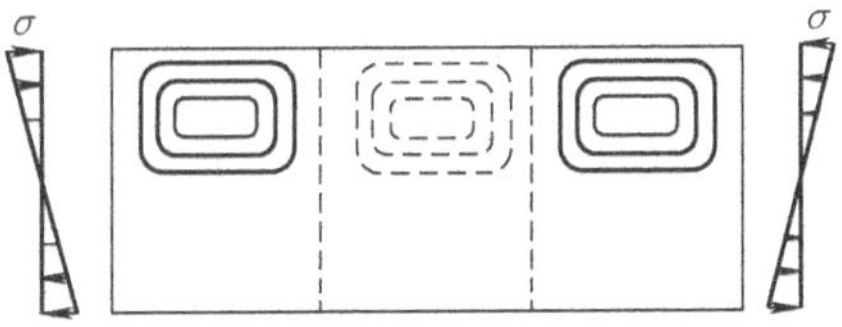

图 5-12　腹板在纯弯曲作用下失稳

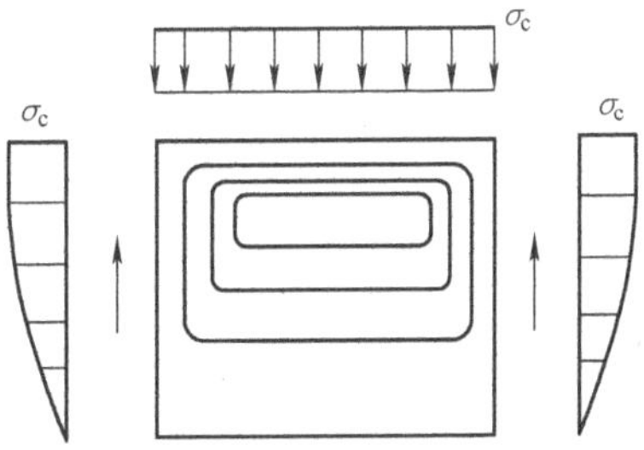

图 5-13　腹板在局部压应力作用下失稳

3. 腹板在纯剪作用下失稳（图 5-14）

图 5-14 是均匀受剪的腹板，板四周的剪应力导致板斜向受压，因此也有局部稳定问题，图中表示出失稳时板的凹凸变形情况，这时凹凸变形的波峰和波谷之间的节线是倾斜的。实际受纯剪作用的板是不存在的，工程实践中遇到的都是剪应力和正应力联合作用的情况。

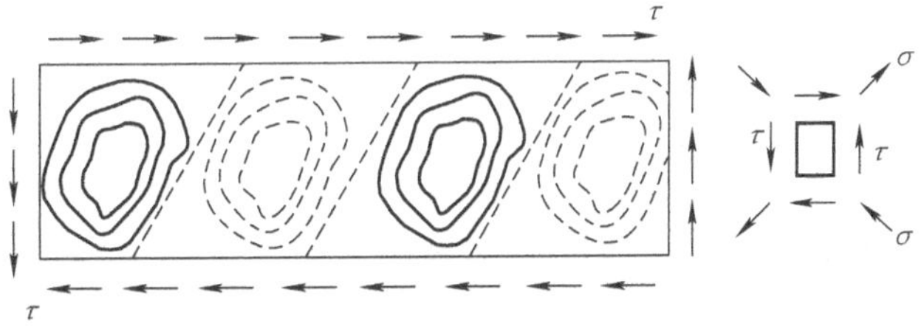

图 5-14　腹板在纯剪作用下失稳

5.3.3　梁腹板加劲肋的设计

1. 梁腹板加劲肋的布置和构造要求

加劲肋的布置有图 5-15 所示的几种形式，图 5-15a 中仅布置横向加劲肋，图 5-15b 中同时布置纵向加劲肋和横向加劲肋，图 5-15d 中同时布置纵向加劲肋、横向加劲肋和短加劲肋。纵向加劲肋对提高腹板的弯曲临界应力特别有效；横向加劲肋能提高腹板临界应力并作为纵向加劲肋的支承；短加劲肋常用于局部压应力较大的情况。

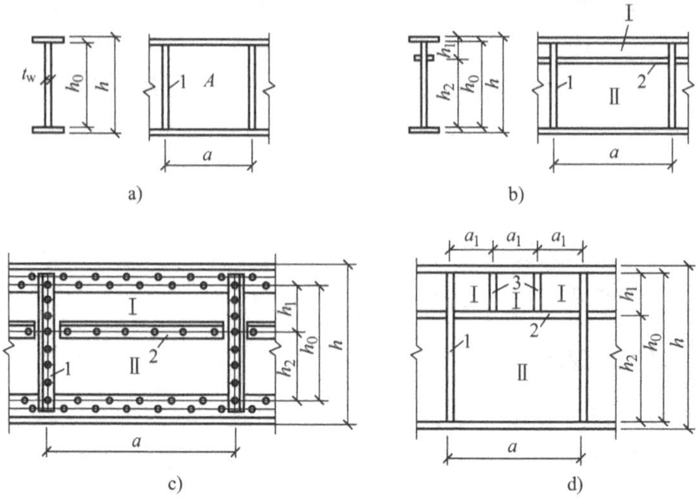

图 5-15 加劲肋布置

1—横向加劲肋 2—纵向加劲肋 3—短加劲肋

（1）加劲肋的布置 《钢结构设计标准》规定：

1）当 $h_0/t_w \leqslant 80\varepsilon_k$ 时，对有局部压应力的梁，应按构造配置横向加劲肋；对无局部压应力较小的梁，可不配置加劲肋。

2）不考虑腹板屈曲后强度时，当 $h_0/t_w > 80\varepsilon_k$ 时，应配置横向加劲肋，并计算腹板的局部稳定性。

3）当 $h_0/t_w > 170\varepsilon_k$（受压翼缘扭转受到约束，如连有刚性铺板、制动板或焊有钢轨时）或 $h_0/t_w > 150\varepsilon_k$（受压翼缘扭转未受到约束时），或按计算需要时，应在弯曲应力较大区格的受压区增加配置纵向加劲肋。局部压应力很大的梁，必要时尚宜在受压区配置短加劲肋。此处 h_0 为腹板的计算高度（对单轴对称梁，当确定是否要配置纵向加劲肋时，h_0 应取腹板受压区高度 h_c 的 2 倍），t_w 为腹板的厚度。

4）梁的支座处和上翼缘受有较大固定集中荷载处，宜设置支承加劲肋。

5）任何情况下，h_0/t_w 均不应超过 250，以免高厚比过大时产生焊接翘曲。

6）腹板的计算高度 h_0 应按下列规定采用：对轧制型钢梁，为腹板与上、下翼缘相接处两内弧起点间的距离；对焊接截面梁，为腹板高度；对高强度螺栓连接（或铆接）梁，为上、下翼缘与腹板连接的高强度螺栓（或铆钉）线间最近距离。

7）加劲肋的布置要求：加劲肋宜在腹板两侧成对配置，也可单侧配置，但支承加劲肋、重级工作制吊车梁的加劲肋不应单侧配置。横向加劲肋的最小间距应为 $0.5h_0$，最大间距应为 $2h_0$（对无局部压应力的梁，当 $h_0/t_w \leqslant 100$ 时，可采用 $2.5h_0$）。纵向加劲肋至腹板计算高度受压边缘的距离应在 $h_c/2.5 \sim h_c/2$ 范围内，h_c 为梁腹板弯曲受压区高度，对双轴对称截面 $2h_c = h_0$。

（2）加劲肋的构造要求 在腹板两侧成对配置的钢板横向加劲肋，其截面尺寸应符合下式要求

外伸宽度
$$b_s \geqslant \frac{h_0}{30} + 40 \tag{5-27}$$

厚度
$$t_s \geqslant \frac{b_s}{15} \tag{5-28}$$

在腹板一侧配置的钢板横向加劲肋，其外伸宽度应大于按式（5-27）算得的 1.2 倍，厚度不应小于其外伸宽度的 1/15。

在同时用横向加劲肋和纵向加劲肋加强的腹板中，横向加劲肋的截面尺寸除应符合上述规定外，其截面惯性矩 I_z 尚应符合下式要求

$$I_z \geqslant 3h_0 t_w^3 \tag{5-29}$$

纵向加劲肋的截面惯性矩 I_y，应符合下列公式要求

当 $a/h_0 \leqslant 0.85$ 时

$$I_y \geqslant 1.5h_0 t_w^3 \tag{5-30a}$$

当 $a/h_0 > 0.85$ 时

$$I_y \geqslant \left(2.5 - 0.45\frac{a}{h_0}\right)\left(\frac{a}{h_0}\right)^2 h_0 t_w^3 \tag{5-30b}$$

短加劲肋的最小间距为 $0.75h_1$（h_1 见图 5-15）。短加劲肋外伸宽度应取横向加劲肋外伸宽度的 0.7 ~ 1.0 倍，厚度不应小于短加劲肋外伸宽度的 1/15。

应注意的是：

1）用型钢（H 型钢、工字钢、槽钢、肢尖焊于腹板的角钢）做成的加劲肋，其截面惯性矩不得小于相应钢板加劲肋的惯性矩。

2）在腹板两侧成对配置的加劲肋，其截面惯性矩应以梁腹板中心线为轴线进行计算。

3）在腹板一侧配置的加劲肋，其截面惯性矩应以与加劲肋相连的腹板边缘为轴线进行计算。

2. 仅设横向加劲肋梁腹板的局部稳定计算

仅配置横向加劲肋的腹板（图 5-15a），其区格 A 的局部稳定应按下式计算

$$\left(\frac{\sigma}{\sigma_{cr}}\right)^2 + \left(\frac{\tau}{\tau_{cr}}\right)^2 + \frac{\sigma_c}{\sigma_{c,cr}} \leqslant 1.0 \tag{5-31}$$

式中 σ——计算腹板区格内，由平均弯矩产生的腹板计算高度边缘的弯曲压应力；

τ——计算腹板区格内，由平均剪力产生的腹板平均剪应力，应按 $\tau = V/(h_w t_w)$ 计算，h_w 为腹板高度；

σ_c——腹板计算高度边缘的局部压应力，应按式（5-7）计算，但式中的 $\psi = 1.0$；

σ_{cr}、τ_{cr}、$\sigma_{c,cr}$——各种应力单独作用下的临界应力。

（1）σ_{cr} 计算

当 $\lambda_{n,b} \leqslant 0.85$ 时

$$\sigma_{cr} = f \tag{5-32a}$$

当 $0.85 < \lambda_{n,b} \leqslant 1.25$ 时

$$\sigma_{cr} = [1 - 0.75(\lambda_{n,b} - 0.85)]f \tag{5-32b}$$

当 $\lambda_{n,b} > 1.25$ 时

$$\sigma_{cr} = 1.1f/\lambda_{n,b}^2 \tag{5-32c}$$

式中 $\lambda_{n,b}$——梁腹板受弯计算的正则化宽厚比；

当梁受压翼缘扭转受到约束时

$$\lambda_{n,b} = \frac{2h_c/t_w}{177}\frac{1}{\varepsilon_k} \tag{5-32d}$$

当梁受压翼缘扭转未受到约束时

$$\lambda_{n,b} = \frac{2h_c/t_w}{138}\frac{1}{\varepsilon_k} \tag{5-32e}$$

h_c——梁腹板弯曲受压区高度，对双轴对称截面，$2h_c = h_0$。

（2）τ_{cr} 计算

当 $\lambda_{n,s} \leqslant 0.8$ 时

$$\tau_{cr} = f_v \tag{5-33a}$$

当 $0.8 < \lambda_{n,s} \leqslant 1.2$ 时

$$\tau_{cr} = [1 - 0.59(\lambda_{n,s} - 0.8)]f_v \tag{5-33b}$$

当 $\lambda_{n,s}>1.2$ 时 $$\tau_{cr}=1.1f_v/\lambda_{n,s}^2 \tag{5-33c}$$

当 $a/h_0\leqslant1.0$ 时 $$\lambda_{n,s}=\frac{h_0/t_w}{37\eta\sqrt{4+5.34(h_0/a)^2}}\frac{1}{\varepsilon_k} \tag{5-33d}$$

当 $a/h_0>1.0$ 时 $$\lambda_{n,s}=\frac{h_0/t_w}{37\eta\sqrt{5.34+4(h_0/a)^2}}\frac{1}{\varepsilon_k} \tag{5-33e}$$

式中 $\lambda_{n,s}$——梁腹板受剪计算的正则化宽厚比；

η——简支梁取1.11，框架梁梁端最大应力区取1。

(3) $\sigma_{c,cr}$计算

当 $\lambda_{n,c}\leqslant0.9$ 时 $$\sigma_{c,cr}=f \tag{5-34a}$$

当 $0.9<\lambda_{n,c}\leqslant1.2$ 时 $$\sigma_{c,cr}=[1-0.79(\lambda_{n,c}-0.9)]f \tag{5-34b}$$

当 $\lambda_{n,c}>1.2$ 时 $$\sigma_{c,cr}=1.1f/\lambda_{n,c}^2 \tag{5-34c}$$

式中 $\lambda_{n,c}$——梁腹板受局部压力计算时的正则化宽厚比，按下式计算

当 $0.5\leqslant a/h_0\leqslant1.5$ 时 $$\lambda_{n,c}=\frac{h_0/t_w}{28\sqrt{10.9+13.4(1.83-a/h_0)^3}}\frac{1}{\varepsilon_k} \tag{5-34d}$$

当 $1.5<a/h_0\leqslant2.0$ 时 $$\lambda_{n,c}=\frac{h_0/t_w}{28\sqrt{18.9-5a/h_0}}\frac{1}{\varepsilon_k} \tag{5-34e}$$

提高板抵抗凹凸变形能力是提高板局部稳定性的关键。当板的支承条件已经确定时，其主要措施是增加板的厚度，减小板的周界尺寸（a、b），即限制板件的宽厚比，或设置加劲肋。

3. 同时设纵、横加劲肋腹板的局部稳定

当腹板 $h_0/t_w>170\varepsilon_k$ 时，应同时设置横向和纵向加劲肋（图5-15b、c），纵向加劲肋设在离受压边缘 $h_1=(1/4\sim1/5)h_0$ 位置，设受压翼缘与加劲肋间的区格为Ⅰ，受拉翼缘与纵向加劲肋间的区格为Ⅱ（图5-15c），应分别计算其局部稳定性。

(1) 受压翼缘与纵向加劲肋之间的区格Ⅰ的稳定计算公式 区格Ⅰ的特点是高度尺寸 h_1 较小，压应力大，对稳定不利，剪应力仍假定均匀分布。同时用横向加劲肋和纵向加劲肋加强的腹板（图5-15b、c），其局部稳定性应按下式计算

$$\frac{\sigma}{\sigma_{cr1}}+\left(\frac{\tau}{\tau_{cr1}}\right)^2+\left(\frac{\sigma_c}{\sigma_{c,cr1}}\right)^2\leqslant1.0 \tag{5-35}$$

式中，σ_{cr1}、τ_{cr1}、$\sigma_{c,cr1}$分别按下列方法计算：

1) σ_{cr1}按式（5-32）计算，但式中的$\lambda_{n,b}$改用下式中$\lambda_{n,b1}$

当梁受压翼缘扭转受到约束时 $$\lambda_{n,b1}=\frac{h_1/t_w}{75\varepsilon_k} \tag{5-36a}$$

当梁受压翼缘扭转未受到约束时 $$\lambda_{n,b1}=\frac{h_1/t_w}{64\varepsilon_k} \tag{5-36b}$$

式中 h_1——纵向加劲肋至腹板计算高度受压边缘的距离。

2) τ_{cr1}按式（5-33）计算，将式中的 h_0 改为 h_1。

3) $\sigma_{c,cr1}$按式（5-32）计算，但式中的 λ_b 改用下式中 λ_{c1}。

当梁受压翼缘扭转受到约束时 $$\lambda_{n,c1}=\frac{h_1/t_w}{56\varepsilon_k} \tag{5-37a}$$

当梁受压翼缘扭转未受到约束时 $\lambda_{n,c1}=\dfrac{h_1/t_w}{40\varepsilon_k}$ (5-37b)

(2) 受拉翼缘与纵向加劲肋之间的区格Ⅱ的稳定计算公式 区格Ⅱ的特点是弯曲应力以受拉为主，对稳定有利，最大压应力在纵向加劲肋部位，其值比区格Ⅰ小得多，《钢结构设计标准》规定的计算公式如下

$$\left(\frac{\sigma_2}{\sigma_{cr2}}\right)^2+\left(\frac{\tau}{\tau_{cr2}}\right)^2+\frac{\sigma_{c2}}{\sigma_{c,cr2}}\leqslant 1.0 \tag{5-38}$$

式中 σ_2——计算区格内由平均弯矩产生的腹板在纵向加劲肋处的弯曲压应力；

σ_{c2}——腹板在纵向加劲肋处的横向压应力，取 $0.3\sigma_c$。

1) σ_{cr2}按式 (5-32) 计算，但式中的 $\lambda_{n,b}$改用下式中 $\lambda_{n,b2}$

$$\lambda_{n,b2}=\frac{h_2/t_w}{194\varepsilon_k} \tag{5-39}$$

2) τ_{cr2}按式 (5-33) 计算，但式中的 h_0 改为 $h_2(h_2=h_0-h_1)$。

3) $\sigma_{c,cr2}$按式 (5-34) 计算，但式中的 h_0 改为 h_2，当 $a/h_2>2$ 时，取 $a/h_2=2$。

4. 支承加劲肋

支承加劲肋一般由成对布置的钢板做成（图 5-16a)，也可以用凸缘式加劲肋，其凸缘加劲肋的伸出长度不得大于其厚度的 2 倍（图 5-16b)。支承加劲肋除保证腹板局部稳定外，还要将支反力或固定集中力传递到支座或梁截面内，因此支承加劲肋的截面除满足加劲肋的各项要求外，还应按传递支反力或集中力的轴心压杆进行计算，其截面常常比一般加劲肋截面稍大一些。

支承加劲肋的设计主要包括以下三个方面：

(1) 腹板平面外的稳定性 为了保证支承加劲肋能安全地传递支反力或集中荷载 F，梁的支承加劲肋应按承受梁支座反力或固定集中荷载的轴心受压构件计算其在腹板平面外的稳定性。此受压构件的截面应包括加劲肋和加劲肋每侧 $15h_w\varepsilon_k$ 范围内的腹板面积，计算长度取 h_0（梁端处若腹板长度不足，按实际长度取值）

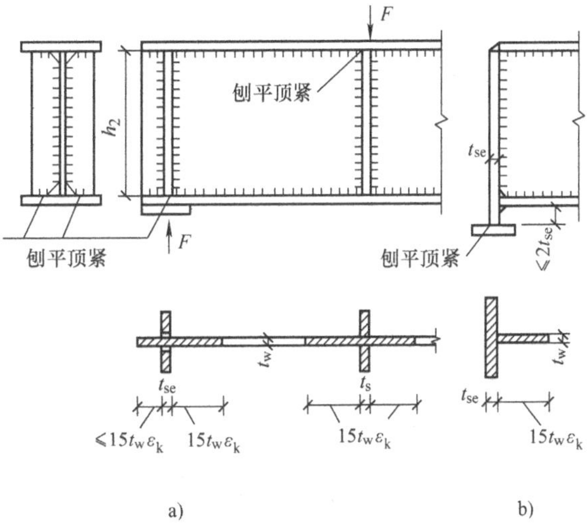

图 5-16 支承加劲肋

(2) 端面承压强度 支承加劲肋的端部一般刨平顶紧于梁翼缘或支座，应按下式计算端面承压应力

$$\sigma_{ce}=F/A_{ce}\leqslant f_{ce} \tag{5-40}$$

式中 A_{ce}——端面承压面积（接触处净面积，图 5-16)；

f_{ce}——钢材端面承压强度设计值 ($f_{ce}\approx 1.5f$)，见附表 1-1。

支承加劲肋端部也可以不用刨平顶紧，而用焊缝连接传力，此时则应计算焊缝强度。

(3) 支承加劲肋与腹板的连接焊缝 可假定 F 沿焊缝全长均匀分布进行计算。支承加劲肋与腹板的连接焊缝应按承受全部支座反力或集中荷载 F 计算。通常采用角焊缝连接，焊脚尺寸应满足构造要求。

5. 短加劲肋

在受压翼缘与纵向加劲肋之间设有短加劲肋的区格（图 5-15d），其局部稳定性按式（5-35）计算。式中的 σ_{cr1} 仍按（5-36）计算；τ_{cr1} 按式（5-33）计算，但将 h_0 和 a 改为 h_1 和 a_1（a_1 为短加劲肋间距）；$\sigma_{c,cr1}$ 按式（5-32）计算，但式中的 $\lambda_{n,b}$ 改用下式中 $\lambda_{n,c1}$。

当梁受压翼缘扭转受到约束时
$$\lambda_{n,c1}=\frac{a_1/t_w}{87\varepsilon_k} \tag{5-41a}$$

当梁受压翼缘扭转未受到约束时
$$\lambda_{n,c1}=\frac{a_1/t_w}{73\varepsilon_k} \tag{5-41b}$$

对 $\frac{a_1}{h_1}>1.2$ 的区格，式（5-41）右侧应乘以 $1/\left(0.4+0.5\frac{a_1}{h_1}\right)^{\frac{1}{2}}$。

5.4 型钢梁的设计

型钢梁设计应满足强度、刚度和整体稳定的要求。下面分别介绍单向弯曲及双向弯曲型钢梁的设计。

5.4.1 单向弯曲型钢梁

单向受弯型钢梁用得最多的是热轧普通型钢和 H 型钢，设计步骤如下：

1. 确定设计条件

根据梁的荷载、跨度及支承条件，计算梁的最大弯矩设计值 M_{max}，并按选定钢材确定其抗弯强度设计值 f。

2. 计算 W_{nx}，初选截面

根据梁的抗弯强度要求 $\sigma_{max}=M_x/\gamma_x W_{nx}\leqslant f$，计算型钢所需的对 x 轴的净截面模量 $W_{nx}=M_x/\gamma_x f$，截面塑性发展系数 γ_x 可取 1.05，当梁最大弯矩处截面上有孔洞（如螺栓孔等）时，可将算得的 W_{nx} 增大 10% ~15%，然后由 W_{nx} 查附录 7 型钢表，选定型钢号。

3. 验算截面

计算钢梁的自重及其弯矩，然后由式（5-3）、式（5-11）及式（5-24）分别验算梁的抗弯强度、刚度及整体稳定，注意强度及稳定按荷载设计值计算，刚度按荷载标准值计算。

为了节省钢材，应尽量采用牢固连接于受压翼缘的密铺面板或足够的侧向支承以达到不需计算整体稳定的要求。由于型钢梁腹板较厚，一般截面无削弱情况，可不验算剪应力及折算应力。对于翼缘上只承受均布荷载的梁，局部承压强度可不验算。

5.4.2 双向弯曲型钢梁和檩条

双向弯曲型钢梁承受两个主平面方向的弯矩和剪力，设计要求与单向弯曲梁相同，强度、刚度、整体稳定和局部稳定也应满足要求。其中剪应力和局部稳定一般不必验算，局部压应力和折算应力只在有较大集中荷载或支座反力的情况下，有必要时验算。

双向受弯型钢梁大多用于檩条和墙梁，其截面设计步骤与单向弯曲情况基本相同，不同点如下：

1）选定型钢截面。可先单独按 M_x（或 M_y）计算所需净截面模量 W_{nx}（或 W_{ny}），然后考虑 M_y（或 M_x）作用，适当加大 W_{nx}（或 W_{ny}），选定型钢截面。

2）按式（5-4）、式（5-25）验算强度和整体稳定。

3）按式$\sqrt{v_x^2+v_y^2}\leqslant[v]$验算刚度，式中$v_x$、$v_y$为沿截面主轴$x$和$y$方向的分挠度，它们分别由各自方向的标准荷载产生。

双向弯曲型钢梁最常用于檩条，沿屋面倾斜放置，竖向荷载q可沿截面两个主轴分解成，$q_y=q\cos\varphi$、$q_x=q\sin\varphi$两个分力（图5-17），从而引起双向弯曲。檩条支承在屋架处，用焊于屋架的短角钢檩托托住，并用C级螺栓或焊缝连接（图5-18），以保证支座处的侧向稳定和传力。

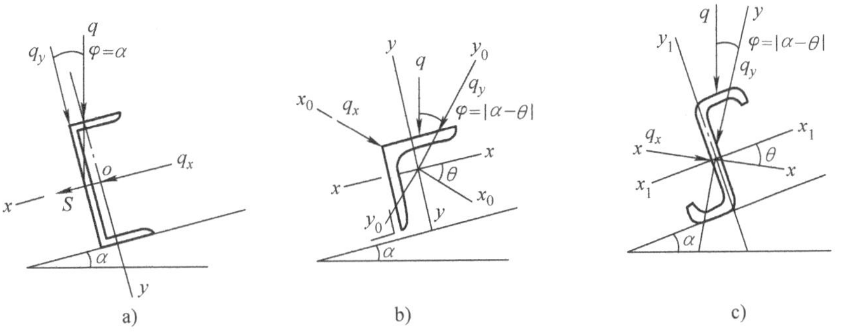

图5-17 型钢梁截面与受力分析

型钢檩条截面常用热轧槽钢；屋架间距较大时有时采用宽翼缘工字钢；轻型屋面时也常采用冷弯薄壁卷边槽钢或Z形钢，跨度小时也可用热轧角钢。槽钢檩条（图5-18c）通常把槽口向上放置，在一般屋面坡度下可使竖向荷载偏离截面剪切中心较小，计算时不考虑扭转。角钢檩条是角钢尖向下和向屋脊放置（图5-18b），使角钢尖受拉有利于整体稳定，减小弱轴方向受力，也便于放置屋面板。卷边Z形钢檩条（图5-18a）是把上翼缘槽口向上放置，除减小扭转偏心距外，还使竖向荷载下受力更接近于强轴单向受弯。

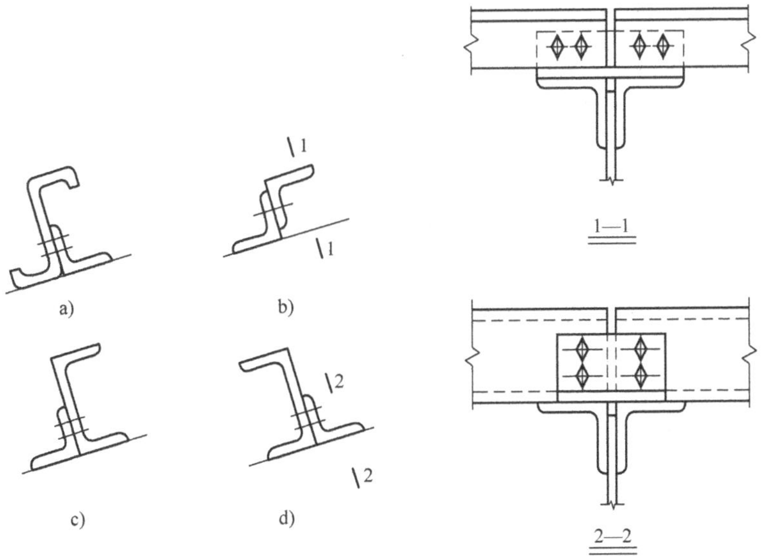

图5-18 檩条与屋架的连接

屋面板应尽量与檩条连接牢固，以保证檩条的整体稳定；否则在设计时应计算檩条受双向弯曲的整体稳定。屋盖中檩条用钢量所占比例较大，因此合理选择檩条形式、截面和间距，以减少檩条用钢量，对减轻屋盖重量、节约钢材有重要意义。

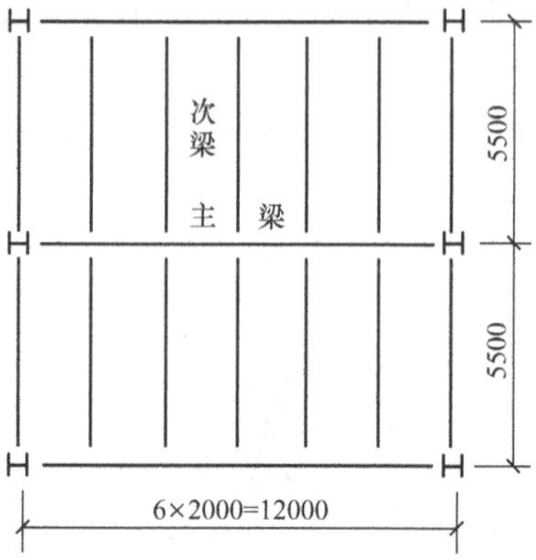

图 5-19 例 5-1 图

【例 5-1】 有一标高 5.5m 的工作平台梁格布置如图 5-19所示。平台为预制钢筋混凝土板，与钢梁牢固焊接厚度 100mm，上铺 20mm 厚素豆石混凝土，平台承受工作静活载标准值 12.5kN/m²，钢材采用 Q235B 的热轧普通工字钢。试选择次梁截面。

【解】 次梁上有面板焊接牢固，不必计算整体稳定，型钢梁不必计算局部稳定，故只需考虑强度和刚度。

（1）荷载计算 钢筋混凝土、素豆石混凝土重度分别为25kN/m³、24kN/m³，平台板传来恒载标准值为

$$(25\times0.1+24\times0.02)\text{kN/m}^2=2.98\text{kN/m}^2$$

次梁承受 2m 宽度范围内的平台荷载，设次梁自重为 0.8kN/m，则次梁承担的线荷载设计值为

$$q=(2.98\times2\times1.2+12.5\times2\times1.3+0.8\times1.2)\text{kN/m}=40.6\text{kN/m}$$

（2）截面选择及强度验算 次梁与主梁按铰接设计，次梁内力

$$M_{\max}=ql^2/8=(40.6\times5.5^2/8)\text{kN}\cdot\text{m}=153.5\text{kN}\cdot\text{m}$$

$$V_{\max}=ql/2=(40.6\times5.5/2)\text{kN}=111.7\text{kN}$$

所需截面抵抗矩 $W_x=M_{\max}/(\gamma_x f)=153.5\times10^6/(1.05\times215)\text{cm}^3=680\text{cm}^3$

初选I32a，$W_x=692\text{ cm}^3>680\text{ cm}^3$，$I_x=11080\text{ cm}^4$，$S=400\text{ cm}^3$，翼缘厚 $t=15\text{mm}<16\text{mm}$，腹板厚 $t_w=9.5\text{mm}<16\text{mm}$，查附表 1-1，取 $f=215\text{N/mm}^2$，$f_v=125\text{N/mm}^2$，腹板与翼缘交接圆角 $r=11.5\text{mm}$，质量为 52.7kg/m，自重 $g_1=0.516\text{kN/m}<0.8\text{kN/m}$（假定值），可不做抗弯强度验算。

（3）挠度验算 次梁承担的线荷载标准值为

$$q_k=(2.98\times2+12.5\times2+0.8)\text{kN/m}=31.76\text{kN/m}$$

$$\frac{v}{l}=\frac{5}{384}\frac{q_k l^3}{EI}=\frac{5}{384}\times\frac{31.76\times5500^3}{206\times10^3\times11080\times10^4}=\frac{1}{332}<\left[\frac{v}{l}\right]=\frac{1}{250}$$

（4）抗剪强度验算

1）设次梁与主梁用等高连接，连接处次梁上部切肢 50mm，假设端部剪力由腹板承受，可近似地假定最大剪应力为腹板平均剪应力的 1.2 倍，即

$$\begin{aligned}\tau/f_v&=1.2V_{\max}/h't_w f_v=1.2\times111.7\times10^3/[(320-50)\times9.5]\times125\\&=0.42<1.0\end{aligned}$$

此梁没有 M 和 V 都较大的截面，不必计算折算应力。故截面I32a 足够。

2）如果次梁和主梁用叠接，则梁端剪应力为

$$\begin{aligned}\tau/f_v&=V_{\max}S/It_w f_v=111.7\times10^3\times400\times10^3/(11080\times10^4\times9.5)\times125\\&=0.34<1.0\end{aligned}$$

（5）局部承压强度验算 设次梁支承于主梁的长度为 $a=80\text{mm}$，如不设支承加劲肋，

则应计算支座处局部压应力

$$h_y = t + r = (15 + 11.5)\text{mm} = 26.5\text{mm}, l_z = a + 5h_y = (80 + 5 \times 26.5)\text{mm} = 212.5\text{mm}$$

$$\sigma_c / f = \psi V_{max} / t_w l_z f = 1.0 \times 111.7 \times 10^3 / (9.5 \times 212.5) \times 215 = 0.26 < 1.0$$

支座处同时有 σ_c 和 τ 但都不大，而弯曲应力 $\sigma = 0$，故按 σ_c 和 τ 的折算应力不再计算。截面I32a 足够。

【例 5-2】 次梁的尺寸和荷载同例 5-1，但部分梁上无密铺焊牢的刚性面板。试按整体稳定要求选择次梁截面。

【解】 由例题 5-1 得 $M_{max} = 153.5\text{kN}\cdot\text{m}$（次梁自重仍按原假定值）。原选I32a，现按跨中无侧向支承点、$l_1 = 5.5\text{m}$、均布荷载作用在上翼缘计算。假定工字钢型号为I22～40，则由附表 3-2 查得 $\varphi_b = 0.66 (> 0.60)$。由式（5-18）得 $\varphi'_b = 0.632$，故所需截面抵抗矩为

$$W = M_{max} / (\varphi'_b f) = 153.5 \times 10^6 / (0.632 \times 215)\text{cm}^3 = 1129.7\text{cm}^3$$

选用I40b，$W = 1139\ \text{cm}^3 > 1129.7\text{cm}^3$（I40b 的腹板厚度 $t_w = 12.5\text{mm} \leqslant 16\text{mm}$，故按第 1 组钢材厚度取 $f = 215\text{N/mm}^2$。用钢量 73.84kg/m，比例 5-1 中的用钢量 52.69kg/m 增加 40%。

【例 5-3】 某普通钢屋架单跨简支檩条，跨度为 6m，檩条坡向间距为 0.798m，跨中设一道拉条。屋面水平投影面上，屋面材料自重标准值和屋面可变荷载标准值分别为 0.5kN/m^2 和 0.45kN/m^2，屋面坡度 $i = 1/2.5$。材料用 Q235B，檩条允许挠度 $[v] = l/150$，采用热轧普通槽钢檩条。试选用其截面。

【解】 参照已有资料，初选[10。热轧普通槽钢，查附表 7-3 得，质量为 10kg/m，则自重标准值为 0.098kN/m，$W_x = 39.7\text{cm}^3$，$W_y = 7.8\text{cm}^3$，$I_x = 198.3\text{cm}^4$。

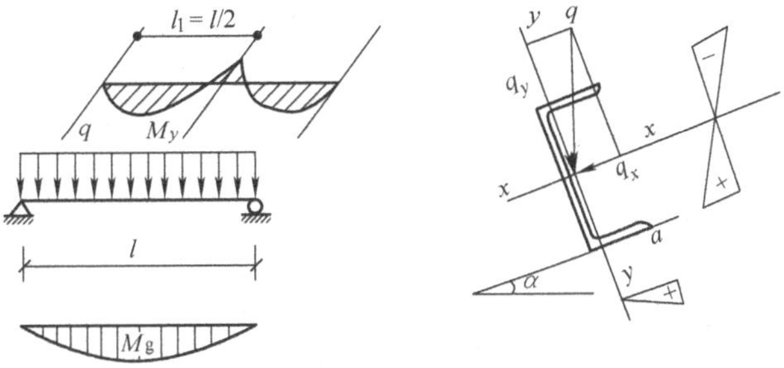

图 5-20 例 5-3 图

（1）荷载与内力计算

屋面倾角（图 5-20）

$$\alpha = \arctan\left(\frac{1}{2.5}\right) = 21.8°$$

屋面自重 $q_{Gk} = 0.5 \times 0.798 \times \cos\alpha\ \text{kN/m} = 0.370\text{kN/m}$

可变荷载 $q_{Qk} = 0.45 \times 0.798 \times \cos\alpha\ \text{kN/m} = 0.333\text{kN/m}$

$$q = 1.2 \times (0.370 + 0.098)\text{kN/m} + 1.4 \times 0.333\text{kN/m} = 1.03\text{kN/m}$$

$$q_x = q\sin\alpha = 1.03\sin 21.8°\text{kN/m} = 0.383\text{kN/m}$$

$$q_y = q\cos\alpha = 1.03\cos 21.8°\text{kN/m} = 0.956\text{kN/m}$$

则由 q_y 和 q_x 引起的弯矩 M_x 和 M_y 分别为

$$M_x = q_y l^2/8 = 0.956 \times 6^2/8\text{kN}\cdot\text{m} = 4.3\text{kN}\cdot\text{m}(\text{正弯矩})$$

$$M_y = q_x l_1^2/8 = 0.383 \times 3^2/8\text{kN}\cdot\text{m} = 0.43\text{kN}\cdot\text{m}(\text{负弯矩})$$

（2）截面验算　因设置拉条，可不计算整体稳定。

1）抗弯强度。由于跨中截面 M_x、M_y 都很大，故该截面上的 a 点应力最大，为拉应力

$$\frac{\sigma_a}{f} = \frac{M_x}{\gamma_x W_{nx} f} + \frac{M_y}{\gamma_y W_{ny} f} = \frac{4.30 \times 10^6}{1.05 \times 39.7 \times 10^3 \times 215} + \frac{0.43 \times 10^6}{1.20 \times 7.8 \times 10^3 \times 215}$$

$$= 0.69 < 1.0$$

2）刚度验算。屋面线荷载的标准值为

$$q_k = (0.37 + 0.098 + 0.333)\text{kN/m} = 0.801\text{kN/m}$$

檩条在垂直于屋面方向的最大挠度为

$$v = \frac{5 \times 0.801 \times \cos 21.8 \times (6 \times 10^3)^4}{384 \times 2.06 \times 10^5 \times 198 \times 10^4}\text{mm} = 30.8\text{mm}$$

$$< [v] = \frac{1}{150} l = \frac{6000}{150}\text{mm} = 40\text{mm}$$

故采用[10 槽钢檩条满足要求。

5.5 组合梁的设计

5.5.1 截面设计

本节以焊接双轴对称工字形钢板梁（图 5-21）为例来说明组合梁的截面设计步骤。需确定的截面尺寸为截面高度 h（腹板高度 h_0）、腹板厚度 t_w、翼缘宽度 b 及厚度 t。钢板组合梁截面设计的任务是：合理地确定 h_0、t_w、b、t，以满足梁的强度、刚度、整体稳定及局部稳定等要求，并能节省钢材，经济合理。钢板组合梁设计步骤为：估算梁的高度 h_0，确定腹板的厚度 t_w 和翼缘尺寸 b、t，然后验算梁的强度和稳定。

1. 截面高度 h（或腹板高度 h_0）

梁的截面高度应根据建筑高度、刚度要求及经济要求确定。

建筑高度是指按使用要求允许的梁的最大高度。如当建筑楼层层高确定后，为保证室内净高不低于规定值，就要求楼层梁高不得超过某一数值。又如跨越河流的桥梁，在桥面标高确定后，为保证桥下有一定通航净空，也要限制梁的高度不得过大。根据下层使用要求的最小净空高度，可算出建筑允许的最大梁高 h_{max}。

刚度要求是指为保证正常使用条件下，梁的挠度不超过规定允许挠度。对于受均布荷载的简支梁，由下式

$$v = \frac{5}{384}\frac{q_k l^4}{EI} \leqslant [v] \tag{5-42}$$

可算出刚度要求的最小梁高 h_{min}。h_{min} 推导如下：

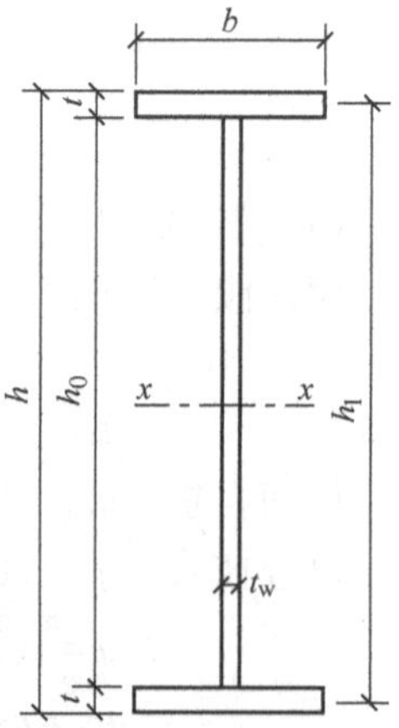

图 5-21　截面尺寸

式（5-42）中 q_k 为均布荷载标准值。若取荷载分项系数为平均值 1.3，则设计弯矩为 $M=\frac{1}{8}\times1.3q_kl^2$，设计应力 $\sigma=\frac{M}{W}=\frac{Mh}{2I}$，代入式（5-42）得

$$v=\frac{5}{1.3\times48}\frac{Ml^2}{EI}=\frac{5}{1.3\times24}\frac{\sigma l^2}{Eh}\leqslant[v]$$

若材料强度得到充分利用，上式中 σ 可达 f，若考虑塑性发展系数，可达 $1.05f$，将 $\sigma=1.05f$ 代入得

$$\frac{h}{l}\geqslant\frac{6}{1.3\times24}\times\frac{1.05fl}{206000[w]}=\frac{fl}{1.25\times10^6}\times\frac{1}{[v]}=\frac{h_{min}}{l} \tag{5-43}$$

$\frac{h_{min}}{l}$的意义为：当所选梁截面高跨比$\frac{h}{l}>\frac{h_{min}}{l}$时，只要梁的抗弯强度满足，则梁的刚度条件也同时满足。

令$\frac{v}{l}=\frac{1}{n}$，则刚度要求的最小梁高为

$$\frac{h_{min}}{l}=\frac{f}{1.25\times10^6[v/l]}=\frac{fn}{1.25\times10^6} \tag{5-44}$$

式中 n 见附表 2-1。

经济要求是指在满足抗弯和稳定条件下，使腹板和翼缘的总用钢量最小。

为了取得既满足各项要求，用钢量又经济的截面，对梁的截面进行组成分析，发现在同样的截面模量的情况下，梁的高度越大，腹板用钢量 G_w 越多，但可减小翼缘尺寸，使翼缘用钢量 G_f 减少，反之亦然。最经济的梁高 h_e 应该使梁的总用钢量最小，如图 5-22 所示。实际的用钢量不仅与腹板、翼缘尺寸有关，还与加劲肋布置等因素有关，经分析梁的经济高度 h_e 可按下式计算

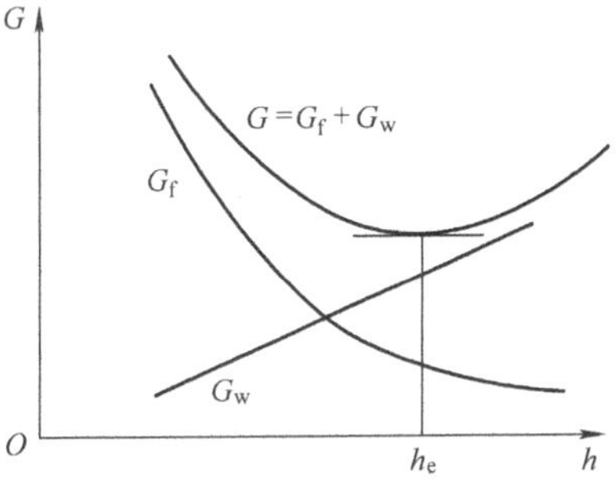

图 5-22 工形截面梁的 $G-h$ 关系

$$h_e=7\sqrt[3]{W_T}-300 \tag{5-45}$$

式中，$W_T=\frac{M_x}{\alpha f}$。对一般单向弯曲梁，当最大弯矩处无孔眼时 $\alpha=1.05$；有孔眼时 $\alpha=0.85\sim0.9$。对吊车梁，考虑横向水平荷载的作用，可取 $\alpha=0.7\sim0.9$。

根据上述三个条件，实际所取梁高 h 主要满足经济高度，即 $h\approx h_e$；也应满足 $h_{min}\leqslant h\leqslant h_{max}$，$h_0$ 可按 h 取稍小数值，同时应考虑钢板规格尺寸，并宜取 h 为 50mm 的倍数。

2. 腹板厚度 t_w

腹板主要承担剪力，其厚度 t_w 要满足抗剪强度要求。计算时近似假定最大剪应力为腹板平均剪应力的 1.2 倍，即

$$\tau_{max}=\frac{VS}{I_xt_w}\approx1.2\frac{V}{h_0t_w}\leqslant f_v \tag{5-46}$$

按抗剪要求得腹板厚度

$$t_{wmin} \approx \frac{1.2V_{max}}{h_0 f_v} \tag{5-47}$$

考虑腹板局部稳定及构造要求，腹板不宜太薄，可用下列经验公式估算腹板厚度

$$t_w = \frac{\sqrt{h_0}}{3.5} \tag{5-48}$$

式中单位均以毫米计。选用腹板厚度时还应符合钢板现有规格，一般不宜小于8mm，跨度较小时，不宜小于6mm，轻钢结构可适当减小。

3. 翼缘宽度 b 及厚度 t

腹板尺寸确定之后，可按强度条件（即所选截面模量 W_T）确定翼缘面积 $A_1 = bt$。对于工字形截面

$$W = \frac{2I}{h} = \frac{2}{h}\left[\frac{1}{12}t_w h_0^3 + 2A_f\left(\frac{h_0 + t}{2}\right)^2\right] \geqslant W_T$$

初选截面时取 $h_0 \approx h_0 + t \approx h$，经整理后可写为

$$A_f \geqslant \frac{W_T}{h_0} - \frac{h_0 t_w}{6} \tag{5-49}$$

由式（5-49）算出 A_f 之后再选定 b、t 中一个数值，即可确定另一个数值。选定 b、t 时应注意下列要求：

1）一般采用 $b = (1/6 \sim 1/2.5)h$。翼缘宽度 b 不宜过大，否则翼缘上应力分布不均匀。b 值过小，不利于整体稳定，与其他构件连接也不方便。

2）满足制造和构造要求的翼缘最小宽度 $b \geqslant 180$mm（吊车梁要求 $b \geqslant 300$mm）。

3）考虑局部稳定，要求 $b/t \leqslant \frac{26}{\varepsilon_k}$（不考虑塑性发展即 $\gamma_x = 1$ 时，可取 $b/t \leqslant \frac{30}{\varepsilon_k}$）。翼缘厚度 $t = A_f/b$，t 不应小于8mm，同时应符合钢板规格。

5.5.2 截面验算

截面尺寸确定后，按实际选定尺寸计算各项截面几何特性，然后验算抗弯强度、抗剪强度、局部压应力、折算应力、整体稳定。刚度在确定梁高时已满足，翼缘局部稳定在确定翼缘尺寸时也已满足。腹板局部稳定一般由设置加劲肋来保证。如果梁截面尺寸沿跨长有变化，应在截面改变设计之后进行抗剪强度、刚度、折算应力验算。

5.5.3 梁截面沿长度的改变

对于均布荷载作用下的简支梁，一般按跨中最大弯矩选定截面尺寸。但是考虑到弯矩沿跨度按抛物线分布，当梁跨度较大时，如在跨间随弯矩减小将截面改小，做成变截面梁，则可节约钢材减轻自重。当跨度较小时，改变截面节省钢材不多，制造工作量却增加较多，因此跨度小的梁多做成等截面梁。

焊接工形梁的截面改变一般是改变翼缘宽度。通常的做法是在半跨内改变一次截面（图5-23）。改变截面时可以先确定截面改变点，即截面改变处距支座距离，一般 $x = l/6$（最优变截面点用极值方法求得，这时钢材节约10% ~12%），然后根据 x 计算变窄翼缘的宽度 b'。也可以先确定变窄翼缘宽度 b'，然后由 b' 计算 x。

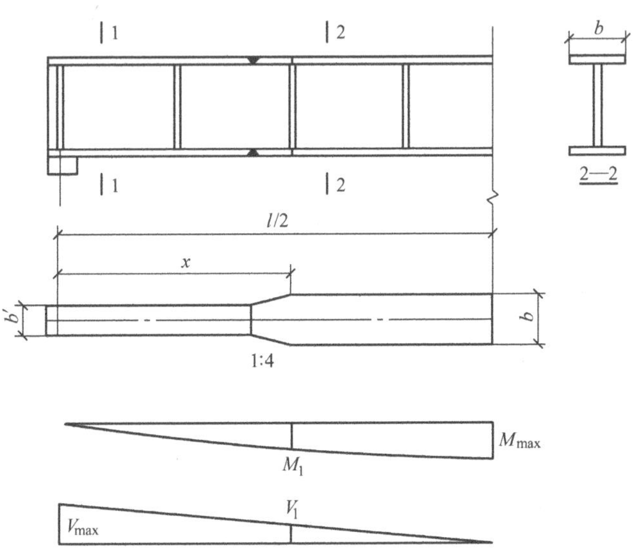

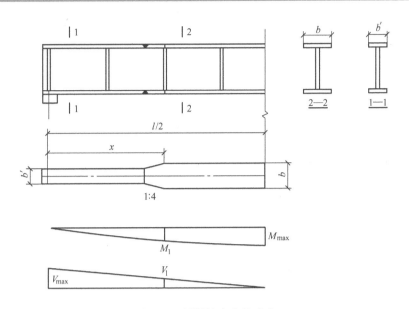

图 5-23 梁翼缘宽度的改变

如果按上述方法选定 b'太小，或不满足构造要求时，也可事先选定 b'值，然后按变窄的截面（即尺寸为 h_0、t_w、b'、t 的截面）算出惯性矩 I_1、截面模量 W_1 及变窄截面所能承担的弯矩 $M_1=\gamma_x f W_1$，然后根据梁的荷载弯矩图算出梁上弯矩等于 M_1 处距支座的距离 x，这就是截面改变点的位置。

确定 b'及 x 后，为了减小应力集中，应将梁跨中央宽翼缘板从 x 处，以≤1: 4 的斜度向弯矩较小的一方延伸至与窄翼缘板等宽处才切断，并用对接直焊缝与窄翼缘板相连。但是当焊缝为三级焊缝时，受拉翼缘处应采用斜对接焊缝。

梁截面改变处的强度验算，尚包括腹板高度边缘处折算应力验算。验算时取 x 处的弯矩及剪力按窄翼缘截面验算。

变截面梁的挠度计算比较复杂，对于翼缘改变的简支梁，受均布荷载或多个集中荷载作用时，刚度验算可按下列近似公式计算

$$v=\frac{M_k l^2}{10EI}\left(1+\frac{3}{25}\frac{I-I_1}{I}\right)\leqslant[v] \tag{5-50}$$

式中 M_k——最大弯矩标准值；

I——跨中毛截面惯性矩；

I_1——端部毛截面惯性矩。

梁截面改变的另一种方法是改变端部梁高，将梁的下翼缘做成折线形外形而翼缘截面保持不变（图 5-24）。

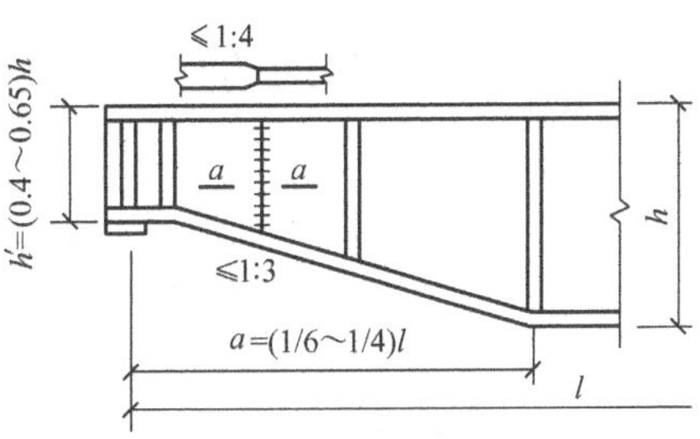

图 5-24 梁高度的改变

5.5.4 翼缘焊缝的计算

图 5-25 所示为两个由两块翼缘及一块腹板组成的工字形梁，用角焊缝连牢，称为翼缘焊缝。梁受荷弯曲时，由于翼缘焊缝作用，翼缘腹板将以工

字形截面的形心轴为中和轴整体弯曲，翼缘与腹板之间不产生相对滑移。梁弯曲时翼缘焊缝的作用是阻止腹板和翼缘之间产生滑移，因而承受与焊缝平行方向的剪力。

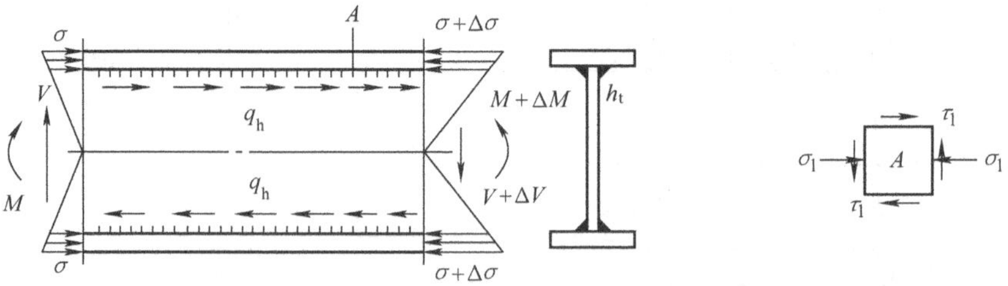

图 5-25 翼缘焊缝的水平剪力

若在工形梁腹板边缘处取出单元体 A，单元体的垂直及水平面上将有成对互等的剪应力 $\tau_1=\dfrac{VS_1}{I_x t_w}$，沿梁单位长度的水平剪力为

$$q_h=\tau_1 t_w=\frac{VS_1}{I_x t_w}t_w=\frac{VS_1}{I_x} \tag{5-51}$$

则翼缘焊缝应满足强度条件

$$\tau_f=\frac{q_h}{2\times0.7h_f\times1}\leqslant f_f^w$$

$$h_f=\frac{q_h}{1.4f_f^w}=\frac{VS_1}{1.4f_f^w I_x} \tag{5-52}$$

式中 V——计算截面处的剪力；

S_1——一个翼缘对中和轴的面积矩；

I_x——计算截面的惯性矩。

按式（5-52）所选 h_f 同时应满足构造要求，即 $h_f\geqslant1.5\sqrt{t}$（t 为翼缘厚度），当梁的翼缘上承受有固定集中荷载并且未设置加劲肋时，或者当梁翼缘上有移动集中荷载时，翼缘焊缝不仅承受水平剪力 q_h 的作用，还要承受由集中力 F 产生的垂直剪力作用，单位长度的垂直剪力 q_v 由式（5-53）计算

$$q_v=\sigma_c t_w=\frac{\Psi F}{l_z t_w},\ t_w=\frac{\Psi F}{l_z} \tag{5-53}$$

在单位水平剪力 q_h 和单位垂直剪力 q_v 的共同作用下，翼缘焊缝强度应满足下式要求

$$\tau_f=\sqrt{\left(\frac{q_h}{2\times0.7h_f}\right)^2+\left(\frac{q_v}{\beta_f\times2\times0.7h_f}\right)^2}\leqslant f_f^w$$

故需要的角焊缝焊脚尺寸为

$$h_f=\sqrt{q_h^2+\frac{1}{\beta_f^2}q_v^2}=\frac{1}{1.4f_f^w}\sqrt{\left(\frac{VS_1}{I_x}\right)^2+\frac{1}{\beta_f^2}\left(\frac{\Psi F}{l_z}\right)^2} \tag{5-54}$$

式中，$\beta_f=1.22$（静荷载或间接动荷载）或 1.0（直接动荷载）。

设计时一般先按构造要求假定 h_f 值，然后验算。

5.5.5 组合梁腹板考虑屈曲后强度的计算

承受静荷载和间接承受动荷载的组合梁，其腹板宜考虑屈曲后强度。这时可仅在支座处

和固定集中荷载处设置支承加劲肋，或尚有中间横向加劲肋，其高厚比可以达到250也不必设置纵向加劲肋。该方法不适于直接承受动荷载的吊车梁。

腹板仅配置支承加劲肋（或尚有中间横向加劲肋）而考虑屈曲后强度的工字形截面焊接组合梁，应按下式验算抗弯和抗剪承载能力

$$\left(\frac{V}{0.5V_{\mathrm{u}}}-1\right)^2+\frac{M-M_{\mathrm{f}}}{M_{\mathrm{eu}}-M_{\mathrm{f}}}\leqslant 1.0 \tag{5-55}$$

$$M_{\mathrm{f}}=\left(A_{\mathrm{f1}}\frac{h_{\mathrm{m1}}^2}{h_{\mathrm{m2}}}+A_{\mathrm{f2}}h_{\mathrm{m2}}\right)f \tag{5-56}$$

式中 M、V——计算同一截面上梁的弯矩设计值和剪力设计值，计算时，当 $V<0.5V_{\mathrm{u}}$ 时，取 $V=0.5V_{\mathrm{u}}$，当 $M<M_{\mathrm{f}}$ 时，取 $M=M_{\mathrm{f}}$；

M_{f}——梁两翼缘承担的弯矩设计值；

A_{f1}、h_{m1}——较大翼缘的截面积及其形心至梁中和轴的距离；

A_{f2}、h_{m2}——较小翼缘的截面积及其形心至梁中和轴的距离；

M_{eu}、V_{u}——梁抗弯和抗剪承载力设计值。

（1）M_{eu}计算

$$M_{\mathrm{eu}}=\gamma_x\alpha_{\mathrm{e}}W_x f \tag{5-57}$$

$$\alpha_{\mathrm{e}}=1-\frac{(1-\rho)h_{\mathrm{c}}^3t_{\mathrm{w}}}{2I_x} \tag{5-58}$$

式中 α_{e}——梁截面模量考虑腹板有效高度的折减系数；

I_x——按梁截面全部有效算得的绕 x 轴的惯性矩；

h_{c}——按梁截面全部有效算得的腹板受压区高度；

γ_x——梁截面塑性发展系数；

ρ——腹板受压区有效高度系数。

当 $\lambda_{\mathrm{n,b}}\leqslant 0.85$ 时 $$\rho=1.0 \tag{5-59a}$$

当 $0.85<\lambda_{\mathrm{n,b}}\leqslant 1.25$ 时 $$\rho=1-0.82(\lambda_{\mathrm{n,b}}-0.85) \tag{5-59b}$$

当 $\lambda_{\mathrm{b}}>1.25$ 时 $$\rho=\frac{1}{\lambda_{\mathrm{n,b}}}\left(1-\frac{0.2}{\lambda_{\mathrm{n,b}}}\right) \tag{5-59c}$$

式中 $\lambda_{\mathrm{n,b}}$——用于腹板受弯计算时的正则化宽厚比，按式（5-32d）、式（5-32e）计算。

（2）V_{u} 计算

当 $\lambda_{\mathrm{n,s}}\leqslant 0.8$ 时 $$V_{\mathrm{u}}=h_{\mathrm{w}}t_{\mathrm{w}}f_{\mathrm{v}} \tag{5-60a}$$

当 $0.8<\lambda_{\mathrm{n,s}}\leqslant 1.2$ 时 $$V_{\mathrm{u}}=h_{\mathrm{w}}t_{\mathrm{w}}f_{\mathrm{v}}[1-0.5(\lambda_{\mathrm{n,s}}-0.8)] \tag{5-60b}$$

当 $\lambda_{\mathrm{n,s}}>1.2$ 时 $$V_{\mathrm{u}}=h_{\mathrm{w}}t_{\mathrm{w}}f_{\mathrm{v}}/\lambda_{\mathrm{n,s}}^{1.2} \tag{5-60c}$$

式中 $\lambda_{\mathrm{n,s}}$——用于腹板受剪计算时的正则化宽厚比，按式（5-33d）、式（5-33e）计算，当焊接截面梁仅配置支座加劲肋时，取式（5-33e）中的 $h_0/a=0$。

当仅配置支承加劲肋不能满足式（5-55）的要求时，应在两侧成对配置中间横向加劲肋。中间横向加劲肋和上端受有集中压力的中间支承加劲肋，其截面尺寸除应满足式（5-27）和式（5-28）的要求外，尚应按轴心受压构件计算其在腹板平面外的稳定性，轴心压力应按下式计算

$$N_{\mathrm{s}}=V_{\mathrm{u}}-\tau_{\mathrm{cr}}h_{\mathrm{w}}t_{\mathrm{w}}+F \tag{5-61}$$

式中 V_u——按式（5-60）计算；

h_w——腹板高度；

τ_{cr}——按式（5-33）计算；

F——作用于中间支承加劲肋上端的集中压力。

当腹板在支座旁的区格利用屈曲后强度即 $\lambda_{n,s}>0.8$ 时，支座加劲肋除承受梁的支座反力外尚应承受拉力场的水平分力 H，按压弯构件计算强度和在腹板平面外的稳定。

$$H=(V_u-\tau_{cr}h_wt_w)\sqrt{1+(a/h_0)^2} \tag{5-62}$$

对设中间横向加劲肋的梁，a 取支座端区格的加劲肋间距。对不设中间加劲肋的腹板，a 取梁支座至跨内剪力为零点的距离。

H 的作用点在距腹板计算高度上边缘 $h_0/4$ 处。此压弯构件的截面和计算长度同一般支座加劲肋。当支座加劲肋采用图5-26的构造形式时，可按下述简化方法进行计算：加劲肋1作为承受支座反力 R 的轴心压杆计算，封头肋板2的截面积不应小于按下式计算的数值

$$A_c=\frac{3h_0H}{16ef} \tag{5-63}$$

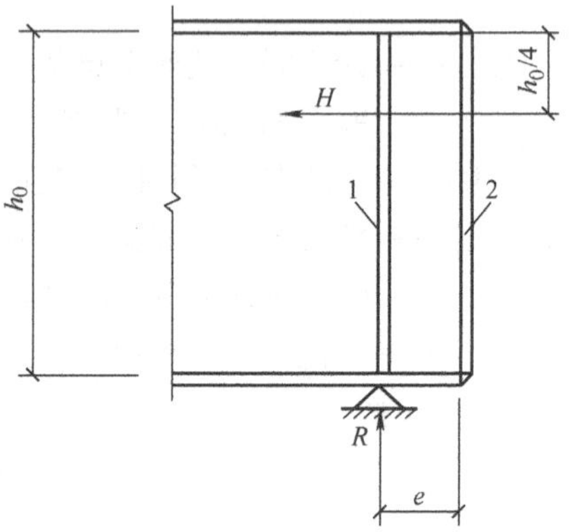

图5-26 设置封头肋板的梁端构造

要注意的是：

1）腹板高厚比不应大于250。

2）考虑腹板屈曲后强度的梁，可按构造需要设置中间横向加劲肋。

3）中间横向加劲肋间距较大（$a>2.5h_0$）和不设中间横向加劲肋的腹板，当满足式（5-31）时，可取 $H=0$。

【例5-4】 试设计例5-1（图5-19）中的主梁，采用改变翼缘宽度一次的焊接工字形截面梁，钢材为Q235B，焊条用E43系列。主次梁等高连接，平台面标高5.5m（室内地坪算起），平台下要求净空高度3.5m。

【解】

1. 荷载和内力计算

次梁跨度5.5m，截面I32a，质量为52.7kg/m，考虑构造系数1.3，自重取0.67kN/m；平台板传来恒载标准值为2.98kN/m²，主梁自重（估计值）为4kN/m。主梁承受次梁传来的集中荷载（静荷载），并将主梁自重折算计入，总计为

标准值

平台板恒荷载 $2.98\times5.5\times2\text{kN}=32.78\text{kN}$

平台活荷载 $12.5\times2\times5.5\text{kN}=137.5\text{kN}$

次梁自重（I32a） $0.67\times5.5\text{kN}=3.68\text{kN}$

主梁自重（估计值） $4\times2\text{kN}=8\text{kN}$

合计 $F_k=182\text{kN}$

考虑分项系数后，设计值为

$$F=1.2\times(32.78+3.68+8)\text{kN}+1.3\times137.5\text{kN}=232\text{kN}$$

弯矩和内力图如图 5-27 所示。

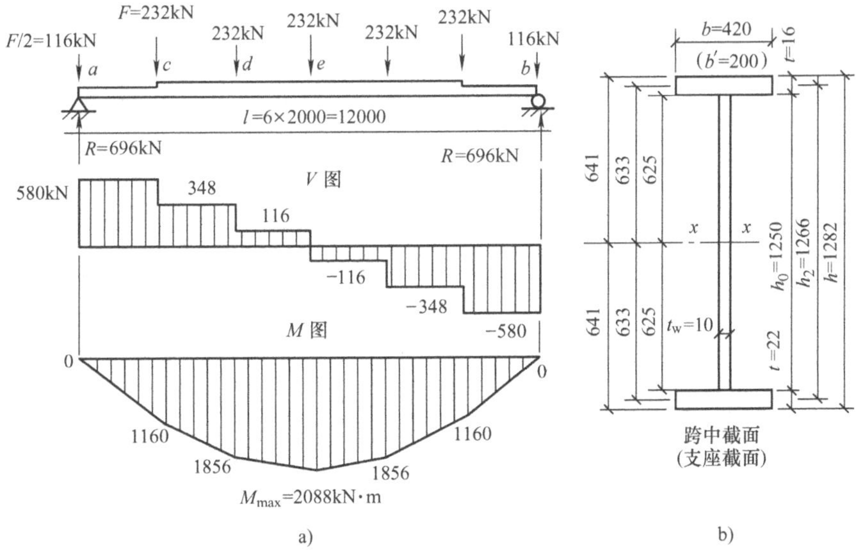

图 5-27 例 5-4 图

$$M_{max}=232\times(2+4+\frac{6}{2})\text{kN}\cdot\text{m}=2088\text{kN}\cdot\text{m}$$

$$R=232\times3\text{kN}=696\text{kN},V_{max}=(116-696)\text{kN}=-580\text{kN}$$

2. 截面选择

（1）梁高 h（腹板高度 h_0）

1）建筑允许最大梁高 h_{max}。平台面标高 5.5m，平台下要求净空高度 3.5m，平台面板和面层厚 120mm（图 5-19）考虑制造和安装误差留 100mm，梁挠度和梁下可能凸出物和空隙留 250mm，得

$$h_{max}=(5500-3500-120-100-250)\text{mm}=1530\text{mm}$$

2）刚度要求最小梁高 h_{min}。主梁允许挠度［v/l］= 1/400，Q235 钢（翼缘厚度 $t>16$mm）$f=205\text{N/mm}^2$，按式（5-44），考虑变截面影响增加 5%，得

$$h_{min}=\frac{1.05}{1.25\times10^6}\frac{f}{[v/l]}l=\frac{1.05}{1.25\times10^6}\times205\times400\times12000\text{mm}=827\text{mm}$$

3）经济梁高。按式（5-45）计算。

$$W_T=M/\alpha f=2088\times10^6/(1.05\times205)\text{mm}^3=9.70\times10^6\text{mm}^3$$

$$h_e=7\sqrt[3]{W_T}-300=(7\sqrt[3]{9.70\times10^6}-300)\ \text{mm}=1193\text{mm}$$

采用腹板高 $h_0=1250$mm。

（2）腹板厚度 t_w

1）经验厚度。按式（5-48）计算

$$t_w=\sqrt{h_0}/3.5=\sqrt{1250}/3.5\text{mm}=10.1\text{mm}$$

2）抗剪要求最小厚度。按式（5-47）计算

$$t_{wmin}\approx1.2V_{max}/h_0f_v=1.2\times580\times10^3/(1250\times125)\text{mm}=4.45\text{mm}$$

采用腹板厚度 $t_w=10$mm。

（3）翼缘尺寸　按式（5-49）计算

$bt = W_T/h_0 - h_0 t_w/6 = (9.94\times10^6/1250 - 1250\times10/6)\,mm^2 = 5869mm^2$

通常翼缘宽度 $b=(1/6\sim1/2.5)h_0 = 242\sim580mm$。混凝土板与钢梁牢固焊接不必计算整体稳定。构造及放置面板要求 $b\geqslant180mm$，放置加劲肋要求 $b\geqslant90+0.07h_0=177.5mm$。翼缘局部稳定要求 $b\geqslant26t$。综合以上要求，采用 $bt=420\times16mm^2=6720mm^2>5869mm^2$，梁截面如图5-27b所示。翼缘、腹板厚度均不大于16mm，所以 $f=215N/mm^2$。

3. 中央截面验算

$I_x = [bh^3-(b-t_w)h_0^3]/12$

$= (420\times1282^3-410\times1250^3)/12mm^4 = 7\times10^9\ mm^4$

$W_x = I_x/(h/2) = 10.92\times10^6mm^3$

$S_1 = bt(h_1/2) = 4.25\times10^6\ mm^3$

(1) 中央截面抗弯强度

$\frac{b_1}{t}=\frac{205mm}{16mm}=12.8<13.0$

属S3级，W 取全截面有效

$\sigma/f = M_{max}/(\gamma_x W_x)f$

$=2088\times10^6/(1.05\times10.92\times10^6)\times215 = 0.53<1.0$

(2) 中央截面折算应力（腹板端部）

$\sigma_1 = M_{max}(h_0/2)/I_x = 2088\times10^6\times625/(7\times10^9)N/mm^2 = 186.4N/mm^2$

$\tau_1 = VS_1/(I_x t_w) = 116\times10^3\times4.25\times10^6/(7\times10^9\times10)N/mm^2 = 7.04N/mm^2$

$\sigma_{1eq}=\sqrt{\sigma_1^2+3\tau_1^2}=\sqrt{186.4^2+3\times7.04^2}N/mm^2 = 186.7N/mm^2$

中段梁自重校核：梁截面 $A=(2\times420\times16+1250\times10)\ mm^2 = 25940mm^2$，折合质量203.78kg/m，重量2kN/m。考虑构造系数1.3，梁自重为2.6kN/m<4kN/m（前面估算值）。

梁的整体稳定不必计算。剪应力、折算应力和挠度在变截面设计后进行。

4. 变截面设计

(1) 变截面位置和端部截面尺寸　梁在左右半跨内各改变截面一次，即缩小上下翼缘的宽度。经济变截面点为离支座 $x=l/6=2.0m$，该处 $M'=1160kN\cdot m$，$V'=580kN$（图5-27）变截面后所需翼缘宽度

$W'_x = M'/(\gamma_x f) = 1160\times10^6/(1.05\times215)mm^3 = 5.14\times10^6\ mm^3$

$b't = (W'_x h - t_w h_0^3/6)/h_1^2$

$= (5.14\times10^6\times1282 - 10\times1250^3/6)/1266^2mm^2 = 2080mm^2$

厚度 $t=16mm$ 不变，采用 $b'=200mm$ 仍能满足本例题2（3）所列各项要求。减小后的端部截面如图5-27（括号内数字）所示。

(2) 变截面后强度验算

$I'_x = [b'h^3-(b'-t_w)h_0^3]/12 = (200\times1282^3-190\times1250^3)/12mm^4 = 4.192\times10^9\ mm^4$

$W'_x = I'_x/(h/2) = 4.192\times10^9/643mm^3 = 6.519\times10^6\ mm^3$

$S'_1 = b't(h_1/2) = 200\times16\times633mm^3 = 2.02\times10^6\ mm^3$

$S' = S'_1 + t_w h_0^2/8 = (2.02\times10^6+10\times1250^2/8)mm^3 = 3.973\times10^6\ mm^3$

变截面处抗弯强度

$\sigma'/f = M'/(\gamma_x W'_x)f = 1160\times10^6/(1.05\times6.519\times10^6) = 0.85<1.0$

变截面处折算应力（腹板端部）

$\sigma'_1 = M'(h_0/2)I'_x = 1160\times10^6\times625/(4.192\times10^9)\text{N/mm}^2 = 173\text{N/mm}^2$

$\tau'_1 = V'S'_1/(I'_x t_w) = 580\times10^3\times2.02\times10^6/(4.192\times10^9\times10)\text{N/mm}^2 = 27.9\text{N/mm}^2$

$\sigma'_{1eq}/1.1f = \sqrt{\sigma'^2_1 + 3\tau'^2_1}/1.1f = \sqrt{173^2 + 3\times27.9^2}/1.1\times215 = 0.76 < 1.0$

支座处最大剪应力

$\tau'_{max}/f_v = V_{max}S'/(I'_x t_w)f_v = 580\times10^3\times3.973\times10^6/(4.192\times10^9\times10)\times125 = 0.44 < 1.0$

（3）最大挠度验算　跨度中点挠度按式（5-12）跨中有 5 个等间距（$l_1 = 2\text{m}$）相等集中荷载 $F_k = 182\text{kN}$，近似折算成均布荷载 $q_k = F_k/l_1 = 182/2\text{kN/m} = 91\text{kN/m}$；变截面位置 $\alpha = a/l = 2/12 = 1/6$。最大相对挠度为

$$\frac{v}{l} = \frac{5}{384}\frac{q_k l^3}{EI_x}\left[1 + 3.2\left(\frac{I_x}{I'_x} - 1\right)\alpha^3(4 - 3\alpha)\right]$$

$$= \frac{5}{384}\times\frac{91\times12000^3}{206\times10^3\times7\times10^9}\times\left[1 + 3.2\left(\frac{7\times10^9}{4.192\times10^9} - 1\right)\times\left(\frac{1}{6}\right)^3\times\left(4 - 3\times\frac{1}{6}\right)\right]$$

$$= \frac{1}{704}\times1.0347 = \frac{1}{680} < \left[\frac{v}{l}\right] = \frac{1}{400}$$

5. 翼缘焊缝计算

（1）支座处

$$h'_f = \frac{1}{1.4f_f^w}\frac{V_{max}S'_1}{I'_x} = \frac{1}{1.4\times160}\times\frac{580\times10^3\times2.02\times10^6}{4.192\times10^9}\text{mm} = 1.25\text{mm}$$

（2）变截面处（稍偏跨中）

查表 3-1，翼缘厚度为 16mm

按构造 $h_{fmin} = 6\text{mm}$；现采用 $h_f = 8\text{mm}$。

主梁构造如图 5-28 所示。

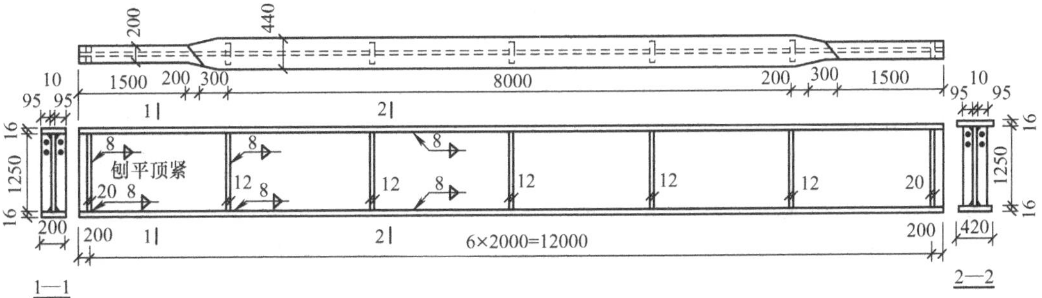

图 5-28　例 5-4 主梁构造图

5.6 梁的拼接、连接和支座

5.6.1 梁的拼接

梁的拼接按施工条件的不同，分为工厂拼接和工地拼接两种。

1. 工厂拼接

如果梁的长度、高度大于钢材的尺寸，常需要先将腹板和翼缘用几段钢材拼接起来，然后再焊接成梁。这些工作一般在工厂进行，因此称为工厂拼接（图5-29）。

工厂拼接的位置由钢材尺寸并考虑梁的受力确定。腹板和翼缘的拼接位置最好错开，同时也要与加劲肋和次梁连接位置错开，错开距离不小于$10t_w$，以便各种焊缝布置分散，减小焊接应力及变形。

翼缘、腹板拼接一般用对接直焊缝，施焊时使用引弧板。这样当用一、二级焊缝时，拼接处与钢材截面可以达到强度相等，因此拼接可以设在梁的任何位置。但是当用三级焊缝时，由于焊缝抗拉强度比钢材抗拉强度低（约低15%），这时应将拼接布置在梁弯矩较小的位置（对腹板）或者采用斜焊缝（对翼缘）。

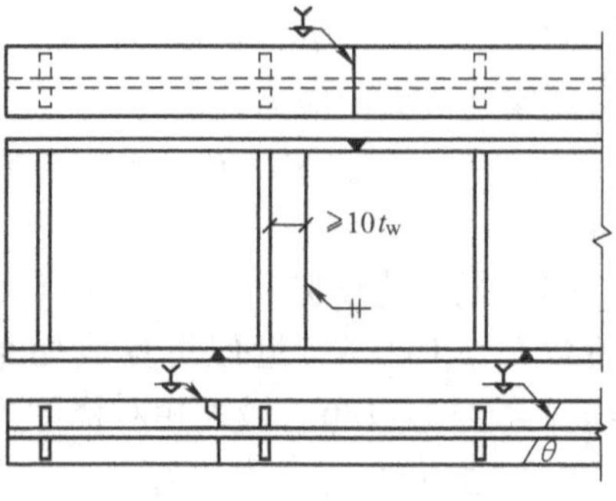

图5-29 焊接梁的车间拼接

2. 工地拼接

跨度大的梁，可能由于运输或吊装条件限制，需将梁分成几段运至工地或吊至高空就位后再拼接起来。由于这种拼接是在工地进行，因此称为工地拼接。

工地拼接位置由运输和安装条件确定，一般布置在梁弯矩较小的地方，并且常常将腹板和翼缘在同一截面断开（图5-30），以便于运输和吊装。拼接处一般采用对接焊缝，上、下翼缘做成向上的V形坡口，为方便工地施焊。同时为了减小焊接应力，应将工厂焊的翼缘焊缝端部留出500mm左右不焊，留到工地拼接时按图中施焊顺序最后焊接。这样可以使焊接时有较多的自由收缩余地，从而减小焊接应力。

为了改善拼接处受力情况，工地拼接的梁也可以将翼缘和腹板拼接位置略微错开，如图5-30所示。但是这种方式在运输、吊装时需要对端部凸出部分加以保护，以免碰损。

对于需要在高空拼接的梁，考虑高空焊接操作困难，常常采用摩擦型高强度螺栓连接。

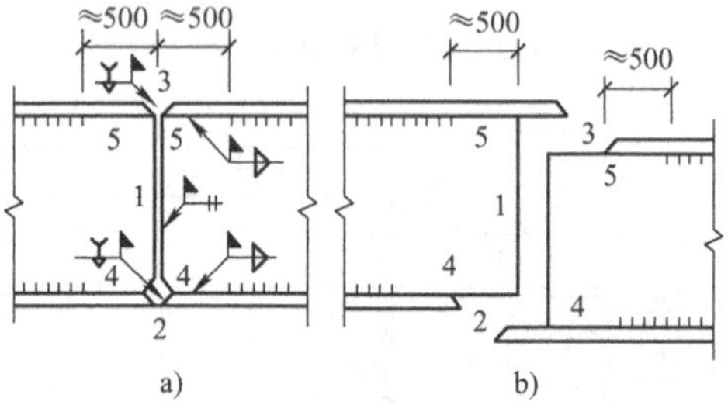

图5-30 焊接梁的工地拼接

对于较重要的或承受动荷载的大型组合梁，考虑工地焊接条件差，焊接质量不易保证，也可采用摩擦型高强度螺栓作梁的拼接。这时梁的腹板和翼缘在同一截面断开，分别用拼接板和螺栓连接（图5-31）。拼接处的剪力V全部由腹板承担，弯矩M则由腹板和翼缘共同承担，并按各自刚度成比例分配。

这样腹板的拼接板及螺栓承受的内力为

弯矩
$$M_w = M\frac{I_w}{I} = M\frac{t_w h_0^3/12}{I} \tag{5-64}$$

设计时，先确定拼接板的尺寸，布置好螺栓位置，然后进行验算。

翼缘的拼接板及螺栓承受由翼缘分担的弯矩M_f所产生的轴力N。

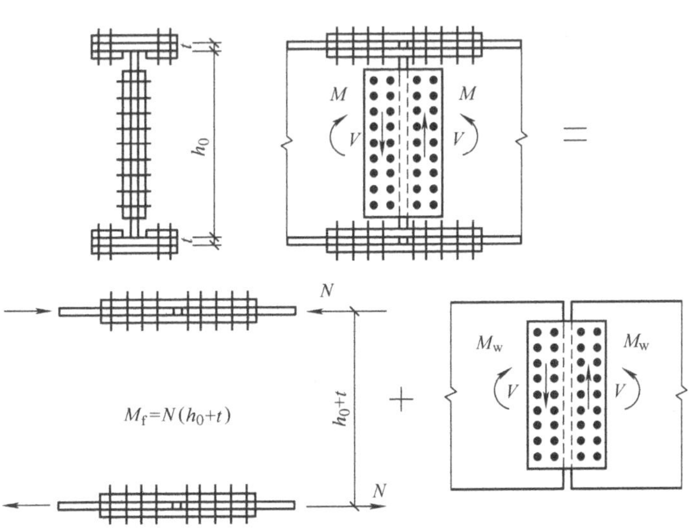

图 5-31 梁的高强度螺栓工地拼接

轴力 $$N=\frac{M_f}{h_0+t}=M\frac{I_f}{I(h_0+t)}=M\frac{2bt(h_0/2+t)^2}{I(h_0+t)} \tag{5-65}$$

上列各式中，梁毛截面惯性矩 $I=I_f+I_w$，I_f 为翼缘的惯性矩，I_w 为腹板的惯性矩。

实际设计时，翼缘拼接常常偏安全地按等强度条件设计，即按翼缘面积所能承受的轴力计算

$$N=A_f f=btf \tag{5-66}$$

腹板螺栓群为受剪摩擦型高强度螺栓连接，受剪力 V_w和扭矩 M_w联合作用，应验算角点处最大受剪螺栓。

5.6.2 次梁与主梁的连接

1. 简支次梁与主梁连接

这种连接的特点是次梁只有支座反力传递给主梁。其形式有叠接和侧面连接两种。叠接（图 5-32）时，次梁直接搁置在主梁上，用螺栓和焊缝固定，这种形式构造简单，但占用建筑高度大，连接刚性差一些。

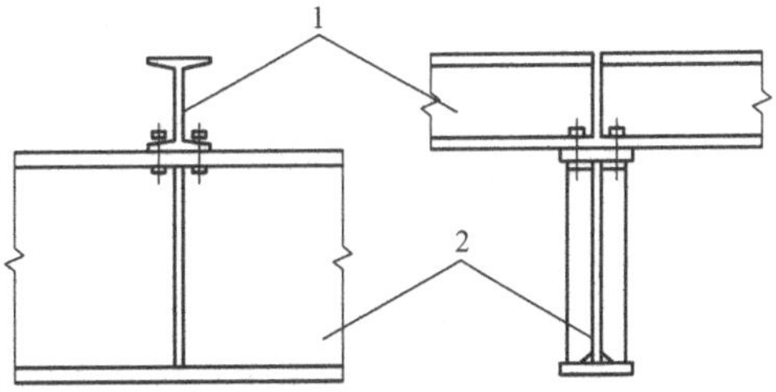

图 5-32 简支梁与主梁叠接

1—次梁 2—主梁

侧面连接（图 5-33）是将次梁端部上翼缘切去，将端部下翼缘切去一边，然后将次梁端部与主梁加劲肋用螺栓相连。如果次梁反力较大，螺栓承载力不够，可用围焊缝（角焊缝）将次梁端部腹板与加劲肋连接以传递反力，这时螺栓只起安装定位作用，实际设计时，考虑连接偏心，通常将反力加大 20% ~30% 来计算焊缝或螺栓。

2. 连续次梁与主梁连接

这种连接也分叠接和侧面连接两种形式。叠接时，次梁在主梁处不断开，直接搁置于主梁并用螺栓或焊缝固定。次梁只有支座反力传给主梁。当次梁荷载较重或主梁上翼缘较宽

时，可在主梁支承处设置焊于主梁的中心垫板，以保证次梁支座反力传给主梁。

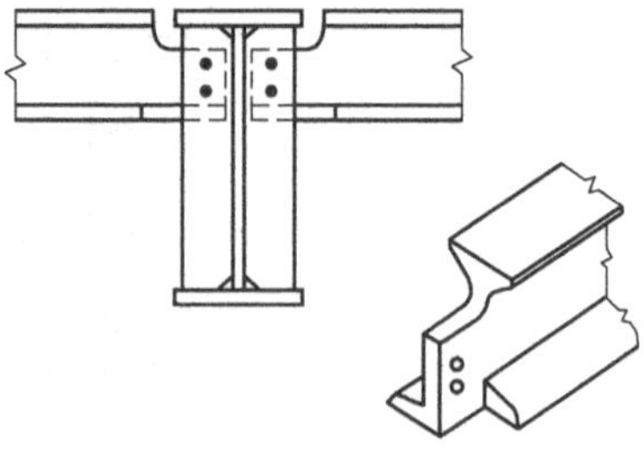

图 5-33 简支梁与主梁侧面连接

当次梁荷载较重采用侧面连接时，次梁在主梁上要断开，分别连于主梁两侧。除支座反力传给主梁外，连续次梁在主梁支座处的左右弯矩也要通过主梁传递。因此构造稍复杂一些。常用的形式如图 5-34 所示。按图中构造，先在主梁上次梁相应位置处焊上承托，承托由竖板及水平顶板组成（图 5-34a）。安装时先将次梁端部上翼缘切去后安放在主梁承托水平顶板上，再将次梁下翼缘与顶板焊牢（图 5-34b），最后用连接盖板将主次梁上翼缘用焊缝连接起来（图 5-34c）。为避免仰焊，连接盖板的宽度应比次梁上翼缘稍窄，承托顶板的宽度则应比次梁下翼缘稍宽。

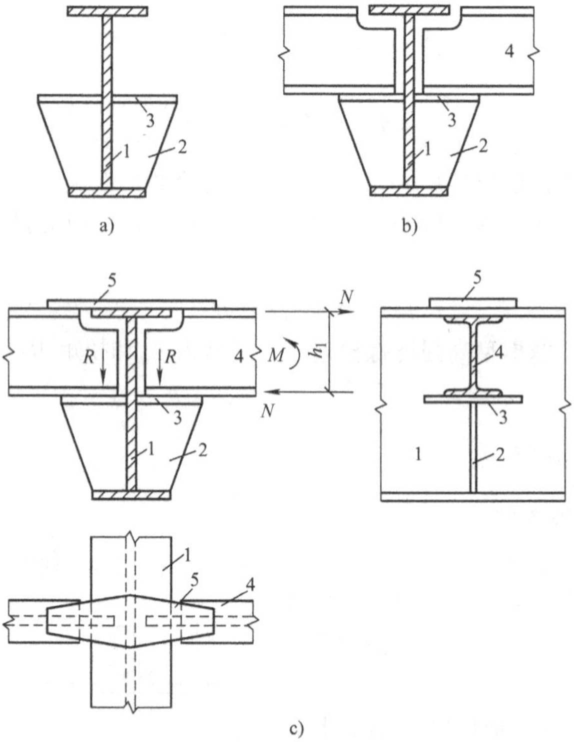

图 5-34 连续次梁与主梁连接的安装过程

1—主梁 2—承托竖板 3—承托顶板 4—次梁 5—连接盖板

在图 5-34 的连接中，次梁支座反力 R 直接传递给承托顶板，再传至主梁。左右次梁的支座负弯矩则分解为上翼缘的拉力和下翼缘的压力组成的力偶。上翼缘的拉力由连接盖板传递，下翼缘的压力则在传给承托顶板后，再由承托顶板传给主梁腹板。这样，次梁上翼缘与连接盖板之间的焊缝、次梁下翼缘与承托顶板之间的焊缝、承托顶板与主梁腹板之间的焊缝应按各自传递的拉力或压力设计。

钢结构各种构件连接形式种类很多，形式各异。设计时，首先要分析连接的传力途径，研究传力是否安全，同时也要注意构造布置是否合理，施工是否方便，统筹解决好这些问题，才能做出合理的设计。

5.6.3　梁的支座

平台梁可以支承在柱上，也可以支承在墙上，支承在墙上需要有一个支座，以分散传给墙的支座压力。

梁的支座形式有平板支座、弧形支座、滚轴支座、铰轴式支座、球形支座和桩台支座等(图5-35)。

1）平板支座在支承板下产生较大的摩擦力，梁端不能自由转动，支承板下的压力分布不太均匀，底板厚度应根据支座反力对底板产生的弯矩进行计算。

2）弧形支座的构造与平板支座相同，只是与梁接触面为弧形，当梁产生挠度时可以自由转动，不会引起支承板下的不均匀受力。这种支座用在跨度较大（$l=20\sim40$m）的梁中。梁与支承板之间仍用螺栓固定。

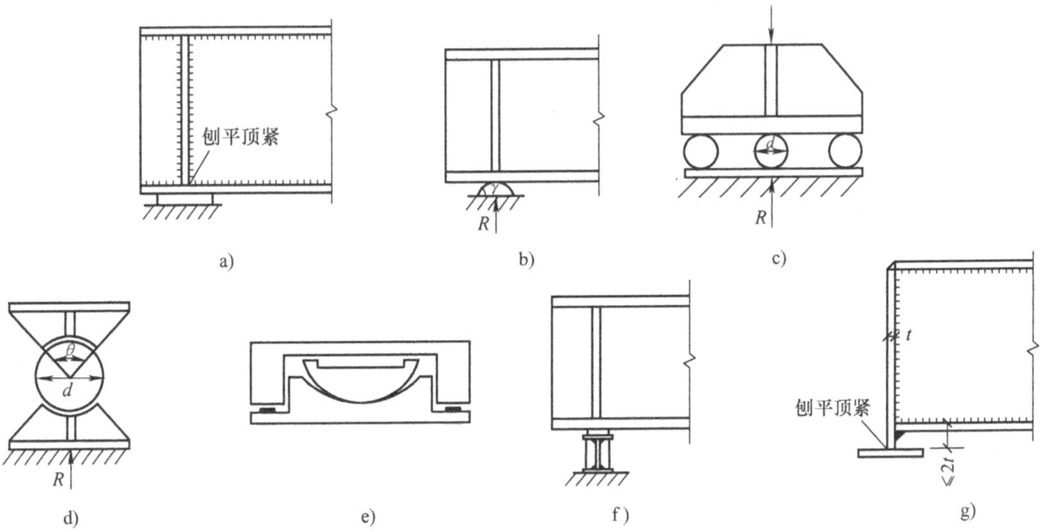

图5-35　梁的支座

a）平板支座　b）弧形支座　c）滚轴支座　d）铰轴式支座　e）球形支座　f）桩台支座　g）凸缘支座

弧形支座弧面与平板自由接触的承压应力应按下式计算

$$\sigma=\frac{25R}{2rl}\leqslant f \tag{5-67}$$

式中　r——支座板弧形表面的半径；

l——弧形表面与平板的接触长度。

R——支座反力

3）滚轴支座滚轴与平板自由接触的承压应力按下式计算

$$\sigma=\frac{25R}{ndl}\leqslant f \tag{5-68}$$

式中　d——滚轴直径；

n——滚轴数目。

4）在铰轴式支座中，当两相同半径的圆柱形弧面自由接触的中心角 $\theta \geq 90°$时，其圆柱形枢轴承压应力按下式计算

$$\sigma = \frac{2R}{dl} \leq f \tag{5-69}$$

式中 d——枢轴直径；

l——枢轴纵向接触面长度。

5）对于大跨度结构，为适应支座处不同方向的角位移，宜采用球形支座。

6）桩台梁支座一般用在更大跨度的梁中，如果支座反力非常大，简单的支座板会很大很厚，用桩台替换支座垫板，可方便连接和节约钢材。

思考题

5-1 梁在弯矩作用下截面正应力发展分为几个阶段？各阶段的特点是什么？

5-2 简述钢梁丧失整体稳定的过程。

5-3 支承加劲肋的设计主要包括哪三个方面？

5-4 简述组合梁的设计步骤。

5-5 梁的拼接有哪两种？

5-6 简述次梁与主梁的连接方法。

习题

5-1 钢结构平台的梁格布置如图5-36所示。铺板为预制钢筋混凝土板。平台永久荷载（包括铺板重量）为$5kN/m^2$，荷载分项系数为1.2；可变荷载为$15kN/m^2$，荷载分项系数为1.4；钢材采用Q235钢，E43型焊条，手工焊。试选择次梁截面。

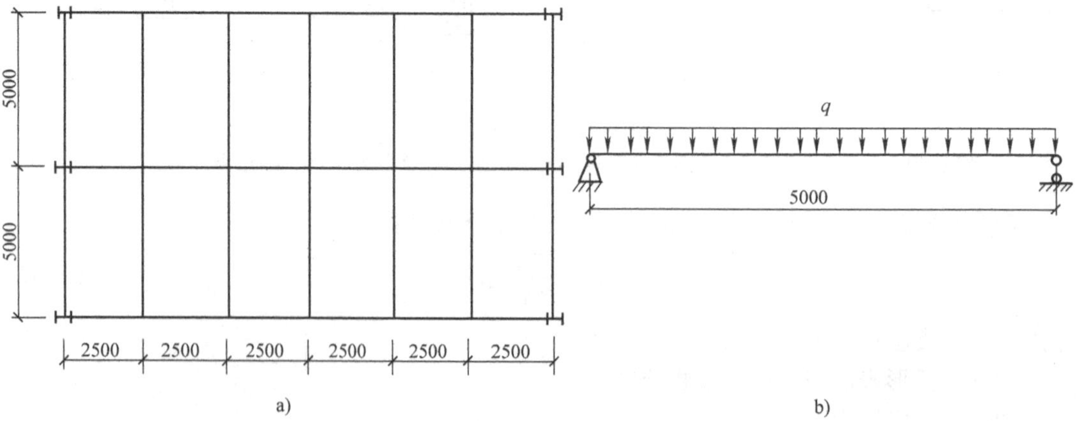

图5-36 习题5-1图

a）梁格布置 b）次梁布置

5-2 如图5-37所示梁格布置，试确定次梁和主梁的截面尺寸。梁用现浇钢筋混凝土铺板以保证其整体稳定。均布荷载标准值为$q'=10kN/m^2$，分项系数为1.4，自重不计，Q235

钢材，$f=215\text{N/mm}^2$。允许挠度 $l/400$。

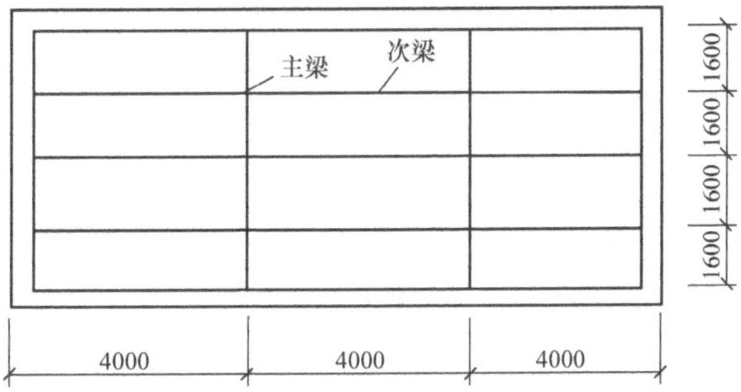

图 5-37 习题 5-2 图

5-3 焊接工字形等截面简支梁（图 5-38），跨度 15m，在距两端支座 5m 处分别支承一根次梁，由次梁传来的集中荷载（设计值）$F=200\text{kN}$，钢材用 Q235 钢。试验算其整体稳定性。

5-4 Q235 钢简支梁如图 5-39 所示，自重 $0.9\text{kN/m}\times1.2$，承受悬挂集中荷载 $110\text{kN}\times1.4$。试验算在下列情况下梁截面是否满足整体稳定要求：

1）梁在跨中无侧向支承，集中荷载从梁顶作用于上翼缘。

2）条件同 1），但改用 Q345 钢。

3）条件同 1），但采取构造措施使集中荷载悬挂于下翼缘之下。

4）条件同 1），但跨中增设上翼缘侧向支承。

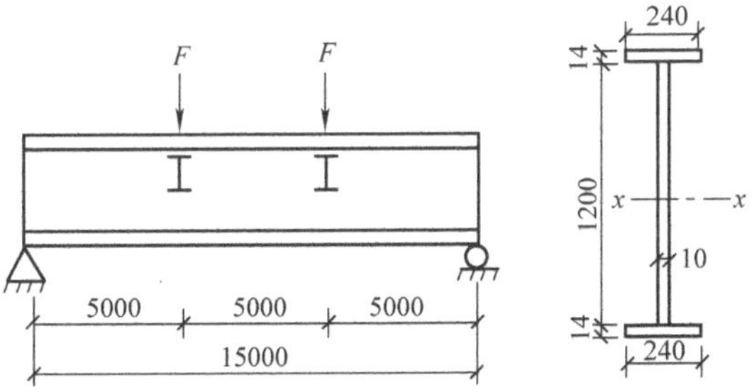

图 5-38 习题 5-3 图

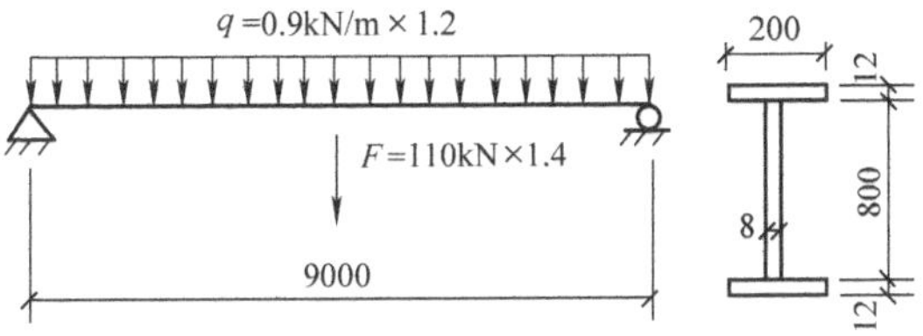

图 5-39 习题 5-4 图

5-5 设计习题5-1图的中间主梁（焊接组合梁、剪切边）截面（图5-40），验算其局部稳定性，并设计加劲肋。计算梁的强度时不考虑截面塑性变形的发展。

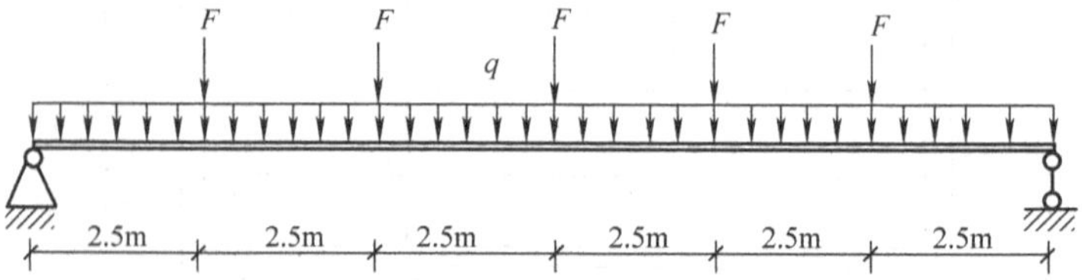

图5-40 习题5-5图

5-6 试设计某工作平台的焊接工形截面简支主梁，包括截面选择和沿梁长改变、截面校核、焊缝、腹板加劲肋和支承加劲肋等，并画构造图。已知主梁跨度12m，间距4m，其上密铺预制钢筋混凝土面板并予焊接牢固，承受平台板恒荷载$3kN/m^2 \times 1.2$，静力活荷载$15kN/m^2 \times 1.3$，梁自重估计$3kN/m \times 1.2$。梁两端用突缘支座端板支承于钢柱上，钢材为Q235钢，焊条用E43型。

第 6 章 拉弯和压弯构件

拉弯和压弯构件在钢结构工程中涉及较多，本章主要介绍拉弯和压弯构件的强度计算；压弯构件在弯矩作用平面内稳定、平面外稳定和局部稳定的计算方法，要求掌握实腹式和格构式压弯构件的设计方法和构造要求。

6.1 拉弯和压弯构件简介

在钢结构中，构件会承受轴向力和绕截面形心主轴弯矩的作用，这种同时承受轴向力和弯矩的构件称为压弯（或拉弯）构件。弯矩可由轴向力的偏心、端弯矩或横向荷载作用等三种因素形成。当弯矩作用在截面的一个主轴平面内时称为单向压弯（或拉弯）构件，作用在两个主轴平面的称为双向压弯（或拉弯）构件。图 6-1a 所示是存在偏心拉力作用的构件，图 6-1b 是有横向荷载作用的拉杆，称为拉弯构件。实际工程中有横向荷载作用的屋架的下弦杆就属于拉弯构件。如图 6-2a 所示是存在偏心压力作用的构件，图 6-2b 是有横向荷载作用的压杆，图 6-2c 是有端弯矩作用的压杆，称为压弯构件。在钢结构中压弯构件的应用十分广泛，如有节间荷载作用的屋架的上弦杆、厂房柱、多层（或高层）建筑中的框架柱等都是压弯构件。它们不仅要承受上部结构传下来的轴向压力，同时还受有弯矩和剪力。

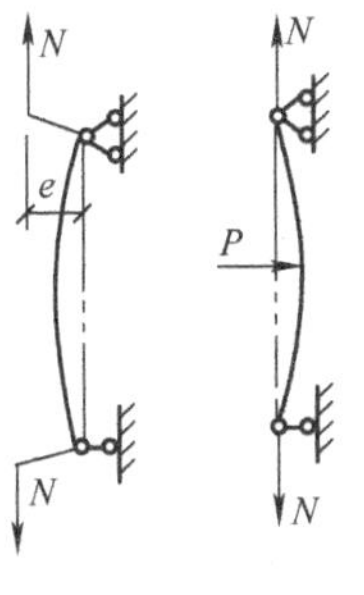

a)　　b)

图 6-1　拉弯构件

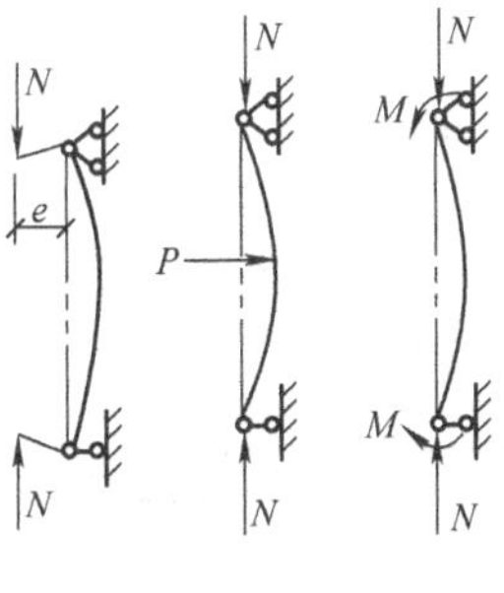

a)　　b)　　c)

图 6-2　压弯构件

拉弯和压弯构件通常采用双轴对称截面或单轴对称截面，有实腹式和格构式两种形式，如图 6-3 所示。当弯矩较小而轴向力较大时，截面形式可与轴心受力构件相同，宜采用双轴对称截面；当弯矩较大，且弯矩绕一个主轴作用时，可把受压侧截面适当加大，形成单轴对称截面，使材料分布相对集中，以节省钢材。通常还将弯矩作用平面内的截面高度做得大些，以提高抗弯刚度。

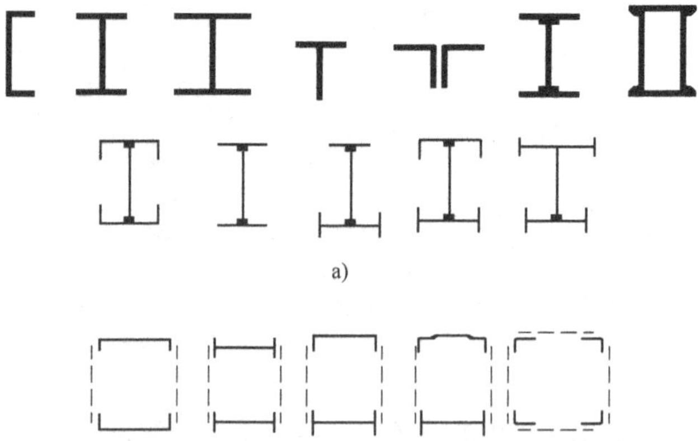

图 6-3 压弯构件截面形式
a）实腹式压弯构件 b）格构式压弯构件

与轴心受力构件一样，在进行拉弯和压弯构件设计时，应同时满足承载能力极限状态和正常使用极限状态的要求。拉弯构件需要计算强度和刚度（限制长细比）；压弯构件则需要计算强度、整体稳定（弯矩作用平面内稳定和弯矩作用平面外稳定）、局部稳定和刚度（限制长细比）。

实腹式拉弯构件的承载能力极限状态是截面出现塑性铰，但对格构式拉弯构件和冷弯薄壁型钢截面拉弯构件，常常把截面边缘达到屈服强度视为构件极限状态，这些都属于强度的破坏形式，对轴心拉力很小而弯矩很大的拉弯杆也可能存在和梁类似的弯扭失稳的破坏形式。

压弯构件的破坏比较复杂，它不仅取决于构件的受力条件，还取决于构件的长度、支承条件、截面的形式和尺寸等。短粗构件和截面有严重削弱的构件可能发生强度破坏，但钢结构中大多数压弯构件总是发生整体失稳破坏。组成压弯构件的板件还有局部失稳问题，板件屈曲将促使构件提前发生失稳破坏。

6.2 拉弯和压弯构件的强度和刚度计算

6.2.1 拉弯和压弯构件的强度计算

实腹式拉弯和压弯构件以截面出现塑性铰作为其承载能力的极限状态。在轴心压力及弯矩的共同作用下，矩形截面上应力的发展过程如图 6-4 所示（拉力及弯矩共同作用下与此类似，仅应力图形上下相反）。

图 6-4 是压弯杆随 N 和 M 逐渐增加时的受力状态。如图 6-4a 所示，由于受拉和受压侧边缘的最大应力小于屈服点，整个截面都处于弹性状态；如图 6-4b 所示，受压侧边缘的应力首先达到屈服点，产生塑性变形，并逐渐向截面内部发展，使受压侧部分截面进入塑性状态，而受拉区仍处于弹性状态；如图 6-4c 所示，当 M 不断增大，受拉区的部分材料也进入塑性状态；如图 6-4d 所示，整个截面进入塑性状态，即出现塑性铰。根据钢材的应力－应

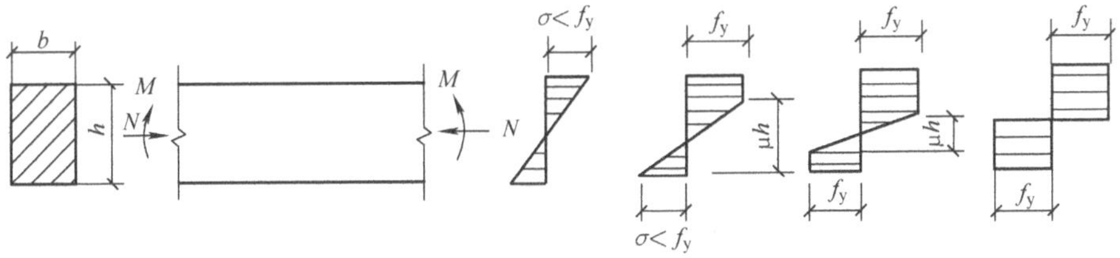

图 6-4　压弯杆的工作阶段

变曲线，构件的强度承载能力极限状态是截面的应力达到钢材的抗拉强度f_u，但是，当截面的平均应力达到钢材的屈服点f_y时，构件将产生不宜继续承受荷载的过大侧向变形，所以，《钢结构设计标准》规定，对于需要计算疲劳的拉弯和压弯构件，以弹性极限状态作为构件的强度设计依据，即最大应力不超过屈服强度（图 6-4a）；对于承受静力荷载或不需要计算疲劳的承受动力荷载的拉弯和压弯构件，按部分截面进入塑性状态进行强度计算（图 6-4b）；对于绕虚轴弯曲的格构式拉弯和压弯构件，由于边缘纤维屈服后，截面很快进入全部屈服状态，塑性发展对提高承载能力作用不大，以截面边缘纤维屈服时（即弹性极限状态）作为构件的强度设计依据；当压弯构件受压翼缘的自由外伸宽度与其厚度之比（见附表 11-1）大于 $13\varepsilon_k$ 而不超过 $15\varepsilon_k$ 时，为了保证受压翼缘在截面发展塑性时不发生局部失稳，也应以弹性极限状态作为构件的强度设计依据。

当构件的截面出现塑性铰时，根据力的平衡条件可获得轴向压力 N 和弯矩 M 的关系式。按图 6-5 所示压力分布图有

$$N = 2by_0 f_y \tag{6-1}$$

$$M = \frac{(h-2y_0)}{2} bf_y \frac{(h+2y_0)}{2} = \frac{bh^2}{4} f_y \left(1 - 4\frac{y_0^2}{h^2}\right) \tag{6-2}$$

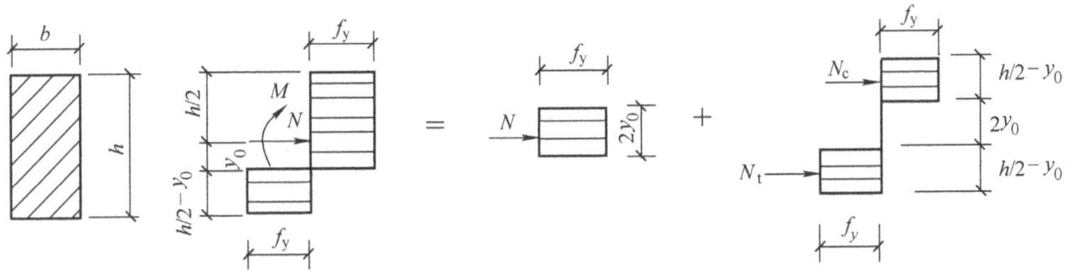

图 6-5　截面出现塑性铰时的应力分布

当只有轴压力而无弯矩作用时，截面承受的最大压力为全截面屈服的压力 $N_p = Af_y = bhf_y$；当只有弯矩而无轴压力时，截面承受的最大弯矩为全截面的塑性铰弯矩 $M_p = W_p f_y = \frac{bh^2}{4} f_y$。把它们分别代入式（6-1）和式（6-2）后再从两式中消去 y_0，然后合并成一个式子，可得到

$$\left(\frac{N}{N_p}\right)^2 + \frac{M}{M_p} = 1 \tag{6-3}$$

把式（6-3）画成图 6-6 所示的 $N/N_p - M/M_p$ 曲线。对于工字形压弯构件，为了计算简便，取 $h \approx h_w$，也可以用相同的方法得到截面出现塑性铰时 N/N_p 和 M/M_p 的关系式，并绘

成相关曲线，如图6-6所示。由于工字钢翼缘和腹板截面尺寸的变化，相关曲线会在一定范围内变动，图6-6中的阴影区画出了常用工字形截面绕强轴和弱轴相关曲线的变动范围。对一般的压弯构件，为计算简便并保证安全，常用直线式代替上述相关曲线，可得出 N 和 M 的相关关系式

$$\frac{N}{N_p}+\frac{M}{M_p}=1 \tag{6-4}$$

式中 N_p 和 M_p——全截面进入塑性状态时的极限轴向压力和极限弯矩。

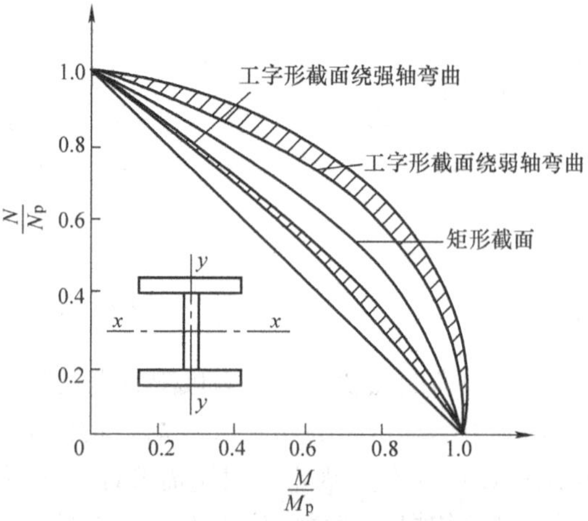

图6-6 压弯构件强度计算的相关曲线

若考虑截面部分进入塑性状态，可令 $N_p=A_nf_y$，$M_p=\gamma_xW_{nx}f_y$，并引入抗力分项系数，求得压弯构件的强度计算公式。

主平面内受弯的压（拉）弯构件（圆管截面除外）

$$\sigma=\frac{N}{A_n}\pm\frac{M_x}{\gamma_xW_{nx}}\pm\frac{M_y}{\gamma_yW_{ny}}\leqslant f \tag{6-5}$$

圆管截面的拉弯和压弯构件

$$\sigma=\frac{N}{A_n}+\frac{\sqrt{M_x^2+M_y^2}}{\gamma_mW_n}\leqslant f \tag{6-6}$$

式中 A_n、W_n——构件的净截面面积和净截面模量；

γ_x、γ_y——与截面模量相应的截面塑性发展系数，常用的 γ_x 和 γ_y 值见表5-1；

γ_m——圆形构件的截面塑性发展系数，实腹圆形截面取1.2，圆管截面取1.15（当压弯构件受压翼缘的自由外伸宽度与其厚度之比大于 $13\varepsilon_k$ 而不超过 $15\varepsilon_k$ 时，应取 γ_x 为1.0，需要计算疲劳的压弯、拉弯构件，宜取 $\gamma_x=\gamma_y=1.0$）。

6.2.2 拉弯和压弯构件的刚度计算

与轴心受力构件相同，拉弯和压弯构件的刚度也是通过限制构件的长细比来保证的。拉弯和压弯构件的允许长细比与轴心拉杆相同（见表4-1）；压弯构件的允许长细比与轴心受压构件的相同（见表4-2）。拉弯或压弯构件的刚度按下式验算

$$\lambda\leqslant[\lambda] \tag{6-7}$$

式中 λ——拉弯或压弯构件绕对应主轴的长细比；

$[\lambda]$——拉弯构件或压弯构件的允许长细比。

【例6-1】 如图6-7所示的拉弯构件是桁架的下弦，两端铰接，跨度 $l=600$cm，跨中无侧向支撑，荷载 F 作用于跨中，轴向拉力的设计值为450kN，横向荷载产生的弯矩设计值为75kN·m。试选择其截面。假

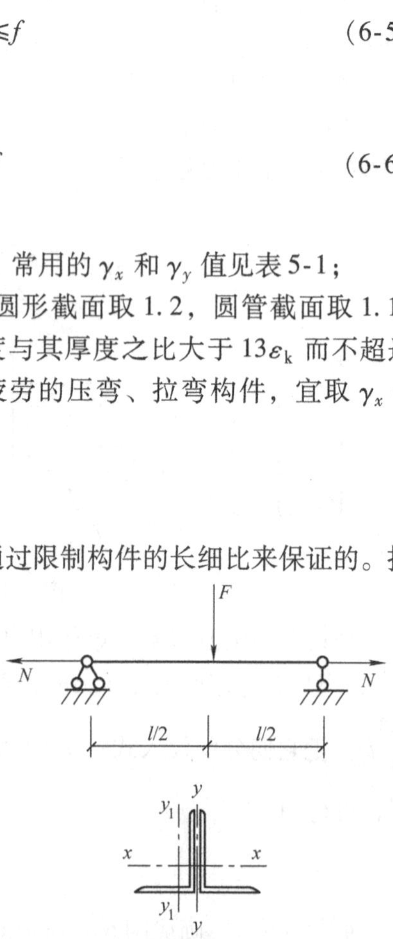

图6-7 例6-1图

设截面无削弱，材料为 Q345 钢。

【解】 （1）初选截面 试选 2∠180×110×10，由附录 7 查得

单角钢：$I_x=956.25\text{cm}^4$，$I_{y1}=447.22\text{cm}^4$，$y_0=5.89\text{cm}$，$i_x=5.80\text{cm}$

双角钢：$A=2\times28.373\text{cm}^2=56.746\text{cm}^2$

$$W_{x\min}=2W_x=2\times78.96\text{cm}^3=157.92\text{cm}^3$$

$$W_{x\max}=2I_x/y_0=2\times956.25/5.89\text{cm}^3=324.7\text{cm}^3$$

查表 5-1 得，$\gamma_x=1.05$，$\gamma_y=1.20$；查附表 1-1 得，$f=305\text{N/mm}^2$。

（2）截面验算

1）强度验算。

$$\sigma=\frac{N}{A_n}+\frac{M_x}{\gamma_{1x}W_{nx,\max}}=\left(\frac{450\times10^3}{56.746\times10^2}+\frac{75\times10^6}{1.05\times324.7\times10^3}\right)\text{N/mm}^2$$

$$=299.3\text{N/mm}^2(\text{拉})<f=305\text{N/mm}^2$$

$$\sigma=\frac{N}{A_n}+\frac{M_x}{\gamma_{2x}W_{nx,\max}}=\left(\frac{450\times10^3}{56.746\times10^2}+\frac{75\times10^6}{1.20\times324.7\times10^3}\right)\text{N/mm}^2$$

$$=-316.47\text{N/mm}^2(\text{压})\approx f=305\text{N/mm}^2$$

2）刚度验算。

下弦杆在平面内、外的计算长度分别为

$$l_{0x}=\mu l=1.0\times600\text{cm}=600\text{cm}$$

$$l_{0y}=\mu l=1.0\times600\text{cm}=600\text{cm}$$

$$i_x=5.80\text{cm}$$

$$i_y=\sqrt{\frac{I_y}{A}}=\sqrt{\frac{2I_{y1}}{2A'}}=\sqrt{\frac{447.22}{28.373}}\text{cm}=3.97\text{cm}$$

$$\lambda_x=\frac{600}{5.80}=103.4<[\lambda]=350$$

$$\lambda_y=\frac{600}{3.97}=151.1<[\lambda]=350$$

因此，选择 2∠180×110×10 能满足强度和刚度要求。

6.3 压弯构件在弯矩作用平面内的稳定计算

根据抵抗弯曲变形能力的强弱，压弯构件的失稳分为在弯矩作用平面内的整体弯曲失稳和弯矩作用平面外的弯扭失稳。在轴向压力 N 和弯矩 M 的共同作用下，当压弯构件抵抗弯扭变形能力很强，或者在构件的侧面有足够多的支撑以阻止其发生弯扭变形时，则构件可能在弯矩作用平面内发生整体的弯曲失稳。当构件的抗扭刚度和弯矩作用平面外的抗弯刚度不大，且侧向没有足够支撑以阻止其产生侧向位移和扭转时，可能发生弯矩作用平面外的弯扭失稳。

6.3.1 压弯构件在弯矩作用平面内的失稳现象

确定压弯构件弯矩作用平面内的极限承载力有两种方法。一种是边缘屈服准则的计算方

法，另一种是最大强度准则计算方法。

在对压弯构件做具体分析和计算之前，先用图6-8所示的压弯构件荷载挠度曲线来概述压弯构件的基本性能。图中右侧所示为作用着轴力 N 和端弯矩 M 的压弯构件，其受力条件相当于偏心距 $e=M/N$ 的偏心压杆，弯矩 M 作用在构件的一个对称轴平面内，而在另一个平面设有足够多的支撑故不会发生弯扭屈曲。在分析时，不计残余应力和初始几何缺陷的影响，材料假定为完全弹性体。由于截面上存在弯矩，压弯构件没有直线平衡状态，因此一开始在端部施加荷载，构件就产生弯曲变形。随着压力 N 的增加，构件中点的挠度 v 非线性地增加，达到 A 点时截面边缘纤维部分开始屈服（边缘屈服准则以此点为强度计算极限状态），此后由于构件的塑性发展，压力增加时挠度比弹性阶段增加得快，形成曲线 ABC。在曲线的上升段 AB，挠度是随着压力增加而增加的，压弯构件处在稳定的平衡状态，但是到达曲线的最高点 B 时，构件抵抗能力开始小于外力的作用，于是出现了曲线的下降段 BC，挠度继续增加，为了维持构件的平衡状态必须不断降低外力 N。因此构件处于不稳定的平衡状态。压力挠度曲线 B 点表示了压弯构件的承载能力达到了极限，因此以此点作为最高强度准则的极限状态。这属于极值点失稳。

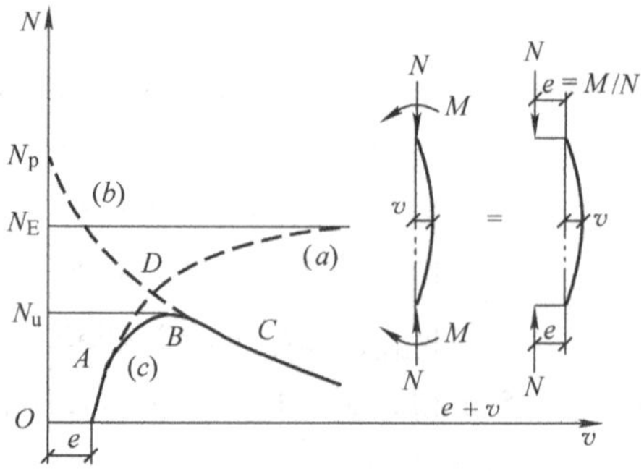

图6-8 压弯构件的 $N-v$ 曲线

压弯构件失稳时先在受压最大的一侧发展塑性，随着外力的增大，有时在另一侧的受拉区也会发展塑性，塑性发展的程度取决于截面的形状和尺寸、构件的长度和初始缺陷，其中残余应力的存在会使构件截面提前进入屈服阶段，从而降低其稳定承载力。图6-8中曲线的 C 点表示构件的截面出现了塑性铰，而表示构件达到极限承载力 N_u 的 B 点却出现在塑性铰之前。在图6-8中同时画出了另外两条曲线，一条是弹性压弯构件的压力挠度曲线 a，它以压力 N 等于构件的欧拉力 N_E 的水平线为其渐进线，另一条是构件的中央截面出现塑性铰的压力挠度曲线 b，两条曲线的交点为 D，构件极限承载力的 B 点位于 D 点之下，这是因为经过 A 点之后部分截面出现了塑性。

对于在两端作用有相同弯矩的等截面压弯构件，如图6-9所示，在轴向压力 N 和弯矩 M 的作用下，构件中点的挠度为 v，在离端部距离为 x 处的挠度为 y，此处力的平衡方程为

$$EI\frac{\mathrm{d}^2y}{\mathrm{d}x^2}+Ny=-M \tag{6-8}$$

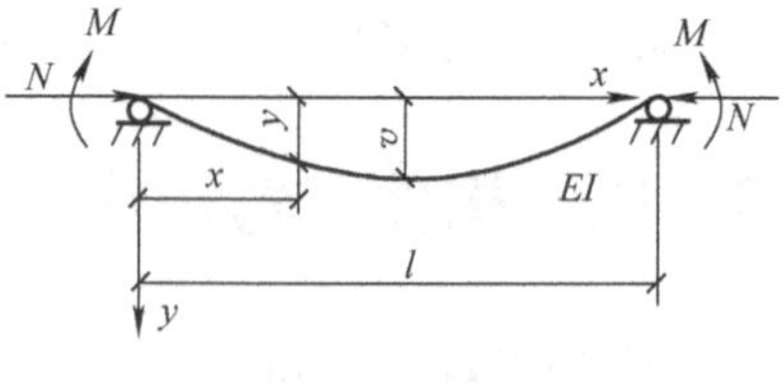

图6-9 等弯矩作用的压弯构件

假定构件的挠度曲线与正弦曲线的半个波段一致，即 $y=v\sin\pi x/l$，则构件中点的挠度为

$$v=\frac{M}{N_E(1-N/N_E)} \tag{6-9}$$

式中 N_E——为欧拉临界力，$N_E=\dfrac{\pi^2 EI}{l^2}$。

构件的最大弯矩在中央截面处，其值为

$$M_{max}=\frac{M}{1-N/N_E}=\alpha M \tag{6-10}$$

式（6-10）中的 $\alpha=\dfrac{1}{1-N/N_E}$ 为在压力 N 作用下的弯矩放大系数，用于考虑轴心压力对弯矩产生增大的影响而引起的附加弯矩。

式（6-10）中 α 是根据均匀弯矩作用的压弯构件导出的，对于其他荷载作用的压弯构件，也可用与有端弯矩的压弯构件相同的方法先建立类似于式（6-8）的平衡方程，然后求解得到各种荷载作用下的最大弯矩 M_{max}。

令 $\beta_{mx}=M_{max}/\alpha M$，$\beta_{mx}$ 称为等效弯矩系数（见表 6-1），利用这一系数就可以在平面内稳定的计算中把各种荷载作用的弯矩分布形式转化为均匀受弯来看待。

表 6-1　压弯构件的等效弯矩系数 β_{mx}

序号	荷载及弯矩图形	弹性分析值	标准采用值
1	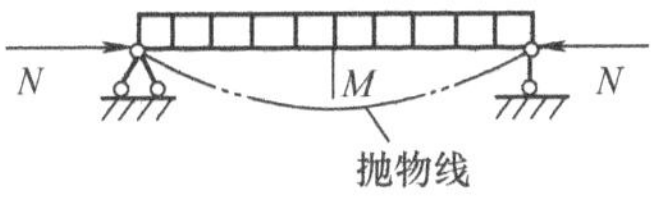	1.0	1.0
2	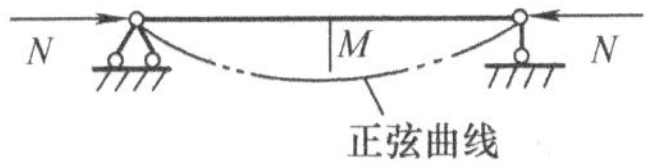	$1+0.028\dfrac{N}{N_E}$	1.0
3	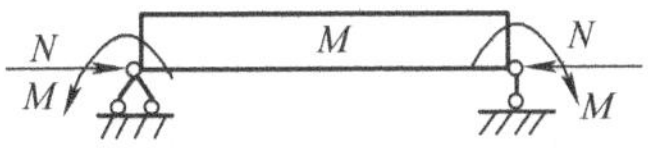	$1+0.234\dfrac{N}{N_E}$	1.0
4		$\sqrt{0.3+0.4\dfrac{M_2}{M_1}+0.3\left(\dfrac{M_2}{M_1}\right)^2}$	$0.65+0.35\dfrac{M_2}{M_1}$
5	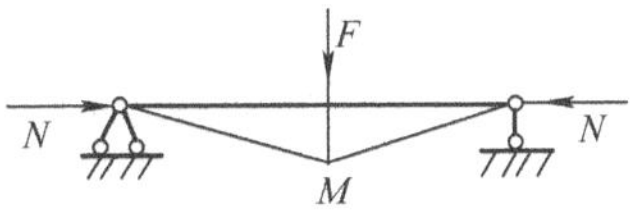	$1-0.178\dfrac{N}{N_E}$	$1-0.2\dfrac{N}{N_E}$
6	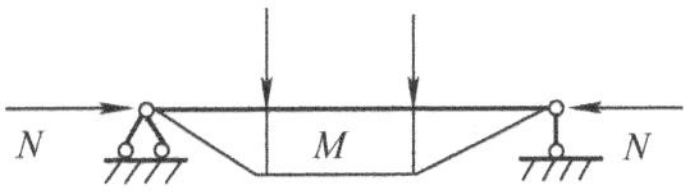	$1+0.051\dfrac{N}{N_E}$	1.0
7	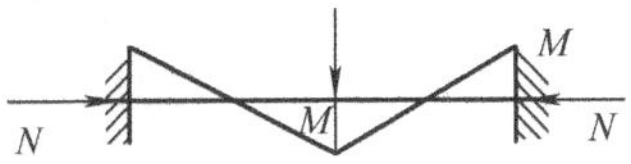	$1-0.589\dfrac{N}{N_E}$	0.85
8	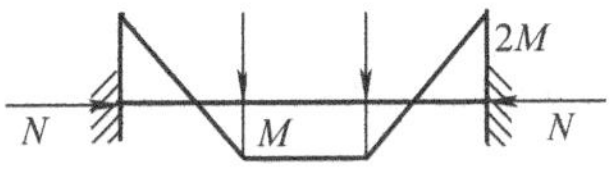	$1-0.315\dfrac{N}{N_E}$	0.85

1. 边缘纤维屈服准则

对于弹性压弯构件，如果以截面边缘纤维的应力开始屈服作为平面内稳定承载能力的计

算准则，那么考虑构件的缺陷后截面的最大应力应该符合下列条件

$$\frac{N}{A}+\frac{\beta_{\mathrm{m}}M+Ne_0}{W_x(1-N/N_{\mathrm{E}})}=f_{\mathrm{y}} \tag{6-11}$$

式中 e_0——考虑构件缺陷的等效偏心距。

当 $M=0$ 时，压弯构件转化为带有缺陷 e_0 的轴心受压构件，其承载力为 $N=N_x=Af_{\mathrm{y}}\varphi_x$。由式（6-11）可以得到

$$e_0=\frac{(Af_{\mathrm{y}}-N_x)(N_{\mathrm{E}}-N_x)}{N_xN_{\mathrm{E}}}\frac{W_x}{A} \tag{6-12}$$

将式（6-12）代入式（6-11）得

$$\frac{N}{\varphi_xA}+\frac{\beta_{\mathrm{m}}M}{W_x(1-\varphi_xN/N_{\mathrm{E}})}=f_{\mathrm{y}} \tag{6-13}$$

式中 φ_x——在弯矩作用平面内的轴心受压构件的整体稳定系数。

式（6-13）可直接用于计算冷弯薄壁型钢压弯构件或格构柱绕虚轴弯曲的平面内整体稳定。

2. 最大强度准则

边缘纤维屈服准则适用于格构式构件，当实腹式压弯构件受压边缘纤维刚开始屈服时，构件尚有较大的强度储备，因此若要反映构件的实际受力情况，应允许截面塑性深入。以具有各种初始缺陷的构件为计算模型，求解其极限承载能力，称为最大强度准则。

由于实腹式压弯构件在弯矩作用平面内失稳时已经出现了塑性，故弹性平衡微分方程（6-8）不再适用。如图 6-10a 所示，同时承受轴向压力 N 和端弯矩 M 的杆，在平面内失稳时塑性区的分布有图 6-10b 和 c 所示的两种情况：塑性出现在弯曲受压的一侧和在两侧同时出现塑性区。很明显，由于塑性区的出现，弯曲刚度不仅不再保持为常值 EI，而且随塑性在杆截面上发展的深度而变化，这种变化使得计算弹性压弯构件的解析方法不再适用。

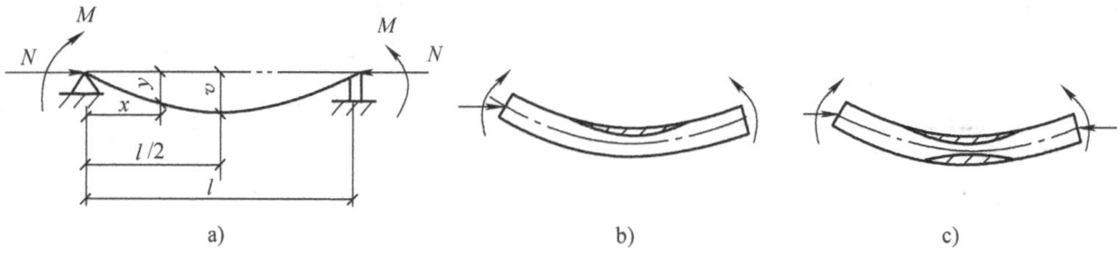

图 6-10 矩形截面压弯构件平面内失稳时的塑性区

计算实腹式压弯构件平面内稳定承载力通常有近似法和数值积分法两种。近似法的主要简化手段是给定杆件的挠曲线函数。经验表明，对于弹塑性的压弯杆，可以把挠曲线近似地取为正弦曲线的半个波段，即 $y=v\sin\frac{\pi x}{l}$。已知挠曲线函数后，构件任意截面的弯矩 $M+Ny$ 都可以和中央截面的挠度 v 联系起来，这样从中央截面的平衡方程就可以找出压力 N 和挠度 v 的关系，并由极值条件 $\frac{\mathrm{d}N}{\mathrm{d}v}=0$ 得出构件的承载力 N_{u}。近似法的一个重要缺点是很难具体分析残余应力对压弯构件承载力的影响。数值积分法比没有考虑残余应力的近似法精确，还具有可以考虑初始弯曲和能够用于不同荷载条件与不同支承条件的优点，所以应用普遍。

6.3.2 实腹式压弯构件在弯矩作用平面内稳定计算的实用计算公式

《钢结构设计标准》采用数值积分方法，考虑构件存在 $l/1000$ 的初弯曲和实际的残余应力分布，算出了近200条压弯构件极限承载力曲线。图6-11绘出了翼缘为火焰切割边的焊接工字形截面压弯构件在两端相等弯矩作用下的相关曲线，其中实线为理论计算的结果。

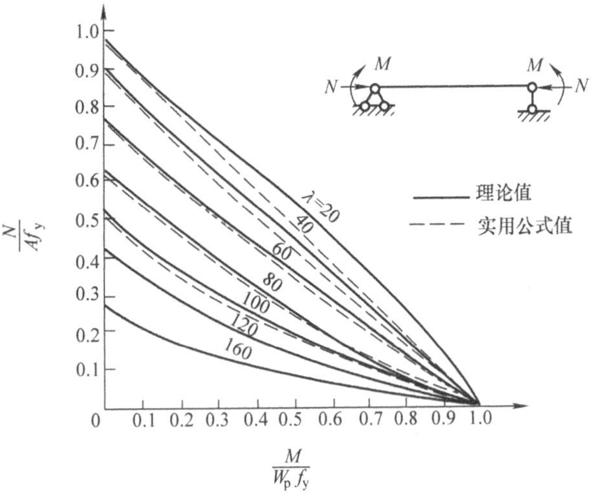

图6-11 工字形截面压弯构件 N/N_p 与 M/M_y 的相关曲线

因确定压弯构件的承载力时考虑了残余应力和初弯曲的影响，再加上不同的截面形式和尺寸等因素，不论是用近似法还是用数值积分法，计算过程都是很烦琐的。所以这两种方法都不能直接用于构件设计。经研究可以利用以边缘纤维屈服为承载能力准则的相关公式（6-13）略加修改作为实用计算公式。修改时考虑到实腹式压弯构件失稳时截面存在塑性区，在式（6-13）左侧第二项分母中引进截面塑性发展系数 γ_x，同时还将第二项中的稳定系数 φ 用常数0.8替换。这样，实用计算公式变为如下形式

$$\frac{N}{\varphi_x Af}+\frac{\beta_{mx}M_x}{\gamma_x W_{1x}(1-0.8N/N'_{Ex})f}\leqslant 1.0 \tag{6-14}$$

式中 N——压弯构件的轴向压力；

φ_x——在弯矩作用平面内，不计弯矩作用时轴心受压构件的稳定系数；

M_x——计算构件段范围内的最大弯矩；

N'_{Ex}——参数，$N'_{Ex}=N_{Ex}/1.1=\pi^2EA/(1.1\lambda_x^2)$；

W_{1x}——弯矩作用平面内受压最大纤维的毛截面模量；

γ_x——截面塑性发展系数，按表5-1采用；

β_{mx}——等效弯矩系数。

在以上各式中，等效弯矩系数 β_{mx} 可以按下列规定采用。

（1）弯矩作用平面内有侧移的框架柱及悬臂构件

1）有横向荷载的柱脚铰接的单层框架柱和多层框架的底层柱，$\beta_{mx}=1.0$。

2）除1）项规定之外的框架柱，$\beta_{mx}=1-0.36N/N_{cr}$。

$$N_{cr}=\frac{\pi^2EI}{(\mu l)^2}$$

3）自由端作用有弯矩的悬臂柱，$\beta_{mx}=1-0.36(1-m)N/N_{cr}$，式中，$m$ 为自由端弯矩与固定端弯矩之比，当弯矩图无反弯点时取正号，有反弯点时取负号。

（2）弯矩作用平面内，无侧移的框架柱和两端支承构件

1）无横向荷载作用时，$\beta_{mx}=0.6+0.4\dfrac{M_2}{M_1}$。$M_1$ 和 M_2 是作用于两端的端弯矩，使构件产生同向曲率时取同号，反之取异号，且 $|M_1|\geqslant|M_2|$。

2）无端弯矩但有横向荷载作用时

跨中单个集中荷载　$\beta_{mx}=1-0.36N/N_{cr}$

全跨均布荷载　$\beta_{mx}=1-0.18N/N_{cr}$

3）有端弯矩和横向荷载同时作用时，将式（6-14）的 $\beta_{mx}M_x$ 取为 $\beta_{mqx}M_{qx}+\beta_{m1x}M_{1x}$，即工况 1）和工况 2）等效弯矩的代数和。式中 M_{qx} 为横向均布荷载产生的弯矩最大值，β_{m1x} 取按工况 1）计算的等效弯矩系数。

由式（6-14）得到的工字形截面压弯构件的 N/N_p 与 M/M_y 相关曲线如图 6-11 所示。由图可知，在构件常用的范围内，式（6-14）与理论值的符合程度较好。

对于单轴对称截面的压弯构件，在弯矩的效应较大时，可能在较小的翼缘一侧因受拉塑性区的发展而导致构件失稳（图 6-12）。对于这类构件，除按式（6-14）进行平面内稳定的计算外，还应按下式计算

$$\left|\frac{N}{Af}-\frac{\beta_{mx}M_x}{\gamma_x W_{2x}(1-1.25N/N'_{Ex})f}\right|\leqslant 1.0 \tag{6-15}$$

式中　W_{2x}——无翼缘端的毛截面模量。

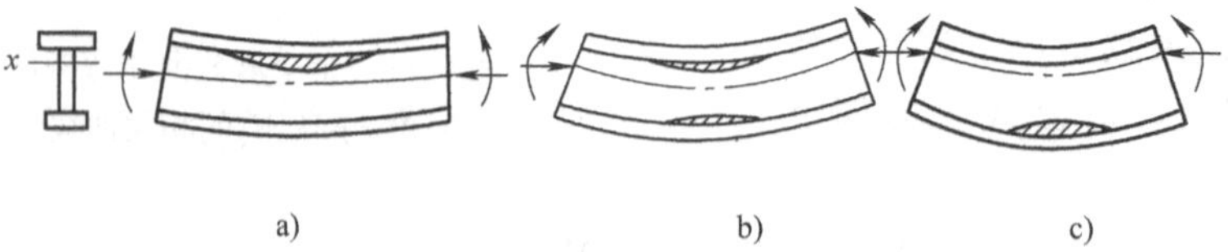

图 6-12　压弯构件失稳时中央截面的塑性发展状况

【例 6-2】　某I10 制作的压弯构件，两端铰接，长度 3.3m，在长度的三等分点处各有一个侧向支承以保证构件不发生弯扭屈曲。钢材为 Q235。验算图 6-13a、b 和 c 所示三种受力情况下构件的承载力。构件除承受相同的轴向压力 $N=16\text{kN}$ 外，作用的弯矩分别为：

1）在左端腹板所在平面内作用弯矩 $M_x=10\text{kN}\cdot\text{m}$。

2）在两端同时作用数量相等且产生同向曲率的弯矩 $M_x=10\text{kN}\cdot\text{m}$。

3）在构件的两端同时作用数量相等但产生反向曲率的弯矩 $M_x=10\text{kN}\cdot\text{m}$。

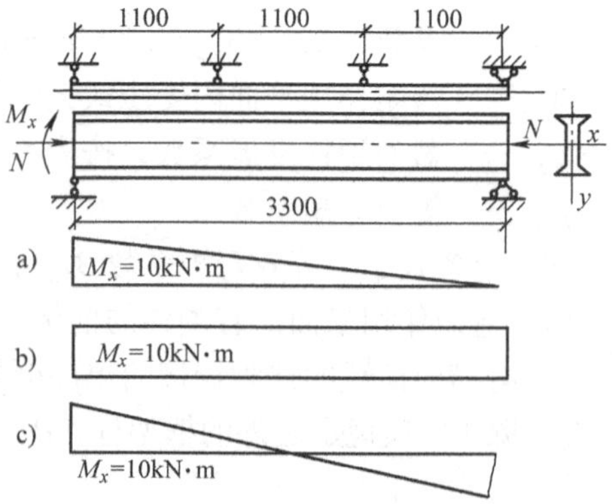

图 6-13　例 6-2 图

【解】　截面特性由附表 7-1 查得

$A_n=14.3\text{cm}^2$，$W_x=49\text{cm}^3$，$i_x=4.14\text{cm}$

钢材的强度设计值 $f=215\text{N/mm}^2$。

1）截面的最大弯矩发生在构件的端部，先按式（6-5）验算构件的强度。由表 5-1 知轧制工字形截面对强轴的塑性发展系数 $\gamma_x=1.05$。

$$\frac{N}{A_{\mathrm{n}}f}+\frac{M_x}{\gamma_x W_{\mathrm{n}x}f}=\frac{16\times10^3}{14.3\times10^2\times215}+\frac{10\times10^6}{1.05\times49\times10^3\times215}=0.96<1.0$$

再验算构件在弯矩作用平面内的稳定性。由图6-13a知，$M_2=0$，$M_1=10\mathrm{kN\cdot m}$，由表6-1知等效弯矩系数为

$$\beta_{\mathrm{m}x}=0.6+0.4M_2/M_1=0.6$$

构件绕强轴弯曲的长细比 $\lambda_x=(l_{0x}/i_x)=330/4.14=80$，按 a 类截面查附表4-1得 $\varphi_x=0.783$。

$$N'_{\mathrm{E}x}=\frac{\pi^2EA}{1.1\lambda_x^2}=\frac{\pi^2\times206\times10^3}{1.1\times80^2}\times14.3\times10^2\mathrm{N}$$

$$=413\times10^3\mathrm{N}=413\mathrm{kN}$$

$$\frac{N}{\varphi_xAf}+\frac{\beta_{\mathrm{m}x}M_x}{\gamma_xW_x(1-0.8N/N'_{\mathrm{E}x})f}$$

$$=\frac{16\times10^3}{0.783\times14.3\times10^2\times215}+\frac{0.6\times10\times10^6}{1.05\times49\times10^3\times(1-0.8\times16/413)\times215}$$

$$=\frac{14.29}{215}+\frac{0.6\times194.36}{(1-0.031)\times215}$$

$$=0.63<1.0$$

2）只需验算构件的整体稳定，$M_1=M_2=10\mathrm{kN\cdot m}$，$\beta_{\mathrm{m}x}=1.0$。

$$\frac{N}{\varphi_xAf}+\frac{\beta_{\mathrm{m}x}M_x}{\gamma_xW_x(1-0.8N/N'_{\mathrm{E}x})f}=\frac{14.29}{215}+\frac{1.0\times194.36}{(1-0.031)\times215}$$

$$=0.99<1.0$$

3）先验算构件的强度。构件端部与1）的情况相同，强度验算也相同，在此从略。再验算构件的整体稳定

$$\beta_{\mathrm{m}x}=0.6+0.4\times\frac{-10}{10}=0.2$$

$$\frac{N}{\varphi_xAf}+\frac{\beta_{\mathrm{m}x}M_x}{\gamma_xW_x(1-0.8N/N'_{\mathrm{E}x})f}=\frac{14.29}{215}+\frac{0.2\times194.36}{(1-0.031)\times215}$$

$$=0.25<1.0$$

对于以上三种受力情况的压弯构件，虽作用的轴向压力和最大弯矩都是相同的，但是因弯矩在整个构件上的分布不同，承载能力就有区别。第二种情况由稳定承载能力控制构件的截面设计，强度不必计算，而其他两种情况则由构件端部截面的强度控制承载能力。

6.4　压弯构件在弯矩作用平面外的稳定计算

同梁的失稳类似，当压弯构件侧向刚度较小时，一旦 N 和 M 达到某一值时，构件将突然发生弯矩作用平面外的侧向变形，并伴随着扭转而发生破坏。这种现象称压弯构件在弯矩作用平面外丧失整体稳定。开口截面压弯构件的抗扭刚度和弯矩作用平面外的抗弯刚度通常都不大，当侧向没有足够支撑以阻止其产生侧向位移和扭转时，构件可能发生弯矩作用平面外的弯扭屈曲。

6.4.1 双轴对称工字形截面压弯构件的弹性弯扭屈曲临界力

图6-14a所示是两端铰接并在端部作用着轴向压力N和弯矩M的双轴对称工字形截面压弯构件。当弯矩作用在抗弯刚度较大的yOz平面内时，在距端部为z的截面绕x轴的弯矩为$M_x=M+Nv$，但是因为截面对强轴的惯性矩I_x比对弱轴的惯性矩I_y大很多，分析构件的弯扭屈曲时，因为挠度v不大，附加弯矩Nv可忽略不计，则$M_x=M$。如果构件发生如图6-14所示的侧向位移u，会产生一个分量M_{T2}，如图6-14c所示，$M_{T2}=M\sin\theta=Mu'$，它使构件绕纵轴产生扭转。轴压力N的存在使构件的实际抗扭刚度由GI_t降为$GI_t-Ni_0^2$，因此可得到弯扭屈曲的临界力N_{cr}的计算方程为

$$(N_{Ey}-N_{cr})(N_z-N_{cr})-M^2/i_0^2=0 \tag{6-16}$$

其解为

$$N_{cr}=\frac{1}{2}\left[(N_{Ey}+N_z)-\sqrt{(N_{Ey}-N_z)^2+4M^2/i_0^2}\right] \tag{6-17}$$

如果构件的端弯矩$M=0$，由式（6-17）可以得到轴心受压构件的临界力$N_{cr}=N_{Ey}$或$N_{cr}=N_z$。这里的N_{Ey}是绕截面弱轴弯曲屈曲的临界力，即$N_{Ey}=\pi^2EI_y/l_y^2$（l_y为构件侧向弯曲的自由长度）；N_z是绕截面纵轴扭转屈曲的临界力，其值为

$$N_z=\left(GI_t+\frac{\pi^2EI_w}{l_w^2}\right)/i_0^2 \tag{6-18}$$

式中 I_t——截面的扭转常数；

I_w——截面的翘曲常数；

i_0——截面的极回转半径，$i_0^2=(I_x+I_y)/A$；

l_w——构件绕截面纵轴扭转的自由长度，对于两端铰接的杆，$l_w=l_y=l$。

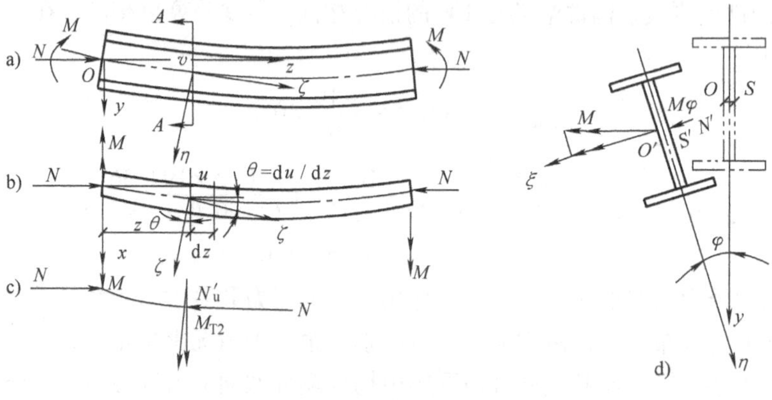

图6-14 双轴对称工字形截面压弯构件平面外失稳

式（6-18）可以用来计算双轴对称截面轴心受压构件的弹性扭转屈曲力。双轴对称的工字形截面和箱形截面轴心压杆，由于截面的抗扭刚度很大，不会发生扭转屈曲。但是十字形截面轴心压杆，因为截面的翘曲常数$I_w\approx0$，这时扭转屈曲临界力为$N_z=GI_t/i_0^2$，此值与杆的长度无关，当杆不是很长时，它的扭转屈曲力会低于弯曲屈曲力，从而导致构件发生扭转失稳。

如果在压弯构件发生弯扭屈曲时部分材料已经屈服，建立平衡方程时应该将构件的截面

抗弯刚度 EI_x、EI_y，翘曲刚度 EI_w 和自由扭转刚度 GI_t 做适当改变，这时求解弹塑性弯扭屈曲承载力的过程比较复杂。

6.4.2 实腹式压弯构件在弯矩作用面外的实用计算公式

上节在确定压弯构件弹性弯扭屈曲临界力时没有考虑构件内存在的残余应力和可能产生的非弹性变形，考虑这些因素时的计算会比较复杂，很难直接用于设计。因此，提出可供设计使用的实用计算方法很有必要。

在第5章中已经讨论了受纯弯矩作用的构件，其弹性弯扭屈曲的临界弯矩的计算公式为

$$M_{cr}=\frac{\pi}{l}\sqrt{EI_yGI_t}\sqrt{1+\frac{EI_w}{GI_t}\left(\frac{\pi}{l}\right)^2}=i_0\sqrt{\frac{\pi^2EI_y}{l^2}\left(GI_t+\frac{\pi^2EI_w}{l^2}\right)/i_0^2}$$

将 N_{Ey} 和 N_z 值代入上式后得

$$M_{cr}=i_0\sqrt{N_{Ey}N_z} \tag{6-19}$$

在式（6-16）中将轴向压力 N_{cr} 改为 N，注意到式（6-19）中 M_{cr}、N_{Ey} 和 N_z 间的关系，经过移项后，可写成 N/N_{Ey} 和 M/M_{cr} 的关系式，即

$$\frac{N}{N_{Ey}}+\frac{M^2}{M_{cr}^2(1-N/N_z)}=1.0 \tag{6-20}$$

由上式作出图6-15所示的 $N/N_{Ey}-M/M_{cr}$ 相关曲线，可见曲线受比值 N_z/N_{Ey} 的影响很大。N_z/N_{Ey} 越大，压弯构件弯扭屈曲的承载力越高。当 $N_z=N_{Ey}$ 时，曲线变为直线式，即

$$N/N_{Ey}+M/M_{cr}=1 \tag{6-21}$$

普通工字形截面压弯构件的 $N_z>N_{Ey}$，其相关曲线均在直线之上，只有开口的冷弯薄壁型钢构件的相关曲线有时因 $N_z<N_{Ey}$ 而在直线之下。

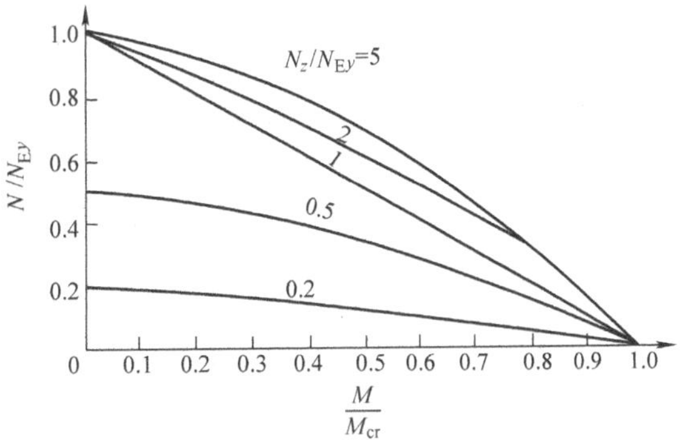

图6-15 N/N_{Ey} 和 M/M_{cr} 的相关曲线

单轴对称截面压弯构件的 N/N_{Ey} 和 M/M_{cr} 的相关关系式更复杂一些，但如果在式（6-21）中以 N_{Ey} 表示单轴对称截面轴心压杆的弯扭屈曲临界力，则式（6-21）仍然可以代表这种压弯构件的相关关系。

虽然式（6-21）来源于弹性杆的弯扭屈曲，但经计算可知，此式也可用于弹塑性压弯构件的弯扭屈曲计算。《钢结构设计标准》采用式（6-21）作为设计压弯构件的依据，同时考虑了不同的受力条件和截面形式，在公式中引进了非均匀弯矩作用的等效弯矩系数 β_{tx} 和截面影响系数 η。

将式（6-21）中的 N_{Ey} 用 φ_yAf_y、M_{cr} 用 $\varphi_bW_{1x}f_y$ 代入后，压弯构件在弯矩作用平面外的计算公式为

$$\frac{N}{\varphi_yAf}+\eta\frac{\beta_{tx}M_x}{\varphi_bW_{1x}f}\leqslant1.0 \tag{6-22}$$

式中 φ_y——弯矩作用平面外的轴心受压构件稳定系数；

M_x——计算构件段范围内的最大弯矩；

η——截面影响系数，闭合截面 $\eta=0.7$，其他截面 $\eta=1.0$；

φ_b——均匀弯矩作用时受弯构件的整体稳定系数，即第5章中梁的整体稳定系数。

对于非悬臂的一般工字形（包括H型钢）截面和T形截面压弯构件，当 $\lambda_y \leqslant 120\varepsilon_k$ 时，φ_b 可按下列近似公式计算。

1）工字形截面（包括H型钢）

双轴对称时
$$\varphi_b = 1.07 - \frac{\lambda_y^2}{44000\varepsilon_k^2} \leqslant 1.0$$

单轴对称时
$$\varphi_b = 1.07 - \frac{W_x}{(2\alpha_b + 0.1)Ah}\frac{\lambda_y^2}{14000\varepsilon_k^2} \leqslant 1.0$$

$$\alpha_b = \frac{I_1}{I_1 + I_2}$$

式中 I_1、I_2——受压翼缘和受拉翼缘对 y 轴的惯性矩。

2）T形截面（弯矩作用在对称轴平面，绕 x 轴）。

① 弯矩使翼缘受压时：

双角钢T形截面 $\varphi_b = 1 - 0.0017\lambda_y/\varepsilon_k$

部分T型钢和两块板组合成的T形截面 $\varphi_b = 1 - 0.0022\lambda_y/\varepsilon_k$

② 弯矩使翼缘受拉且腹板宽厚比不大于 $18\varepsilon_k$ 时，$\varphi_b = 1 - 0.0005\lambda_y/\varepsilon_k$。

③ 闭口截面，$\varphi_b = 1.0$。

等效弯矩系数 β_{tx} 应按下列规定采用：

1）弯矩作用平面外有支承的构件，等效弯矩系数 β_{tx} 应根据两相邻支承点间构件段内荷载和内力情况确定：

① 构件段无横向荷载作用时，$\beta_{tx} = 0.65 + 0.35M_2/M_1$，构件段在弯矩作用平面内的端弯矩 M_1 和 M_2 使它产生同向曲率时取同号，产生反向曲率时取异号，而且 $|M_1| \geqslant |M_2|$。

② 构件段内端弯矩和横向荷载共同作用：使构件产生同向曲率时，$\beta_{tx} = 1.0$；使构件产生反向曲率时，$\beta_{tx} = 0.85$。

③ 无端弯矩有横向荷载作用时，$\beta_{tx} = 1.0$。

2）弯矩作用平面外为悬臂的构件，等效弯矩系数 $\beta_{tx} = 1.0$。

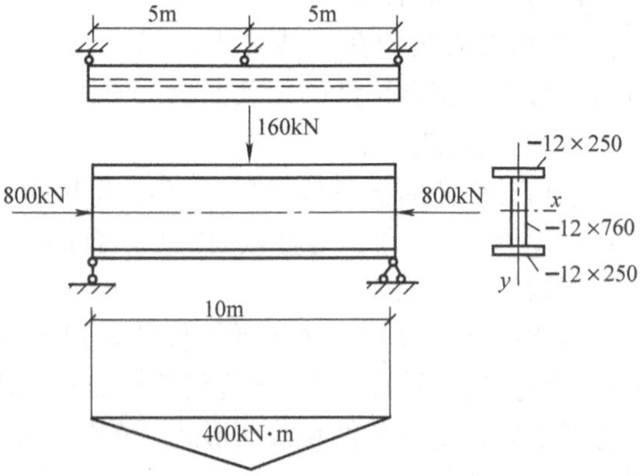

图6-16 例6-3附图

【例6-3】 图6-16所示为Q235钢焊接工字形截面压弯构件，翼缘为火焰切割边，承受的轴向压力设计值为800kN，在构件的中央有一横向集中荷载160kN。构件的两端铰接并在中央有一侧向支承点。请验算构件的整体稳定。

【解】 （1）计算截面特性

$$A = (2 \times 25 \times 1.2 + 76 \times 1.2)\text{cm}^2 = 151\text{cm}^2$$

$$I_x = \left(2 \times 25 \times 1.2 \times 38.6^2 + \frac{1}{12} \times 1.2 \times 76^3\right)\text{cm}^4$$

$=133295\text{m}^4$

$i_x=\sqrt{I_x/A}=\sqrt{133295/151}\text{cm}=29.71\text{cm}$

$W_{1x}=2I_x/h=133295/39.2\text{cm}^3=3400\ \text{cm}^3$

$I_y=2\times1.2\times25^3/12\text{cm}^4=3125\ \text{cm}^4$

$i_y=\sqrt{I_y/A}=\sqrt{3125/151}\text{cm}=4.55\text{cm}$

（2）核算构件在弯矩作用平面内的稳定

$\lambda_x=l_x/i_x=1000/29.71=33.7$，按 b 类截面查附表 4-2 得 $\varphi_x=0.923$。

$$N'_{\text{Ex}}=\frac{\pi^2E}{1.1\lambda_x^2}A=\frac{\pi^2\times206\times10^3}{1.1\times33.7^2}\times151\times10^2\text{N}$$
$$=24575000\text{N}=24575\text{kN}$$

$$N_{\text{cr}}=\frac{\pi^2EI}{(\mu l)^2}=\frac{\pi^2\times206\times10^3\times133295\times10^4}{10000^2}\text{N}$$
$$=27076452\text{N}=27076.452\text{kN}$$

因跨中只有一个集中荷载，等效弯矩系数为

$\beta_{\text{m}x}=1-0.36N/N_{\text{cr}}=1-0.36\times800/27076.452=1-0.36\times0.0295=0.989$

$$\frac{N}{\varphi_xAf}+\frac{\beta_{\text{m}x}M_x}{\gamma_xW_{1x}\ (1-0.8N/N'_{\text{Ex}})\ f}$$
$$=\frac{800\times10^3}{0.923\times151\times10^2\times215}+\frac{0.989\times400\times10^6}{1.05\times3400\times10^3\ (1-0.8\times800/24575)\ \times215}$$
$$=0.267+\frac{0.515}{(1-0.026)}=0.796<1.0$$

（3）核算构件在弯矩作用平面外的稳定

$\lambda_y=l_y/i_y=500/4.55=110$，按 b 类截面查附表 4-2 得，$\varphi_y=0.492$。

弯矩作用平面外有支承，在侧向支承点范围内，由弯矩图知杆段一端的弯矩为 400kN · m，另一端为零，等效弯矩系数 $\beta_{\text{t}x}=0.65$。用近似计算公式可得

$$\varphi_{\text{b}}=1.07-\frac{\lambda_y^2}{44000\varepsilon_{\text{k}}^2}=0.795$$

$$\frac{N}{\varphi_yAf}+\eta\frac{\beta_{\text{t}x}M_x}{\varphi_{\text{b}}W_{1x}f}=\frac{800\times10^3}{0.492\times151\times10^2\times215}+1.0\times\frac{0.65\times400\times10^6}{0.795\times3400\times10^3\times215}$$
$$=0.5+0.45=0.95<1.0$$

经以上计算可知，虽然在杆的中央有一侧向支承点，但杆的弯扭失稳承载力仍低于弯曲失稳承载力。

6.4.3 双向弯曲实腹式压弯构件的整体稳定

弯矩作用在两个主轴平面内的双向压弯构件在实际工程中应用较少。双向压弯构件丧失整体稳定性属于空间失稳，理论计算非常复杂，目前多采用数值分析法。《钢结构设计标准》为与单向弯曲压弯构件计算相衔接，采用相关公式计算。弯矩作用在两个主轴平面内的双轴对称实腹式工字形（含 H 形）和箱形（闭口）截面的压弯构件的稳定性计算按下列相关公式进行

$$\frac{N}{\varphi_x Af}+\frac{\beta_{mx}M_x}{\gamma_x W_w\left(1-0.8\dfrac{N}{N'_{Ex}}\right)f}+\eta\frac{\beta_{ty}M_y}{\varphi_{by}W_y f}\leqslant 1.0 \tag{6-23}$$

$$\frac{N}{\varphi_y Af}+\eta\frac{\beta_{tx}M_x}{\varphi_{bx}W_x f}+\frac{\beta_{my}M_y}{\gamma_y W_y\left(1-0.8\dfrac{N}{N'_{Ey}}\right)f}\leqslant 1.0 \tag{6-24}$$

式中 M_x、M_y——计算构件段范围内对 x 轴（工字形截面和 H 型钢 x 轴为强轴）和 y 轴的最大弯矩；

φ_x、φ_y——对强轴 $x-x$ 和弱轴 $y-y$ 的轴心受压构件稳定系数；

φ_{bx}、φ_{by}——均匀弯曲的受弯构件的整体稳定系数，具体可参照《钢结构设计标准》执行；

W_x、W_y——对强轴和弱轴的毛截面模量。

6.5 压弯构件的计算长度

在第 4 章中轴心受压构件的计算长度是根据构件端部的约束条件按弹性理论确定的。对于端部条件比较简单的压弯构件，可利用第 4 章轴心受压构件中的计算长度系数 μ 直接得到计算长度，即对于端部约束比较简单的单根压弯构件有

$$l_0=\mu l$$

式中 μ——计算长度系数，根据两端支承情况近似按轴心受压构件取值；

l——构件的几何长度。

框架的情况比较复杂。平面内框架失稳有两种形式，一种无侧移，另一种是有侧移，无侧移框架比有侧移框架失稳的承载力大得多。所以确定框架柱的计算长度时首先要区分框架失稳时有无侧移。如果没有防止侧移的有效措施，都应该按有侧移失稳的框架来考虑，以确保受力安全。

6.5.1 单层等截面框架的计算长度

在进行框架的整体稳定性分析时，一般取平面框架作为计算模型，不考虑空间作用。通常确定单层单跨框架柱的计算长度时采用弹性稳定理论，并做如下假定。

1）框架只承受作用于节点的竖向荷载，忽略横梁荷载和水平荷载产生梁端弯矩的影响。此假定在弹性工作范围内产生的误差不大，可以满足设计要求。但需注意，此假定只能用于确定计算长度，在计算柱的截面尺寸时必须同时考虑弯矩和轴心力。

2）所有框架柱同时丧失稳定，即所有框架柱同时达到临界荷载。

3）失稳时横梁两端的转角相等。

4）构件无缺陷。

图 6-17a 是对称单跨等截面框架，柱与基础刚接。因顶部有支撑，框架失稳时侧移受到阻止，框架成对称失稳形式。节点 B 与 C 的转角相等但方向相反。根据弹性稳定理论可计算出这种无侧移框架的计算长度 l_0 和计算长度系数 μ（$l_0=\mu l$）。μ 值取决于柱底支承情况和梁对柱的约束程度。横梁对柱的约束程度又取决于横梁的线刚度 I_0/L 和柱的线刚度 I/H 的

比值 K_0，即 $K_0=\frac{I_0H}{IL}$。柱的计算长度 $H_0=\mu H$。μ 值见表6-2。表中同时也给出了柱与基础铰接的计算长度系数。

表6-2 单层等截面框架柱的计算长度系数 μ

框架类型	柱与基础连接方式	线刚度比值 K_0 或 K_1							近似计算公式
		≥20	10	5	1.0	0.5	0.1	0	
无侧移	刚性固定	0.500	0.542	0.546	0.626	0.656	0.689	0.700	$\mu=\frac{K_0+2.188}{2K_0+3.125}$
无侧移	铰接	0.700	0.732	0.760	0.875	0.922	0.981	1.000	$\mu=\frac{1.4K_0+3}{2K_0+3}$
有侧移	刚性固定	1.000	1.020	1.030	1.160	1.280	1.670	2.000	$\mu=\sqrt{\frac{K_0+0.532}{K_0+0.133}}$
有侧移	铰接	2.000	2.030	2.070	2.330	2.640	4.440	∞	$\mu=2\sqrt{1+\frac{0.38}{K_0}}$

对柱与基础刚接的框架柱，当线刚度的比值 $K_0>20$ 时，可认为横梁的惯性矩为无限大，这时柱的计算长度与两端固定的独立柱相同，即认为梁与柱刚接，则 $\mu=0.5$，如图6-17b所示。

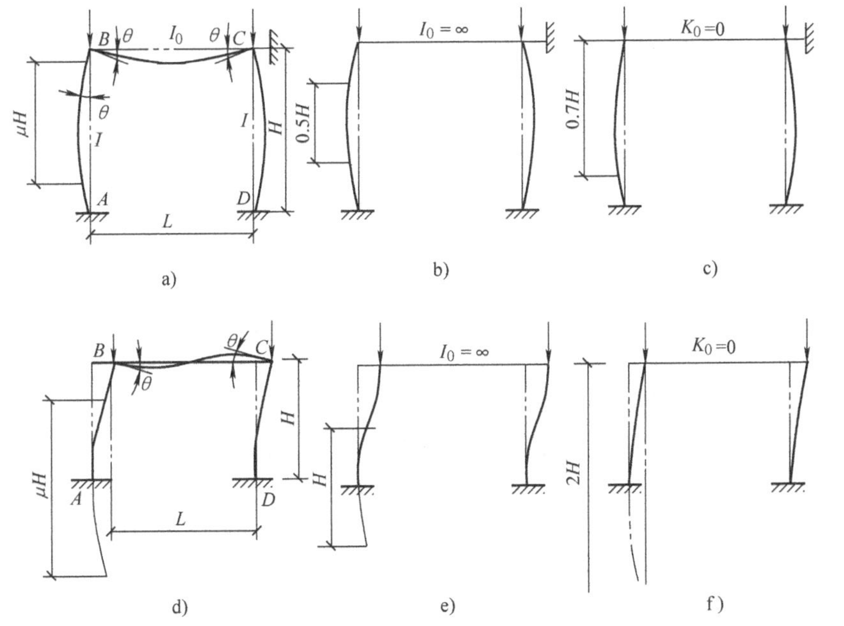

图6-17 单层单跨框架失稳形式

当柱与基础刚接，横梁与柱铰接时，可认为线刚度比值 K_0 为零，柱的计算长度为 $0.7H$，如图6-17c所示。因此，对于柱与基础刚接的单层无侧移框架，系数 μ 在0.5～0.7

很有限的范围内变动。

当柱与基础铰接时，如果横梁与柱也铰接，即 $K_0=0$，柱两端均为铰接，$\mu=1.0$，如果横梁惯性矩很大，认为横梁与柱刚接，即 $K_0=\infty$ 时，$\mu=0.7$。因此，对于柱与基础铰接的单层无侧移框架，系数 μ 在 1.0～0.7 变动。

实际上很多单层单跨框架因无法设置支撑结构，其失稳形式是有侧移的，如图 6-17d、e 和 f 所示，失稳时按弹性屈曲理论算得的计算长度系数 μ 也由表 6-2 给出。有侧移框架柱 μ 值的变动范围很大，为 $1.0\sim\infty$。

为计算方便，也可把表 6-2 中的 μ 值归纳出具有足够精度的实用计算公式。这些近似计算公式列于表 6-2 的最后一栏。

实际工程中的框架未必像典型框架那样，结构和荷载都对称，并且框架只承受位于柱顶的集中重力荷载，横梁中没有轴力。当这些条件发生变化时，表 6-2 的计算长度系数就不能精确反映框架的稳定承载力。

《钢结构设计标准》对不同于典型对称框架的情况规定有修正的方法。一种情况是当与柱相连的梁远端为铰接或嵌固时的修正。修正方法是对横梁线刚度乘以下列系数：无侧移框架，梁远端铰接取 1.5，梁远端嵌固取 2.0；有侧移框架，梁远端铰接取 0.5，梁远端嵌固取 2/3。

需要进行修正的第二种情况是横梁有轴压力 N_b 使其刚度下降。此时需要把梁线刚度乘以下列折减系数：

无侧移框架	横梁远端与柱刚接和远端铰支时	$\alpha_N=1-N_b/N_{Eb}$
	横梁远端嵌固时	$\alpha_N=1-N_b/(2N_{Eb})$
有侧移框架	横梁远端与柱刚接	$\alpha_N=1-N_b/(4N_{Eb})$
	横梁远端铰支时	$\alpha_N=1-N_b/N_{Eb}$
	横梁远端嵌固时	$\alpha_N=1-N_b/(2N_{Eb})$

$$N_{Eb}=\pi^2 EI_b/l^2$$

式中 I_b——横梁截面惯性矩；

l——横梁长度。

对于单层多跨等截面柱框架，计算稳定时认为各柱是同时失稳的。对于无侧移框架，还近似假定失稳时横梁两端的转角 θ 相等但方向相反，如图 6-17a 所示。对于有侧移框架，假定失稳时横梁两端的转角相等而方向相同，如图 6-17b 所示。系数 μ 仍由表 6-1 给出。但梁柱的线刚度比应采用与柱相邻的左右两根横梁的线刚度之和（$I_1/L_1+I_2/L_2$）与柱的线刚度 I/H 的比值 $K_1=(I_1/L_1+I_2/L_2)/(I/H)$ 和单跨框架一样，当横梁有较大轴压力及远端铰支或嵌固时，其线刚度需要修正。各柱同时失稳，要求各柱的 $H_i\sqrt{N_i/EI_i}$ 相同。如果相差悬殊，则由表查得的 μ 值需要调整，尤其是有侧移失稳较为必要。

6.5.2 多层多跨等截面框架柱的计算长度

对于多层多跨框架，其失稳形式也分为无侧移和有侧移两种情况。计算的基本假定与单层多跨框架类同，如图 6-18a 和 b 所示。对于未设置支撑结构（支撑架、剪力墙、抗剪筒体等）的纯框架结构，属于有侧移反对称失稳。有支撑框架一般均可按无侧移失稳计算。

多层框架中每一根柱的稳定均受到柱端构件及远端构件的影响。在实际工程设计中为简

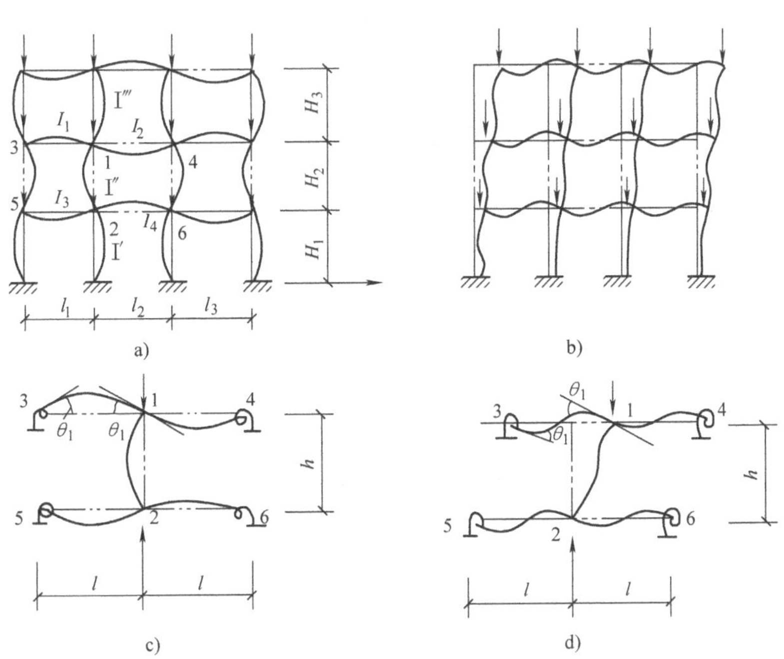

图 6-18　多层多跨框架失稳形式

化计算，减少计算工作量，引入了简化杆端约束条件的假定，即将框架简化为图 6-18c、d 所示的计算单元，只考虑与柱端相连的构件的约束作用。在确定柱的计算长度时，假设柱子开始失稳时相交于上下两端节点横梁对于柱子提供的约束弯矩，按其与上下两端节点柱的线刚度之和的比值 K_1 和 K_2 分配给柱子。K_1 为该柱上端节点处相交的横梁线刚度之和与柱的线刚度之和的比值，K_2 为该柱下端节点处相交的横梁线刚度之和与柱的线刚度之和的比值。以图 6-18 中的 1、2 杆为例

$$K_1=\frac{\dfrac{I_1}{l_1}+\dfrac{I_2}{l_2}}{\dfrac{I'''}{H_3}+\dfrac{I''}{H_2}}\qquad K_2=\frac{\dfrac{I_3}{l_1}+\dfrac{I_4}{l_2}}{\dfrac{I''}{H_2}+\dfrac{I'}{H_1}}$$

系数 μ 的值见附表 5-1 与附表 5-2。

6.5.3　变截面阶形柱的计算长度

因为承受起重机荷载作用，厂房柱经常采用阶形柱。除少数厂房因有双层起重机需采用双阶柱外，一般采用单阶柱。单层厂房框架的柱与基础通常做成刚接。阶形柱的计算长度是分段确定的，它们的计算长度系数之间有内在关系。根据柱的上端与横梁的连接是属于铰接还是刚接的条件，分为图 6-19a、b 两种失稳形式，即横梁与柱铰接，横梁的刚度可视为 $I_1=0$，失稳时，柱上端有侧移和转角；梁柱刚接时，横梁的刚度 $I_1=\infty$，柱上端仅有侧移而无转角。由于柱的上端在框架平面内无法设置阻止框架发生侧移的支撑，阶形柱的计算长度按有侧移失稳的条件确定。上、下段柱的计算长度分别是

$$H_{01}=\mu_1 H_1,\ H_{02}=\mu_2 H_2$$

当柱的上端与横梁铰接时，下段柱的计算长度系数 μ_2 按如图 6-19a 所示计算简图把柱

看作悬臂构件，按下列两个参数查附表 5-3 确定：$K_1=\dfrac{I_1H_2}{I_2H_1}$（柱上下段的线刚度之比），$\eta_1=\dfrac{H_1}{H_2}\sqrt{\dfrac{N_1I_2}{N_2I_1}}$，参数 η_1 中的 N_1 和 N_2 分别为上、下柱的轴心力，计算时为未知数；但在推导框架的临界荷载时，为简化计算，取了上、下柱临界荷载的比值（通常取计算荷载的比值），所以 N_1/N_2 可按产生最大轴心力的荷载组合取用。上段柱的计算长度系数为 $\mu_1=\mu_2/\eta_1$。

当柱的上端与横梁刚接时横梁的刚度对框架屈曲有一定影响，但当横梁的线刚度与上段柱的线刚度之比大于 1.0 时，横梁刚度的大小对框架屈曲的影响差别不大。这时下段柱的计算长度系数 μ_2 可直接按照图 6-19b 所示计算简图把柱看作上端可以滑动而不能转动的构件，按参数 K_1 和 η_1 查附表 5-4 确定，而上段柱的计算长度系数仍取为 $\mu_1=\mu_2/\eta_1$。

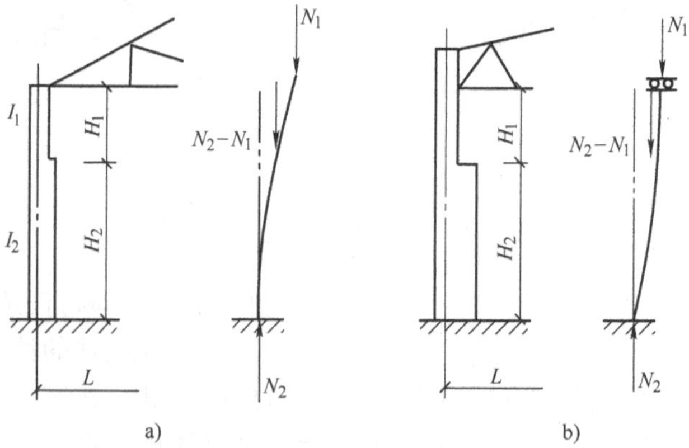

图 6-19 单阶柱的失稳形式

当厂房的柱列很多时，《钢结构设计标准》考虑到厂房结构的实际工作中存在着以下有利因素：

1）阶形柱计算长度是按照框架中受荷载最大的柱子进行稳定分析确定的。由于厂房柱主要承受起重机荷载，当厂房一侧柱子达最大垂直荷载时，另一侧柱则承受较小的起重机荷载，当受荷载较大的柱子失稳时，将受到受荷较小柱子的牵制作用。

2）单跨厂房中设有通长的纵向支撑或采用大型屋面板时，厂房实际存在着空间工作作用。

3）多跨厂房中设有刚性整体的屋盖或两边柱有通长的屋盖水平支撑联系时，厂房较大的整体刚度对将要失稳的某一跨框架可起到约束作用。

综合以上因素，《钢结构设计标准》根据厂房的不同情况对阶形柱计算长度系数乘以表 6-3 的折减系数。

上述计算长度都是根据弹性框架屈曲理论得到的。单层框架在弹塑性状态失稳时，按弹性刚架得到的 μ 值常常偏于安全，特别是当横梁按弹性工作设计但柱却允许出现一定塑性而降低了柱的刚度时，线刚度的比值 K_1 有所提高。

还须进一步说明的是：以上关于单层和多层框架柱的讨论都假定框架只在梁柱连接点承受竖向轴线荷载，因而柱在失稳前没有弯矩，且梁不承受轴力。但实际的结构经常是梁上有荷载，使梁和柱都受弯，且引起支座水平反力使梁受压。此外，结构还时常会承受水平荷载使柱弯曲和侧向移动。

表 6-3　确定阶形柱计算长度的折减系数

厂房类型				折减系数
单跨或多跨	纵向温度区段内一个柱列的柱子数	屋面情况	厂房两侧是否有屋盖纵向水平支撑	
单跨厂房	等于或小于6个	—	—	0.9
	多于6个	非大型屋面板屋面	无纵向水平支撑	
			有纵向水平支撑	0.8
		大型屋面板屋面	—	
多跨厂房		非大型屋面板屋面	无纵向水平支撑	
			有纵向水平支撑	0.7
		大型屋面板屋面	—	
备注	有横梁的露天结构（如落锤车间等）			0.9

把作用在梁跨度上的荷载集中到梁端，忽略了框架屈曲前变形和梁的轴向压力，荷载的临界值会产生一定的误差。据已有资料分析，单跨框架对称失稳时分布于梁上的荷载影响比较大，而反对称失稳时则影响不大。因此，单跨框架最常见的侧移失稳，其梁上荷载的弯矩影响可以忽略，但当框架顶部有水平支撑防止侧移时，梁上荷载的弯矩影响不能忽略。

水平荷载的影响是否可以忽略要具体分析。如果按一阶分析来考虑则水平荷载对框架柱计算长度影响不大；若采用二阶分析则使框架的内力增大而刚度降低，不利于保持稳定。这种效应的影响主要表现在非弹性阶段。

6.5.4　在框架平面外柱的计算长度

对于平面框架，框架柱在框架平面外的计算长度应取能阻止框架柱平面外位移的相邻支承点间的距离。柱在框架平面外的计算长度取决于支撑构件的布置。柱在框架平面外失稳时，支撑结构使柱在框架平面外得到支撑，支撑点可以看作变形曲线的反弯点。因此，柱在平面外的计算长度就等于支撑点之间的距离。如图 6-20 所示单层框架柱，上下段平面外的计算长度是不同的，上段取为自屋架纵向水平支撑或托架支座处到吊车梁的制动梁间的距离 H_1，下柱框架平面外的计算长度应取自柱脚底面至肩梁顶面的高度 H_2。有了计算长度以后框架柱即可根据其受力条件按压弯构件设计。

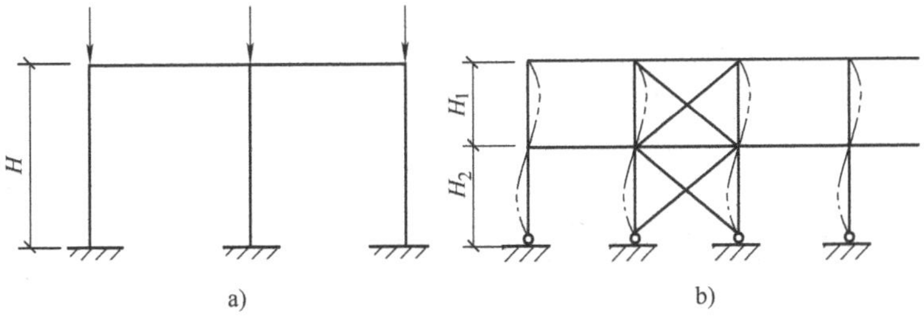

图 6-20　框架柱在弯矩作用平面外的计算长度

【例 6-4】 图 6-21 所示为一铰接柱脚的双跨等截面柱框架。要求确定边柱和中柱在框架平面内的计算长度。

【解】 先计算框架中诸构件的截面惯性矩。

横梁 $I_0=(1\times80^3/12+2\times35\times1.6\times40.8)\text{cm}^4=229100\text{cm}^4$

边柱 $I_1=(1\times36^3/12+2\times30\times1.2\times18.6)\text{cm}^4=28800\text{cm}^4$

中柱 $I_2=(1\times46^3/12+2\times30\times1.6\times23.8)\text{cm}^4=62500\text{cm}^4$

再计算横梁的线刚度与边柱的线刚度之比

$$K_0=\frac{I_0H}{I_1L}=\frac{229100\times8}{28800\times12}=5.3$$

图 6-21 是一个有侧移框架，柱的下端与柱基础铰接，上端与横梁刚接，查表 6-2 内插得边柱的计算长度系数

$$\mu=2.07-\frac{(5.3-5)}{(10-5)}\times(2.07-2.03)=2.068$$

用近似公式计算

$$\mu=2\times\sqrt{1+0.38/5.3}=2.07$$

两个横梁的线刚度之和与中柱线刚度的比值为

$$K_1=\frac{2I_0H}{I_2L}=\frac{2\times229100}{62500}\times\frac{8}{12}=4.9$$

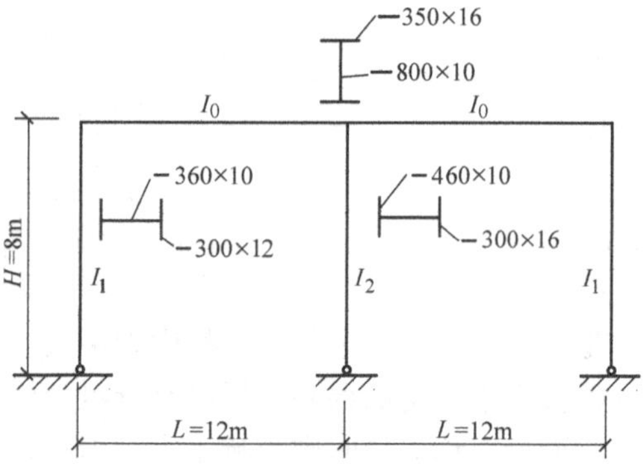

图 6-21 例 6-4 图

查表 6-2 内插得到中柱的计算长度系数

$$\mu=2.07+\frac{(5-4.9)}{(5-1)}\times(2.33-2.07)=2.0765$$

用近似公式计算

$$\mu=2\times\sqrt{1+0.38/4.9}=2.0761$$

两种计算结果几乎是一样的。

【例 6-5】 图 6-22 为一有侧移双层框架，图中圆圈内数字为横梁或柱子的线刚度。试求各柱在框架平面内的计算长度系数。

【解】 根据有侧移框架柱的计算系数表，可查得各柱的计算长度系数如下

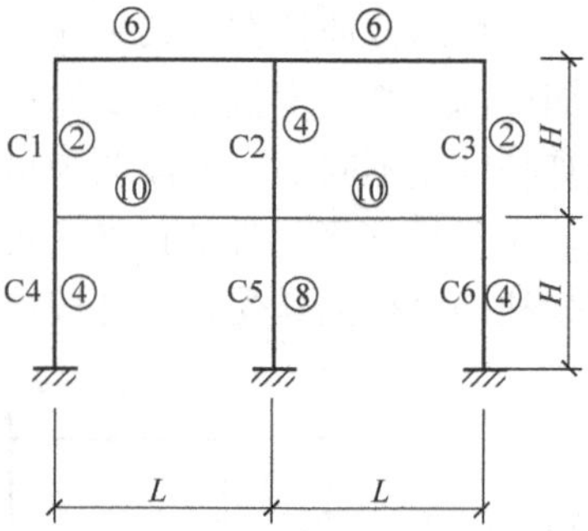

图 6-22 例 6-5 图

柱 C1、C3

$$K_1=\frac{6}{2},\ K_2=\frac{10}{2+4}=1.67，得\ \mu=1.16$$

柱 C2

$$K_1=\frac{6+6}{4}=3,\ K_2=\frac{10+10}{4+8}=1.67，得\ \mu=1.16$$

柱 C4、C6

$$K_1=\frac{10}{2+4}=1.67,\ K_2=10,\ 得\ \mu=1.13$$

柱 5

$$K_1=\frac{10+10}{4+8}=1.67,\ K_2=0,\ 得\ \mu=2.22$$

6.6 压弯构件的板件稳定

6.6.1 腹板的稳定

实腹式压弯构件的腹板受压、弯、剪的共同作用，其截面可能是弹性状态，也可能是弹塑性状态，因此其稳定性计算比较复杂。

压弯构件的腹板可以看成是四边简支板，处于剪应力和非均匀压应力联合作用下（图6-23），其弹性屈曲条件为

$$\left[1-\left(\frac{\alpha_0}{2}\right)^5\right]\frac{\sigma}{\sigma_0}+\left(\frac{\alpha_0}{2}\right)^5\left(\frac{\sigma}{\sigma_0}\right)^2+\left(\frac{\tau}{\tau_0}\right)^2=1 \tag{6-25}$$

式中 τ、σ——压弯构件在剪力作用下腹板的平均剪应力和在弯矩与轴向力的共同作用下腹板边缘的最大压应力；

α_0——与腹板上下边缘的最大压应力和最小应力有关的应力梯度，即

$$\alpha_0=(\sigma_{\max}-\sigma_{\min})/\sigma_{\max};$$

τ_0——腹板仅受剪应力作用时的屈曲剪应力，对于柱腹板

$$\tau_0=5.784\times\frac{\pi^2Et_w^2}{12(1-\nu^2)h_0^2} \tag{6-26}$$

σ_0——腹板仅受弯矩和轴向压力联合作用时的屈曲应力，即

$$\sigma_0=K_\sigma\frac{\pi^2Et_w^2}{12(1-\nu^2)h_0^2} \tag{6-27}$$

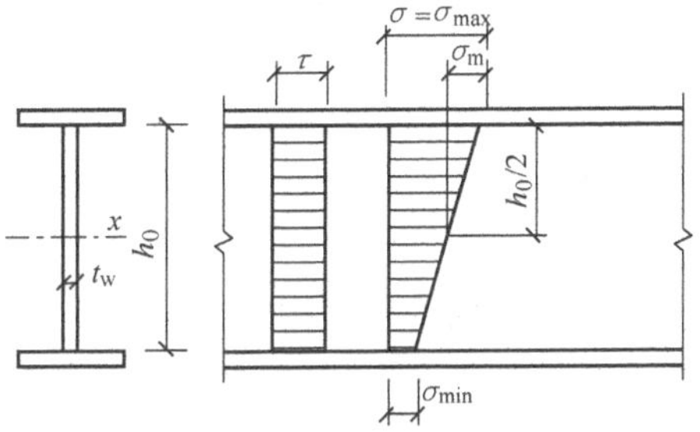

图6-23 压弯构件腹板受力状态

弹性屈曲系数 K_σ 取决于应力梯度 α_0，在四边简支情况下，$\alpha_0=0$ 时，$K_\sigma=4$；$\alpha_0=2$ 时，$K_\sigma=23.9$。弹性屈曲系数 K_σ 的值见表6-4。

在正应力与剪应力联合作用下，腹板的弹性屈曲应力为

$$\sigma_{cr}=K_e\frac{\pi^2Et_w^2}{12(1-\nu^2)h_0^2} \tag{6-28}$$

式中，K_e 为与比值 τ/σ 及 α_0 有关的弹性屈曲系数。由式（6-25）可知，剪应力的存在降低了腹板的屈曲应力，其降低的程度与应力梯度 α_0 有关，当 $\alpha_0=2$ 即纯弯曲时影响最大，而当 $\alpha_0\leqslant1$ 时，τ/σ_m（σ_m 为弯曲应力）值的变化对腹板的屈曲应力影响很少。经分析，钢结构中的压弯构件，对厂房柱一类构件可取 τ 为 $0.3\sigma_m$，当 $\alpha_0=2$ 时，即 $\tau/\sigma=0.15\alpha_0$，代入式（6-25）即可求出此时的 K_e 的值，见表6-4。

表 6-4 在非均匀压应力和剪应力联合作用下腹板的弹性屈曲系数

α_0	0	0.2	0.4	0.6	0.8	1.0	1.2	1.4	1.6	1.8	2.0
K_σ ($\tau=0$)	4.000	4.443	4.992	5.689	6.595	7.812	9.503	11.868	15.183	19.524	23.922
K_e ($\tau=0.3\sigma_m$)	4.000	4.435	4.970	5.640	6.469	7.507	8.815	10.393	12.150	13.800	15.012

由式（6-28）得到的屈曲应力只适用于弹性状态屈曲的板。对于在弯矩作用平面内失稳的压弯构件，截面一般都不同程度地开展了塑性。需要根据板的塑性屈曲理论确定腹板的塑性屈曲系数 K_p，用以代替式（6-28）中的 K_e。塑性屈曲系数 K_p 的确定比较复杂，这里不作介绍。一旦确定了 K_p，腹板高厚比的允许值可由 $\sigma_{cr}=f_y$ 确定。

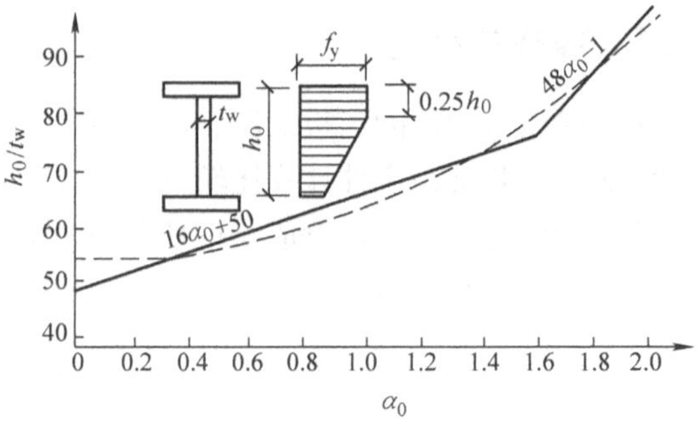

图 6-24 腹板的容许高厚比

经过计算分析可得 h_0/t_w 的限值与 α_0 之间的关系曲线，如图 6-24 中的虚线所示。在计算时假定了腹板塑性区的深度为其高度的 1/4。为了计算上的方便，2003 版规范用两段直线替代，如图 6-24 中的实线所示。2017 版《钢结构设计标准》偏于安全地用一条直线替代，即

$$h_0/t_w=(45+25\alpha_0^{1.66})\varepsilon_k \tag{6-29}$$

实际上，长细比小的压弯构件在弯曲作用平面内失稳时，截面的塑性深度超过 $0.25h_0$，而长细比大的压弯构件，塑性深度却不到 $0.25h_0$，有时构件截面的边缘纤维已开始屈服，腹板却还处于弹性状态。

对箱形截面的压弯构件，腹板屈曲应力的计算方法与工字形截面相同。但考虑到腹板的嵌固条件不如工字形截面，两块腹板的受力状况也可能不完全一致，因此进行箱形截面腹板的局部稳定计算时，不考虑应力梯度变化，取

$$\frac{h_0}{t_w}=45\varepsilon_k \tag{6-30}$$

在宽度很大的实腹式柱中，腹板的高厚比也可以超过由式（6-29）和式（6-30）计算出的值。这时应采取类似冷弯薄壁型钢构件中板件计算的方法，取腹板的有效截面，然后进行构件的整体稳定验算，但计算其长细比时仍按整个截面考虑。这种处理方法比加厚腹板更为经济有效。

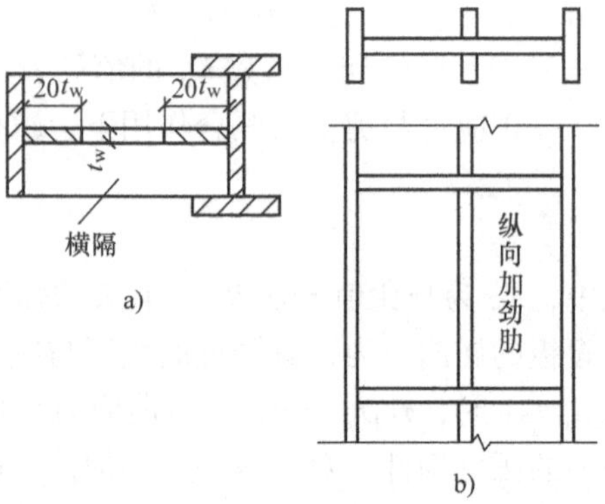

图 6-25 宽柱的腹板

对于十分宽大的实腹柱，也可以在腹板中央设置纵向加劲肋以减少腹板的计算高度 h_0。为了防止构件变形，应每隔 4～6m 设置如图 6-25a 所

示横隔。每个运送单元不应少于两个横隔。

6.6.2　翼缘的稳定

根据受压最大的翼缘和构件等稳定的原则，压弯构件的翼缘一般都在弹塑性状态屈曲。翼缘外伸宽度与厚度之比的允许值可以按照下式确定

$$\frac{b_1}{t}=\sqrt[4]{\eta}\sqrt{\frac{0.425\pi^2 E}{12(1-\nu^2)\sigma_{cr}}} \tag{6-31}$$

对于长细比较小的压弯构件，塑性发展更加充分，这一允许宽厚比的值偏大。取 $\sigma_{cr}=0.97f_y$，$\eta=0.2$，得 $b_1/t=12.46\varepsilon_k$。故《钢结构设计标准》规定，如果构件的截面尺寸由平面内的稳定控制，应力又用得较足，则翼缘外伸宽厚比的允许值为

$$b_1/t\leqslant 13\varepsilon_k \tag{6-32}$$

对长细比较大的压弯构件或构件按弹性设计，即强度和稳定计算中取 $\gamma_x=1.0$ 时，取平均应力 $\sigma_{cr}=0.95f_y$，$\eta=0.4$，可以得到翼缘外伸宽厚比的允许值

$$b_1/t\leqslant 15\varepsilon_k \tag{6-33}$$

具体进行腹板或翼缘板件宽厚比设计时，根据截面允许达到的塑性范围，按《钢结构设计标准》规定的截面板件宽厚比等级选用。

【例6-6】 验算例6-3中压弯构件的板件宽厚比是否在《钢结构设计标准》的允许范围之内。

【解】 截面特性：$A=151\text{cm}^2$；$I_x=133296\text{cm}^2$。长细比 $\lambda_x=33.7$，轴线压力 $N=800\text{kN}$，在构件中央截面有最大弯矩 $M=400\text{kN}\cdot\text{m}$。

（1）检验翼缘的宽厚比　由例6-3知，在弯矩作用平面内的稳定应力远没有用足，$b_1/t=119/12=9.92<15$。

（2）检验腹板的高厚比　先计算腹板边缘的应力，以压应力为正值，拉应力为负值。在腹板的上边缘有

$$\sigma_{max}=\frac{N}{A}+\frac{My_1}{I_x}=\left(\frac{800\times10^3}{151\times10^2}+\frac{400\times10^6\times380}{133296\times10^4}\right)\text{N/mm}^2$$

$$=(53+114)\text{N/mm}^2=167\text{N/mm}^2$$

在腹板的下边缘（图6-16）有

$$\sigma_{max}=\frac{N}{A}-\frac{My_1}{I_x}=(53-114)\text{N/mm}^2=-61\text{N/mm}^2$$

应力梯度

$$\alpha_0=\frac{\sigma_{max}-\sigma_{min}}{\sigma_{max}}=\frac{167-(-61)}{167}=1.365$$

腹板高厚比的允许值

$$\frac{h_0}{t_w}=(45+25\alpha_0^{1.66})\sqrt{\frac{235}{f_y}}=(45+25\times1.365^{1.66})\sqrt{\frac{235}{235}}=86.9$$

截面实际的高厚比 76/1.2＝63.3，小于86.9，满足要求。

6.7 实腹式压弯构件的设计

6.7.1 截面形式

实腹式压弯构件的截面设计应满足强度、刚度、整体稳定、局部稳定及经济性的要求。通常根据压弯构件的受力大小和方向、使用要求、构造要求等选择截面。当承受的弯矩较小时其截面形式与一般的轴心受压构件相同（图4-1）。当弯矩较大时，宜采用在弯矩作用平面内截面高度较大的双轴对称截面或单轴对称截面，如图6-26所示。从经济性考虑，截面应尺寸大而板件薄，以获得较大的惯性矩和回转半径，充分发挥钢材的有效性。同时，宜使弯矩作用平面内和弯矩作用平面外的整体稳定性接近，即满足等稳定性。对于单向压弯构件，根据弯矩的大小，截面的高度应适当大于宽度，以减小弯曲应力，也可以达到经济性的目的。

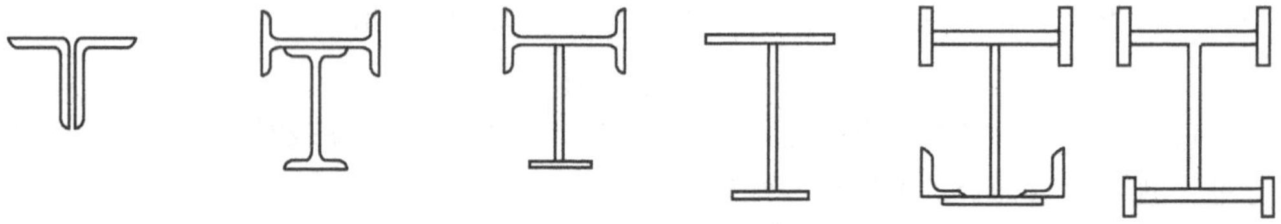

图6-26 压弯构件的单轴对称截面

6.7.2 截面选择及验算

设计时需首先选定截面的形式，再根据构件承受的轴力 N、弯矩 M 和构件的计算长度 l_{0x} 和 l_{0y} 初步确定截面的尺寸，然后进行强度、整体稳定、局部稳定和刚度的验算。由于压弯构件的验算式中涉及的未知量较多，根据初选出来的截面尺寸不一定合适，因而初选的截面尺寸往往需要进行多次调整。

（1）强度验算　承受单向弯矩的压弯构件的强度验算用式（6-5），即

$$\frac{N}{A_n} \pm \frac{M_x}{\gamma_x W_{nx}} \leqslant f$$

当截面无削弱且 N、M 的取值与整体稳定验算的取值相同而等效弯矩系数为1.0时，不必进行强度验算。

（2）整体稳定验算　实腹式压弯构件弯矩作用平面内的稳定计算采用式（6-14），即

$$\frac{N}{\varphi_x A f} + \frac{\beta_{mx} M_x}{\gamma_x W_{1x}(1-0.8N/N'_{Ex})f} \leqslant 1.0$$

对T形截面（包括双角钢T形截面），还应按式（6-15）进行计算

$$\left|\frac{N}{Af} - \frac{\beta_{mx} M_x}{\gamma_x W_{2x}(1-1.25N/N'_{Ex})f}\right| \leqslant 1.0$$

实腹式压弯构件弯矩作用平面外的稳定计算采用式（6-22），即

$$\frac{N}{\varphi_y A f} + \eta \frac{\beta_{tx} M_x}{\varphi_b W_{1x} f} \leqslant 1.0$$

（3）局部稳定验算 组合截面压弯构件腹板的高厚比应满足式（6-29）或式（6-30）的要求，翼缘的宽厚比应满足（6-32）或式（6-33）的要求。

（4）刚度验算 压弯构件的长细比不应超过表4-2中规定的允许长细比限值。

6.7.3 构造要求

压弯构件的翼缘宽厚比必须满足局部稳定的要求，否则翼缘屈曲必然导致构件整体失稳。但当腹板屈曲时，由于存在屈曲后强度，构件不会立即失稳只会使其承载力有所降低。工字形截面和箱形截面由于高度较大，为了保证腹板的局部稳定而需要采用较厚的板时，显得不经济。因此，设计中有时采用较薄的腹板，当腹板的高厚比不满足式（6-29）和式（6-30）的要求时，可考虑腹板中间部分由于失稳而退出工作，计算时取腹板有效截面面积计算承载力（计算构件的稳定系数时仍用全截面）。也可在腹板两侧成对设置纵向加劲肋，此时腹板的受压较大翼缘与纵向加劲肋之间的高厚比应满足式（6-29）和式（6-30）的要求。纵向加劲肋一侧外伸宽度不应小于腹板厚度的10倍，厚度不应小于腹板厚度的0.75倍。

当腹板的 $h_0/t_w>80$ 时，为防止腹板在施工和运输中发生变形，应设置间距不大于 $3h_0$ 的横向加劲肋。同时也应设置纵向加劲肋。加劲肋的截面选择与第5章中梁的加劲肋截面的设计相同。

大型实腹式柱在受有较大水平力处和运送单元的端部应设置横隔，横隔的设置方法详见图4-32。

【例6-7】 图6-27a所示为用Q235钢焊接的一工字形压弯构件，翼缘为剪切边，承受静力设计偏心压力 N 作用，$N=700\text{kN}$，偏心距 $e=300\text{mm}$，$L=5\text{m}$，构件的两端铰接。试验算构件的强度、稳定和刚度。如不满足要求，应如何设置侧向支承提高其承载力，并进行验算。

【解】 （1）计算截面特性

$A=(2\times20\times1.4+50\times1.0)\text{cm}^2=106\text{cm}^2$

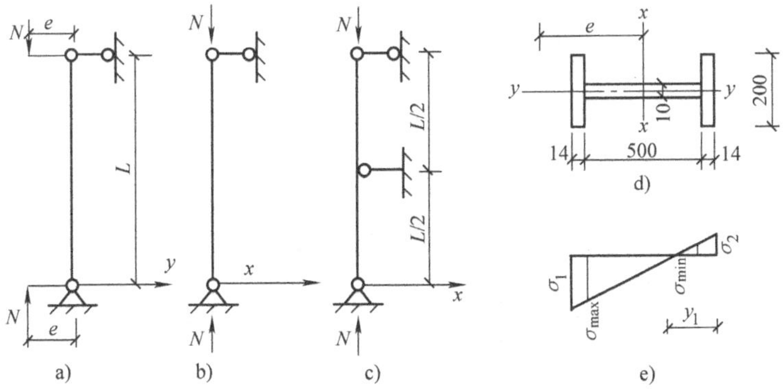

图6-27 例6-7图

$$I_x=\left(\frac{1}{12}\times1.0\times50^3+2\times20\times1.4\times25.7^2\right)\text{cm}^4=4.74\times10^4\ \text{cm}^4$$

$I_y=2\times\frac{1}{12}\times1.4\times20^3\text{cm}^4=1.87\times10^3\text{cm}^4$

$i_x=\sqrt{\frac{I_x}{A}}=\sqrt{\frac{4.74\times10^4}{106}}\text{cm}=21.1\text{cm}$

$i_y=\sqrt{\frac{I_y}{A}}=\sqrt{\frac{1.87\times10^3}{106}}\text{cm}=4.2\text{cm}$

（2）验算构件在弯矩作用平面内的稳定

$$\lambda_x=\frac{l_{0x}}{i_x}=\frac{500}{21.1}=23.7$$

属 b 类截面，查附表 4-2 得，$\varphi_x=0.958$。

$$N'_{Ex}=\frac{\pi^2EA}{1.1\lambda_x^2}=\frac{\pi^2\times206\times10^3}{1.1\times23.7^2}\times106\times10^2\text{N}$$
$$=34880\times10^3\text{N}=34880\text{kN}$$

对于两端偏心距 e 相等，即两端偏心弯矩相等的情况，$\beta_{mx}=1.0$。

查表 5-1，$\gamma_x=1.05$。

$M_x=Ne=700\times300\text{kN}\cdot\text{mm}=2.1\times10^5\text{kN}\cdot\text{mm}$

$W_{1x}=2I_x/h=2\times4.74\times10^4/52.8\text{cm}^3=1795\text{cm}^3$

$$\frac{N}{\varphi_xAf}+\frac{\beta_{mx}M_x}{\gamma_xW_{1x}\left(1-0.8\frac{N}{N'_{wx}}\right)f}$$

$$=\frac{700\times10^3}{0.958\times106\times10^2\times215}+\frac{1.0\times2.1\times10^8}{1.05\times1.795\times10^6\left(1-0.8\frac{700}{34880}\right)\times215}$$

$=0.33+0.53=0.86<1.0$

（3）验算构件在弯矩作用平面外的稳定

如图 6-27b 所示，$\lambda_y=l_{0y}/i_y=500/4.2=119$。

焊接工字形截面，翼缘为剪切边，对 y 轴属 c 类截面，查附表 4-3 得，$\varphi_y=0.383$。

对于两端偏心距 e 相等，即两端偏心弯矩相等的情况，$\beta_{tx}=1.0$。

对双轴对称工字形截面，当 $\lambda_y\leqslant120\varepsilon_k$ 时，有

$\varphi_b=1.07-\lambda_y^2/44000\times f_y/235=1.07-119^2/44000\times235/235=0.748$

代入验算公式

$$\frac{N}{\varphi_yAf}+\frac{\beta_{tx}M_x}{\varphi_bW_{1x}f}=\frac{700\times10^3}{0.383\times106\times10^2\times215}+\frac{1.0\times2.1\times10^8}{0.748\times1.795\times10^6\times215}$$
$$=0.8+0.73=1.53>1.0\text{（不满足要求）}$$

在构件中央 $l/2$ 处，加一侧向支承点，阻止绕 y 轴失稳，如图 6-27c 所示。

$\lambda_y=250/4.2=59.5$，属 c 类截面，查附表 4-2 得，$\varphi_y=0.712$。

$\varphi_b=1.07-\lambda_y^2/44000\times f_y/235=1.07-59.5^2/44000=0.989$

代入验算公式

$$\frac{N}{\varphi_yAf}+\eta\frac{\beta_{tx}M_x}{\varphi_bW_{1x}f}=\frac{700\times10^3}{0.712\times106\times10^2\times215}+1.0\times\frac{1.0\times2.1\times10^8}{0.989\times1.795\times10^6\times215}$$

$=0.43+0.55=0.98<1.0$（满足要求）

从计算结果可以看出，尽管绕 y 轴加了一个侧向支承，但由于 λ_y 比 λ_x 仍大很多，因而构件在弯矩作用平面外的弯扭失稳承载力仍低于构件在弯矩作用平面内的弯曲失稳承载力。因截面无削弱且 N、M 的取值与整体稳定验算的取值相同而等效弯矩系数为 1.0，不必进行强度验算。

（4）局部稳定验算

1）翼缘板。由于强度计算中考虑了塑性 $\gamma_x>1.0$，因而翼缘自由外伸宽度部分的宽厚比限值为 $13\varepsilon_k$，则

$$b_1/t=95/14=6.8<13$$

2）腹板。

$$\sigma_1=N/A+M/W=[700\times10^3/(106\times10^2)+2.1\times10^8/(1.795\times10^6)]\text{N/mm}^2$$
$$=(66+117)\text{N/mm}^2=183\text{N/mm}^2$$

$$\sigma_2=N/A-M/W=(66-117)\ \text{N/mm}^2=-51\text{N/mm}^2$$

如图 6-27e 所示，腹板边缘的最大应力和最小应力为

$$y_1=\sigma_2/(\sigma_1+\sigma_2)\times h=51/(183+51)\times528\text{mm}=115\text{mm}$$

$$\sigma_{max}=(528-115-14)/(528-115)\times183\text{N/mm}^2=177\text{N/mm}^2$$

$$\sigma_{min}=(115-14)/115\times(-51)\text{N/mm}^2=-45\text{N/mm}^2$$

$$\alpha_0=(\sigma_{max}-\sigma_{min})/\sigma_{max}=[177-(-45)]/177=1.25$$

腹板高厚比限值为

$$h_0/t_w=(45+25\alpha_0^{1.66})\varepsilon_k=(45+25\times1.25^{1.66})\sqrt{\frac{235}{235}}=81.2$$

腹板实际高厚比为

$h_0/t_w=500/10=50<81.2$（满足要求）

（5）刚度验算　查表 4-2 得 $[\lambda]=150$，实际最大 $\lambda=59.5<[\lambda]=150$，满足要求。

6.8 格构式压弯构件的设计

截面高度较大的压弯构件，采用格构式可以节省材料，所以格构式压弯构件一般用于厂房的框架柱和高大的独立支柱。由于截面的高度较大且受有较大的外剪力，故构件常用缀条连接。缀板连接的格构式压弯构件较少采用。

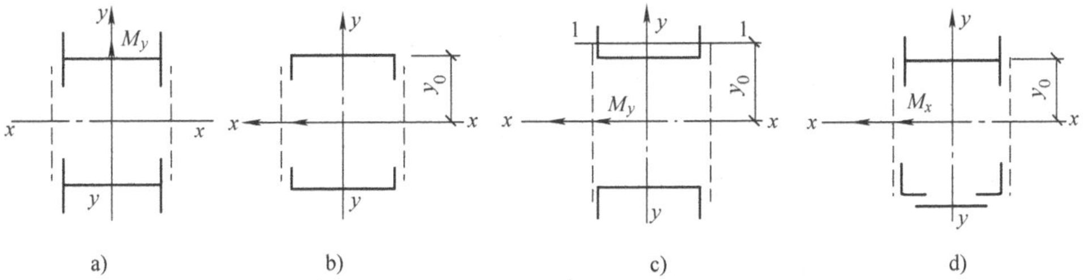

图 6-28　格构式压弯构件截面

常用的格构式压弯构件截面如图6-28所示。当柱中弯矩不大或正负弯矩的绝对值相差不大时，可用对称的截面形式；如果正负弯矩的绝对值相差较大时，常采用不对称截面，并将较大肢放在受压较大的一侧。

6.8.1 弯矩绕虚轴作用的格构式压弯构件

格构式压弯构件通常使弯矩绕虚轴作用（图6-29c、d），对此种构件应进行弯矩作用平面内、外的整体稳定性，分肢的稳定性及缀材的计算。

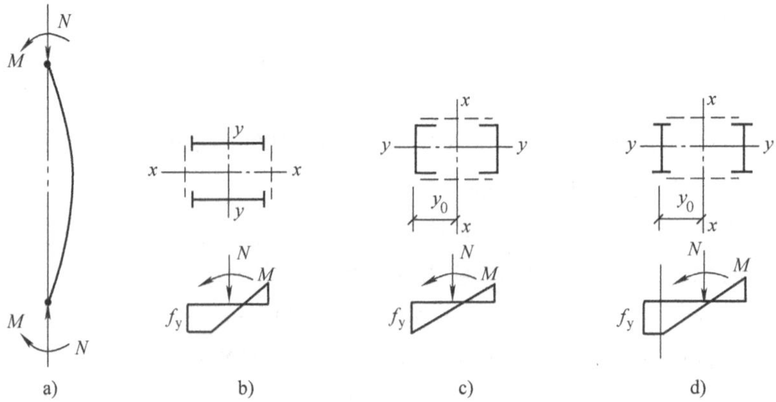

图6-29 格构式压弯构件的计算简图

1. 弯矩作用平面内的整体稳定性计算

弯矩绕虚轴作用的格构式压弯构件，由于截面中部空心，不能考虑塑性的深入发展，故弯矩作用平面内的整体稳定计算适合采用边缘屈服准则。在根据此准则导出的相关式（6-13）中，引入等效弯矩系数β_{mx}并考虑抗力分项系数后，得

$$\frac{N}{\varphi_x Af}+\frac{\beta_{mx}M_x}{W_{1x}\ (1-N/N'_{Ex})\ f}\leqslant 1.0 \tag{6-34}$$

式中，$W_{1x}=I_x/y_0$，I_x为对x轴（虚轴）的毛截面惯性矩。当距x轴最远的纤维属于肢件的腹板时（图6-29c），y_0为由x轴到压力较大分肢腹板边缘的距离；当距x轴最远的纤维属于肢件翼缘的外伸部分时（图6-29d），y_0为由x轴到压力较大分肢轴线的距离。φ_x是由构件绕虚轴的换算长细比λ_{0x}确定的b类截面轴心压杆稳定系数。N'_{Ex}是考虑抗力分项系数γ_R（取钢材平均抗力系数值1.1）的欧拉临界力，按对虚轴（x轴）的换算长细比λ_{0x}确定。

2. 弯矩作用平面外的整体稳定性

弯矩绕虚轴作用的格构式压弯构件，可能因弯矩作用平面外的刚度即对实轴的刚度不足而失稳。格构式压弯构件由于缀件比较柔软，在较大的压力作用下，构件趋向弯矩作用平面外弯曲时，分肢之间的整体性不强，以致表现为单肢失稳。因此，格构式压弯构件在弯矩作用平面外的整体稳定性一般由分肢的稳定计算来保证。

3. 分肢的稳定性计算

将缀条式压弯构件视为一平行弦桁架，将构件的两个分肢看作桁架体系的弦杆，两分肢的轴心力应按下列公式计算（图6-30）：

分肢1

$$N_1 = N\frac{z_2}{a} + \frac{M_x}{a} \tag{6-35}$$

分肢2

$$N_2 = N - N_1 \tag{6-36}$$

缀条式压弯构件的分肢按轴心压杆计算。分肢的计算长度，在缀材平面内取缀条体系的节间长度；在缀条平面外，取整个构件两侧向支撑点间的距离。

进行缀板式压弯构件的分肢计算时，除轴心力 N_1（或 N_2）外，还应考虑由剪力作用引起的局部弯矩，按实腹式压弯构件验算单肢的稳定性。

4. 缀材的计算

计算压弯构件的缀材时，应取构件实际剪力和按式（6-37）计算所得剪力两者中的较大值。其计算方法与格构式轴心受压构件相同。

$$V = \frac{Af}{85}\varepsilon_k \tag{6-37}$$

6.8.2 弯矩绕实轴作用的格构式压弯构件

当弯矩作用在与缀材面相垂直的主平面内时（图 6-29b），构件绕实轴产生弯曲失稳，它的受力性能与实腹式压弯构件完全相同。因此，弯矩绕实轴作用的格构式压弯构件，弯矩作用平面内和平面外的整体稳定计算均与实腹式构件相同，在计算弯矩作用平面外的整体稳定时，长细比应取换算长细比，整体稳定系数取 $\varphi_b = 1.0$。

缀材（缀板或缀条）所受剪力，应取构件实际剪力和按式（6-41）计算所得剪力两者中的较大值。

6.8.3 格构式双向压弯构件

当弯矩作用在两个主平面内时，应对整体稳定性和分肢稳定性进行计算。

（1）整体稳定性计算 采用与边缘屈服准则导出的弯矩绕虚轴作用的格构式压弯构件平面内整体稳定计算式（6-38）相衔接的直线式进行计算，即

$$\frac{N}{\varphi_x Af} + \frac{\beta_{mx}M_x}{W_{1x}\left(1 - \varphi_x \frac{N}{N'_{Ex}}\right)f} + \frac{\beta_{ty}M_y}{W_{1y}f} \leqslant 1.0 \tag{6-38}$$

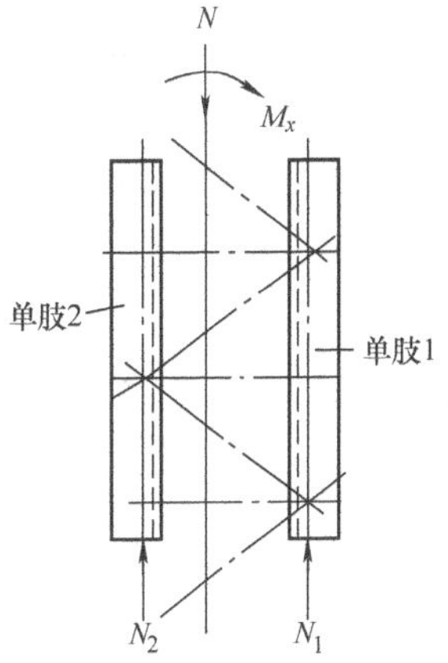

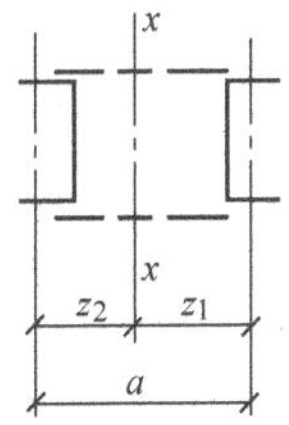

图 6-30 单肢计算简图

（2）分肢的稳定计算 分肢按实腹式压弯构件计算，将分肢作为桁架弦杆计算其在轴力和弯矩共同作用下产生的内力（图 6-30）。

对分肢 1

$$N_1 = N\frac{z_2}{a} + \frac{M_x}{a} \tag{6-39}$$

$$M_{y1} = \frac{I_1/y_1}{I_1/y_1 + I_2/y_2}M_y \tag{6-40}$$

对分肢 2
$$N_2 = N - N_1 \tag{6-41}$$
$$M_{y2} = M_y - M_{y1} \tag{6-42}$$
式中 I_1、I_2——分肢 1 和分肢 2 对轴的惯性矩；

y_1、y_2——分肢 1 和分肢 2 轴线至 x 主轴的距离。

分肢在弯矩作用平面内的稳定计算按式（6-14）进行，在弯矩作用平面外的稳定按式（6-22）进行。对于缀板式压弯构件，其分肢尚应考虑由剪力产生的分肢局部弯矩作用，这时，分肢应按实腹式双向压弯构件计算。

6.8.4 格构柱的横隔及分肢的局部稳定

格构柱压弯构件在受有较大水平力处和运送单元的端部应设横膈，以保证截面形状不变，提高构件的抗扭刚度，防止在施工和运输过程中变形。若构件较长，则应设置中间横隔，其间距不得大于构件截面较大宽度的 9 倍或 8m，横隔可用钢板或交叉角钢做成。横隔的具体设置方法与轴心受压格构柱相同，构造可参见图 4-32。

格构柱分肢的局部稳定同实腹式柱。

【例 6-8】 图 6-31 为一柱脚固定单层厂房框架柱的下柱，在框架平面内（属有侧移框架柱）的计算长度为 $l_{0x} = 21.7\text{m}$，在框架平面外的计算长度（作为两端铰接）$l_{0y} = 12.21\text{m}$，缀条间距为 250cm，钢材为 Q235。试验算此柱在下列组合内力（设计值）作用下的承载力。

（1）第一组（使分肢 1 受力最大）：$M_x = 3340\text{kN}\cdot\text{m}$，$N = 4500\text{kN}$，$V = 210\text{kN}$。

（2）第二组（使分肢 2 受力最大）：$M_x = 2700\text{kN}\cdot\text{m}$，$N = 4400\text{kN}$，$V = 210\text{kN}$。

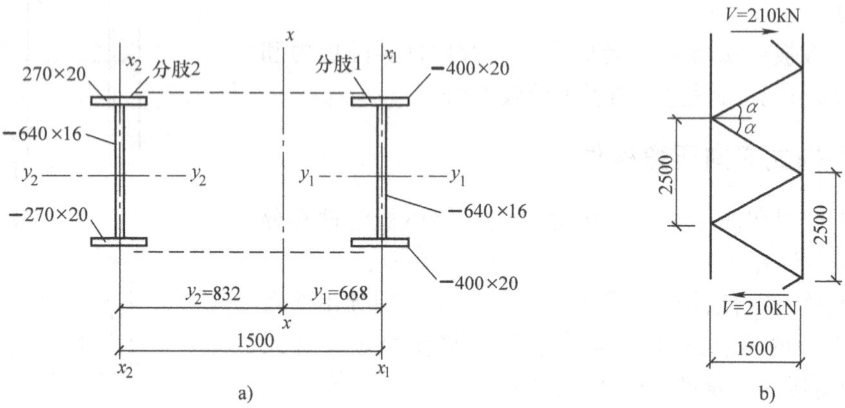

图 6-31 例 6-8 图

【解】 （1）截面几何特性计算

分肢 1 $A_1 = (2\times40\times2 + 64\times1.6)\text{cm}^2 = 262.4\text{ cm}^2$

$$I_{y1} = \frac{1}{12}(40\times68^3 - 38.4\times64^3)\text{cm}^4 = 209200\text{ cm}^4, i_{y1} = 28.24\text{cm}$$

$$I_{x1} = 2\times\frac{1}{12}\times2\times40^3\text{cm}^4 = 21333\text{ cm}^4, i_{x1} = 9.02\text{cm}$$

分肢 2 $A_2 = (2\times27\times2 + 64\times1.6)\text{cm}^2 = 210.4\text{ cm}^2$

$$I_{y2}=\frac{1}{12}(27\times68^3-25.4\times64^3)\text{cm}^4=152600\ \text{cm}^4,i_{y2}=26.93\text{cm}$$

$$I_{x2}=2\times\frac{1}{12}\times2\times27^3\text{cm}^4=6561\ \text{cm}^4,i_{x2}=5.58\text{cm}$$

整个截面　$A=(262.4+210.4)\text{cm}^2=472.8\ \text{cm}^2$

$$I_x=(21333+262.4\times66.8^2+6561+210.4\times83.2^2)\text{cm}^4=2655000\ \text{cm}^4$$

$$i_x=\sqrt{\frac{2655000}{472.8}}\text{cm}=74.9\text{cm}$$

（2）斜缀条截面选择

假想剪力

$V=\frac{Af}{85}\varepsilon_k=\frac{472.8\times10^2\times215}{85}\text{N}=120\times10^3\text{N}$，小于实际剪力 $V=210\text{kN}$

缀条内力及长度　$\tan\alpha=\frac{125}{150}=0.833$，$\alpha=39.8°$

$N_c=\frac{210}{2\cos39.8°}\text{kN}=136.7\text{kN}$，$l=\frac{150}{\cos39.8°}\text{cm}=195\text{cm}$

选用单角钢∠100×8，$A=15.6\text{cm}^2$，$i_{min}=1.98\text{cm}$

$$\lambda=\frac{195\times0.9}{1.98}=88.6<[\lambda]=150$$

查附表4-2（b类截面）得，$\varphi=0.631$。

单角钢单面连接的设计强度折减系数为

$$\eta=0.6+0.0015\lambda=0.6+0.0015\times88.6=0.733$$

验算缀条稳定

$$\frac{N_c}{\eta\varphi Af}=\frac{136.7\times10^3}{0.733\times0.631\times15.6\times10^2\times215}=0.88<1.0\text{（满足要求）}$$

（3）验算弯矩作用平面内的整体稳定

$$\lambda_x=\frac{l_{0x}}{i_x}=\frac{2170}{74.9}=29$$

换算长细比　$\lambda_{0x}=\sqrt{\lambda_x^2+27\frac{A}{A_1}}=\sqrt{29^2+27\times\frac{472.8}{2\times15.6}}=35.4<[\lambda]=150$

查附表4-2（b类截面）得，$\varphi_x=0.916$。

$$N'_{Ex}=\frac{\pi^2EA}{1.1\lambda_{0x}^2}=\frac{\pi^2\times206\times10^3}{1.1\times35.4^2}\times472.8\times10^2\text{N}=69663\times10^3\text{N}$$

$$N_{cr}=\frac{\pi^2EI_x}{l_{0x}^2}=\frac{\pi^2\times206\times10^3\times2655000\times10^4}{(21.7\times10^3)^2}\text{N}=114517\times10^3\text{N}$$

对有侧移框架，$\beta_{mx}=1.0-0.36\frac{N}{N_{cr}}=1.0-0.36\times\frac{4500\times10^3}{114517\times10^3}=0.986$

1）第一组内力，使分肢1受压最大，则

$$W_{1x}=\frac{I_x}{y_1}=\frac{2655000}{66.8}\text{cm}^3=39750\ \text{cm}^3$$

$$\frac{N}{\varphi_x Af}+\frac{\beta_{mx}M_x}{W_{1x}\left(1-\frac{N}{N'_{Ex}}\right)f}$$

$$=\frac{4500\times10^3}{0.916\times472.8\times10^2\times205}+\frac{0.986\times3340\times10^6}{39750\times10^3\times\left(1-\frac{4500}{69663}\right)\times205}$$

$$=0.48+0.41=0.89<1.0（满足要求）$$

2）第二组内力，使分肢 2 受压最大，则

$$W_{2x}=\frac{I_x}{y_2}=\frac{2655000}{83.2}cm^3=31910\ cm^3$$

$$\beta_{mx}=1.0-0.36\frac{N}{N_{cr}}=1.0-0.36\times\frac{4400\times10^3}{114517\times10^3}=0.986$$

$$\frac{N}{\varphi_x Af}+\frac{\beta_{mx}M_x}{W_{1x}\left(1-\frac{N}{N'_{Ex}}\right)f}$$

$$=\frac{4400\times10^3}{0.916\times472.8\times10^2\times205}+\frac{0.986\times2700\times10^6}{31910\times10^3\times\left(1-\frac{4400}{69736}\right)\times205}$$

$$=0.89<1.0（满足要求）$$

（4）验算分肢 1 的稳定（用第一组内力）

最大压力 $N_1=\left(\frac{0.832}{1.5}\times4500+\frac{3340}{1.5}\right)kN=4722kN$

$$\lambda_{x1}=\frac{250}{9.02}=27.7<[\lambda]=150$$

查附表 4-2（b 类截面），$\varphi_{min}=0.886$。

$$\frac{N_1}{\varphi_{min}A_1f}=\frac{4722\times10^3}{0.886\times262.4\times10^2\times205}=0.94<1.0（满足要求）$$

（5）验算分肢 2 的稳定（用第二组内力）

最大压力 $N_2=\frac{0.668}{1.5}\times4400+\frac{2700}{1.5}kN=3759kN$

$$\lambda_{x2}=\frac{250}{5.58}=44.8<[\lambda]=150$$

查附表 4-2（b 类截面），$\varphi_{min}=0.877$。

$$\frac{N_2}{\varphi_{min}A_2f}=\frac{3759\times10^3}{0.877\times210.4\times10^2\times205}=0.95<1.0（满足要求）$$

（6）分肢局部稳定验算　只需验算分肢 1 的局部稳定。此分肢属于轴心受压构件，应按式（4-44）和式（4-46）进行验算。因 $\lambda_{x1}=27.7$，$\lambda_{y1}=43.2$，得 $\lambda_{max}=43.2$，则

翼缘 $\frac{b_1}{t}=\frac{200}{20}=10<(10+0.1\lambda_{max})\varepsilon_k=10+0.1\times43.2=14.32$

腹板 $\frac{h_0}{t_w}=\frac{640}{16}=40<(25+0.5\lambda_{max})\varepsilon_k=25+0.5\times43.2=46.6$

从以上验算结果看，此截面是合适的。

【例 6-9】 试计算图 6-32 所示的铰接柱脚单向压弯格构式双肢缀板框架柱的截面。钢材用 Q235BF，E43 型焊条，手工焊，截面无削弱，承受的荷载设计值为：轴心压力 $N=1200\text{kN}$，剪力 $M_x=\pm160\text{kN}\cdot\text{m}$，剪力 $V=30\text{kN}$。柱在弯矩作用平面内有侧移，计算长度 $l_{0x}=17.64\text{m}$；弯矩作用平面外两端有支撑，计算长度 $l_{0y}=6.3\text{m}$。

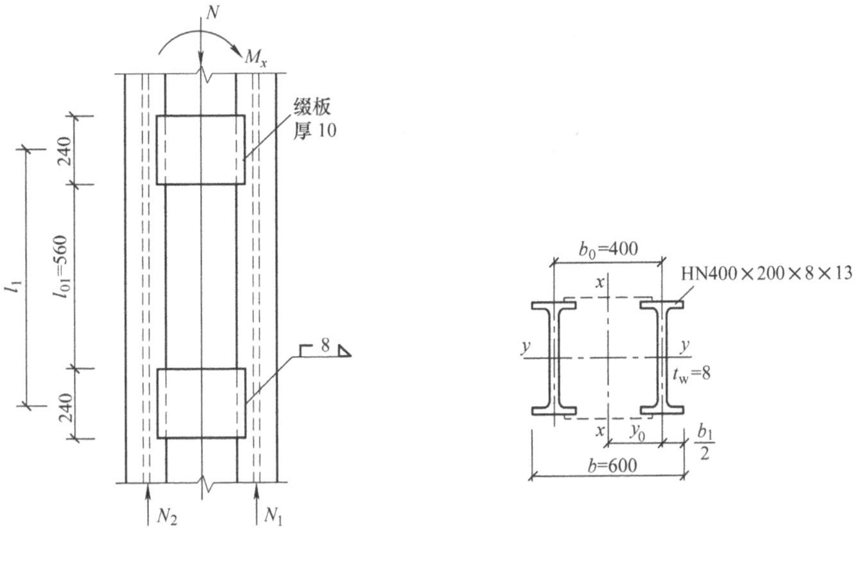

图 6-32　例 6-9 图

【解】 （1）截面几何特性计算

分肢 HN400×200×8×13

$A_1=84.12\text{cm}^2$，$I_{x1}=1740\text{cm}^4$，$I_{y1}=23700\text{cm}^4$

$W_{x1}=174\text{cm}^3$，$i_{x1}=4.54\text{cm}$，$i_{y1}=16.78\text{cm}$

因此截面面积为

$$A=2A_1=2\times84.12\text{cm}^2=168.24\text{cm}^2$$

截面惯性矩为

$$I_x=2\left[I_{x1}+A_1\left(\frac{b_0}{2}\right)^2\right]=2\ (1740+84.12\times20^2)\ \text{cm}^4=70776\text{cm}^4$$

$$I_y=2I_{y1}=2\times23700\text{cm}^4=47400\text{cm}^4$$

截面回转半径为　$$i_x=\sqrt{\frac{I_x}{A}}=\sqrt{\frac{70779}{168.24}}\text{cm}=20.5\text{cm}$$

截面抵抗弯矩为　$$i_y=\sqrt{\frac{I_y}{A}}=\sqrt{\frac{47400}{168.24}}\text{cm}=16.79\text{cm}$$

$$W_x=\frac{I_x}{y_{\max}}=\frac{70776}{30}\mathrm{cm}^3=2359.2\mathrm{cm}^3\text{（验算强度时用）}$$

$$W_{1x}=\frac{I_x}{y_0}=\frac{70776}{20}\mathrm{cm}^3=3538.8\mathrm{cm}^3\text{（验算稳定时用）}$$

y_0 为由 x 轴到压力较大分肢轴线的距离。

（2）强度验算　格构式构件对虚轴（x 轴）的截面塑性发展系数 $\gamma_x=1.0$，截面无削弱，则

$$A_n=A,\ W_{nx}=W_x$$

腹板厚 $t_w=8\mathrm{mm}$，翼缘宽 $b_1=200\mathrm{mm}$，厚 $t=13\mathrm{mm}<16\mathrm{mm}$，$f=215\mathrm{N/mm^2}$。

$$\frac{N}{A_nf}+\frac{M_x}{\gamma_xW_{nx}f}=\frac{1500\times10^3}{168.24\times10^2\times215}+\frac{160\times10^6}{1.0\times2359.2\times10^3\times215}$$

$$=0.41+0.32=0.73<1.0\text{（满足要求）}$$

（3）弯矩作用平面内的整体稳定计算　分肢对最小刚度轴 1—1 的计算长度 l_{01} 和长细比 λ_1 为

$$l_{01}=56\mathrm{cm},\ \lambda_1=\frac{l_{01}}{i_{x1}}=\frac{56}{4.54}=12.33$$

柱对截面虚轴 x 轴的长细比 λ_x 和换算长细比 λ_{0x} 分别为

$$\lambda_x=\frac{l_{0x}}{i_x}=\frac{17.64\times10^2}{20.5}=86$$

$$\lambda_{0x}=\sqrt{\lambda_x^2+\lambda_1^2}=\sqrt{86^2+12.33^2}=86.88$$

由 $\lambda_{0x}=86.88$ 查附表得，稳定系数为 $\varphi_x=0.642$（b 类截面）。

欧拉临界力为 $N'_{Ex}=\dfrac{\pi^2EA}{1.1\lambda_{0x}^2}=\dfrac{3.14^2\times206\times10^3\times168.24\times10^2}{1.1\times86.88^2}\times10^{-3}\mathrm{kN}=4120\mathrm{kN}$

等效弯矩系数 $\beta_{mx}=1.0$（有侧移框架，铰接柱脚），可得

$$\frac{N}{\varphi_xAf}+\frac{\beta_{mx}M_x}{W_{1x}\left(1-\frac{N}{N'_{Ex}}\right)f}=\frac{1500\times10^3}{0.642\times168.24\times10^2\times215}+\frac{1.0\times160\times10^6}{3538.8\times10^3\left(1-\frac{1500}{4120}\right)\times215}$$

$$=0.65+0.33=0.98<1.0\text{（满足要求）}$$

（4）分肢稳定性　格构式单向压弯缀板式柱分肢的稳定性按弯矩绕分肢最小刚度轴 1—1 作用的实腹式单向压弯构件计算。

1）分肢内力。

分肢承受的轴心压力

$$N_1=\frac{N}{2}+\frac{M_x}{b_0}=\left(\frac{1500}{2}+\frac{160}{4}\right)\mathrm{kN}=1150\mathrm{kN}$$

分肢承受的弯矩 M_1 由剪力 V 引起，按多层钢架计算。假定在剪力作用下，各反弯点分别位于横梁（缀板）和柱（分肢）的中央。

柱的计算剪力为

$$V=\frac{Af}{85}\varepsilon_k=\frac{168.24\times10^2\times215}{85}\times\sqrt{\frac{235}{235}}\times10^{-3}\mathrm{kN}=42.6\mathrm{kN}$$

计算剪力大于柱的实际剪力 $V=30\text{kN}$，取 $V=42.6\text{kN}$。计算分肢承受的弯矩 M_1 为

$$M_1=2\frac{V_1}{2}\frac{l_1}{2}=\frac{Vl_1}{4}=\frac{42.6\times(0.56+0.24)}{4}\text{kN}\cdot\text{m}=8.52\text{kN}\cdot\text{m}$$

式中，l_1 为相邻两缀板轴线间距离。

2）分肢在弯矩作用平面内的稳定性。由 $\lambda_1=12.33$，$\varphi_1=0.989$（b 类截面），可得欧拉临界力为

$$N'_{\text{E}x}=\frac{\pi^2EA_1}{1.1\lambda_1^2}=\frac{3.14^2\times206\times10^3\times84.12\times10^2}{1.1\times12.33^2}\times10^{-3}\text{kN}=102269.8\text{kN}$$

截面塑性发展系数 $\gamma_1=1.20$，等效弯矩系数取有侧移时的 $\beta_{\text{m1}}=1.0$，得

$$\frac{N_1}{\varphi_1A_1f}+\frac{\beta_{\text{m1}}M_1}{\gamma_1W_{x1}\left(1-0.8\frac{N}{N'_{\text{E}x}}\right)f}=\frac{1150\times10^3}{0.989\times84.12\times10^2\times215}+$$

$$\frac{1.0\times8.52\times10^6}{1.2\times174\times10^3\left(1-0.8\times\frac{1150}{102269.8}\right)\times215}$$

$$=0.64+0.19=0.83<1.0\text{（满足要求）}$$

3）分肢在弯矩作用平面外稳定性。由 $\lambda_{y1}=\frac{l_{0y}}{i_{y1}}=\frac{6.3\times10^2}{16.78}=37.54$ 查得，$\varphi_{y1}=0.947$（a 类截面），等效弯矩系数取 $\beta_{\text{t1}}=0.85$（端弯矩，构件产生反向曲率），受弯构件整体稳定系数 $\varphi_{\text{b}}=1.0$（工字形截面，弯矩绕弱轴作用），得

$$\frac{N_1}{\varphi_{y1}A_1f}+\frac{\beta_{\text{t1}}M_1}{W_1\varphi_{\text{b}}f}=\frac{1150\times10^3}{0.947\times84.12\times10^2\times215}+\frac{0.85\times8.52\times10^6}{1.0\times174\times10^3\times215}$$

$$=0.67+0.19=0.86<1.0\text{（满足要求）}$$

（5）刚度。最大长细比为

$$\lambda_{\max}=\max\{\lambda_{0x},\lambda_1,\lambda_{y1}\}=\lambda_{0x}=86.88<[\lambda]=150\text{（满足要求）}$$

缀板刚度和缀板与分肢间连接的强度均满足要求，计算方法同格构式轴心受压构件。

6.9 柱脚设计

压弯构件与基础的连接有铰接柱脚和刚接柱脚两种类型。铰接柱脚不传递弯矩，它的构造和计算方法与轴心受压柱的柱脚基本相同，但因所受剪力较大，应采取抗剪构造措施。刚接柱脚因能同时传递压力、剪力和弯矩，构造上要保证传力明确，柱脚与基础之间的连接要兼顾强度和刚度，并要便于制造和安装。对于一般单层厂房来说，剪力通常不大，底板与基础之间的摩擦足以满足要求，也可以设置抗剪键来承受剪力。

图 6-33 ~ 图 6-35 是几种常用的刚接柱脚，实腹柱和分肢距离较小的格构柱可以采用图 6-33 和图 6-34 的整体式刚接柱脚。对分肢距离较大的格构柱，为节约钢材，常采用图 6-35 所示的分离式刚接柱脚。

当弯矩较小时，底板下全截面承受压力，锚栓主要起固定柱脚的作用。当轴心压力较小，弯矩较大时，底板下一侧可能会产生拉力，该拉力由锚栓承受。因此锚栓的数量和直径应通过该拉力计算，如图 6-33 所示。

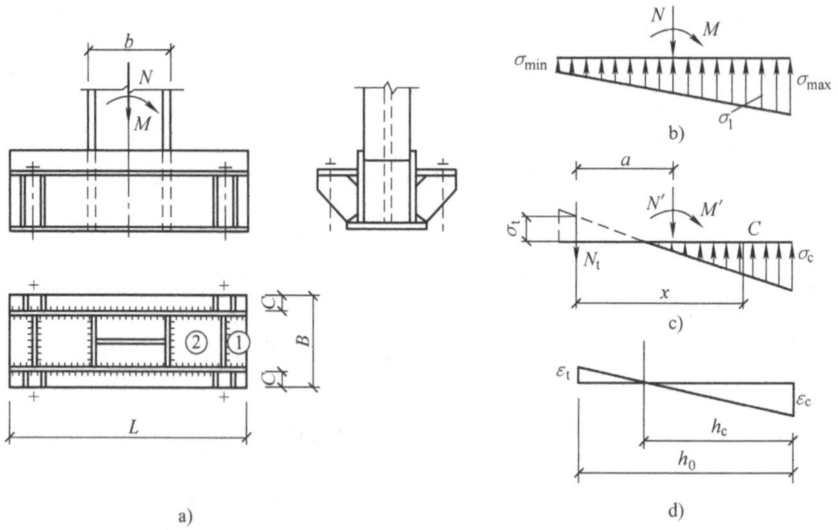

图 6-33 实腹柱整体式刚接柱脚

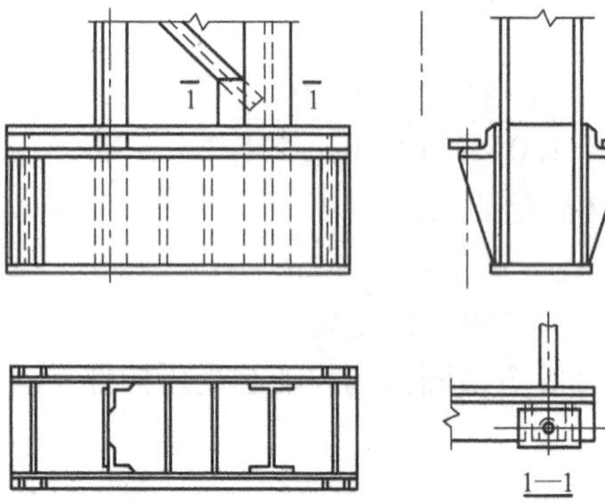

图 6-34 格构柱整体式刚接柱脚

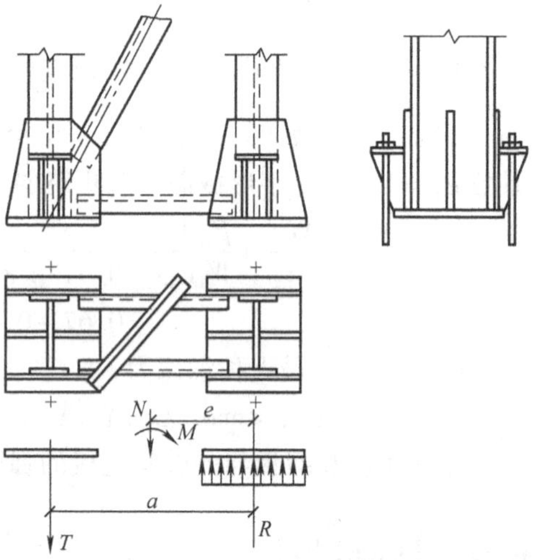

图 6-35 格构柱分离式柱脚

为了保证柱脚与基础能形成刚性连接，锚栓不宜直接固定在底板上，而应采用图 6-33 所示的构造，在靴梁侧面焊接两块肋板，锚栓固定在肋板上面的顶板上。同时，为了便于安装，调整柱脚的位置，锚栓不宜直接穿过底板，而应设在底板之外。顶板上锚栓孔的直径应为锚栓直径的 1.5 ~2.0 倍，柱子就位并经过调整到满足设计要求后，应用垫板套住锚栓并与顶板焊牢。

为了加强分离式柱脚在运输和安装时的刚度，增强整体性，应设置缀材把两个柱脚连接起来，如图 6-35 所示。

柱脚的设计包括底板尺寸和厚度的确定、锚栓数量和直径的确定以及靴梁、隔板及其连接焊缝的计算。在设计柱脚时，应根据不同的设计内容采用不同的内力组合。通常计算基础混凝土最大压力和设计底板时，按较大的轴心压力、较大的弯矩组合控制，设计锚栓和支撑托架时，按同时发生较小的轴心压力和较大的弯矩组合控制。

6.9.1 底板的设计

（1）底板的面积尺寸　一般先通过柱截面、柱脚内力的大小和构造要求初步选取底板的宽度 B，要求板的悬伸部分 C 不宜超过 2～3cm。然后根据底板下基础的压应力不超过混凝土抗压强度设计值的要求确定底板的长度 L，即

$$\sigma_{max}=\frac{N}{BL}+\frac{6M}{BL^2}\leqslant\beta_c f_c \tag{6-43}$$

式中　β_c——基础混凝土局部承压时的强度提高系数；

N、M——柱脚承受的最不利弯矩和轴心压力，取使基础一侧产生最大压应力的内力组合。

当底板出现拉力时，应先计算锚栓承受的拉力，并可求出底板受压区承受的总压力 $R=N+N_t$。再根据底板下面的三角形应力分布图计算出最大压应力 σ_{max}，使其满足混凝土的抗压强度设计值，从而计算底板的长度。

（2）底板的厚度　确定底板的厚度原则上和轴心受压柱的柱脚底板相同。压弯构件底板各区格承受的压应力虽然都不均匀，但在计算各区格底板的弯矩值时可以偏于安全地取该区格的最大压应力而不是它的平均应力。当底板出现拉应力时，应按锚栓计算中算得的基础压应力进行底板厚度的计算。

6.9.2 锚栓的设计

当弯矩较大时，$\sigma_{min}=\frac{N}{BL}-\frac{6M}{BL^2}\leqslant 0$，表明底板与基础混凝土之间部分受压，另一侧将受拉。为了保证底板与基础混凝土之间连接紧密，锚栓将承受拉力。

设计锚栓时，应按照产生最大拉力的基础内力 N 和 M 组合来考虑。分别求出底板两侧的应力 σ_{max}、σ_{min}，并假设底板与基础混凝土之间的应力是直线分布，拉应力的合力全部由锚栓来承受，如图 6-33c 所示，根据 $\sum M_c=0$ 的条件，即可求得锚栓的拉力为

$$N_t=\frac{M'-N'(x-a)}{x} \tag{6-44}$$

式中　x——锚栓至基础受压区合力作用点的距离；

a——锚栓至轴力 N' 作用点的距离。

由上述方法计算锚栓拉力简单明了，但理论上不够严谨，求得的 T 值偏大，所需的锚栓直径过粗。当锚栓直径大于 60mm 时，通常可以采用按弹性理论分析来计算锚栓的拉力。这种方法是考虑锚栓与基础混凝土的弹性性质，假定变形符合平截面假定，像计算钢筋混凝土压弯构件中的钢筋一样确定锚栓的直径，结果较精确，但计算烦琐。令基础混凝土受压区长度为 $h_c=\eta h_0$，并假设该范围内的应力呈三角形分布，锚栓应力达到其抗拉强度设计值 f_t^a，$\alpha_E=E/E_c$。则根据平截面变形条件得

$$\frac{\varepsilon_{max}}{\varepsilon_t}=\frac{\sigma_{max}/E_c}{f_t^a/E}=\frac{h_c}{h_0-h_c} \tag{6-45}$$

得

$$\sigma_{max}=\frac{f_t^a\eta}{\alpha_E(1-\eta)}\leqslant f_c \tag{6-46}$$

根据绕锚栓轴线的力矩平衡条件$\sum M_T=0$，得

$$\frac{(M'+N'a)\alpha_E}{bh_0^2f_t^a}=\frac{\eta^2(3-\eta)}{6(1-\eta)} \tag{6-47}$$

根据绕混凝土压应力合力点的力矩平衡条件$\sum M_c=0$，得

$$N_t=\frac{M'+N'a}{h_0(1-\eta/3)}-N' \tag{6-48}$$

式中 η——柱脚受压长度系数；

α_E——钢材和混凝土弹性模量之比，当混凝土强度等级为C15、C20、C25时，其值分别为9.36、8.08、7.36；

计算时，根据式（6-51）求出η，代入式（6-52）即可求得N_t，但是必须满足式（6-50），否则应调整底板尺寸，重新计算。

为便于计算，令$\xi=\frac{M'+N'a}{bh_0^2f_t^a}\alpha_E$，则可以用表6-5查取$\eta$。

表6-5 柱脚受压区长度系数η

ξ	0	0.002	0.004	0.006	0.008	0.010	0.015	0.020	0.025	0.030	0.035	0.040
η	0	0.062	0.087	0.105	0.121	0.135	0.163	0.186	0.206	0.224	0.240	0.255
ξ	0.045	0.05	0.06	0.07	0.08	0.09	0.10	0.12	0.14	0.16	0.18	0.20
η	0.269	0.282	0.305	0.325	0.344	0.361	0.377	0.406	0.431	0.454	0.474	0.483

根据构造先确定一侧需要的锚栓个数，再根据锚栓的拉力N_t，按下式求出锚栓的直径

$$\sigma_t=\frac{N_t}{nA_e}\leqslant f \tag{6-49}$$

式中 n——锚栓的数量；

A_e——锚栓的有效截面面积。

锚栓的尺寸和零件应符合附表8-2锚栓规格的要求。

对于分离式柱脚，每个独立柱脚都根据分肢可能产生的最大压力按轴心受压柱的柱脚设计，锚栓的直径则根据分肢可能产生的最大拉力确定。采用分离式柱脚可节省钢材，制造也较简便。

【例6-10】 设计图6-36所示的由两个I25a组成的缀条式格构柱的整体式柱脚。分肢中心之间的距离为220mm，作用于基础连接的压力设计值为500kN，弯矩为130kN·m，混凝土强度等级为C20，锚栓用Q235钢，焊条为E43型。

【解】 柱脚的构造如图6-36所示。考虑了局部承压强度提高后混凝土的抗压强度设计值f_c取11N/mm²。为了提高柱端的连接刚度，在两分肢的外侧用两根20a的短槽钢与分肢和底板用角焊缝连接起来。底板上锚栓的孔径为$d=60$mm。

（1）确定底板的尺寸 先确定底板的宽度B，因为有两根槽钢，每根槽钢的宽度从附表7-3知为73mm，每侧底板悬出22mm，故板宽$B=(2\times9.5+25)\text{cm}=44\text{cm}$。

根据基础的最大受压应力确定底板的长度L，$\sigma_{max}=\frac{N}{A}+\frac{6M}{BL^2}=f_c$，即

$$\left(\frac{500\times10^3}{44\times L\times10^2}+\frac{6\times130\times10^6}{44\times L^2\times10^3}\right)\text{N/mm}^2=11\text{N/mm}^2\text{，得 }L=45.6\text{cm，取 }50\text{cm。}$$

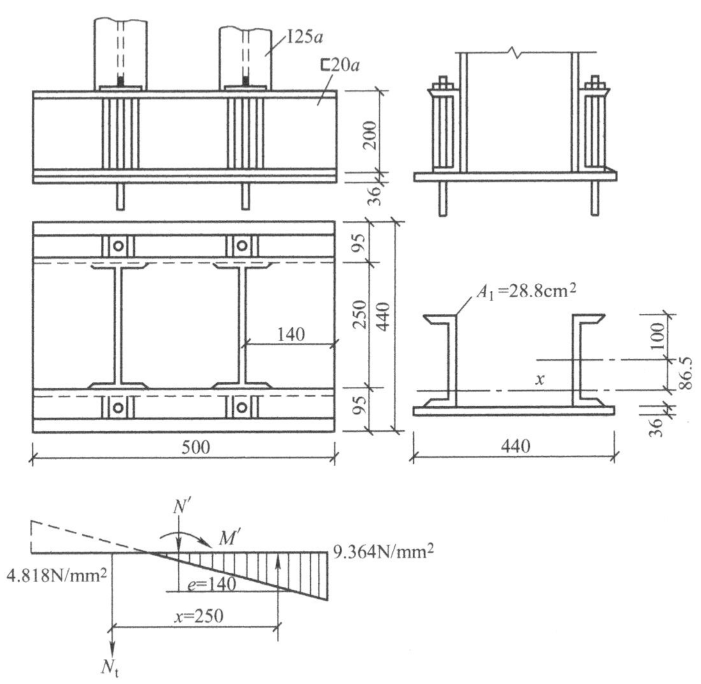

图 6-36 例 6-10 图

先估算底板是否是全部受压

$$\sigma_{max}=\left(\frac{500\times10^3}{44\times50\times10^2}+\frac{6\times130\times10^6}{44\times50^2\times10^3}\right)N/mm^2$$

$$=(2.273+7.091)\ N/mm^2=9.364N/mm^2$$

$$\sigma_{min}=(2.273-7.091)\ N/mm^2=-4.818N/mm^2。$$

σ_{min}为负值，说明柱脚需要用锚栓来承担拉力。

(2) 确定锚栓直径　先按照式（6-44）计算锚栓的拉力。

锚栓至轴向力 N'的距离 $a=\left(\frac{500}{2}-140\right)mm=110mm$

锚栓至基础受压区合力作用点的距离

$$x=L-140-\frac{1}{3}\left(\frac{L\sigma_{max}}{\sigma_{max}+\sigma_{min}}\right)=\left(500-140-\frac{1}{3}\times\frac{500\times9.364}{9.364+4.818}\right)mm\approx250mm$$

$$N_t=\frac{M'-N'(x-a)}{x}=\frac{130\times10^2-500\times14}{14}kN=240kN$$

所需锚栓的净面积 $A_n=N_t/f_t^a=240\times10^3/140mm^2=1714mm^2=17.14cm^2$

查附表 8-2，采用两个直径 $d=42mm$ 的锚栓，其有效截面积为 $2\times11.2cm^2=22.4cm^2$，符合受拉要求。

因为基础底板部分截面受拉，应按总压力为 $R=N+N_t$ 产生的最大压应力验算底板尺寸。

基础反力　　$R=N+N_t=(500+240)\ kN=740kN$

基础的受压长度　　$L_0=\frac{9.364}{9.364+4.818}\times50cm=33.01cm$

受压区的最大压应力

$$\sigma_{\max}=\frac{R}{1/2BL_0}=\frac{740\times10^3}{\frac{1}{2}\times44\times33\times10^2}\text{N/mm}^2=10.19\text{N/mm}^2<11\text{N/mm}^2$$

（3）底板厚度　在底板的三边支承部分因为基础所受压应力最大，边界条件较不利。因此这部分板承受的弯矩最大。取 $q=10.19\text{N/mm}^2$。由 $b_1=14\text{cm}$，$a_1=25\text{cm}$，查表4-7得到弯矩系数 $\beta=0.066$。

$M=\beta qa_1^2=0.066\times10.19\times250^2\text{N}\cdot\text{mm/mm}=42034\text{N}\cdot\text{mm/mm}$

钢板的强度设计值取 $f=205\text{N/mm}^2$，钢板厚度为

$$t=\sqrt{\frac{6M}{f}}=\sqrt{\frac{6\times42034}{205}}\text{mm}=35.1\text{mm}$$

采用36mm，厚度未超过40mm。

（4）验算靴梁强度　靴梁的截面由两个槽钢和底板组成，先确定截面形心轴 x 的位置

$$a=\frac{44\times3.6\times11.8}{2\times28.8+44\times3.6}\text{cm}=\frac{1869.12}{216}\text{cm}=8.65\text{cm}$$

截面的惯性矩

$$I_x=[2\times1780+2\times28.8\times8.65^2+44\times3.6\times(1.35+1.8)^2]\text{cm}^4$$
$$=(3560+4310+1572)\text{cm}^4=9442\text{ cm}^4$$

靴梁承受的剪力偏于安全地取 $V=10.19\times44\times14\text{N}=627700\text{N}$

靴梁承受的弯矩偏于安全地取 $M=627700\times70\text{N}\cdot\text{mm}=4393000\text{N}\cdot\text{mm}$

靴梁的最大弯曲应力发生在截面上边缘

$$\sigma=\frac{43939000\times186.5}{9442\times10^4}\text{N/mm}^2=86.79\text{N/mm}^2<215\text{N/mm}^2$$

（5）焊缝计算　计算肢件与靴梁的连接焊缝，肢件承受的最大压力在右侧

$$N_1=N/2+M/22=(500/2+130\times10^2/22)\text{ kN}=840.9\text{kN}$$

竖向焊缝的总长度为 $\sum l_f=4\times(200-20)\text{mm}=720\text{mm}$

连接焊缝所需焊脚尺寸为

$$h_f=\frac{N_1}{0.7\sum l_f f_f^w}=\frac{840.9\times10^3}{0.7\times720\times160}\text{mm}=10.43\text{mm}，取 11\text{mm}。$$

槽钢与底板之间的连接焊缝承受剪力，但因剪力不大，焊脚尺寸可用8mm。

6.10　冷弯薄壁型钢压弯构件

冷弯薄壁型钢拉弯和压弯构件的强度和稳定性计算方法与普通钢结构基本相同，但考虑到冷弯薄壁型钢的壁厚限制在1.5～6mm（压型钢板除外，主要承重结构构件的壁厚不宜小于2mm），壁厚较薄，因此在强度和稳定性计算时，均以边缘屈服作为其承载能力的极限状态，不考虑截面的塑性发展；对符合条件的冷弯薄壁型钢构件可以采用考虑冷弯效应的强度设计值进行计算；冷弯薄壁型钢受压板件宽厚比超过《钢结构设计标准》规定的有效宽厚比时，需按有效截面计算截面几何特性。

6.10.1 冷弯薄壁型钢拉弯和压弯构件的强度计算

拉弯构件的强度应按下式计算

$$\sigma = \frac{N}{A_n f} \pm \frac{M_x}{W_{nx} f} \pm \frac{M_y}{W_{ny} f} \leqslant 1.0 \tag{6-50}$$

式中 A_n——构件的净截面面积；

W_{nx}、W_{ny}——对截面主轴 x、y 轴的净截面模量。

压弯构件的强度应按下式计算

$$\sigma = \frac{N}{A_{en} f} \pm \frac{M_x}{W_{enx} f} \pm \frac{M_y}{W_{eny} f} \leqslant 1.0 \tag{6-51}$$

式中 A_{en}——构件有效净截面面积；

W_{enx}、W_{eny}——对截面主轴 x、y 的有效净截面模量。

若拉弯构件在小拉力、大弯矩作用下，截面内可能会出现受压区，且受压板件的宽厚比超过有效宽厚比时，则在计算其净截面特性时应用有效截面计算。当压弯构件受压板件的宽厚比超过有效宽厚比时，A_{en}、W_{enx}、W_{eny} 也应按有效截面计算。

6.10.2 冷弯薄壁型钢压弯构件的整体稳定性计算

1. 冷弯薄壁型钢压弯构件弯矩作用平面内的整体稳定性计算

（1）双轴对称截面 弯矩作用于对称平面内的双轴对称截面的压弯构件，如图 6-37 所示，其平面内的整体稳定性可按下式计算

$$\frac{N}{\varphi_x A_e f} + \frac{\beta_m M_x}{W_{ex}\left(1 - \varphi_x \dfrac{N}{N'_{Ex}}\right) f} \leqslant 1.0 \tag{6-52}$$

式中 M_x——构件全长范围内的最大弯矩；

N'_{Ex}——考虑抗力分项系数后的欧拉临界荷载，$N'_{Ex} = \dfrac{\pi^2 EA}{1.165\lambda^2}$，$\lambda$ 为构件在弯矩作用平面内的长细比，A 为构件毛截面面积；

W_{ex}——对截面主轴 x 的最大受压边缘的有效截面模量；

A_e——构件的有效截面面积；

φ_x——构件在弯矩作用平面内的轴心受压稳定系数。

β_m——等效弯矩系数，按以下规定取值：

1）构件端部无侧移且无中间横向荷载时

$$\beta_m = 0.6 + 0.4\frac{M_2}{M_1} \tag{6-53}$$

式中 M_2、M_1——绝对值较大和较小的端弯矩，当构件单曲率弯曲时 $\dfrac{M_2}{M_2}$ 取正值，当构件以双曲率弯曲时 $\dfrac{M_2}{M_1}$ 取负值；

2）构件端部无侧移但有中间横向荷载时，$\beta_m = 1.0$。

3）构件端部有侧移时，$\beta_m = 1.0$。

式（6-52）是根据边缘屈服准则，假定钢材为理想弹塑性体，构件两端简支，作用轴心压力和两端等弯矩，并考虑了初弯曲和初偏心的综合影响，构件的变形曲线为半个正弦波，这些理想条件均满足的前提下导得的，在此基础上，引入计算长度系数来考虑其他端部约束条件的影响，以等效弯矩系数 β_m 来表征其他荷载情况（如不等端弯矩、横向荷载等）的影响，此外，式（6-52）还考虑了轴心力对附加弯矩的影响，因此，该式可用于各类双轴对称截面压弯构件弯矩作用平面内稳定性的计算。

双轴对称截面双向压弯构件的稳定性应按下列公式计算

$$\frac{N}{\varphi_x A_e f}+\frac{\beta_{mx}M_x}{W_{ex}\left(1-\varphi_x\dfrac{N}{N'_{Ex}}\right)f}+\frac{\eta M_y}{\varphi_{by}W_{ey}f}\leqslant 1.0 \tag{6-54}$$

$$\frac{N}{\varphi_x A_e f}+\frac{\beta_{my}M_y}{W_{ey}\left(1-\varphi_y\dfrac{N}{N'_{Ey}}\right)f}+\frac{\eta M_x}{\varphi_{bx}W_{ex}f}\leqslant 1.0 \tag{6-55}$$

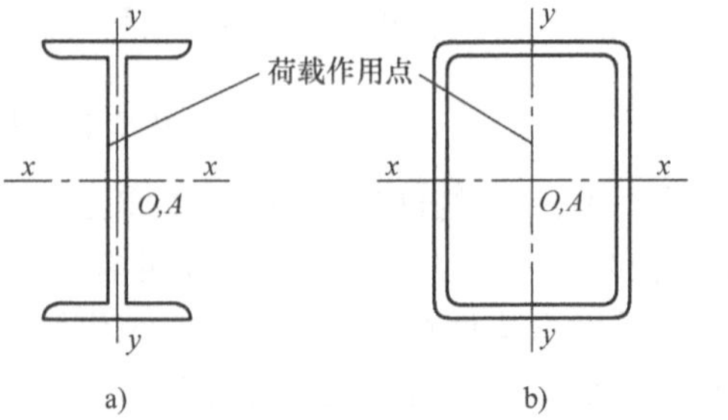

图 6-37　双轴对称截面

式中　φ_{bx}、φ_{by}——当弯矩作用于最大刚度平面和最小刚度平面内时，受弯构件的整体稳定系数，按《冷弯薄壁型钢结构技术规范》中附录 A 的规定取值；

β_{mx}、β_{my}——对 x 轴和对 y 轴的等效弯矩系数；

η——截面系数，按规范取值；

φ_x、φ_y——对 x 轴和对 y 轴的轴心受压构件的稳定系数；

N'_{Ex}、N'_{Ey}——对 x 轴和对 y 轴的考虑抗力分项系数后的欧拉临界荷载。

（2）单轴对称开口截面　单轴对称开口截面压弯构件，当弯矩作用于对称平面内时，其弯矩作用平面内的整体稳定性可按式（6-52）计算。

当弯矩作用于对称平面内，且使截面在弯心一侧受压时，如图 6-38 所示，为防止出现受拉侧的破坏，还应按式（6-56）计算。

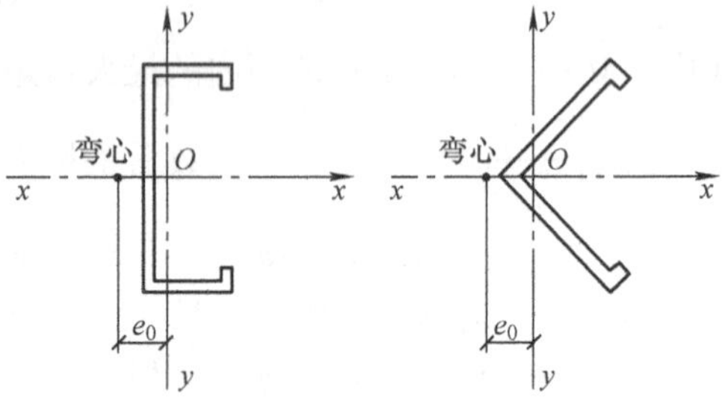

图 6-38　单轴对称开口截面

$$\left|\frac{N}{A_e f}-\frac{\beta_{my}M_y}{W'_{ey}\ (1-N/N'_{Ey})\ f}\right|\leqslant 1.0 \tag{6-56}$$

式中　W'_{ey}——截面的较小有效截面模量；

β_{my}——对 y 轴的等效弯矩系数，取值方法同 β_m；

N'_{Ey}——系数，$N'_{Ey}=\dfrac{\pi^2 EA}{1.165\lambda_y^2}$。

单轴对称开口截面压弯构件，当弯矩作用于非对称主平面内时，如图 6-39 所示，弯矩作用平面内的稳定计算公式为

$$\frac{N}{\varphi_x A_e f}+\frac{\beta_m M_x}{W_{ex}\left(1-\varphi_x\dfrac{N}{N'_{Ex}}\right)f}+\frac{B}{W_\omega f}\leqslant 1.0 \tag{6-57}$$

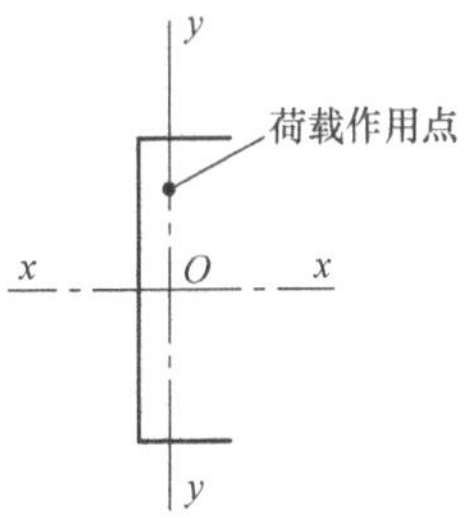

图 6-39　单轴对称开口截面弯矩作用于非对称主平面示意图

式中　φ_x——对 x 轴的轴心受压构件稳定系数，应按轴心受压构件弯扭屈曲的换算长细比计算确定；

B——与所取弯矩同一截面的双力矩；

W_ω——毛截面扇形模量。

2. 冷弯薄壁型钢压弯构件弯矩作用平面外的整体稳定性计算

（1）双轴对称截面　冷弯薄壁型钢双轴对称截面的压弯构件，当弯矩作用在最大刚度平面内时，如图 6-39 中的 y 轴所在的平面，构件有可能产生侧向失稳，应按下式计算其弯矩作用平面外的稳定性

$$\frac{N}{\varphi_y A_e f}+\frac{\eta M_x}{\varphi_{bx} W_{ex} f}\leqslant 1.0 \tag{6-58}$$

式中　η——截面系数，对闭口截面 $\eta=0.7$，对其他截面$\eta=1.0$；

φ_y——对 y 轴的轴心受压构件的稳定系数；

M_x——构件计算段的最大弯矩。

（2）单轴对称截面　单轴对称截面平面外的稳定性计算公式为

$$\frac{N}{\varphi A_e f}\leqslant 1.0 \tag{6-59}$$

式中　A_e——有效截面面积；

φ——轴心受压构件的稳定系数，按弯扭失稳换算长细比 λ_ω 由《冷弯薄壁型钢技术规范》查得。

单轴对称开口截面压弯构件，当弯矩作用于非对称主平面内时，应按下式计算弯矩作用平面外的稳定性

$$\frac{N}{\varphi_x A_e f}+\frac{M_x}{\varphi_{bx} W_{ex} f}+\frac{B}{W_\omega f}\leqslant 1.0 \tag{6-60}$$

式中，各符号的意义同前。

思　考　题

6-1　拉弯和压弯构件强度计算公式与其强度极限状态是否一致？

6-2　为什么直接承受动力荷载的实腹式拉弯和压弯构件不考虑塑性开展，承受静力荷载的同一类构件却考虑塑性开展？格构式构件考虑塑性开展吗？

6-3　压弯构件的腹板局部稳定设计原则是什么？

6-4　简述压弯构件失稳的形式及计算的方法。

6-5　简述压弯构件中等效弯矩系数 β_{mx} 的意义。

6-6　桁架平面内和平面外的计算长度根据什么原则确定？

6-7　影响等截面框架柱计算长度的主要因素有哪些？

6-8　什么是框架的有侧移失稳和无侧移失稳？

6-9　框架柱的计算长度系数由弹性稳定理论得出，它是否同样适用于进入弹塑性范围工作的框架柱？为什么？

习 题

6-1 有一两端铰接长度为4m的偏心受压柱，用Q235钢的HN400×200×8×13做成，压力的设计值为490kN，两端偏心距相同，皆为20cm。试验算其承载力。

6-2 如图6-40所示悬臂柱，承受偏心距为25cm的设计压力1600kN。在弯矩作用平面外有支撑体系对柱上端形成支点（图6-40b）。要求选定热轧H型钢或焊接工字形截面，材料为Q235钢（注：当选用焊接工字形截面时，可试用翼缘2−400×20，焰切边，腹板−460×12）。

6-3 习题6-2中，如果弯矩作用平面外的支撑改为如图6-41所示，所选截面需要如何调整才能适应？调整后柱截面面积可减少多少？

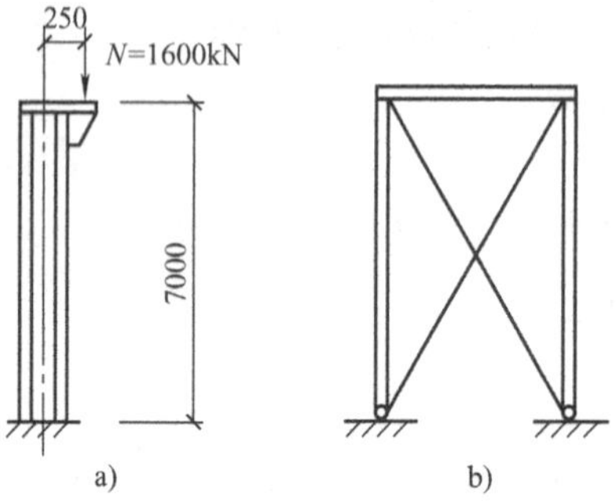

图6-40 习题6-2图

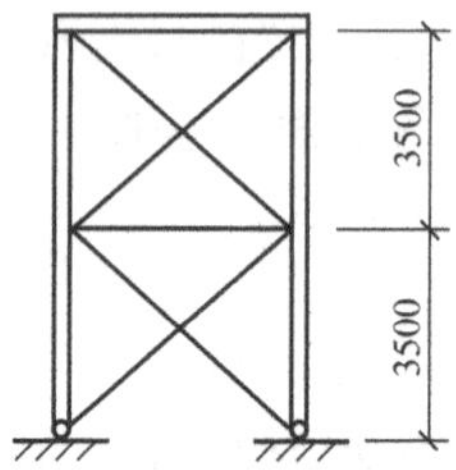

图6-41 习题6-3图

6-4 如图6-42所示双轴对称焊接工字形截面压弯构件的截面。已知翼缘板为剪切边，截面无削弱。承受的荷载设计值为轴心压力$N=850$kN，构件跨度中点横向集中荷载$F=180$kN。构件长$l=10$m，两端铰接并在两端和跨中各设有一个侧向支承点，材料用Q235BF钢。试验算该构件的截面。

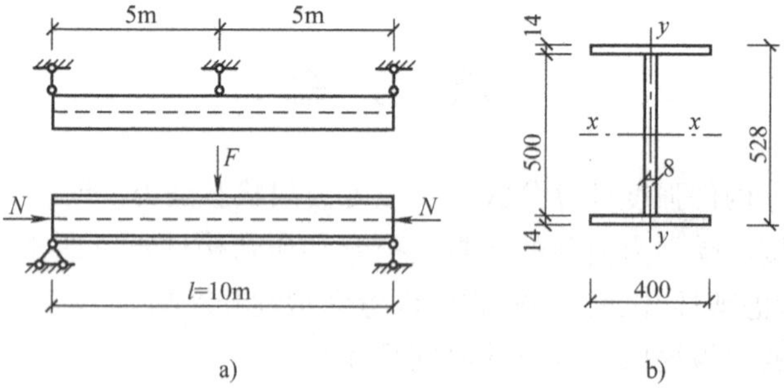

图6-42 习题6-4图

6-5 如图6-43所示单轴对称焊接工字形截面的压弯柱。已知与其顶部连接的横梁线刚度之和$\sum I_i/l_i=318.2$，截面无削弱。承受的荷载设计值为：轴心压力$N=1250$kN，端弯矩$M_x=1000$kN·m，构件长$l=10$m，与基础铰接，与横梁刚接，在弯矩作用平面内有侧移。材料用Q235BF钢。试验算该截面。

6-6 某压弯格构式缀条柱如图6-44所示，两端铰接，柱高为8m。承受压力设计荷载值$N=600$kN，弯矩$M=100$kN·m，缀条采用单角钢∠45×5，倾角为45°，钢材为Q235钢。

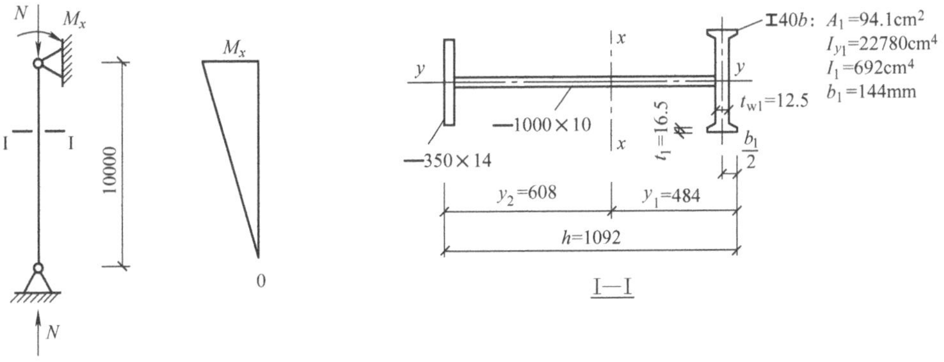

图 6-43　习题 6-5 图

试验算该柱的整体稳定性是否满足？

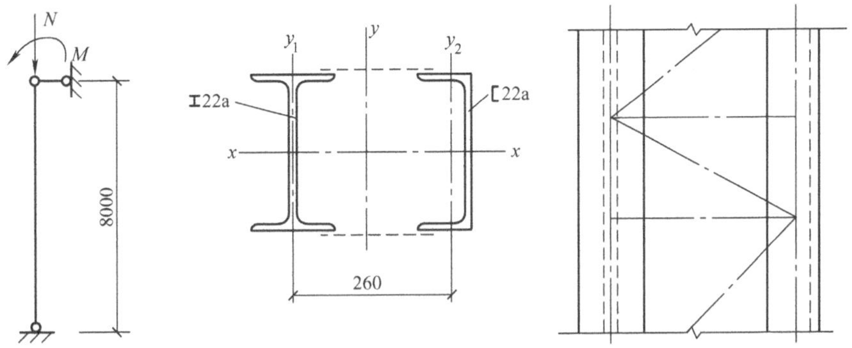

图 6-44　习题 6-6 图

6-7　图 6-45 为 Q235 钢焰切边工字形截面柱，两端铰接，截面无削弱，承受轴心压力的设计值 $N=900\text{kN}$，跨中集中力设计值为 $F=100\text{kN}$。

1）验算平面内稳定性。

2）根据平面外稳定性不低于平面内的原则确定此柱需要几道侧向支撑点。

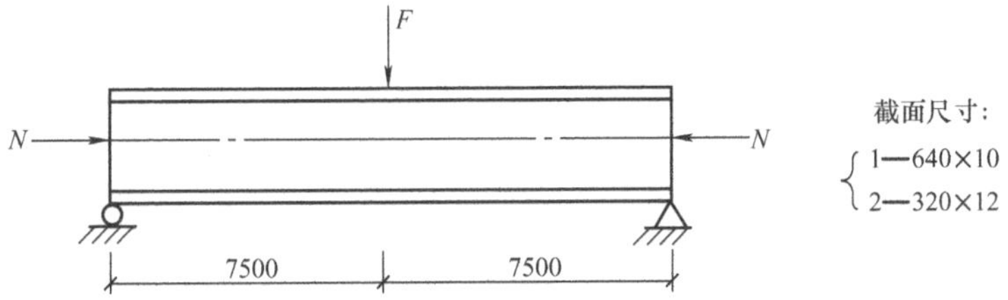

图 6-45　习题 6-7 图

6-8　确定如图 6-46 所示两种无侧移框架的柱计算长度，各杆惯性矩相同。

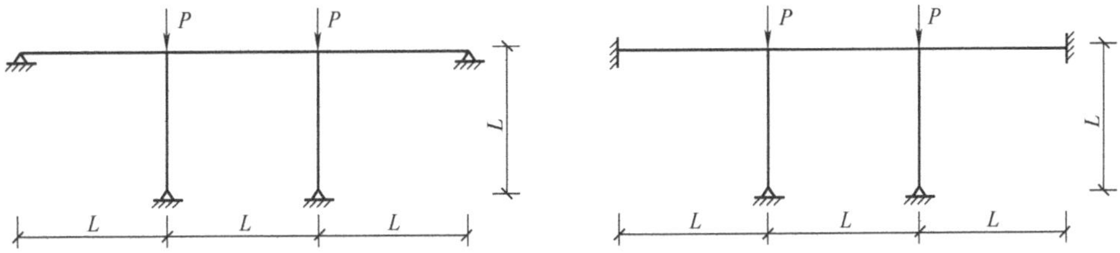

图 6-46　习题 6-8 图

6-9 确定如图 6-47 所示两种有侧移框架的柱计算长度，各杆惯性矩相同。

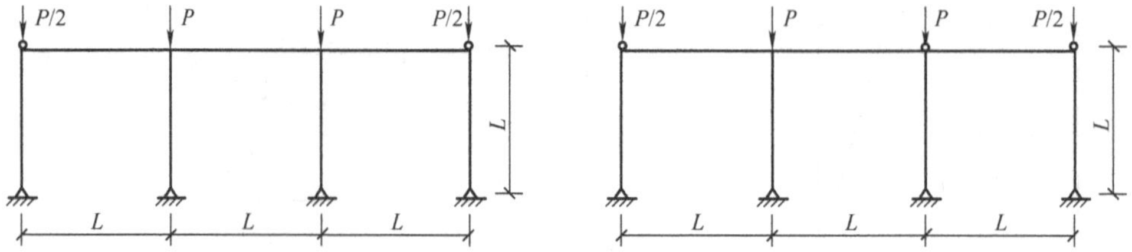

图 6-47 习题 6-9 图

6-10 设计习题 6-2 的实腹式柱的柱脚。混凝土强度等级为 C25。

6-11 设计习题 6-6 的格构式柱的柱脚。混凝土强度等级为 C25。

第7章 钢与混凝土组合梁

高层钢结构中，钢与混凝土组合梁的应用非常广泛。本章介绍钢与混凝土组合梁及钢与混凝土组合楼盖的设计方法和构造措施。要求掌握钢与混凝土组合梁及钢与混凝土组合楼盖的工作原理、设计方法和构造要求。

7.1 钢与混凝土组合梁的应用

由钢筋混凝土板和钢梁组成的楼盖，荷载通过楼板传递给钢梁，然后传至柱或墙。受弯时，楼板和钢梁各自发生弯曲变形，并沿接触面出现相对滑移（图7-1a），内力按刚度分配，钢梁差不多承担了全部弯矩，楼板对钢梁来讲只是一种荷载，此为非组合梁；如果在钢筋混凝土板和钢梁之间设置若干个连接件（图7-1b），以抵抗它们之间的相对滑移，使板和梁形成一个具有公共中和轴的组合截面，钢筋混凝土板作为组合梁的上翼缘受压，承载力及刚度都会大大提高，这就是钢与混凝土组合梁。由混凝土翼板与钢梁通过抗剪连接件组成的

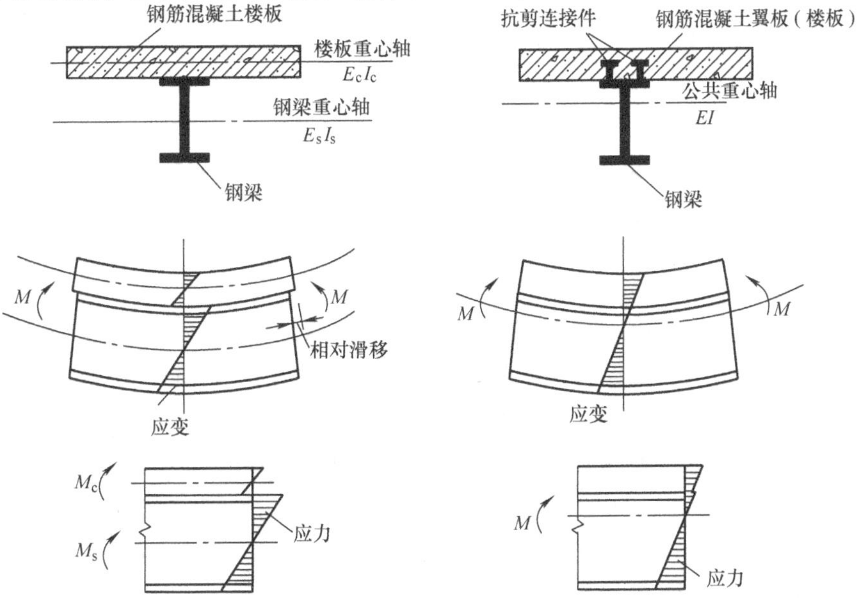

a)　　b)

图7-1　钢与混凝土组合梁受力分析

a）非组合梁　b）组合梁

组合梁一般不直接承受动荷载，组合梁的翼板可用现浇混凝土板，也可用混凝土叠合板或压型钢板混凝土组合板，其中混凝土板应按《混凝土结构设计规范（2015 年版）》（GB 50010—2010）的规定进行设计。

钢梁外露的钢与混凝土组合梁的截面，如图 7-2 所示。钢筋混凝土板有现浇的，也有预制装配式的，近年来更多采用压型钢板的组合楼板。这种楼板施工时先将 0.75 ~ 3mm 厚压型钢板铺设在钢梁上，通过连接件和钢梁上翼缘焊牢，然后在压型钢板上浇筑混凝土构成（图 7-3）。压型钢板当作永久模板并承受施工荷载，当混凝土硬化后它又兼作混凝土板下部受拉钢筋，因此施工简便快速，应用广泛。

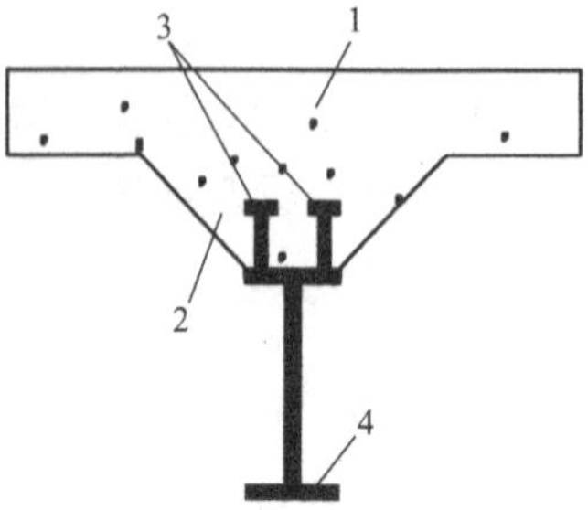

图 7-2 钢梁外露的钢与混凝土组合梁截面

1—混凝土翼板 2—混凝土板托 3—抗剪连接件 4—钢梁

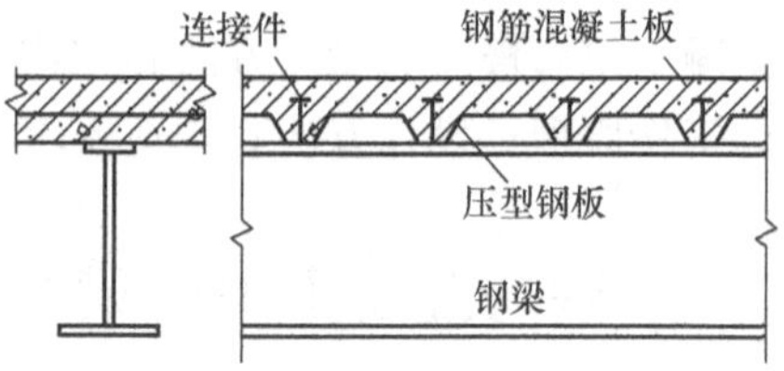

图 7-3 压型钢板组合楼盖

板托有时是专门设置的，用以增加截面高度（图 7-2），节约钢材，并改善板的横向受弯条件；有时是由某些构造要求而设置的，如连接件栓钉高度超过板厚时，就需设置板托。由混凝土叠合板或压型钢板混凝土组合板作为组合梁的翼板时，不必设置板托。

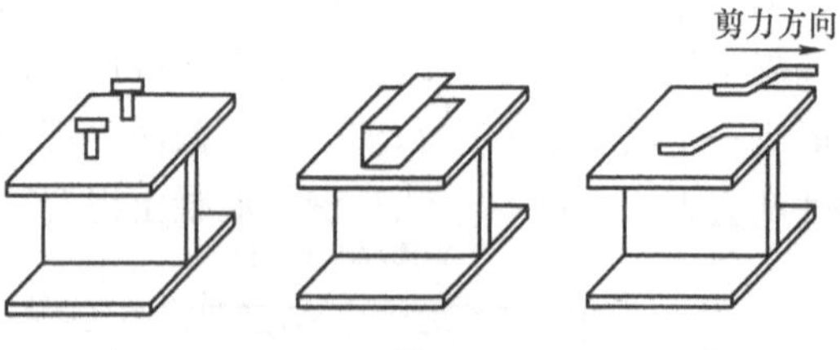

图 7-4 抗剪连接件的外形及设置方向

a）圆柱头钉连接件 b）槽钢连接件 c）弯筋连接件

抗剪连接件（图 7-4）是保证钢筋混凝土板和钢梁形成整体共同工作的关键部件。它的作用犹如钢板组合梁中的翼缘焊缝，它承受混凝土板与梁接触面之间的纵向剪力，抵抗二者之间的相对滑移。

常用的抗剪连接件有圆柱头钉、槽钢和弯筋（图 7-4）三种类型。栓钉应用较广，其直径为 12 ~ 25mm，长度不小于直径的 4 倍，为更好地抵抗掀起作用，一般上部做成弯钩形状。型钢连接件一般采用 Q235 钢轧制的小型槽钢做成，型号为[8 ~ [12.6。钢筋连接件多做成弯起状，并在水平面上按八字形成对布置，以便更好地抵抗掀起作用。钢筋的直径为 12 ~ 20mm。

钢梁可以用型钢梁也可以用钢板焊接梁。通常情况下，按单跨简支梁设计，跨度大、受荷大的可按组合梁设计，宜选用上窄下宽的单轴对称截面（图 7-5b ~ e）；按连续梁、单跨固端梁、悬臂梁设计的焊接梁，宜选用双轴对称截面（图 7-5a）；对于组合边梁，宜采用槽型钢梁截面。钢梁外露组合梁有工字形截面焊接梁（图 7-5a ~ e）和箱形截面焊接梁（图 7-5f）两大类。图 7-5d 上翼缘伸入混凝土板面，可不设置连接件；图 7-5e 设置板托，加大梁高，钢梁上翼缘移到中和轴附近，减少其压应力；图 7-5f 所示箱形截面焊接梁，常用于桥梁结构，其承载力和刚度都较大。

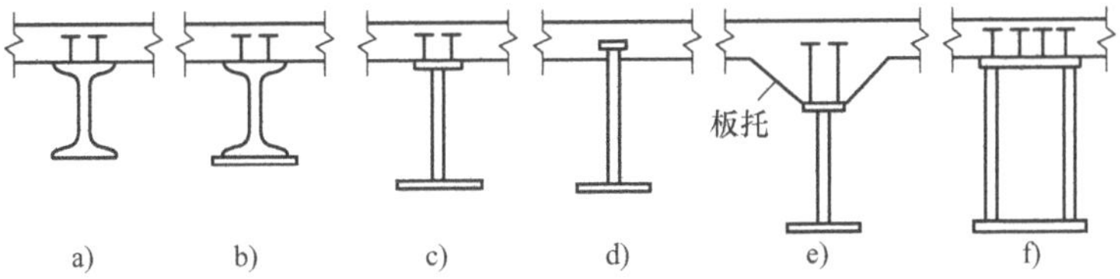

图 7-5 钢梁外露组合梁的类型

钢与混凝土组合梁由于能适应梁的受力特点，充分发挥钢与混凝土各自材料的优势，因而有较好的技术经济效益。和钢梁方案相比，钢与混凝土组合梁有下列优点：

1）经济。利用钢梁上部组合楼板中混凝土的受压作用，增加梁截面的有效高度，提高钢梁的抗弯刚度和抗弯承载能力，节省钢材，降低造价。实践表明，可节省钢材 20% ~ 40%，每平方米造价可降低 10% ~40%。

2）刚度大。组合楼板中混凝土板的刚度较大，它的挠度可减少 1/3 ~ 1/2，或者在满足刚度要求的前提下，钢与混凝土组合梁可以减小结构高度，这对高层建筑尤为重要。

3）动力性能有所改善，抗震性能好。

4）耐久性提高。

由于上述优点，钢与混凝土组合梁在桥梁、工业建筑及高层建筑中应用广泛。

7.2 钢与混凝土组合梁的设计及构造

本节所述组合梁，是指压型钢板组合楼板和钢梁之间通过抗剪连接件构成整体、共同受力的梁。

与钢筋混凝土梁板结构相比，组合梁可节约模板，减少预埋件，减轻自重，降低层高，方便施工，缩短工期，且便于安装管线。与钢梁相比，组合梁处于受压区的混凝土板对钢梁起侧向支撑作用，提高或保证了钢梁的整体稳定性和局部稳定性，同时可利用混凝土楼板的受压作用，增加梁截面的有效高度，既提高了梁的抗弯承载力，又提高了梁的抗弯刚度，故可节省钢材，降低造价。所以在多高层建筑钢结构中常采用组合梁。

7.2.1 组合梁的组成

组合梁通常由 4 部分组成（图 7-6）。

1）钢筋混凝土翼板。钢筋混凝土可作为组合梁的受压翼缘，同时也可保证梁的整体稳定性。

2）板托。根据需要和具体情况，板托可设也可不设。设置板托给支模带来一定的困难，但可增加梁高，节约钢材，还能改善钢筋混凝土翼板的横向受弯条件。

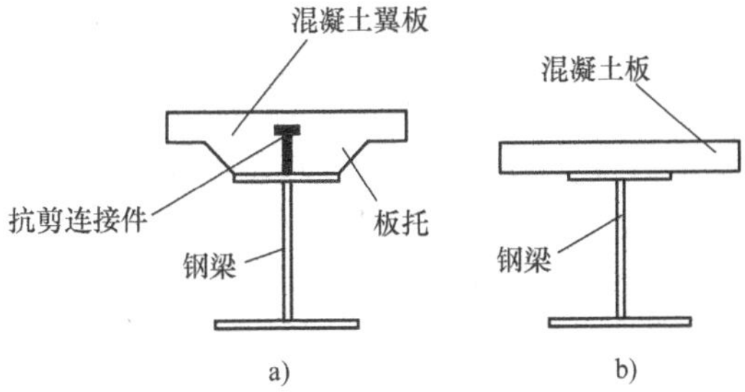

图 7-6 组合梁的组成

a）设板托 b）无板托

3）抗剪连接件。抗剪连接件是钢梁与钢筋混凝土翼板共同工作的基础，承受钢梁与钢筋混凝土翼板接触面之间的纵向剪力，避免产生相对剪切滑动，同时承受二者之间的掀起力，防止发生竖向分离。根据抗剪连接件的设置数量，将组合梁分为完全抗剪连接组合梁和部分抗剪连接组合梁。部分抗剪连接组合梁中由于抗剪连接件的数量较少，不能保证钢梁与钢筋混凝土翼板的共同受力，组合作用很小，故实际设计时不再考虑其组合作用。在多高层建筑钢结构中常采用完全抗剪连接组合梁。

4）钢梁。钢梁在组合梁中主要承受拉力和剪力。钢梁上翼缘为钢筋混凝土翼板的支座，可固定抗剪连接件，还可作为施工翼板时的支承结构。在组合梁受弯时，钢梁上翼缘抵抗弯曲应力的作用远小于钢梁下翼缘，所以钢梁可设计成上翼缘窄、下翼缘宽的不对称截面。

7.2.2 组合梁设计的基本原则

组合梁分为简支组合梁和连续组合梁，其内力分析方法有弹性分析法和塑性分析法。本章设计方法和规定适用于不直接承受动荷载的组合梁，其承载能力用塑性分析法计算。直接承受动荷载的组合梁，其承载能力应采用弹性分析法计算。

1）采用塑性设计的结构及进行弯矩调幅的构件，钢材性能应符合下列规定：①屈强比不应大于0.85；②钢材应有明显的屈服台阶，且伸长率不应小于20%。

2）组合梁的承载能力采用塑性分析法时，假定钢材和混凝土全部达到塑性应力状态，截面正应力分布类似钢筋混凝土梁，剪力则假定全部由钢梁承担。组合梁受弯时，当塑性中和轴在混凝土翼板内时，钢梁将全部受拉，此时对钢梁板件的宽厚比无理论上的要求，仅考虑施工或其他原因，可按弹性设计的规定取值。当塑性中和轴在钢梁截面内时，钢梁将随同组合梁绕中和轴形成塑性铰，此时为保证钢梁的塑性性能的充分发挥，避免因钢梁板件的局部失稳而降低钢梁的整体承载能力，在不直接承受动荷载的组合梁中，采用塑性及弯矩调幅设计时，钢梁截面板件宽厚比等级应根据附表11-1规定的截面类别，符合下列规定：①形成塑性铰并发生塑性转动的截面，其截面板件宽厚比等级应采用S1级；②最后形成塑性铰的截面，其截面板件宽厚比等级不应低于S2级截面要求；③其他截面板件宽厚比等级不应低于S3级截面要求。

3）当组合梁受压上翼缘不符合塑性设计要求的板件宽厚比限值，但连接件满足下列要求时，仍可采用塑性方法进行设计：①当混凝土板沿全长和组合梁接触（如现浇楼板）时，连接件最大间距不大于$22t_f\varepsilon_k$；当混凝土板和组合梁部分接触（如压型钢板横肋垂直于钢梁）时，连接件最大间距不大于$15t_f\varepsilon_k$，ε_k为钢号修正系数，t_f为钢梁受压上翼缘厚度。②连接件的外侧边缘与钢梁翼缘边缘之间的距离不大于$9t_f\varepsilon_k$。

4）组合梁正常使用极限状态下的挠度计算采用弹性理论进行计算。组合梁的最终挠度值应为施工阶段钢梁的挠度和使用阶段组合梁的整体挠度的叠加值。

5）在强度计算和变形计算中，为简化计算，常将板托截面忽略不计。

6）组合梁计算时不考虑受拉混凝土的作用，但梁截面按弹性理论分析时，当中和轴位于混凝土翼板内且受拉区较浅时，为简化计算，不考虑中和轴以下开裂混凝土的影响，即按翼板混凝土的全截面计算。

7）组合梁中钢筋混凝土翼板按现行的《混凝土结构设计规范》设计，并满足现行的《混凝土结构工程施工及验收规范》的要求。

8）组合梁材料强度设计值的取值。混凝土翼板不论弹性分析还是塑性分析，均采用现行的《混凝土结构设计规范》规定的材料强度设计值。钢梁按《钢结构设计标准》规定的材料强度设计值f取值。

9）进行组合梁计算时，由于剪力滞后效应，仅钢梁附近一定宽度范围内的混凝土板能有效地参与组合梁的工作。组合梁混凝土翼板的有效宽度 b_e（图7-7）按式（7-1）计算，并取其中最大值。

$$b_e = b_0 + b_1 + b_2 \tag{7-1}$$

式中　b_0——板托顶部的宽度，当板托倾角 $\alpha < 45°$时，应按 $\alpha = 45°$ 计算，当板托倾角 $\alpha \geqslant 45°$时，应按实际角度计算，当无板托时，取钢梁上翼缘的宽度；当混凝土板和钢梁不直接接触（如之间有压型钢板分隔）时，取圆柱头钉的横向间距，仅有一列圆柱头钉时取0；

b_1、b_2——梁外侧和内侧的翼板计算宽度。

当塑性中和轴位于混凝土板内时，式（7-1）中 b_1、b_2 各取梁等效跨径 l_e 的1/6。l_e 为等效跨径，对于简支组合梁，取其跨度；对连续组合梁，中间跨正弯矩区取0.6l，边跨正弯矩区取为0.8l，l 为跨度。支座负弯矩区取相邻两跨跨度之和的20%。此外，b_1 不应超过混凝土翼板实际外伸宽度 s_1；b_2 不应超过相邻钢梁上翼板或板托间净距 s_0 的1/2，当为中间梁时，$b_1 = b_2$。

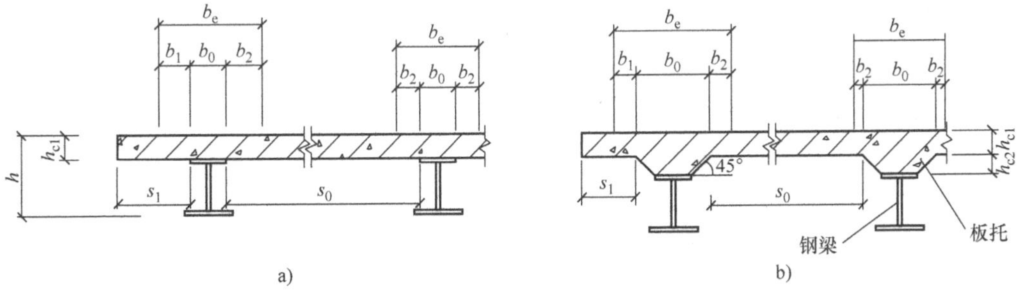

图7-7　组合梁混凝土翼板的有效宽度

a）不设板托　b）设板托

在图7-7中，h_{c1}为混凝土翼板的厚度，当采用压型钢板混凝土组合板时，翼板厚度 h_{c1} 等于组合板的总厚度减去压型钢板的肋高。h_{c2}为板托高度，当无板托时，$h_{c2} = 0$。

10）组合梁设计还与施工条件有关。对施工时钢梁下无临时支撑的组合梁，应分两个阶段进行计算。

第一阶段：在混凝土翼板强度达到75%前，组合梁自重及其上全部施工荷载仅由钢梁独自承担。此时钢梁应按一般受弯构件计算其强度、刚度和稳定性。

第二阶段：在混凝土翼板强度达到75%后增加的荷载全部由组合梁承担。此时可不考虑钢梁的整体稳定性。

当组合梁按弹性理论分析时，其挠度和强度的计算应将第一阶段和第二阶段计算所得的挠度值和应力值叠加；当组合梁按塑性理论分析时，其强度的计算不分阶段，按照组合梁一次承受全部荷载的情况进行计算，应力叠加原理不再适用。

对施工时钢梁下设有临时支撑的组合梁，不论是弹性分析还是塑性分析，组合梁均按一次承受全部荷载的情况进行挠度和承载力的验算，且不分施工阶段。此时，对钢梁在施工时的强度和稳定性仍应进行验算。

7.2.3 组合梁设计

在多高层钢结构建筑中，组合梁一般不直接承受动荷载，因此多采用塑性设计法进行内力分析。当截面采用塑性设计时，基本假定如下：

1）钢梁与混凝土翼板之间有可靠连接，能充分发挥组合截面的抗弯能力。

2）可按简单塑性理论形成塑性铰的假定来计算组合梁的抗弯承载力。位于塑性中和轴一侧的受拉混凝土，因为开裂而退出工作；板托部分可忽略，而混凝土受压区假定为均匀受压，并达到弯曲抗压强度设计值。根据塑性中和轴的位置，钢梁可能全部受拉或部分受拉，但都假定为均匀受力，并达到钢材的强度设计值。

3）假定剪力全部由钢梁承担，并按塑性设计进行验算，此时可忽略剪力对组合梁抗弯承载力的影响。

4）忽略钢筋混凝土翼板受压区钢筋的作用。

1. 组合梁在施工阶段的验算

在混凝土强度达到75%前的施工阶段，组合梁中钢梁承受钢梁自重、现浇混凝土板重及施工荷载，这一阶段应验算钢梁的强度和稳定性。

（1）强度验算　应分别按式（5-3）和式（5-5）验算钢梁的抗弯和抗剪承载力。当梁端有截面削弱时，尚应按式（7-2）进行梁端净截面抗剪强度的验算。

$$\tau=\frac{V}{A_n}\leqslant f_v \tag{7-2}$$

式中　V——梁端剪力设计值；

A_n——钢梁截面受剪的净面积；

f_v——钢材抗剪强度设计值。

（2）整体稳定性验算　钢梁在弯矩作用下会发生侧向弯扭失稳。为防止梁的这种失稳出现，施工阶段钢梁的受压翼缘通过设置刚性铺板来保证其整体稳定性。

采用压型钢板－现浇钢筋混凝土的组合梁，当压型钢板肋与钢梁垂直，且每个肋均与钢梁通过栓钉连接时，压型钢板可以靠自身平面内的剪切刚度对钢梁的整体侧向失稳起约束作用。

若施工阶段钢梁的整体稳定不满足上述条件，应按式（5-24）验算钢梁的整体稳定。

（3）局部稳定验算　施工阶段钢梁的受压翼缘应满足式（5-26）要求，以防止钢梁板件发生局部失稳。当梁腹板满足 $\frac{h_0}{t_w}\leqslant 80\sqrt{\frac{235}{f_y}}$ 且梁上无集中荷载作用时，梁腹板即使不设置加劲肋也可保证梁的局部稳定，否则，应在梁腹板处设置加劲肋。

（4）挠度验算　施工阶段钢梁的挠度计算应采用弹性方法。简支组合梁应根据钢梁下有无设置临时支撑来计算挠度值，且不应超过25mm，以防止梁下凹段增加混凝土的用量和自重。

1）施工阶段钢梁下无临时支撑。

$$\omega=\omega_1+\omega_2\leqslant[\omega] \tag{7-3a}$$

$$\omega_1=\frac{5q_{1k}l^4}{384EI} \tag{7-3b}$$

$$\omega_2=\max\left(\frac{5q_{2k,s}l^4}{384B_s},\frac{5q_{2k,l}l^4}{384B_l}\right) \tag{7-3c}$$

式中 ω——组合梁的最终挠度；
ω_1——施工阶段钢梁的材料自重标准值作用下的挠度；
ω_2——使用阶段组合梁按荷载的标准组合和准永久组合计算的挠度较大值；
q_{1k}——施工阶段钢梁的材料自重标准值；
$q_{2k,s}$、$q_{2k,l}$——使用阶段组合梁按荷载标准组合和准永久组合的均布荷载标准值；
l——组合梁的计算跨度；
B_s、B_l——组合梁在荷载标准组合和准永久组合下的截面折减刚度；
$[\omega]$——组合梁的挠度限值。

2）施工阶段钢梁下有临时支撑。

$$\omega=\max\left(\frac{5q_{2k,s}l^4}{384B_s},\frac{5q_{2k,l}l^4}{384B_l}\right)\leqslant[\omega] \tag{7-3d}$$

式中，符号意义同上。

2. 组合梁在使用阶段的验算

组合梁在使用阶段应进行截面的抗弯强度、抗剪强度、所需抗剪栓钉数量、挠度及负弯矩区段混凝土裂缝宽度的验算。在这里仅介绍完全抗剪连接组合梁的验算。

（1）抗弯强度验算 当组合梁的塑性中和轴在混凝土翼板内（图7-8），即 $Af\leqslant b_e h_{c1} f_c$ 时，有

$$M\leqslant b_e x f_c y \tag{7-4}$$

$$x=\frac{Af}{b_e f_c} \tag{7-5}$$

式中 M——正弯矩设计值；
A——钢梁的截面面积；
x——混凝土翼板受压区高度；
y——钢梁截面应力的合力至混凝土受压区截面应力的合力点的距离；
f_c——混凝土抗压强度设计值。

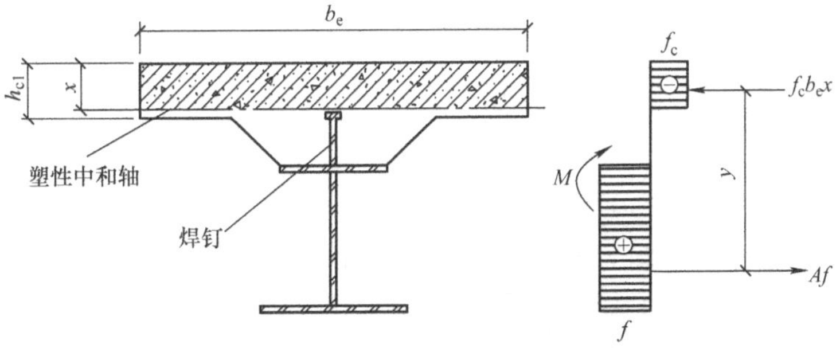

图7-8 塑性中和轴在混凝土翼板内时组合梁截面及应力图

当组合梁的塑性中和轴在钢梁内（图7-9），即 $Af>b_e h_{c1} f_c$ 时，有

$$M\leqslant b_e h_{c1} f_c y_1+A_c f y_2 \tag{7-6}$$

$$A_c=0.5(A-b_e h_{c1} f_c/f) \tag{7-7}$$

式中 A_c——钢梁受压区截面面积；
y_1——钢梁受拉区截面形心至混凝土翼板受压区截面形心的距离；
y_2——钢梁受拉区截面形心至钢梁受压区截面形心的距离。

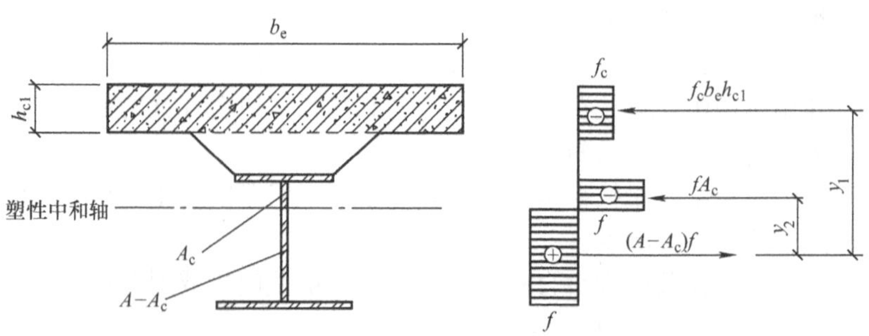

图 7-9 塑性中和轴在钢梁内时组合梁截面及应力图

当组合梁为连续组合梁时，在支座负弯矩作用区段（图 7-10），组合梁截面的抗弯强度采用下式验算

$$M' \leqslant M_s + A_{st} f_{st} (y_3 + y_4/2) \tag{7-8}$$

$$M_s = (S_1 + S_2) f \tag{7-9}$$

式中 M'——负弯矩设计值；

S_1、S_2——钢梁塑性中和轴（平分钢梁截面积的轴线）以上和以下截面对该轴的面积矩；

A_{st}——负弯矩区混凝土翼板有效宽度范围内的纵向钢筋截面面积；

f_{st}——钢筋抗拉强度设计值；

y_3——纵向钢筋截面形心至组合梁塑性中和轴的距离；

y_4——组合梁塑性中和轴至钢梁塑性中和轴的距离（当组合梁塑性中和轴在钢梁腹板内时，$y_4 = A_{st} f_{st} / (2 t_w f)$；当组合梁塑性中和轴在钢梁翼缘内时，$y_4$ 等于钢梁塑性中和轴至腹板上边缘的距离）。

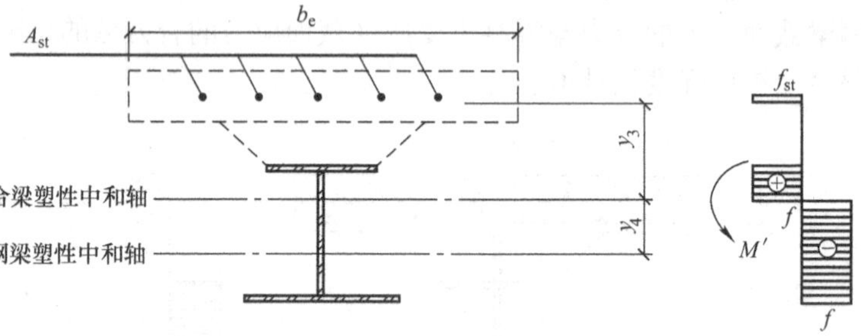

图 7-10 负弯矩时组合梁截面及应力图

（2）抗剪强度验算 组合梁截面上的全部剪力假定由钢梁腹板承担，其剪切强度应符合下式要求

$$V \leqslant h_w t_w f_v \tag{7-10}$$

式中 h_w、t_w——腹板高度和厚度；

f_v——钢材抗剪强度设计值。

应注意的是，采用塑性设计法计算组合梁强度时，在下列部位可不考虑弯矩与剪力的相互影响：一是受正弯矩的组合梁截面；二是 $A_{st} f_{st} \geqslant 0.15Af$ 的受负弯矩的组合梁截面。

（3）抗剪连接件的计算 组合梁的抗剪连接件的形式主要有圆柱头焊钉、槽钢和弯筋等（图7-4）。当采用压型钢板－现浇混凝土组合板时，组合梁中抗剪连接件宜采用圆柱头焊钉连接。单个圆柱头焊钉连接件的受剪承载力设计值为

$$N_v^c = 0.43A_s\sqrt{E_c f_c} \leqslant 0.7A_s f_u \tag{7-11}$$

式中 E_c——混凝土的弹性模量；

A_s——圆柱头焊钉钉杆截面面积；

f_u——圆柱头焊钉极限抗拉强度设计值；

对于用压型钢板混凝土组合板做翼板的组合梁，焊钉的 N_v^c 应予折减，折减系数 β_v 可根据压型钢板的摆放位置进行计算。当压型钢板平行于钢梁布置（图7-10a），$b_w/h_e<1.5$ 时，β_v 按下式计算

$$\beta_v = 0.6\frac{b_w}{h_e}\left(\frac{h_d - h_e}{h_e}\right) \leqslant 1 \tag{7-12}$$

当压型钢板垂直于钢梁布置（图7-10b）时，β_v 按下式计算

$$\beta_v = \frac{0.85}{\sqrt{n_0}}\frac{b_w}{h_e}\left(\frac{h_d - h_e}{h_e}\right) \leqslant 1 \tag{7-13}$$

式中 b_w——混凝土凸肋的平均宽度，当肋的上部宽度小于下部宽度时（图7-11c），改取上部宽度；

h_e——混凝土凸肋高度；

h_d——焊钉高度；

n_0——在梁某一截面处一个肋中布置的焊钉数，当多于3个时按3个计算。

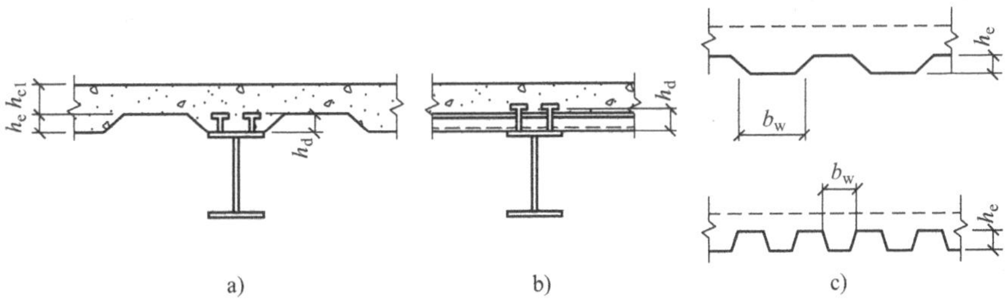

图7-11 压型钢板混凝土组合板做翼板的组合梁

a）肋与钢梁平行的组合梁截面 b）肋与钢梁垂直的组合梁截面 c）压型钢板组合板剖面

当抗剪连接件位于负弯矩区时，由于混凝土翼板处于受拉状态，抗剪连接件周围的混凝土对其约束程度不如正弯矩区的抗剪连接件受到混凝土的约束程度高，所以位于负弯矩区的抗剪连接件抗剪承载力设计值 N_v^c 应乘以折减系数0.9。

抗剪连接件的计算，应以弯矩绝对值最大点及零弯矩点为界限，划分为若干个剪跨区（图7-12）逐段进行。每个剪跨区段内钢梁与混凝土翼板交界面的纵向剪力 V_s 按下列公式确定：

位于正弯矩最大点到边支座区段的剪跨（剪跨区1）

$$V_{s1} = Af, V_{s2} = b_e h_{c1} f_c$$

$$V_s = \min\{V_{s1}, V_{s2}\}$$

位于正弯矩最大点到中支座区段的剪跨（剪跨区2，3，4）

$$V_s = A_{st}f_{st} + \min\{Af, b_e b_{c1} f_c\}$$

完全抗剪连接设计时，每个剪跨区段内所需的连接件总数 n_f 按下式计算

$$n_f = \frac{V_s}{N_v^c} \tag{7-14}$$

按式（7-14）计算所得连接件数量，可在对应的剪跨区段内均匀布置。

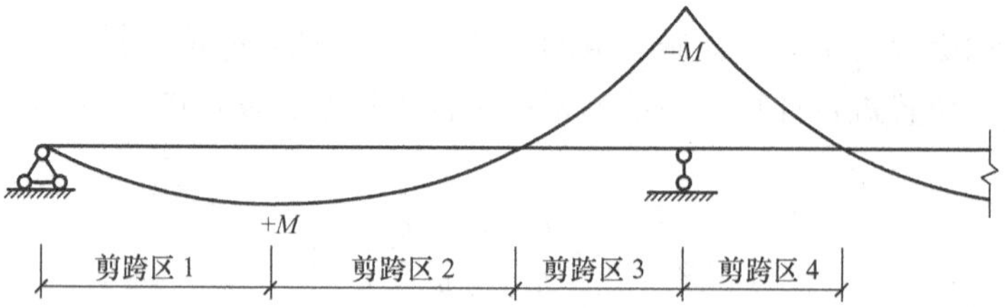

图 7-12 连续梁剪跨区划分

（4）挠度计算 组合梁的挠度计算应按弹性方法，并分别在荷载标准组合和荷载准永久组合下用截面折减刚度进行计算，以其中较大者作为设计依据，计算公式见式（7-3d）。

对于简支组合梁，考虑滑移效应影响的折减刚度 B 按下式计算

$$B = \frac{EI_{eq}}{1+\zeta} \tag{7-15}$$

式中 E——钢梁的弹性模量；

I_{eq}——组合梁的换算截面惯性矩［对荷载标准组合，将截面中的混凝土翼板有效宽度 b_e 除以钢材与混凝土弹性模量的比值 α_E（见表7-1）换算为钢截面宽度后，计算整个截面的惯性矩；对荷载准永久组合，则除以 $2\alpha_E$ 进行换算］；

ζ——刚度折减系数，按《钢结构设计标准》第 14.4.3 条计算。

表 7-1 钢与混凝土弹性模量比 α_E

混凝土强度等级	C20	C25	C30	C35	C40	C45	C50	C55	C60
$E/(10^4\text{N/mm}^2)$	20.6								
$E_c/(10^4\text{N/mm}^2)$	2.55	2.80	3.00	3.15	3.25	3.35	3.45	3.55	3.60
α_E	8.08	7.36	6.87	6.54	6.34	6.15	5.97	5.80	5.72

注：表中 E 为钢材弹性模量；E_c 为混凝土弹性模量。

对于连续组合梁，由于梁端有负弯矩作用，对跨中挠度起有利作用；同时在负弯矩区段混凝土因开裂而退出工作，则该区段的抗弯刚度小于跨中正弯矩区段的抗弯刚度，整个梁成为变刚度梁。在实际工程设计时为简化计算，在确定连续组合梁的截面抗弯刚度时，中间支座两侧各 $0.15l$（l 为梁的跨度）范围内，不计受拉区混凝土对刚度的影响，但应计入翼板有效宽度 b_e 范围内配置的纵向钢筋的作用，其余区段仍按式（7-15）计算折减刚度。

（5）负弯矩区段混凝土裂缝宽度验算 应按现行《混凝土结构设计规范》的相关规定验算负弯矩区段混凝土裂缝宽度。

（6）纵向抗剪计算 组合梁板托及翼缘板应进行纵向受剪承载力计算，计算时参照《钢结构设计标准》第 14.6 节进行。

7.2.4 组合梁构造要求

1）组合梁的高跨比一般为 $h/l \geqslant (1/15 \sim 1/16)$；组合梁截面高度不宜超过钢梁截面高度的 2 倍。当组合梁设有板托时（图 7-13），混凝土板托高度 h_{c2} 不宜超过翼板厚度 h_{c1} 的 1.5 倍；板托顶面宽度不宜小于钢梁上翼缘宽度与 $1.5h_{c2}$ 之和。

2）组合梁边梁混凝土翼板的构造应满足图 7-14 的要求。有板托时，伸出长度不宜小于 h_{c2}；无板托时，应同时满足伸出钢梁中心线不小于 150mm、伸出钢梁翼缘边不小于 50mm 的要求。

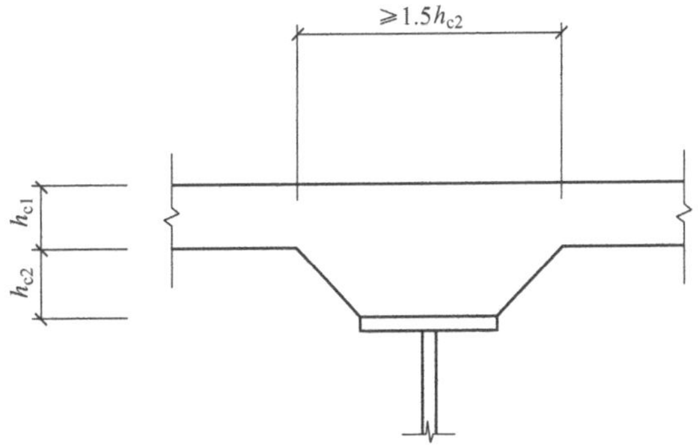

图 7-13 板托截面尺寸

3）抗剪连接件的设置。

① 圆柱头焊钉连接件钉头下表面或槽钢连接件上翼缘下表面高出翼板底部钢筋顶面不宜小于 30mm。

② 连接件沿梁跨度方向的最大间距不应大于混凝土翼板（包括板托）厚度的 3 倍，且不大于 300mm。

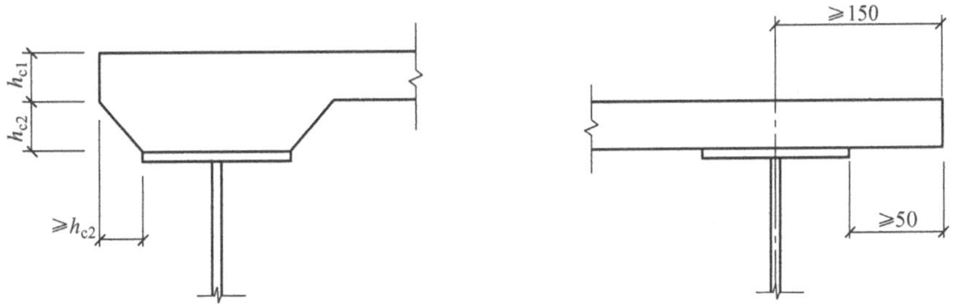

图 7-14 边梁构造

③ 连接件的外侧边缘与钢梁翼缘边缘之间的距离不应小于 20mm。

④ 连接件的外侧边缘至混凝土翼板边缘间的距离不应小于 100mm。

⑤ 连接件顶面的混凝土保护层厚度不应小于 15mm。

4）当抗剪连接件为圆柱头焊钉连接时，为保证焊钉抗剪承载力能充分发挥作用，同时要满足下列要求：

① 当焊钉位置不正对钢梁腹板时，如果钢梁上翼缘承受拉力，则焊钉杆直径不应大于钢梁上翼缘厚度的 1.5 倍；如果钢梁上翼缘不承受拉力，则焊钉杆直径不应大于钢梁上翼缘厚度的 2.5 倍。

② 焊钉长度不应小于其杆径的 4 倍。

③ 焊钉沿梁轴线方向的间距不应小于杆径的 6 倍；垂直于梁轴线方向的间距不应小于杆径的 4 倍。

④ 用压型钢板做底模的组合梁，焊钉杆直径不宜大于 19mm，混凝土凸肋宽度不应小于焊钉杆直径的 2.5 倍；焊钉高度 h_d（图 7-11）应符合 $h_d \geqslant (h_e + 30\text{mm})$ 的要求。

7.3 钢与混凝土组合楼板的设计及构造

楼盖是建筑物的主要功能结构，承受楼层上的各种竖向荷载。在多高层钢结构中，楼（屋）盖的工程量占有很大的比重，其对结构的工作性能、造价及施工速度等都有重要的影响，所以在确定楼盖结构方案时，应考虑以下要求：

1）保证楼盖有足够的整体刚度。

2）减轻结构的自重，减小结构层的高度。

3）有利于现场安装方便及快速施工。

4）较好的防火、隔声性能，并便于管线的铺设。

多高层钢结构的楼板一般采用现浇混凝土楼板、叠合楼板、预制楼板及压型钢板组合楼板。其中最常用的是压型钢板组合楼板，其特点是有利于各种复杂管线系统的铺设；施工过程中无传统模板支模拆模的烦琐作业，省却了大量的支模工作，可同时进行一层或几层楼板的混凝土浇筑，而不影响钢结构的施工；压型钢板重量轻，吊装容易，可快速就位。故在施工速度、简易程度和安全性等综合效果上更优于其他楼板的结构形式，是目前实际工程中应用较多的楼盖形式。

7.3.1 组合形式

多高层钢结构中的楼板，普遍采用在压型钢板上浇筑混凝土而形成的组合楼板和非组合楼板。这两种类型楼板的主要区别在于压型钢板所起的作用不同。组合楼板中的压型钢板不仅是永久性模板，而且作为混凝土板下部的受拉钢筋，与混凝土共同工作。非组合楼板中的压型钢板仅起永久性模板作用，不考虑与混凝土的共同工作。楼板的形式不同，其受力状态也不同，设计时要有不同的考虑。

在设计中，非组合楼板中的压型钢板，只承受施工荷载和湿混凝土的自重。当混凝土达到设计强度后，混凝土板按单向密肋板计算，承受全部荷载，与普通钢筋混凝土板一样，此时压型钢板已无结构功能。而组合楼板的设计应分阶段进行，即施工阶段和使用阶段。在任一阶段中，压型钢板与混凝土板之间的黏结，主要靠以下几种方式实现：

1）依靠压型钢板的纵向波槽（图7-15a）。

2）依靠压型钢板上的压痕、开的小洞或冲成的不闭合孔眼（图7-15b）。

3）依靠压型钢板上焊接的横向钢筋（图7-15c）。

4）在任何情况下，支承在钢梁上的压型钢板均应设置端部锚固件（焊钉）（图7-15d），穿透压型钢板焊于钢梁上翼缘处。

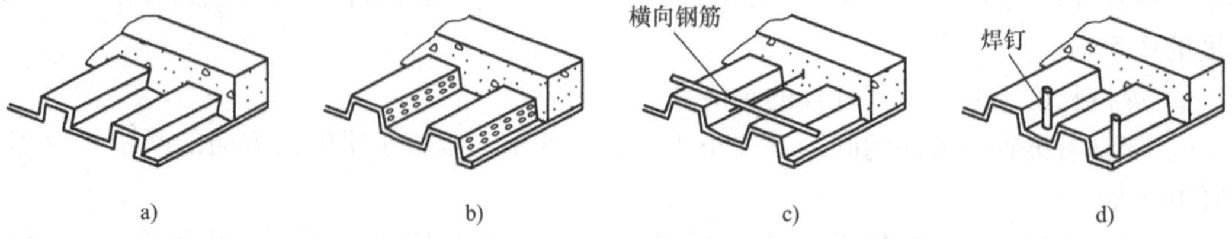

图7-15 组合板的黏结

7.3.2　组合楼板的设计

7.3.2.1　设计规定要求

1）压型钢板一般由厚0.8～1.0mm的热镀锌薄板成型，长度宜为8～12m，以充分发挥经济效益。

2）压型钢板表面的油污应清除，避免长期暴露而生锈。

3）在有较严重的腐蚀情况下，不宜采用压型钢板组合楼盖体系。

4）各块压型钢板之间，应用接缝紧固件将其连成整体，接缝紧固件的间距不应大于500mm。

5）在组合楼板的设计中，应进行施工阶段和使用阶段的验算。

施工阶段混凝土尚未达到设计强度，不考虑组合板的组合作用，只对作为底模的压型钢板进行强度和变形的验算，并计入临时支撑的作用。此时，应采用弹性方法计算。对强边（顺肋）方向的正、负弯矩和挠度按单向板计算，弱边方向不计算。

使用阶段应对组合楼板进行强度和变形的验算。当压型钢板上的混凝土厚度为50～100mm时，强边（顺肋）方向的正弯矩和挠度按简支单向板计算；强边（顺肋）方向的负弯矩按固端板取值；弱边方向不计算。当压型钢板上的混凝土厚度大于100mm时，组合板的挠度应按强边（顺肋）方向的简支单向板计算；强度计算应按下列规定：当$0.5 \leqslant \lambda_e \leqslant 2.0$时，应按双向板计算；当$\lambda_e < 0.5$或$\lambda_e > 2.0$时，应按单向板计算。$\lambda_e$按下式确定

$$\lambda_e = \frac{l_x}{\mu l_y} \tag{7-16}$$

式中　μ——板的受力异向性系数，$\mu = (I_x/I_y)^{1/4}$

l_x——组合板强边（顺肋）方向的跨度；

l_y——组合板弱边（垂直肋）方向的跨度；

I_x、I_y——强边方向和弱边方向的截面惯性矩，计算I_y时只考虑压型钢板顶面以上的混凝土厚度h_c。

6）在施工阶段，组合楼板的压型钢板作为浇筑混凝土的模板，此时，应考虑的荷载有永久荷载和可变荷载。永久荷载包括压型钢板、钢筋和湿混凝土的自重；湿混凝土还要考虑压型钢板挠度$\delta > 20$mm的凹坑堆积量，即在全跨应增加0.7δ厚度的混凝土均布荷载。可变荷载包括施工荷载和附加荷载。施工荷载宜取不小于$1.5kN/m^2$，附加荷载主要指混凝土堆放、管线和泵的荷载等。组合楼板使用阶段考虑的荷载包括压型钢板和混凝土板自重、面层及构造层自重、板下吊挂的天棚和管道等自重及可变荷载等。

7）当组合楼板上作用有局部荷载时，其有效工作宽度b_{ef}（图7-16）不得大于按下列公式计算的值。

抗弯承载力：

简支板

$$b_{ef} = b_{f1} + 2l_p\left(1 - \frac{l_p}{l}\right) \tag{7-17a}$$

连续板

$$b_{ef} = b_{f1} + \frac{4l_p\left(1 - \frac{l_p}{l}\right)}{3} \tag{7-17b}$$

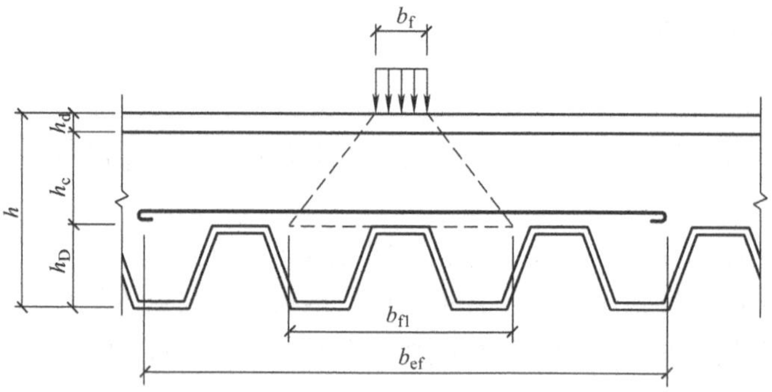

图 7-16 局部荷载分布的有效宽度

抗剪承载力：

$$b_{ef}=b_{f1}+l_p\left(1-\frac{l_p}{l}\right) \tag{7-18a}$$

$$b_{f1}=b_f+2(h_c+h_d) \tag{7-18b}$$

式中 l——组合板跨度；

l_p——荷载作用点到楼板较近支座的距离；

b_{f1}——集中荷载在组合板中的分布宽度；

b_f——荷载宽度；

h_c——压型钢板顶面以上的混凝土计算厚度；

h_d——地板饰面层的厚度。

7.3.2.2 组合楼板设计

1. 施工阶段

采用弹性方法，进行压型钢板强度和变形的验算。

（1）强度验算 压型钢板在施工阶段的受弯承载力，应符合下式要求

$$\frac{M}{W_s}\leqslant f \tag{7-19}$$

式中 M——压型钢板沿强边（顺肋）方向一个波宽（图 7-17）的弯矩设计值；

f——压型钢板钢材的强度设计值；

W_s——压型钢板一个波宽的截面模量，取受压边 W_{sc} 与受拉边 W_{st} 的较小值

$$W_{sc}=\frac{I_s}{x_c},\ W_{st}=\frac{I_s}{h_p-x_c}$$

I_s——一个波宽内对压型钢板截面形心轴的惯性矩，其中受压翼缘的有效计算宽度 b_{ef} 应不大于 $50t$，t 为压型钢板的厚度；

x_c——压型钢板受压翼缘边缘至形心轴的距离；

h_p——压型钢板截面的总高度。

（2）挠度验算 组合板在施工阶段不允许产生塑性变形，即处于弹性工作阶段。压型钢板在施工阶段根据下料后的实际布板情况，按单向单跨简支板或两跨连续板验算

单跨简支板
$$\omega=\frac{5ql^4}{384EI_s}\leqslant[\omega] \tag{7-20a}$$

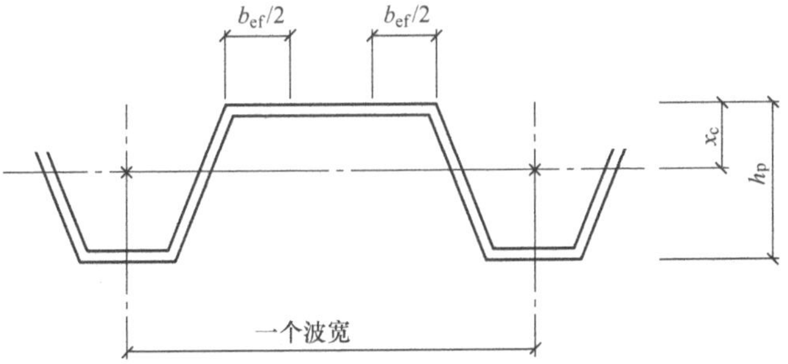

图7-17 压型钢板的波宽及受压翼缘的计算宽度

两跨连续板 $$\omega=\frac{ql^4}{185EI_s}\leqslant[\omega] \tag{7-20b}$$

式中 q——一个波宽内的均布短期荷载标准值；

EI_s——一个波宽内压型钢板截面的弯曲刚度；

l——压型钢板楼板计算跨度；

$[\omega]$——挠度限值，可取 $l/180$ 及 20mm 的较小值。

当不满足挠度限制要求时，应采取设临时支撑等措施减小施工阶段压型钢板的变形。

2. 使用阶段

（1）强度验算 在承载力极限状态下，组合板应具备足够抵抗设计荷载的能力，主要使其不发生跨中的弯曲破坏、压型钢板与混凝土界面的纵向剪切破坏及斜截面剪切破坏。

1）弯曲强度计算。组合板正截面抗弯承载力应按塑性方法计算，假定截面受拉区和受压区的材料均达到强度设计值，忽略受拉混凝土作用，但考虑到作为受拉钢筋的压型钢板没有混凝土保护层厚度，中和轴附近材料强度发挥不够充分等原因，对压型钢板钢材强度设计值与混凝土的弯曲抗压强度设计值，均应乘以折减系数0.8。混凝土与压型钢板始终保持共同工作，直至达到极限状态，组合楼板都符合平截面假定。

当 $A_pf\leqslant\alpha_1f_ch_cb$ 时（A_p 为压型钢板波距内的截面面积；f 为压型钢板钢材的抗拉强度设计值；h_c 为压型钢板顶面以上混凝土计算厚度），塑性中和轴在压型钢板顶面以上的混凝土截面内（图7-18），组合板在一个波宽内的弯矩应符合下式要求

$$M\leqslant0.8\alpha_1f_cxby_p \tag{7-21}$$

式中 f_c——混凝土轴心抗压强度设计值；

b——压型钢板的波距；

x——组合板受压区高度，$x=A_pf/\alpha_1f_cb$，当 $x>0.55h_0$ 时取 $0.55h_0$，h_0 为组合板的有效高度；

y_p——压型钢板截面应力合力至混凝土受压区截面应力合力的距离，$y_p=h_0-x/2$；

α_1——受压区混凝土矩形应力图的应力值与混凝土轴心抗压强度设计值的比值（当混凝土强度等级不超过C50时取1.0；当混凝土强度等级为C80时取0.94；当混凝土强度等级为C50～C80时，可按线性内插取值）。

当 $A_pf>\alpha_{1c}f_ch_cb$ 时，塑性中和轴在压型钢板内（图7-19），组合板一个波宽内的弯矩应符合下式要求

$$M\leqslant0.8(\alpha_1f_ch_cby_{p1}+A_{p2}fy_{p2}) \tag{7-22}$$

$$A_{p2}=0.5(A_p-\alpha_1 f_c h_c b/f) \tag{7-23}$$

式中 A_{p2}——塑性中和轴以上的压型钢板波距内截面面积；

y_{p1}、y_{p2}——压型钢板受拉区截面应力合力分别至受压区混凝土板截面和压型钢板截面压应力合力的距离。

当压型钢板仅作为模板使用时，楼板承受正弯矩，应在波槽内设置钢筋，其配筋计算与混凝土板的配筋计算相同，此时，楼板截面高度取压型钢板的波高加混凝土板厚。

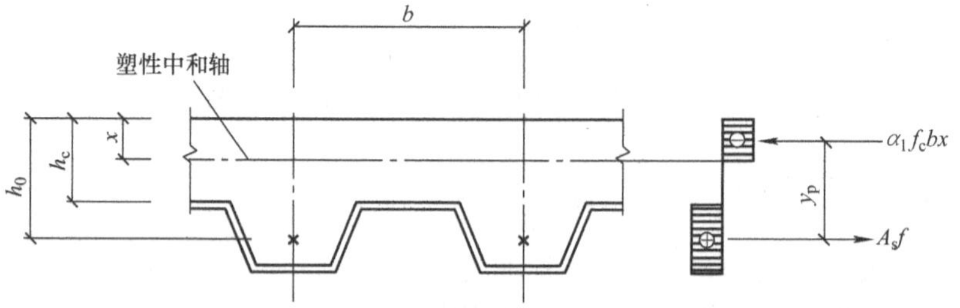

图 7-18 塑性中和轴在压型钢板顶面以上的混凝土截面内时的受弯承载力计算

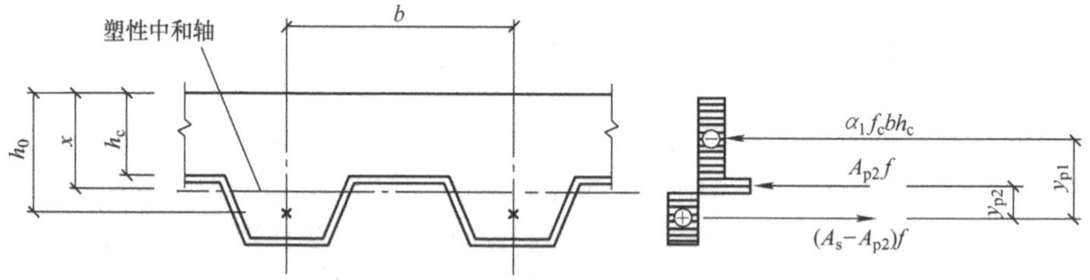

图 7-19 塑性中和轴在压型钢板截面内时的受弯承载力计算

对于压型钢板楼板的负弯矩配筋计算，无论是否考虑其组合作用，均统一按 T 形截面梁模型进行计算。

① 当 $M_n>\alpha_1 f_c bh_p(h_p/2+h_c-a_c)+1000\alpha_1 f_c h_c(h_c/2-a_c)$ 时，楼板负弯矩过大，无法进行配筋计算，应加大压型钢板顶面以上混凝土厚度。式中，M_n 为组合楼板负弯矩设计值；b 为单位长度内压型钢板的下翼缘宽度；h_p 为压型钢板的高度；h_c 为压型钢板顶面以上混凝土计算厚度；a_c 为混凝土保护层厚度；其余参数同前。

② 当 $M_n\leqslant\alpha_1 f_c bh_p(h_p/2+h_c-a_c)$ 时，中和轴在压型钢板中（图 7-20），由 $\alpha_1 f_c bx=f_{sy}A_s$，$M_n=\alpha_1 f_c bx(h_c-x/2)$ 可得

$$x=\frac{\alpha_1 f_c bh_0-\sqrt{\alpha_1^2 f_c^2 b^2 h_0^2-2\alpha_1 f_c bM_n}}{\alpha_1 f_c b} \tag{7-24}$$

$$A_s=\frac{\alpha_1 f_c bx}{f_{sy}} \tag{7-25}$$

式中 h_0——组合楼板的有效高度，$h_0=h_p+h_c-a_c$；

x——混凝土受压区高度；

f_{sy}——钢筋的屈服强度；

A_s——单位长度内组合楼板的配筋面积。

③ 当 $M_n > \alpha_1 f_c b h_p (h_p/2 + h_c - a_c)$ 时，中和轴在混凝土板内（图7-21），$h_0 = h_c - a_c$，由

$$\begin{cases}\alpha_1 f_c b h_p + 1000\alpha_1 f_c x = f_{sy} A_s \\ M_n = \alpha_1 f_c b h_p (h_p/2 + h_c - a_c) + 1000\alpha_1 f_c x (h_0 - x/2)\end{cases}$$

可得

$$x = \frac{1000\alpha_1 f_c h_0 - \sqrt{1000^2 \alpha_1^2 f_c^2 h_0^2 - 2\times 1000\alpha_1 f_c M_n}}{1000\alpha_1 f_c} \tag{7-26}$$

$$A_s = \frac{\alpha_1 f_c b h_p + 1000\alpha_1 f_c x}{f_{sy}} \tag{7-27}$$

式中 x——压型钢板顶面以上混凝土受压区高度；

A_s——单位长度内组合楼板的配筋面积。

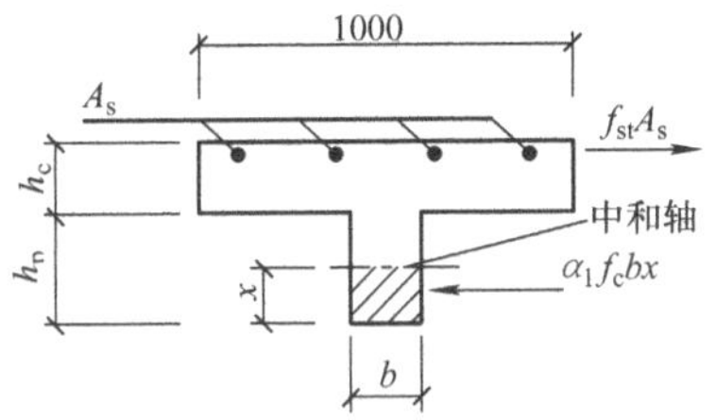

图7-20 中和轴在压型钢板内

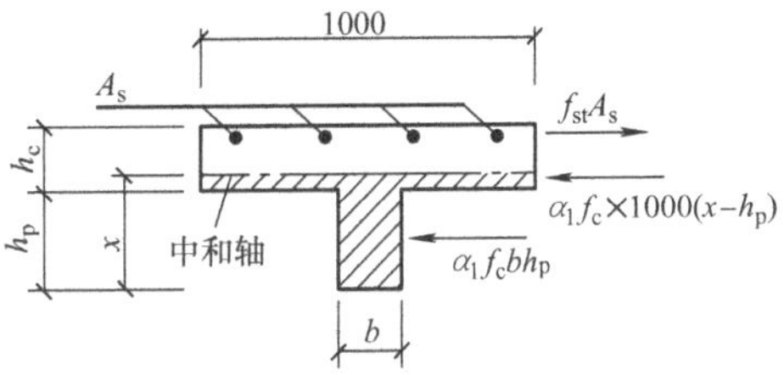

图7-21 中和轴在混凝土板内

2）斜截面抗剪承载力计算。组合楼板斜截面受剪承载力一般不成为其破坏的控制条件，但当板的高跨比较大、荷载较大时，其计算是不能忽视的。组合楼板在均布荷载作用下斜截面抗剪承载力应满足下列要求

$$V_{in} \leqslant 0.7 f_t b h_0 \tag{7-28}$$

式中 V_{in}——组合板一个波距内斜截面最大剪力设计值；

f_t——混凝土轴心抗拉强度设计值；

b——压型钢板的一个波距；

h_0——组合楼板的有效高度。

3）局部荷载作用下冲切承载力验算。组合楼板在局部荷载作用下冲切力设计值，应满足下式要求

$$V_1 \leqslant 0.6 f_t u_{cr} h_c \tag{7-29}$$

式中 h_c——压型钢板以上混凝土计算厚度；

u_{cr}——临界周界长度，如图7-22所示。

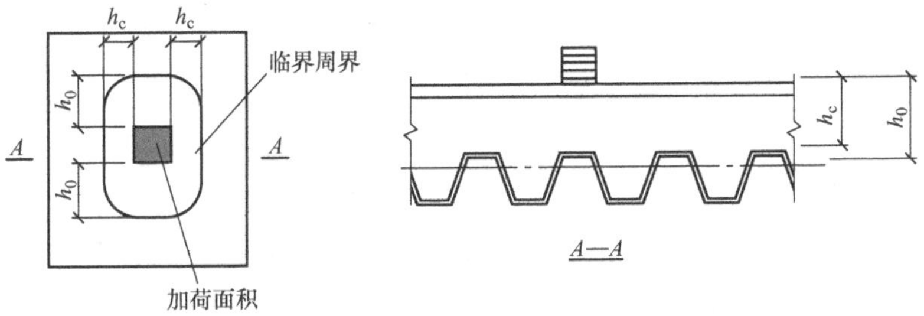

图7-22 剪力临界周界

4）组合板纵向剪力验算

$$V \leqslant V_u = a_0 - a_1 l_v + a_2 b h_0 + a_3 t \tag{7-30}$$

式中 V_u——组合板中混凝土与压型钢板叠合面的抗剪能力；

l_v——组合板的剪跨，对均布荷载作用的简支梁，取其跨度的 1/4；

b——组合板平均肋宽；

h_0——组合板有效高度，等于压型钢板截面形心至混凝土受压边缘的距离；

t——压型钢板厚度；

a_0、a_1、a_2、a_3——剪力黏滞系数，由试验确定或采用下列数值：$a_0 = 78.142$，$a_1 = 0.098$，$a_2 = 0.0036$，$a_3 = 38.625$。

（2）挠度验算 计算组合楼板的挠度时，不论其支承情况如何，均按简支单向板计算沿强边（顺肋）方向的挠度，按荷载效应的标准组合并考虑荷载长期作用影响进行计算，所得挠度 ν 不应大于跨度的 1/360。组合楼板的挠度可采用换算单质的截面刚度进行计算，即将混凝土截面换算成钢截面。

对于均布荷载作用下的组合板，其挠度计算为

$$\omega = \frac{5}{384}\left(\frac{q_k l^4}{B_s} + \frac{g_k l^4}{B_l}\right) \leqslant [\omega] = \frac{l}{360} \tag{7-31}$$

$$B_s = E_s I, B_l = \frac{1}{2} E_s I$$

式中 q_k、g_k——使用阶段组合板上的均布可变荷载和永久荷载的标准值；

l——组合板的计算跨度；

B_s、B_l——组合板在荷载效应的标准组合下的等效刚度；

E_s——钢材的弹性模量；

I——将组合板中混凝土截面换算成钢截面后的组合截面惯性矩。

（3）裂缝验算 应对组合楼板负弯矩部位进行混凝土裂缝宽度验算，可忽略压型钢板的作用，按楼板所处的环境类别确定裂缝控制等级，满足现行《混凝土结构设计规范》中楼板最大裂缝宽度限值的要求。板端负弯矩值，对于边跨板近似按一端简支一端固接的单跨单向板计算，对于中间跨板按两端固接的单跨单向板计算。

（4）自振频率验算 组合楼板的振动舒适度，应通过验算楼板的自振频率，使其不小于 15Hz 来控制，组合楼板的自振频率 f 按下式进行估算

$$f = \frac{1}{0.178\sqrt{\omega}} \geqslant 15\text{Hz} \tag{7-32}$$

式中 ω——荷载效应标准组合下组合板的挠度。

7.3.3 组合楼板构造要求

1）为防止组合楼板中压型钢板与混凝土之间产生相对滑移，应在组合板端部或连续板的各跨端部设置圆柱头焊钉连接件。圆柱头焊钉的位置在端支座的压型钢板凹肋处，穿透压型钢板并将圆柱头焊钉、钢板均焊牢在钢梁上翼缘。圆柱头焊钉的直径按下列规定采用：

① 跨度小于3m的板，圆柱头焊钉直径宜为13mm或16mm。

② 跨度在3~6m的板，圆柱头焊钉直径宜为16mm或19mm。

③ 跨度大于6m的板，圆柱头焊钉直径宜为19mm。

圆柱头焊钉的间距如图7-23所示，其中d为圆柱头焊钉的直径。圆柱头焊钉顶面保护层厚度不应小于15mm，圆柱头焊钉焊后高度应高出压型钢板顶面不小于30mm。

2）组合板中压型钢板应采用镀锌钢板，其镀锌层厚度尚应满足在使用期间不致锈蚀的要求。

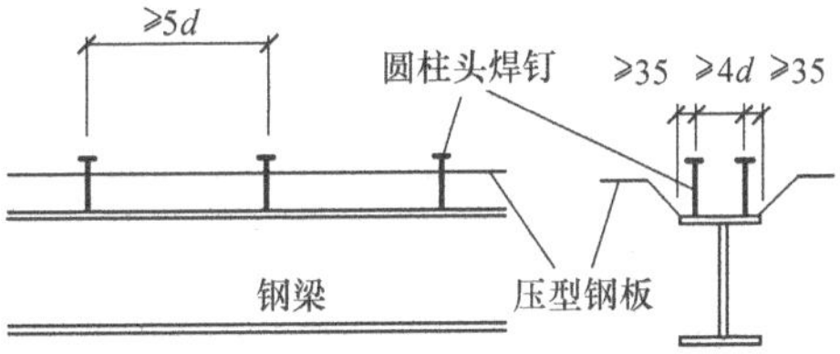

图7-23 圆柱头焊钉的间距

3）用于组合板的压型钢板净厚度（不包括镀锌层和饰面层厚度）不应小于0.75mm；仅作为模板的压型钢板厚度不应小于0.5mm，浇筑混凝土的波槽平均宽度不应小于50mm；当在槽内设置圆柱头焊钉连接件时，压型钢板总高度不应大于80mm。

4）组合板的总厚度不应小于90mm；压型钢板顶面以上混凝土厚度不应小于50mm；此外，尚应满足楼板防火保护层厚度的要求。

5）简支组合楼板的跨高比不宜大于25，连续组合楼板的跨高比不宜大于35。

6）组合板中的压型钢板在钢梁上的支承长度不应小于50mm；在砌体上的支承长度不应小于75mm。

7）组合板在下列情况之一时应配置钢筋：

① 为组合板提供储备承载力的附加抗拉钢筋。

② 在连续组合板或悬臂组合板的负弯矩区配置连续钢筋。

③ 在集中荷载区段和孔洞周围配置分布钢筋。

④ 改善防火效果的受拉钢筋。

⑤ 在压型钢板上翼缘焊接横向钢筋，应配置在剪跨区段内，其间距为150~300mm。

8）连续组合板在中间支座负弯矩区的上部纵向钢筋，应伸过梁的反弯点，并应满足锚固长度且设置弯钩；下部纵向钢筋在支座处应连续配置，不得中断。

9）组合板在集中荷载作用下，应设置横向钢筋，钢筋的截面面积不应小于压型钢板顶面以上混凝土板截面面积的0.2%，其延伸宽度不应小于组合板的有效工作宽度。

10）当连续组合板按简支板设计时，在中间支座处上部抗裂钢筋的截面面积不应小于混凝土截面面积的0.2%，抗裂钢筋从支座边缘算起的长度，不应小于跨度的1/6，且应与不少于5支分布钢筋相交。抗裂钢筋最小直径为4mm，最大间距为150mm。顺肋方向钢筋保护层厚度宜为20mm。与抗裂钢筋垂直的分布钢筋直径，不应小于抗裂钢筋直径的2/3，其间距不应大于抗裂钢筋间距的1.5倍。

11）压型钢板的表面处理。压型钢板支承在钢梁上时，在其支承长度范围内应涂防锈漆，其厚度不宜超过50μm。压型钢板板肋与钢梁平行时，钢梁上翼缘表面不应涂防锈漆，以使钢梁表面与混凝土之间有良好的结合。压型钢板端部的圆柱头焊钉部位宜进行适当的除锌处理，以提高圆柱头焊钉的焊接质量。

7.4 钢与混凝土组合楼盖例题

7.4.1 组合楼板的工程实例

1. 设计资料

某建筑工程楼盖结构布置如图7-24所示，采用压型钢板—混凝土组合楼板形式，压型钢板型号为YXB75-200-600，其壁厚为1.2mm，波距为200mm，具体尺寸如图7-25所示，压型钢板以上混凝土厚度为100mm。压型钢板布置方向为板肋平行于主梁轴线方向。次梁与主梁采用铰接连接，楼板与钢梁采用圆柱头焊钉连接。

（1）材料：压型钢板钢号为Q235B，$f=205\text{N/mm}^2$；组合次梁钢号为Q235B，$f=215\text{N/mm}^2$；混凝土强度等级为C25，$f_c=11.9\text{N/mm}^2$，$f_t=1.27\text{N/mm}^2$，$\alpha_1=1.0$。

（2）荷载 施工阶段：永久荷载标准值3.0N/mm^2；施工活荷载标准值1.5N/mm^2；使用阶段：永久荷载标准值4.5N/mm^2；活荷载标准值2.5N/mm^2。

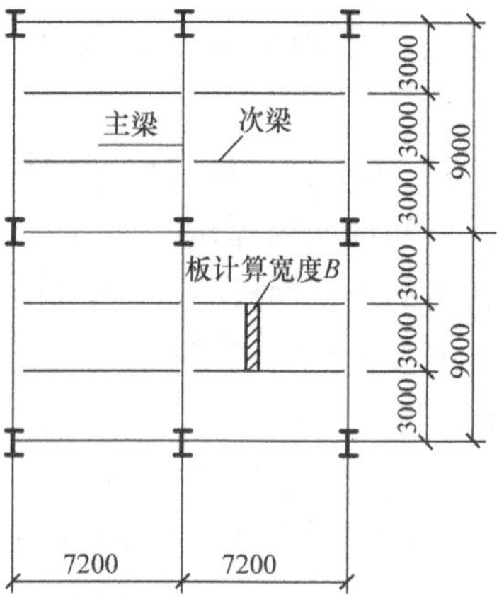

图7-24 楼盖结构布置

2. 截面特性

计算过程中以一个波距为计算宽度进行计算。一个波距内的压型钢板、混凝土板及组合楼板的截面特性如图7-26～图7-28所示，具体数据见表7-2～表7-4。

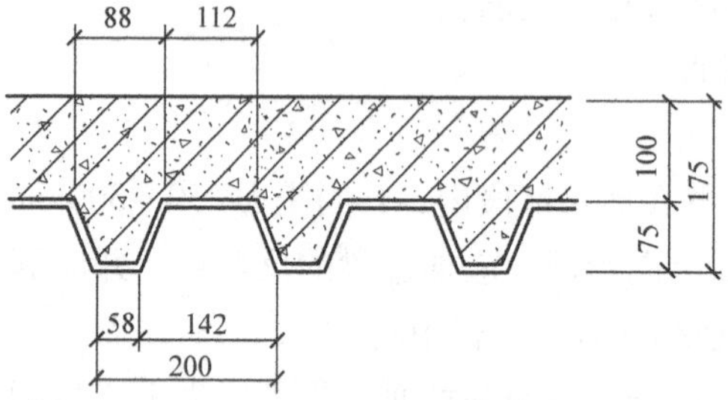

图7-25 组合楼板尺寸

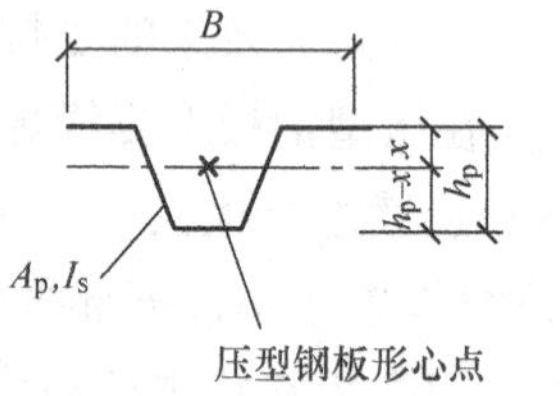

图7-26 压型钢板截面特性

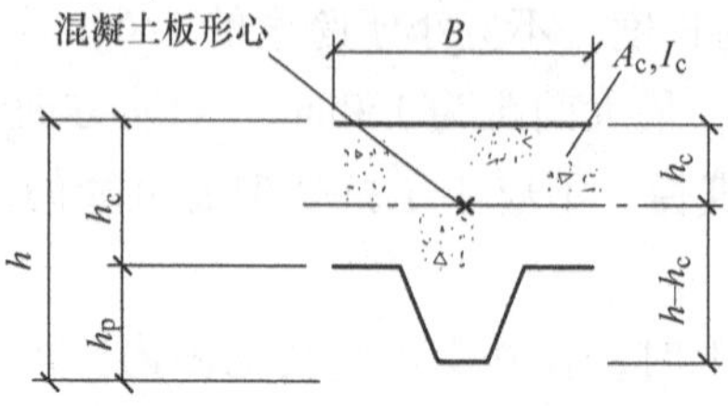

图7-27 混凝土板截面特性

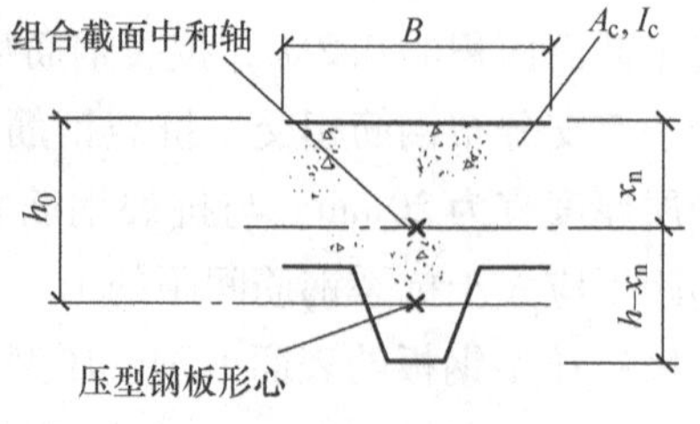

图7-28 组合楼板截面特性

表 7-2 一个波距内压型钢板截面特性

名称	h_p/mm	B/mm	x_c/mm	A_p/mm^2	I_s/mm^4
数值	75	200	31.2	387.6	35.06×10^4

表 7-3 一个波距内混凝土板截面特性

名称	h_c/mm	h_p/mm	h/mm	B/mm	h'_c/mm	A_c/mm^2	I_c/mm^4
数值	100	75	175	200	68.2	25475	13.74×10^7

表 7-4 一个波距内组合板截面特性

名称	h_0/mm	B/mm	x'_n/mm
数值	131.2	200	74.5

3. 施工阶段的验算

（1）荷载计算 一个波距内板的均布荷载标准值和设计值

$$q_k=(3+1.5)\times0.2\text{kN/m}=0.9\text{kN/m}$$

$$q=(3\times1.2+1.5\times1.4)\times0.2\text{kN/m}=1.14\text{kN/m}$$

（2）内力计算

$$M_{max}=\frac{1}{8}ql^2=\frac{1}{8}\times1.14\times3^2\text{kN}\cdot\text{m}=1.28\text{kN}\cdot\text{m}$$

（3）强度计算

$$W_{sc}=\frac{I_s}{x_c}=\frac{35.06\times10^4}{31.2}\text{mm}^3=1.124\times10^4\text{mm}^3$$

$$W_{st}=\frac{I_s}{h_p-x_c}=\frac{35.06\times10^4}{75-31.2}\text{mm}^3=0.800\times10^4\text{mm}^3$$

$fW_s=205\times0.800\times10^4\text{kN}\cdot\text{m}=1.64\text{kN}\cdot\text{m}>M_{max}=1.28\text{kN}\cdot\text{m}$（满足要求）

（4）挠度计算

$$[\omega]=\min\left(\frac{l}{180},20\right)=\min\left(\frac{3000}{180},20\right)\text{mm}=16.7\text{mm}$$

$$\omega=\frac{5q_kl^4}{384EI_s}=\frac{5\times0.9\times3^4}{384\times2.06\times10^5\times35.06\times10^4}\text{mm}=13.1\text{mm}<[\omega]\text{（满足要求）}$$

4. 使用阶段验算

（1）荷载计算 一个波距内组合板上均布荷载标准值和设计值

$$q_k=(4.5+2.5)\times0.2\text{kN/m}=1.4\text{kN/m}$$

$$q=(4.5\times1.2+2.5\times1.4)\times0.2\text{kN/m}=1.78\text{kN/m}$$

（2）内力计算

$$M_{max}=\frac{1}{8}ql^2=\frac{1}{8}\times1.78\times3^2\text{kN}\cdot\text{m}=2.00\text{kN}\cdot\text{m}$$

$$V_{max}=\frac{1}{2}ql=\frac{1}{2}\times1.78\times3\text{kN}=2.67\text{kN}$$

（3）强度计算

1）弯曲强度验算（按塑性方法验算）

$$A_{p}f=387.6\times205\text{N}=79458\text{N}$$

$$\alpha_{1}f_{c}h_{c}b=1.0\times11.9\times100\times200\text{N}=238000\text{N}$$

$$A_{p}f<\alpha_{1}f_{c}h_{c}b$$

（组合板的塑性中和轴在混凝土截面内）

组合板受压区高度

$$x=\frac{A_{p}f}{\alpha_{1}f_{c}b}=\frac{387.6\times205}{1.0\times11.9\times200}\text{mm}=33.4\text{mm}<0.55h_{0}=0.55\times131.2\text{mm}=72.16\text{mm}$$

$$y_{p}=h_{0}-\frac{x}{2}=\left(131.2-\frac{33.4}{2}\right)\text{mm}=114.5\text{mm}$$

故

$$0.8\alpha_{1}f_{c}xby_{p}=0.8\times1.0\times11.9\times33.4\times200\times114.5\text{kN}\cdot\text{m}$$

$$=7.28\text{kN}\cdot\text{m}>M_{max}=2.00\text{kN}\cdot\text{m}\text{（满足要求）}$$

2）斜截面抗剪验算

$$0.7f_{t}bh_{0}=0.7\times1.27\times200\times131.2\text{kN}=23.33\text{kN}$$

$$V_{max}=2.67\text{kN}<0.7f_{t}bh_{0}=23.33\text{kN}\text{（满足要求）}$$

3）纵向剪力验算

$$V_{u}=a_{0}-a_{1}l_{v}+a_{2}bh_{0}+a_{3}t$$

$$=\left(78.142-0.098\times\frac{3000}{4}+0.0036\times112\times131.2+38.625\times1.2\right)\text{kN/m}$$

$$=103.89\text{kN/m}$$

一个波距内的纵向剪力为 $103.89\times0.2\text{kN}=20.78\text{kN}>V_{max}=2.67\text{kN}$（满足要求）

（4）挠度计算

$$[\omega]=\frac{l}{360}=\frac{3000}{360}\text{mm}=8.33\text{mm}$$

$$I=\frac{1}{\alpha_{E}}[I_{c}+A_{c}(x_{n}'-h_{c}')^{2}+I_{s}+A_{p}(h_{0}-x_{n}')^{2}]$$

$$=\frac{1}{7.36}\times[13.74\times10^{7}+25475\times(74.5-68.2)^{2}+35.06\times10^{4}+387.6\times(131.2-74.5)^{2}]\text{mm}^{4}$$

$$=1.90\times10^{7}\text{mm}^{4}$$

$$B_{s}=E_{s}I=2.06\times10^{5}\times1.90\times10^{7}\text{N}\cdot\text{mm}^{2}=3.91\times10^{12}\text{N}\cdot\text{mm}^{2}$$

$$B_{l}=\frac{1}{2}E_{s}I=\frac{1}{2}\times2.06\times10^{5}\times1.90\times10^{7}\text{N}\cdot\text{mm}^{2}=1.96\times10^{12}\text{N}\cdot\text{mm}^{2}$$

$$\omega=\frac{5}{384}\times\left(\frac{q_{k}l^{4}}{B_{s}}+\frac{g_{k}l^{4}}{B_{l}}\right)$$

$$=\frac{5}{384}\times\left(\frac{2.5\times0.2\times3^{4}}{3.91\times10^{12}}+\frac{4.5\times0.2\times3^{4}}{1.96\times10^{12}}\right)\text{mm}$$

$$=0.62\text{mm}<[\omega]=8.33\text{mm}\text{（满足要求）}$$

（5）自振频率验算

$$f=\frac{1}{0.178\sqrt{\omega}}=\frac{1}{0.178\sqrt{0.062}}\text{Hz}=22.6\text{Hz}>15\text{Hz}\text{（满足要求）}$$

7.4.2　中间组合次梁设计

中间组合次梁采用塑性理论进行设计。

1. 初选截面

（1）钢梁截面选择

组合次梁跨度 $l=7200\text{mm}$，间距 $s=3000\text{mm}$。

组合次梁高度 $h=l/15=7200\text{mm}/15=480\text{mm}$，取 500mm。

压型钢板的肋高 $h_{c1}=75\text{mm}$，混凝土翼板的厚度为 $h_{c2}=100\text{mm}$。

钢梁的截面高度 $h_s=h-h_{c1}-h_{c2}=(500-100-75)\ \text{mm}=325\text{mm}\leqslant\dfrac{h}{2.5}=\dfrac{500}{2.5}\text{mm}=200\text{mm}$。

故钢梁的截面选择 HN400×200×8×13。

截面特性：$A=8412\text{mm}^2$，$I_x=23700\times10^4\text{mm}^4$，$W_x=1190\times10^3\text{mm}^3$，$i_x=168\text{mm}$，$I_y=1740\times10^4\text{mm}^4$，$W_y=174\times10^3\text{mm}^3$，$i_y=45.4\text{mm}$，$E=2.06\times10^5\text{N/mm}^2$

（2）混凝土翼板的有效宽度计算　由于压型钢板的肋与组合次梁轴线方向垂直，故不考虑压型钢板顶面以下混凝土的作用，组合次梁按无板托设计，即 $h_{c2}=0$。

由公式 $b_e=b_0+b_1+b_2$，其中 $b_0=200\text{mm}$，$b_1=b_2=\min\left(\dfrac{l}{6},\ \dfrac{s_0}{2},\ 6h_{c1}\right)$。

$$\frac{l}{6}=\frac{7200}{6}\text{mm}=1200\text{mm}$$

$$\frac{s_0}{2}=\frac{3000-200}{2}\text{mm}=1400\text{mm}$$

$$6h_{c1}=6\times100\text{mm}=600\text{mm}$$

得 $b_e=b_0+b_1+b_2=(200+600+600)\ \text{mm}=1400\text{mm}$

混凝土翼板的截面尺寸如图 7-29 所示。

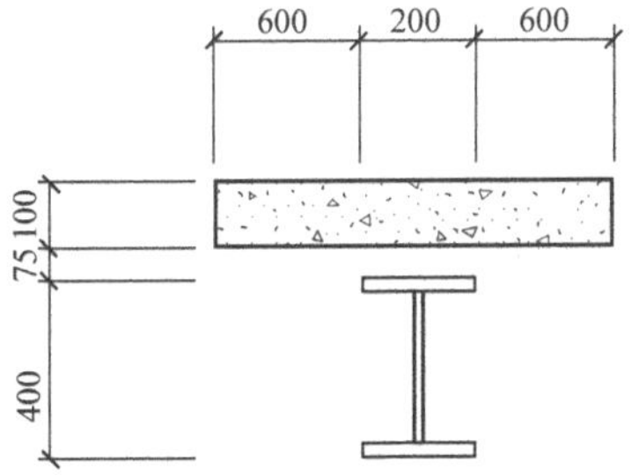

图 7-29　混凝土翼板的截面尺寸

2. 施工阶段钢梁的验算

（1）荷载及内力　施工阶段，由钢梁承受翼板和板托未硬结的混凝土重量、钢梁自重及施工活荷载。对钢梁应计算其截面的抗弯强度、抗剪强度、梁的整体稳定性及挠度。

梁上均布永久荷载标准值　　$g_k=3\times3\text{kN/m}=9\text{kN/m}$

施工均布活荷载标准值　　$p_k=3.0\times1.5\text{kN/m}=4.5\text{kN/m}$

梁上线荷载标准值 $q_k=(9+4.5)\text{kN/m}=13.5\text{kN/m}$

梁上线荷载的设计值 $q=(1.2\times9+1.4\times4.5)\text{kN/m}=17.1\text{kN/m}$

最大弯矩设计值 $M_x=\dfrac{1}{8}ql^2=\dfrac{1}{8}\times17.1\times7.2^2\text{kN}\cdot\text{m}=110.8\text{kN}\cdot\text{m}$

最大剪力设计值 $V=\dfrac{1}{2}ql=\dfrac{1}{2}\times17.1\times7.2\text{kN}=61.6\text{kN}$

(2) 强度验算

1) 抗弯强度

$$\sigma=\frac{M_x}{\gamma_x W_x}=\frac{110.8\times10^6}{1.05\times1190\times10^3}\text{N/mm}^2=88.7\text{N/mm}^2<f=215\text{N/mm}^2\text{(满足要求)}$$

2) 抗剪强度。钢梁剪力主要由钢梁腹板承担，即

$$\tau=\frac{1.5V}{h_w t_w}=\frac{1.5\times61.6}{(400-2\times13)\times8}\text{N/mm}^2=30.9\text{N/mm}^2<f_v=125\text{N/mm}^2\text{(满足要求)}$$

3) 整体稳定性验算。

由《钢结构设计标准》附表 B.1 得

$$\xi=\frac{l_1 t_1}{bh}=\frac{7200\times13}{200\times400}=1.17<2.0$$

则 $\beta_b=0.69+0.13\xi=0.69+0.13\times1.17=0.842$

$\lambda_y=l_1/i_y=7200/45.4=158.6$，$\eta_b=0$

$$\varphi_b=\beta_b\frac{4320}{\lambda_y^2}\frac{Ah}{W_x}\left[\sqrt{1+\left(\frac{\lambda_y t_1}{4.4h}\right)^2}+\eta_b\right]\frac{235}{f_y}$$

$$=0.842\times\frac{4320}{158.6^2}\times\frac{8412\times400}{1190\times10^3}\times\left[\sqrt{1+\left(\frac{158.6\times13}{4.4\times400}\right)^2}+0\right]\times\frac{235}{235}$$

$$=0.63>0.6$$

故采用 $\varphi_b'=1.07-\dfrac{0.282}{\varphi_b}=1.07-\dfrac{0.282}{0.63}=0.62$

$$\frac{M_x}{\varphi_b' W_x}=\frac{110.8\times10^6}{0.62\times1190\times10^3}\text{N/mm}^2=150.2\text{N/mm}^2<f=215\text{N/mm}^2\text{(满足要求)}$$

4) 挠度计算。简支梁在均布荷载作用下的挠度为

$$v=\frac{5}{384}\times\frac{q_k l^4}{EI_x}=\frac{5}{384}\times\frac{13.5\times7200}{2.06\times10^5\times23700\times10^4}\text{mm}=9.68\text{mm}$$

$$<\left[\frac{v}{l}\right]l=\frac{1}{250}\times7200\text{mm}=28.8\text{mm}\text{(满足要求)}$$

3. 使用阶段组合次梁的验算（按简支梁计算）

(1) 荷载及内力

梁上均布永久荷载标准值 $g_k=4.5\times3\text{kN/m}=13.5\text{kN/m}$

施工均布活荷载标准值 $p_k=3\times2.5\text{kN/m}=7.5\text{kN/m}$

梁上线荷载标准值 $q_k=(13.5+7.5)\text{kN/m}=21\text{kN/m}$

梁上线荷载的设计值 $q=(1.2\times13.5+1.4\times7.5)\text{kN/m}=26.7\text{kN/m}$

最大弯矩设计值　　$M_x=\frac{1}{8}ql^2=\frac{1}{8}\times26.7\times7.2^2\text{kN}\cdot\text{m}=173.0\text{kN}\cdot\text{m}$

最大剪力设计值　　$V=\frac{1}{2}ql=\frac{1}{2}\times26.7\times7.2\text{kN}=96.1\text{kN}$

（2）强度验算

1）抗弯强度。判断塑性中和轴的位置

钢梁中拉力　　$Af=84.12\times10^2\times215\times10^{-3}\text{kN}=1808.58\text{kN}$

混凝土翼板中的压力　　$b_e h_{c1} f_c=1400\times100\times11.9\times10^{-3}\text{kN}=1666\text{kN}$

因 $Af>b_c h_{c1} f_c$，塑性中和轴位于翼板之下，即 $x>h_{c1}$。由于在强度计算时，不考虑板托的受力，故塑性中和轴将在钢梁截面内，组合梁的应力图形如图 7-30b 所示。钢梁受压区面积 A_c 由 $\sum x=0$ 得出。

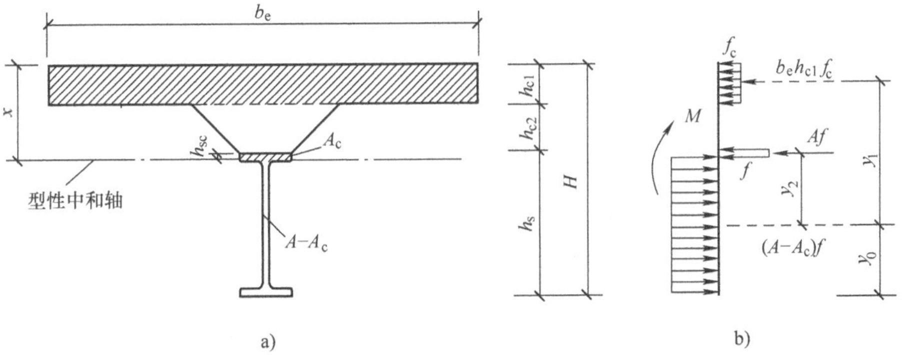

图 7-30　塑性中和轴在钢梁截面内时组合梁的应力

a）梁截面尺寸　b）应力图

$$A_c=\frac{1}{2}\left(A-b_e h_{c1}\frac{f_c}{f}\right)=\frac{1}{2}\times\left(84.12-140\times10\times\frac{11.9}{215}\right)\text{mm}^2=331.5\text{mm}^2$$

钢梁翼缘宽度 $b=200\text{mm}$，因此钢梁受压区高度 $h_{sc}=A_c/b=331.5/200\text{mm}=1.6\text{mm}$（未考虑翼缘趾尖圆角影响）。塑性中和轴位于钢梁上翼缘范围内。

设钢梁受拉区截面 $A—A_c$ 的形心（即受拉区截面的合力作用点）至钢梁底部的距离为 y_0，则

$$(A-A_c)y_0+A_c(y_0+y_2)=A\frac{h_s}{2}$$

令
$$y_0+y_2=h_s-\frac{1}{2}h_{sc}=\left(400-\frac{1}{2}\times1.6\right)\text{mm}=399.2\text{mm}$$

得
$$y_0=\frac{\frac{1}{2}Ah_s-A_c(y_0+y_2)}{A-A_c}=\frac{\frac{1}{2}\times8412\times400-331.5\times399.2}{8412-331.5}\text{mm}=191.8\text{mm}$$

$$y_1=H-\frac{1}{2}h_{c1}-y_0=\left(575-\frac{1}{2}\times100-191.8\right)\text{mm}=333.2\text{mm}$$

$$y_2=(399.2-191.8)\text{mm}=207.4\text{mm}$$

组合梁截面的抵抗力矩为

$$M_p = b_e h_{c1} f_c y_1 + A_c f y_2$$
$$= (1400 \times 100 \times 11.9 \times 333.2 \times 10^{-6} + 331.5 \times 215 \times 207.4 \times 10^{-6})\text{kN} \cdot \text{m}$$
$$= (555.1 + 14.8)\text{kN} \cdot \text{m} = 569.9\text{kN} \cdot \text{m} > M = 173.0\text{kN} \cdot \text{m}(满足要求)。$$

2）抗剪强度。剪力设计值为 $V = 96.1\text{kN}$，截面能承受的剪力为

$$h_w t_w f_v = (400 - 26) \times 8 \times 120 \times 10^{-3}\text{kN} = 359.04\text{kN} > V = 96.1\text{kN}(满足要求)$$

（3）抗剪连接件设计　抗剪连接件的计算方法应与组合梁的计算方法一致，这里采用塑性理论进行计算。

1）抗剪连接件类型。采用优质 DL 钢，F16 圆柱头焊钉，高度 $h_d = 150\text{mm}$，截面面积 $A_s = 201.1\text{mm}^2$，其抗拉强度 $f_y = 360\text{N/mm}^2$；混凝土强度等级为 C25，$f_c = 11.9\text{N/mm}^2$，$E_c = 2.80 \times 10^4\ \text{N/mm}^2$；压型钢板型号为 YXB75 - 200 - 600，平均宽度 b_w 为 130mm，波高 h_e 为 75mm。

2）纵向剪力 V_s 计算。组合梁上最大弯矩点和邻近零弯矩点之间的混凝土板与钢梁间的纵向剪力 V_s 为

$$b_c h_{c1} f_c = 1400 \times 100 \times 11.9 \times 10^{-3}\text{kN} = 1666\text{kN}$$
$$A_s f = 8412 \times 215\text{kN} = 1808.58\text{kN}$$

取二者较小值作为纵向剪力值进行计算，即纵向剪力 V_s 值为 1666kN。

3）单个圆柱头焊钉的抗剪承载力 N_v^c。由于此组合次梁为简支梁，梁上为均布荷载作用，没有负弯矩区域，故 N_v^c 的折减系数 η_v 取 1.0。压型钢板的板肋与组合次梁垂直，梁中任意截面处一个肋中的焊钉数为 2 个，故 N_v^c 的折减系数 β_v 按下式计算

$$\beta_v = \frac{0.85}{\sqrt{n_0}} \frac{b_w}{h_e}\left(\frac{h_d - h_e}{h_e}\right) = \frac{0.85}{\sqrt{2}} \times \frac{130}{75} \times \left(\frac{150 - 75}{75}\right) = 1.042 > 1.0$$

故
$$\beta_v = 1.0$$

单个圆柱头焊钉的抗剪承载力 N_v^c 的确定

$$0.43A_s \sqrt{E_c f_c} = 0.43 \times 201.1 \times \sqrt{2.80 \times 10^4 \times 11.9}\text{kN} = 46.43\text{kN}$$
$$0.7A_s f = 0.7 \times 1.67 \times 201.1 \times 360\text{kN} = 50.5\text{kN}$$

二者取小值，故 $N_v^c = 46.43\text{kN}$。

$$[N_v^c] = \beta_v \eta_v N_v^c = 1.0 \times 1.0 \times 46.43\text{kN} = 46.43\text{kN}$$

4）组合次梁半跨所需焊钉的总数

$$n = \frac{V_s}{[N_v^c]} = \frac{1666}{46.43} = 35.9(故取 36 个)$$

5）焊钉的纵向间距

沿梁半跨在宽度方向上设置双排焊钉，其纵向间距 a_i 为

$$a_i = \frac{l/2}{n/2} = \frac{7200/2}{36/2} = 200\text{mm}$$

取 $a_i = 150\text{mm}$，其值 $> 4d = 4 \times 16\text{mm} = 64\text{mm}$，且 $< 4h_{c1} = 4 \times 100\text{mm} = 400\text{mm}$（满足要求）

故组合次梁上抗剪连接件为 F16 圆柱头焊钉，高度 $h_d = 150\text{mm}$，间距 150mm。

（4）挠度计算　组合次梁的挠度按弹性工作阶段计算。分别采用荷载的标准组合和准

永久组合进行计算，且以两者的计算结果较大值作为组合梁的最终挠度。仅承受正弯矩作用的简支梁，其抗弯刚度应取考虑滑移效应后的折减刚度，计算时不考虑板托截面。

1）按荷载的标准组合进行计算

① 按标准组合的荷载值

$$q = g_k + p_k = (13.5 + 7.5)\text{kN/m} = 21\text{kN/m} = 21\text{N/mm}$$

② 组合梁换算截面的惯性矩 I_{eq}。按弹性工作阶段计算梁的挠度时，需将混凝土翼板换算成钢截面，其厚度相同但有效宽度缩小为 $b_{eq} = b_e/\alpha_E$。整个换算截面如图 7-31 所示。则钢材与混凝土弹性模量的比值为

$$\alpha_E = \frac{E}{E_c} = \frac{206 \times 10^3}{28.0 \times 10^3} = 7.36$$

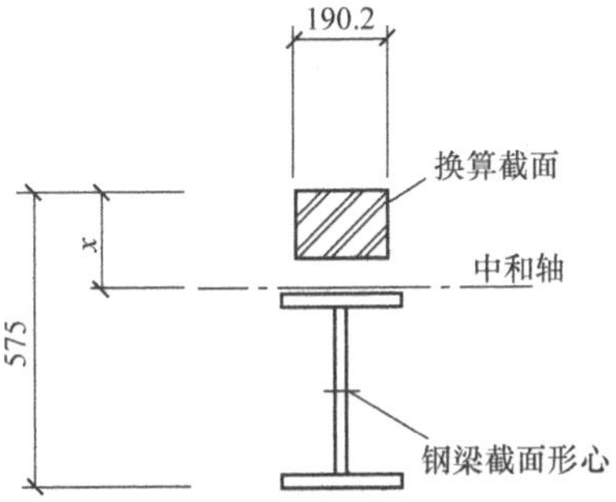

图 7-31 组合梁的换算截面

翼板换算截面宽度为

$$b_{eq} = \frac{b_e}{\alpha_E} = \frac{1400}{7.36}\text{mm} = 190.2\text{mm}$$

根据下列判别式确定组合梁换算截面弹性中和轴的位置（对翼板底面取面积矩并不计板托截面）

$$\frac{1}{2}b_{eq}h_{c1}^2 > A(y_s - h_{c1}) \tag{a}$$

如满足式（a），则 $x < h_{c1}$，中和轴在翼板内；否则 $x > h_{c1}$，中和轴在翼板下。

$$\frac{1}{2}b_{eq}h_{c1}^2 = \frac{1}{2} \times 190.2 \times 100^2\text{mm}^3 = 951 \times 10^3\text{mm}^3$$

$$y_s = h - h_s/2 = (575 - 400/2)\text{mm} = 375\text{mm}$$

$$A(y_s - h_{c1}) = 8412 \times (375 - 100)\text{mm}^3 = 2313.3 \times 10^3\text{mm}^3 > 951 \times 10^3\text{mm}^3$$

满足上述判别式（a），因此 $x > h_{c1}$，中和轴位于翼板下的板托内。

对中和轴求面积矩以确定中和轴位置

$$b_{eq}h_{c1}\left(x - \frac{h_{c1}}{2}\right) = A(y_s - x)$$

即

$$x = \frac{Ay_s + \frac{1}{2}b_{eq}h_{c1}^2}{A + b_{eq}h_{c1}} = \frac{8412 \times 375 + \frac{1}{2} \times 190.2 \times 100^2}{8412 + 190.2 \times 100}\text{mm} = 149.7\text{mm}$$

组合梁换算截面对中和轴的惯性矩

$$I_{eq}=\left[\frac{1}{12}b_{eq}h_{c1}^3+b_{eq}h_{c1}\left(x-\frac{h_{c1}}{2}\right)^2\right]+[I_x+A(y_s-x)^2]$$

$$=\left[\frac{1}{12}\times190.2\times100^3+190.2\times100\times\left(149.7-\frac{100}{2}\right)^2\right]+[2.37\times10^8+8412\times(375-149.7)^2]$$

$$=(0.16\times10^8+1.89\times10^8+2.37\times10^8+4.27\times10^8)\text{mm}^4=8.69\times10^8\text{mm}^4$$

③ 组合梁的折减刚度 B。仅受正弯矩作用的组合梁，其考虑滑移效应的折减刚度 B 应按下式计算

$$B=\frac{EI_{eq}}{1+\zeta}$$

式中的刚度折减系数 ζ 由下式确定（当 $\zeta\leqslant0$ 时，取 $\zeta=0$）

$$\zeta=\eta\left[0.4-\frac{3}{(jl)^2}\right]$$

刚度折减系数 ζ 中的参数 η、j 及其相关计算如下

混凝土翼板截面面积 $A_{cf}=b_eh_{c1}=1400\times100\text{mm}^2=140000\text{mm}^2$

混凝土翼板截面惯性矩 $I_{cf}=\frac{1}{12}b_eh_{c1}^3=\frac{1}{12}\times1400\times100^3\text{mm}^4=1.17\times10^8\text{mm}^4$

混凝土翼板截面形心到钢梁截面形心的距离

$$d_c=h-(h_{c1}+h_s)/2=575-(100+400)/2\text{mm}=325\text{mm}$$

$$I_0=I_x+\frac{I_{cf}}{\alpha_E}=\left(23700\times10^4+\frac{1.17\times10^8}{7.36}\right)\text{mm}^4=2.53\times10^8\text{mm}^4$$

$$A_0=\frac{AA_{cf}}{\alpha_EA+A_{cf}}=\frac{8412\times140000}{7.36\times8412+140000}\text{mm}^2=5833\text{mm}^2$$

$$A_1=\frac{I_0+A_0d_c^2}{A_0}=\frac{2.53\times10^8+5833\times325^2}{5833}\text{mm}^2=14.9\times10^4\text{mm}^2$$

抗剪连接件刚度系数　$k=N_v^c=46.43\times1000\text{N/mm}=46430\text{N/mm}$

抗剪连接件在钢梁上的列数　$n_s=2$

抗剪连接件的纵向平均间距　$p=150\text{mm}$

$$j=0.81\sqrt{\frac{n_skA_1}{EI_0p}}=0.81\times\sqrt{\frac{2\times46430\times14.9\times10^4}{206\times10^3\times2.53\times10^8\times150}}\text{mm}^{-1}=1.08\times10^{-3}\text{mm}^{-1}$$

$$\eta=\frac{36Ed_cpA_0}{n_skhl^2}=\frac{36\times206\times10^3\times325\times150\times5833}{2\times46430\times575\times7200^2}=0.76$$

$$\zeta=\eta\left[0.4-\frac{3}{(jl)^2}\right]=0.76\times\left[0.4-\frac{3}{(1.08\times10^{-3}\times7200)^2}\right]=0.266$$

则

$$B=\frac{EI_{eq}}{1+\zeta}=\frac{EI_{eq}}{1+0.266}=0.79EI_{eq}$$

即考虑翼板与钢梁间的滑移效应后，组合梁的抗弯刚度下降了约21%。

④ 挠度计算。跨中最大挠度

$$v=\frac{5}{384}\times\frac{q_k l^4}{B}=\frac{5}{384}\times\frac{q_k l^4}{(0.629EI_{eq})}=\frac{5\times21\times7200^4}{384\times206\times10^3\times0.79\times8.69\times10^8}\text{mm}=5.20\text{mm}$$

$$\frac{v}{l}=\frac{5.20}{7200}=\frac{1}{1385}<\left[\frac{v}{l}\right]=\frac{1}{250}\text{（满足要求）}$$

2）按荷载的准永久组合进行计算

① 按准永久组合的荷载值。设活荷载的准永久值系数 $\psi_q=0.85$，得

$$q_k=g_k+\psi_q p_k=(13.5+0.85\times7.5)\text{kN/m}=19.88\text{kN/m}$$

② 组合梁换算截面的惯性矩 I_{eq}。对荷载的准永久组合，应考虑混凝土的徐变影响，取混凝土翼板的换算截面宽度为

$$b_{eq}=\frac{b_e}{2\alpha_E}=\frac{1400}{2\times7.36}\text{mm}=95.1\text{mm}$$

判别组合梁换算截面弹性中和轴的位置

$$\frac{1}{2}b_{eq}h_{c1}^2=\frac{1}{2}\times95.1\times100^2\text{mm}^3=475.5\times10^3\text{mm}^3$$

$$A(y_s-h_{c1})=8412\times(375-100)\text{mm}^3=2313.3\times10^3\text{mm}^3>475.5\times10^3\text{mm}^3$$

不满足前述判别式（a），因此 $x>h_{c1}$，中和轴位于翼板以下，翼板全部受压。中和轴位置由下式求得（对中和轴求面积矩）

$$b_{eq}h_{c1}\left(x-\frac{h_{c1}}{2}\right)=A(y_s-x)$$

即

$$x=\frac{Ay_s+\frac{1}{2}b_{eq}h_{c1}^2}{A+b_{eq}h_{c1}}=\frac{8412\times375+\frac{1}{2}\times95.1\times100^2}{8412+95.1\times100}\text{mm}=202.5\text{mm}$$

组合梁的换算截面如图 7-32 所示，对中和轴的惯性矩为

$$I_{eq}=\left[\frac{1}{12}b_{eq}h_{c1}^3+b_{eq}h_{c1}\left(x-\frac{h_{c1}}{2}\right)^2\right]+\left[I_x+A\,(y_s-x)^2\right]$$

$$=\left[\frac{1}{12}\times95.1\times100^3+95.1\times100\times\left(202.5-\frac{100}{2}\right)^2\right]\text{mm}^4+$$

$$\left[2.37\times10^8+8412\times(375-202.5)^2\right]\text{mm}^4=4.67\times10^8\text{mm}^4$$

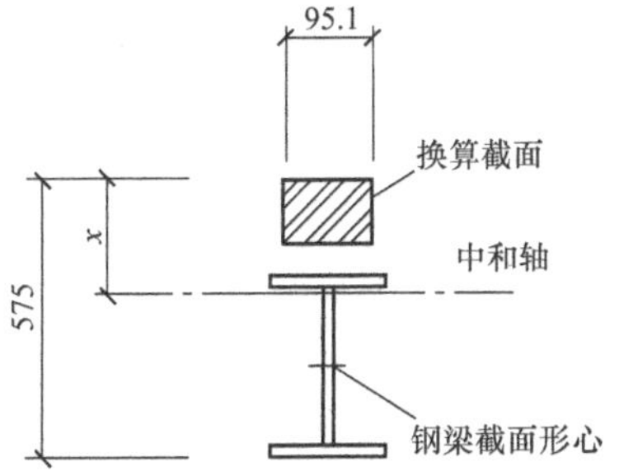

图 7-32 按荷载的准永久组合计算时组合梁的换算截面

③ 组合梁的折减刚度 B。

$$I_0 = I_x + \frac{I_{cf}}{2\alpha_E} = \left(23700 \times 10^4 + \frac{1.17 \times 10^8}{2 \times 7.36}\right)\text{mm}^4 = 2.45 \times 10^8 \text{mm}^4$$

$$A_0 = \frac{AA_{cf}}{2\alpha_E A + A_{cf}} = \frac{8412 \times 140000}{2 \times 7.36 \times 8412 + 140000}\text{mm}^2 = 4464\text{mm}^2$$

$$A_1 = \frac{I_0 + A_0 d_c^2}{A_0}$$

$$= \frac{2.45 \times 10^8 + 4464 \times 325^2}{4464}\text{mm}^4 = 16.05 \times 10^4 \text{mm}^4$$

$$j = 0.81\sqrt{\frac{n_s k A_1}{E I_0 p}} = 0.81 \times \sqrt{\frac{2 \times 46430 \times 16.05 \times 10^4}{206 \times 10^3 \times 2.45 \times 10^8 \times 150}}\text{mm}^{-1} = 1.14 \times 10^{-3}\text{mm}^{-1}$$

$$\eta = \frac{36 E d_c p A_0}{n_s k h l^2} = \frac{36 \times 206 \times 10^3 \times 325 \times 150 \times 4464}{2 \times 46430 \times 575 \times 7200^2} = 0.583$$

则

$$\zeta = \eta\left[0.4 - \frac{3}{(jl)^2}\right] = 0.583 \times \left[0.4 - \frac{3}{(1.14 \times 10^{-3} \times 7200)^2}\right] = 0.207$$

得 $B = \dfrac{EI_{eq}}{1+\zeta} = \dfrac{EI_{eq}}{1+0.207} = 0.83EI_{eq}$

④ 组合梁的挠度计算。跨中最大挠度为

$$v = \frac{5}{384} \times \frac{q_k l^4}{B} = \frac{5}{384} \times \frac{q_k l^4}{(0.83EI_{eq})} = \frac{5 \times 19.88 \times 7200^4}{384 \times 206 \times 10^3 \times 0.83 \times 4.67 \times 10^8} = 8.71\text{mm}$$

$$\frac{v}{l} = \frac{8.71}{7200} = \frac{1}{826} < \left[\frac{v}{l}\right] = \frac{1}{250}\text{（满足要求）}$$

思 考 题

7-1　钢与混凝土组合梁的特点是什么？

7-2　钢与混凝土组合梁由哪些部分组成？钢与混凝土组合梁共同工作的原理是什么？

7-3　钢与混凝土组合梁的设计原则是什么？

7-4　钢与混凝土组合梁为什么要进行施工阶段的验算？具体验算哪些内容？

7-5　钢与混凝土组合楼盖在施工阶段要做哪些验算？

习　题

已知某办公楼楼面采用钢—混凝土组合楼盖。楼面活荷载为 2.0kN/m^2，楼面建筑装饰面层重 3.85kN/m^2，混凝土板自重（包括压型钢板）为 3.85kN/m^2。压型钢板波高 75mm，波距 200mm，其上现浇 65 厚混凝土。施工荷载为 1.7kN/m^2。梁格布置如图 7-33 所示。钢材采用 Q235B，混凝土强度等级为 C20，圆柱头焊钉连接。要求设计组合梁次梁、主梁及楼板：

1）简支组合次梁。

2）支座上部受拉钢筋为 HPB235 级，直径 16mm，间距 150mm。施工时钢梁下部设置两个临时支撑。设计三跨连续主梁。

3）绘制次梁、主梁的施工图及次梁与主梁的连接节点。

4）设计组合楼板。

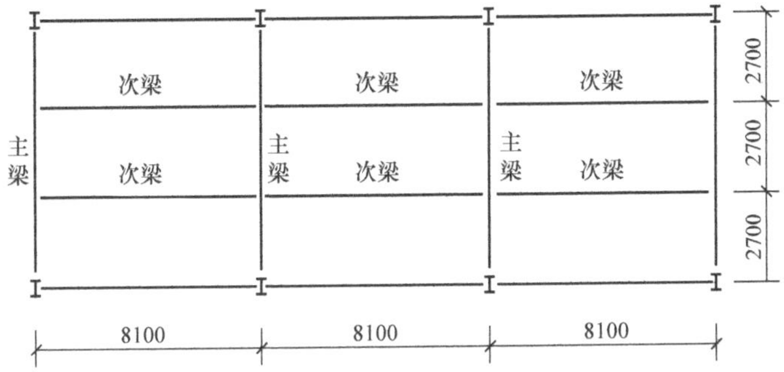

图 7-33　办公楼楼面梁格布置

附　录

附录1　钢材和连接的设计用强度指标

附表1-1　钢材的设计用强度指标　　（单位：N/mm^2）

钢材牌号	厚度或直径/mm	强度设计值			屈服强度 f_y	抗拉强度 f_u
		抗拉、抗压、和抗弯 f	抗剪 f_v	端面承压（刨平顶紧）f_{ce}		
Q235	≤16	215	125	320	235	370
	>16，≤40	205	120		225	
	>40，≤100	200	115		215	
Q345	≤16	305	175	400	345	470
	>16，≤40	295	170		335	
	>40，≤63	290	165		325	
	>63，≤80	280	160		315	
	>80，≤100	270	155		305	
Q390	≤16	345	200	415	390	490
	>16，≤40	330	190		370	
	>40，≤63	310	180		350	
	>63，≤100	295	170		330	
Q420	≤16	375	215	440	420	520
	>16，≤40	355	205		400	
	>40，≤63	320	185		380	
	>63，≤100	305	175		360	
Q460	≤16	410	235	470	460	550
	>16，≤40	390	225		440	
	>40，≤63	355	205		420	
	>63，≤100	340	195		400	
Q345GJ	>16，≤50	325	190	415	345	490
	>50，≤100	300	175		335	

注：1. 冷弯型材及冷弯钢管的强度设计值应按国家现行有关标准的规定执行。

2. 表中直径指实芯棒材直径，厚度指计算点的钢材或钢管壁厚度，对轴心受拉和轴心受压构件是指截面中较厚板件的厚度。

附表 1-2　焊缝的强度指标

（单位：N/mm^2）

焊接方法和焊条型号	构件钢材		对接焊缝强度设计值				角焊缝强度设计值
	牌号	厚度或直径（mm）	抗压 f_c^w	焊缝质量为下列等级时，抗拉 f_t^w		抗剪 f_v^w	抗拉、抗压和抗剪 f_f^w
				一级、二级	三级		
自动焊、半自动焊和E43型焊条手工焊	Q235	≤16	215	215	185	125	160
		>16，≤40	205	205	175	120	
		>40，≤100	200	200	170	115	
自动焊、半自动焊和E50、E55型焊条手工焊	Q345	≤16	305	305	260	175	200
		>16，≤40	295	295	250	170	
		>40，≤63	290	290	245	165	
		>63，≤80	280	280	240	160	
		>80，≤100	270	270	230	155	
自动焊、半自动焊和E50、E55型焊条手工焊	Q390	≤16	345	345	295	200	200（E50） 220（E55）
		>16，≤40	330	330	280	190	
		>40，≤63	310	310	265	180	
		>63，≤100	295	295	250	170	
自动焊、半自动焊和E55、E60型焊条手工焊	Q420	≤16	375	375	320	215	220（E55） 240（E60）
		>16，≤40	355	355	300	205	
		>40，≤63	320	320	270	185	
		>63，≤100	305	305	260	175	
自动焊、半自动焊和E55、E60型焊条手工焊	Q460	≤16	410	410	350	235	220（E55） 240（E60）
		>16，≤40	390	390	330	225	
		>40，≤63	355	355	300	205	
		>63，≤100	340	340	290	195	
自动焊、半自动焊和E50、E55型焊条手工焊	Q345GJ	>16，≤35	310	310	265	180	200
		>35，≤50	290	290	245	170	
		>50，≤100	285	285	240	165	

注：1. 手工焊用焊条、自动焊和半自动焊所采用的焊丝和焊剂，应保证其熔敷金属的力学性能不低于母材的性能。

2. 焊缝质量等级应符合现行国家标准《钢结构焊接规范》GB50661 的规定，其检验方法应符合现行国家标准《钢结构工程施工质量验收规范》GB50205 的规定。其中厚度小于 6mm 钢材的对接焊缝，不应采用超声波探伤确定焊缝质量等级。

3. 对接焊缝在受压区的抗弯强度设计值取 f_c^w，在受拉区的抗弯强度设计值取 f_t^w。

4. 表中厚度是指计算点的钢材厚度，对轴心受拉和轴心受压构件是指截面中较厚板件的厚度。

5. 进行无垫板的单面施焊对接焊缝的连接计算时，表中规定的强度设计值应乘折减系数 0.85。施工条件较差的高空安装焊缝乘以系数 0.9。两种情况同时存在时，折减系数应连乘。

附表 1-3 螺栓连接的强度指标 （单位：N/mm²）

螺栓的性能等级、锚栓和构件钢材的牌号		强度设计值									
		普通螺栓						锚栓	承压型连接或网架用高强度螺栓		
		C 级螺栓			A 级、B 级螺栓						
		抗拉 f_t^b	抗剪 f_v^b	承压 f_c^b	抗拉 f_t^b	抗剪 f_v^b	承压 f_c^b	抗拉 f_t^b	抗拉 f_t^b	抗剪 f_v^b	承压 f_c^b
普通螺栓	4.6 级、4.8 级	170	140	—	—	—	—	—	—	—	—
	5.6 级	—	—	—	210	190	—	—	—	—	—
	8.8 级	—	—	—	400	320	—	—	—	—	—
锚栓	Q235	—	—	—	—	—	—	140	—	—	—
	Q345	—	—	—	—	—	—	180	—	—	—
	Q390	—	—	—	—	—	—	185	—	—	—
承压型连接高强度螺栓	8.8 级	—	—	—	—	—	—	—	400	250	—
	10.9 级	—	—	—	—	—	—	—	500	310	—
螺栓球节点用高强度螺栓	9.8 级	—	—	—	—	—	—	—	385	—	—
	10.9 级	—	—	—	—	—	—	—	430	—	—
构件钢材牌号	Q235	—	—	305	—	—	405	—	—	—	470
	Q345	—	—	385	—	—	510	—	—	—	590
	Q390	—	—	400	—	—	530	—	—	—	615
	Q420	—	—	425	—	—	560	—	—	—	655
	Q460	—	—	450	—	—	595	—	—	—	695
	Q345GJ	—	—	400	—	—	530	—	—	—	615

注：1. A 级螺栓用于 $d \leqslant 24$mm 和 $L \leqslant 10d$ 或 $L \leqslant 150$mm（按较小值）的螺栓；B 级螺栓用于 $d > 24$mm 和 $L > 10d$ 或 $L > 150$mm（按较小值）的螺栓；d 为公称直径，L 为螺栓公称长度。

2. A、B 级螺栓孔的精度和孔壁表面粗糙度，C 级螺栓孔的允许偏差和孔壁表面粗糙度，均应符合现行国家标准《钢结构工程施工质量验收规范》GB 50205 的要求。

3. 用于螺栓球节点网架的高强度螺栓，M12 ~ M36 为 10.9 级，M39 ~ M64 为 9.8 级。

附录 2 受弯构件的挠度允许值

1. 吊车梁、楼盖梁、屋盖梁、工作平台梁及墙架构件的挠度不宜超过附表 2-1 所列的允许值。

附表 2-1 受弯构件的挠度允许值

项次	构件类别	挠度允许值	
		$[v_T]$	$[v_Q]$
1	吊车梁和吊车桁架（按自重和起重量最大的一台起重机计算挠度） 1）手动起重机和单梁起重机（含悬挂起重机） 2）轻级工作制桥式起重机 3）中级工作制桥式起重机 4）重级工作制桥式起重机	 $l/500$ $l/750$ $l/900$ $l/1000$	—

（续）

项次	构件类别	挠度允许值	
		$[v_T]$	$[v_Q]$
2	手动或电动葫芦的轨道梁	$l/400$	—
3	有重轨（质量等于或大于38kg/m）轨道的工作平台梁 有轻轨（质量等于或小于24kg/m）轨道的工作平台梁	$l/600$ $l/400$	—
4	楼（屋）盖梁或桁架、工作平台梁（第3项除外）和平台板 1）主梁或桁架（包括设有悬挂起重设备的梁和桁架） 2）仅支承压型金属板屋面和冷弯型钢檩条 3）除支承压型金属板屋面和冷弯型钢檩条外，尚有吊顶 4）抹灰顶棚的次梁 5）除第1）、2）款外的其他梁（包括楼梯梁） 6）屋盖檩条 支承压型金属板屋面者 支承其他屋面材料者 有吊顶 7）平台板	 $l/400$ $l/180$ $l/240$ $l/250$ $l/250$ $l/150$ $l/200$ $l/240$ $l/150$	 $l/500$ $l/350$ $l/300$ — — — —
5	墙架构件（风荷载不考虑阵风系数） 1）支柱（水平方向） 2）抗风桁架（作为连续支柱的支承时，水平位移） 3）砌体墙的横梁（水平方向） 4）支承压型金属板的横梁（水平方向） 5）支承其他墙面材料的横梁（水平方向） 6）带有玻璃窗的横梁（竖直和水平方向）	 — — — — — $l/200$	 $l/400$ $l/1000$ $l/300$ $l/100$ $l/200$ $l/200$

注：1. l为受弯构件的跨度（对悬臂梁和伸臂梁为悬臂长度的2倍）。

2. $[v_T]$ 为永久和可变荷载标准值产生的挠度（如有起拱应减去拱度）的允许值；$[v_Q]$ 为可变荷载标准值产生的挠度的允许值。

3. 当吊车梁或吊车桁架跨度大于12m时，其挠度允许值 $[v_T]$ 应乘以0.9的系数。

4. 当墙面采用延性材料或与结构采用柔性连接时，墙架构件的支柱水平位移允许值可采用$l/300$，抗风桁架（作为连续支柱的支承时）水平位移允许值可采用$l/800$。

2. 冶金厂房或类似车间中设有重级工作制（A7、A8级别）起重机的车间，其跨间每侧吊车梁或吊车桁架的制动结构，由一台最大起重机横向水平荷载（按荷载规范取值）所产生的挠度不宜超过制动结构跨度的1/2200。

附录3 梁的整体稳定系数

附3.1 等截面焊接工字形和轧制H型钢简支梁

等截面焊接工字形（见附图3-1）和轧制H型钢简支梁的整体稳定系数 φ_b 应按下式计算：

$$\varphi_b = \beta_b \frac{4320}{\lambda_y^2} \cdot \frac{Ah}{W_x}\left[\sqrt{1+\left(\frac{\lambda_y t_1}{4.4h}\right)^2}+\eta_b\right]\sqrt{\frac{235}{f_y}} \qquad \text{附(3-1)}$$

式中 β_b——梁整体稳定的等效弯矩系数，按附表3-1采用；

λ_y——梁在侧向支承点间对截面弱轴 $y-y$ 的长细比，$\lambda_y = l_1/i_y$，i_y 为梁毛截面对 y 轴的截面回转半径，l_1 为梁受压翼缘侧向支承点之间的距离；

A——梁的毛截面面积；

h、t_1——梁截面的全高和受压翼缘厚度；

η_b——截面不对称影响系数。

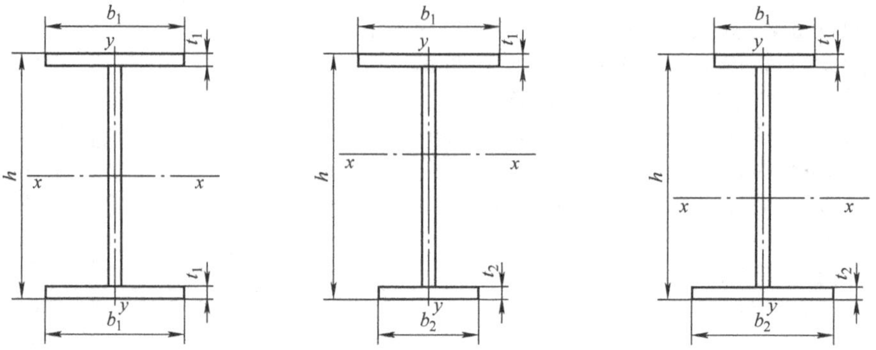

a) b) c)

附图 3-1 焊接工字形截面

a）双轴对称工字形（轧制H型钢）截面 b）加强受压翼缘的单轴对称工字形截面

c）加强受拉翼缘的单轴对称工字形截面

附表3-1 H型钢和等截面工字形简支梁系数 β_b

项次	侧向支撑	荷载		$\xi=\frac{l_1t_1}{b_1h}$		适用范围
				$\xi\leqslant2.0$	$\xi>2.0$	
1	跨中无侧向支撑	均布荷载作用在	上翼缘	$0.69+0.13\xi$	0.95	附图3-1a、b的截面
2			下翼缘	$1.73-0.20\xi$	1.33	
3		集中荷载作用在	上翼缘	$0.73+0.18\xi$	1.09	
4			下翼缘	$2.23-0.28\xi$	1.67	
5	跨度中点有一个侧向支撑点	均布荷载作用在	上翼缘	1.15		附图3-1中的截面
6			下翼缘	1.40		
7		集中荷载作用在截面高度上任意位置		1.75		
8	跨中有不少于两个等距离侧向支撑点	任意荷载作用在	上翼缘	1.20		
9			下翼缘	1.40		
10	梁端有弯矩，但跨中无荷载作用			$1.75-1.05\left(\frac{M_2}{M_1}\right)+0.3\left(\frac{M_2}{M_1}\right)^2$，但$\leqslant2.3$		

注：1. $\xi=\frac{l_1t_1}{b_1h}$，其中 b_1 和 l_1 见第5章。

2. M_1 和 M_2 为梁的端弯矩，使梁产生同向曲率时，M_1 和 M_2 取同号，产生反向曲率时，取异号，$|M_1|\geqslant|M_2|$。

3. 表中项次3、4和7的集中荷载是指一个或少数几个集中荷载位于跨中央附近的情况，对其他情况的集中荷载，应按表中项次1、2、5、6内的数值采用。

4. 表中项次8、9的 β_b，当集中荷载作用在侧向支承点处时，取 $\beta_b=1.20$。

5. 荷载作用在上翼缘系指荷载作用点在翼缘表面，方向指向截面形心；荷载作用在下翼缘系指荷载作用点在翼缘表面，方向背向截面形心。

6. 对 $\alpha_b>0.8$ 的加强受压翼缘工字形截面，下列情况的 β_b 值应乘以相应的系数：项次1：当 $\xi\leqslant1.0$ 时，乘以0.95；项次3：当 $\xi\leqslant0.5$ 时，乘以0.90，当 $0.5<\xi\leqslant1.0$ 时，乘以0.95

截面不对称影响系数应按下列公式计算：

对双轴对称工字形截面（见附图 3-1a）

$$\eta_b = 0$$

对单轴对称工字形截面（见附图 3-1b、c）

加强受压翼缘 $\eta_b = 0.8(2\alpha_b - 1)$

加强受拉翼缘 $\eta_b = 2\alpha_b - 1$

$$\alpha_b = \frac{I_1}{I_1 + I_2}$$

式中 I_1、I_2——受压翼缘和受拉翼缘对 y 轴的惯性矩。

当按附式（3-1）算得的 φ_b 值大于 0.60 时，应按下式计算的 φ'_b 代替 φ_b 值：

$$\varphi'_b = 1.07 - \frac{0.282}{\varphi_b} \leqslant 1.0 \qquad \text{附 (3-2)}$$

注意：附式（3-1）也适用于等截面铆接（或高强度螺栓连接）简支梁，其受压翼缘厚度 t_1 包括翼缘角钢厚度在内。

附 3.2 轧制普通工字钢简支梁

轧制普通工字钢简支梁整体稳定系数 φ_b 应按附表 3-2 采用，当所得的 $\varphi_b > 0.6$ 时，应按附式（3-2）算得相应的 φ'_b 代替 φ_b 值。

附表 3-2 轧制普通工字钢简支梁的 φ_b

项次	荷载情况			工字钢型号	自由长度 l_1/m								
					2	3	4	5	6	7	8	9	10
1	跨中无侧向支承点的梁	集中荷载作用于	上翼缘	10~20	2.00	1.30	0.99	0.80	0.68	0.58	0.53	0.48	0.43
				22~32	2.40	1.48	1.09	0.86	0.72	0.62	0.54	0.49	0.45
				36~63	2.80	1.60	1.07	0.83	0.68	0.56	0.50	0.45	0.40
2			下翼缘	10~20	3.10	1.95	1.34	1.01	0.82	0.69	0.63	0.57	0.52
				22~40	5.50	2.80	1.84	1.37	1.07	0.86	0.73	0.64	0.56
				45~63	7.30	3.60	2.30	1.62	1.20	0.96	0.80	0.69	0.60
3		均布荷载作用于	上翼缘	10~20	1.70	1.12	0.84	0.68	0.57	0.50	0.45	0.41	0.37
				22~40	2.10	1.30	0.93	0.73	0.60	0.51	0.45	0.40	0.36
				45~63	2.60	1.45	0.97	0.73	0.59	0.50	0.44	0.38	0.35
4			下翼缘	10~20	2.50	1.55	1.08	0.83	0.68	0.56	0.52	0.47	0.42
				22~40	4.00	2.20	1.45	1.10	0.85	0.70	0.60	0.52	0.46
				45~63	5.60	2.80	1.80	1.25	0.95	0.78	0.65	0.55	0.49
5	跨中有侧向支承点的梁（不论荷载作用点在截面高度上的位置）			10~20	2.20	1.39	1.01	0.79	0.66	0.57	0.52	0.47	0.42
				22~40	3.00	1.80	1.24	0.96	0.76	0.65	0.56	0.49	0.43
				45~63	4.00	2.20	1.38	1.01	0.80	0.66	0.56	0.49	0.43

注：1. 同附表 3-1 的注 3、5。

2. 表中的 φ_b 适用于 Q235 钢。对其他钢号，表中数值应乘以 $235/f_y$。

附 3.3 轧制槽钢简支梁

轧制槽钢简支梁的整体稳定系数，不论荷载形式和荷载作用点在截面高度上的位置均可按下式计算：

$$\varphi_b = \frac{570bt}{l_1 h} \cdot \frac{235}{f_y} \qquad \text{附 (3-3)}$$

式中 h、b、t——槽钢截面的高度、翼缘宽度和平均厚度。

按附式（3-3）算得的 $\varphi_b > 0.6$ 时，应按附式（3-2）算得相应的 φ'_b 代替 φ_b 值。

附 3.4 双轴对称工字形等截面（含 H 型钢）悬臂梁

双轴对称工字形等截面（含 H 型钢）悬臂梁的整体稳定系数，可按附式（3-1）计算，但式中系数 β_b 应按附表 3-3 查得，$\lambda_y = l_1/i_y$（l_1 为悬臂梁的悬伸长度）。当求得的 $\varphi_b > 0.6$ 时，应按附式（3.2）算得相应的 φ'_b 代替 φ_b 值。

附表 3-3 双轴对称工字形等截面（含 H 型钢）悬臂梁的系数 β_b

项次	荷载形式		$0.60 \leq \xi \leq 1.24$	$1.24 < \xi \leq 1.96$	$1.96 < \xi \leq 3.10$
1	自由端一个集中荷载作用在	上翼缘	$0.21 + 0.67\xi$	$0.72 + 0.26\xi$	$1.17 + 0.03\xi$
2		下翼缘	$2.94 - 0.65\xi$	$2.64 - 0.40\xi$	$2.15 - 0.15\xi$
3	均布荷载作用在上翼缘		$0.62 + 0.82\xi$	$1.25 + 0.31\xi$	$1.66 + 0.10\xi$

注：1. 本表是按支承端为固定的情况确定的，当用于由邻跨延伸出来的伸臂梁时，应在构造上采取措施加强支承处的抗扭能力。

2. 表中 ξ 见附表 3-1 注 1。

附录 4 轴心受压构件的稳定系数

附表 4-1 a 类截面轴心受压构件的稳定系数 φ

λ/ε_k	0	1	2	3	4	5	6	7	8	9
0	1.000	1.000	1.000	1.000	0.999	0.999	0.998	0.998	0.997	0.996
10	0.995	0.994	0.993	0.992	0.991	0.989	0.988	0.986	0.985	0.983
20	0.981	0.979	0.977	0.976	0.974	0.972	0.970	0.968	0.966	0.964
30	0.963	0.961	0.959	0.957	0.954	0.952	0.950	0.948	0.946	0.944
40	0.941	0.939	0.937	0.934	0.932	0.929	0.927	0.924	0.921	0.918
50	0.916	0.913	0.910	0.907	0.903	0.900	0.897	0.893	0.890	0.886
60	0.883	0.879	0.875	0.871	0.867	0.862	0.858	0.854	0.849	0.844
70	0.839	0.834	0.829	0.824	0.818	0.813	0.807	0.801	0.795	0.789
80	0.783	0.776	0.770	0.763	0.756	0.749	0.742	0.735	0.728	0.721
90	0.714	0.706	0.698	0.691	0.683	0.676	0.668	0.660	0.653	0.645
100	0.637	0.630	0.622	0.614	0.607	0.599	0.592	0.584	0.577	0.569
110	0.562	0.555	0.548	0.541	0.534	0.527	0.520	0.513	0.507	0.500
120	0.494	0.487	0.481	0.475	0.469	0.463	0.457	0.451	0.445	0.439
130	0.434	0.428	0.423	0.417	0.412	0.407	0.402	0.397	0.392	0.387
140	0.382	0.378	0.373	0.368	0.364	0.360	0.355	0.351	0.347	0.343
150	0.339	0.335	0.331	0.327	0.323	0.319	0.316	0.312	0.308	0.305

（续）

λ/ε_k	0	1	2	3	4	5	6	7	8	9
160	0.302	0.298	0.295	0.292	0.288	0.285	0.282	0.279	0.276	0.273
170	0.270	0.267	0.264	0.261	0.259	0.256	0.253	0.250	0.248	0.245
180	0.243	0.240	0.238	0.235	0.233	0.231	0.228	0.226	0.224	0.222
190	0.219	0.217	0.215	0.213	0.211	0.209	0.207	0.205	0.203	0.201
200	0.199	0.197	0.196	0.194	0.192	0.190	0.188	0.187	0.185	0.183
210	0.182	0.180	0.178	0.177	0.175	0.174	0.172	0.171	0.169	0.168
220	0.166	0.165	0.163	0.162	0.161	0.159	0.158	0.157	0.155	0.154
230	0.153	0.151	0.150	0.149	0.148	0.147	0.145	0.144	0.143	0.142
240	0.141	0.140	0.139	0.137	0.136	0.135	0.134	0.133	0.132	0.131

附表 4-2　b 类截面轴心受压构件的稳定系数 φ

λ/ε_k	0	1	2	3	4	5	6	7	8	9
0	1.000	1.000	1.000	0.999	0.999	0.998	0.997	0.996	0.995	0.994
10	0.992	0.991	0.989	0.987	0.985	0.983	0.981	0.978	0.976	0.973
20	0.970	0.967	0.963	0.960	0.957	0.953	0.950	0.946	0.943	0.939
30	0.936	0.932	0.929	0.925	0.922	0.918	0.914	0.910	0.906	0.903
40	0.899	0.895	0.891	0.886	0.882	0.878	0.874	0.870	0.865	0.861
50	0.856	0.852	0.847	0.842	0.838	0.833	0.828	0.823	0.818	0.813
60	0.807	0.802	0.796	0.791	0.785	0.780	0.774	0.768	0.762	0.757
70	0.751	0.745	0.738	0.732	0.726	0.720	0.713	0.707	0.701	0.694
80	0.687	0.681	0.674	0.668	0.661	0.654	0.648	0.641	0.634	0.628
90	0.621	0.614	0.607	0.601	0.594	0.587	0.581	0.574	0.568	0.561
100	0.555	0.548	0.542	0.535	0.529	0.523	0.517	0.511	0.504	0.498
110	0.492	0.487	0.481	0.475	0.469	0.464	0.458	0.453	0.447	0.442
120	0.436	0.431	0.426	0.421	0.416	0.411	0.406	0.401	0.396	0.392
130	0.387	0.383	0.378	0.374	0.369	0.365	0.361	0.357	0.352	0.348
140	0.344	0.340	0.337	0.333	0.329	0.325	0.322	0.318	0.314	0.311
150	0.308	0.304	0.301	0.297	0.294	0.291	0.288	0.285	0.282	0.279
160	0.276	0.273	0.270	0.267	0.264	0.262	0.259	0.256	0.253	0.251
170	0.248	0.246	0.243	0.241	0.238	0.236	0.234	0.231	0.229	0.227
180	0.225	0.222	0.220	0.218	0.216	0.214	0.212	0.210	0.208	0.206
190	0.204	0.202	0.200	0.198	0.196	0.195	0.193	0.191	0.189	0.188
200	0.186	0.184	0.183	0.181	0.179	0.178	0.176	0.175	0.173	0.172
210	0.170	0.169	0.167	0.166	0.164	0.163	0.162	0.160	0.159	0.158
220	0.156	0.155	0.154	0.152	0.151	0.150	0.149	0.147	0.146	0.145
230	0.144	0.143	0.142	0.141	0.139	0.138	0.137	0.136	0.135	0.134
240	0.133	0.132	0.131	0.130	0.129	0.128	0.127	0.126	0.125	0.124
250	0.123	—	—	—	—	—	—	—	—	—

附表 4-3 c 类截面轴心受压构件的稳定系数 φ

λ/ε_k	0	1	2	3	4	5	6	7	8	9
0	1.000	1.000	1.000	0.999	0.999	0.998	0.997	0.996	0.995	0.993
10	0.992	0.990	0.988	0.986	0.983	0.981	0.978	0.976	0.973	0.970
20	0.966	0.959	0.953	0.947	0.940	0.934	0.928	0.921	0.915	0.909
30	0.902	0.896	0.890	0.883	0.877	0.871	0.865	0.858	0.852	0.846
40	0.839	0.833	0.826	0.820	0.813	0.807	0.800	0.794	0.787	0.781
50	0.774	0.768	0.761	0.755	0.748	0.742	0.735	0.728	0.722	0.715
60	0.709	0.702	0.695	0.689	0.682	0.676	0.669	0.662	0.656	0.649
70	0.642	0.636	0.629	0.623	0.616	0.610	0.603	0.597	0.591	0.584
80	0.578	0.572	0.565	0.559	0.553	0.547	0.541	0.535	0.529	0.523
90	0.517	0.511	0.505	0.499	0.494	0.488	0.483	0.477	0.471	0.467
100	0.462	0.458	0.453	0.449	0.445	0.440	0.436	0.432	0.427	0.423
110	0.419	0.415	0.411	0.407	0.402	0.398	0.394	0.390	0.386	0.383
120	0.379	0.375	0.371	0.367	0.363	0.360	0.356	0.352	0.349	0.345
130	0.342	0.338	0.335	0.332	0.328	0.325	0.322	0.318	0.315	0.312
140	0.309	0.306	0.303	0.300	0.297	0.294	0.291	0.288	0.285	0.282
150	0.279	0.277	0.274	0.271	0.269	0.266	0.263	0.261	0.258	0.256
160	0.253	0.251	0.248	0.246	0.244	0.241	0.239	0.237	0.235	0.232
170	0.230	0.228	0.226	0.224	0.222	0.220	0.218	0.216	0.214	0.212
180	0.210	0.208	0.206	0.204	0.203	0.201	0.199	0.197	0.195	0.194
190	0.192	0.190	0.189	0.187	0.185	0.184	0.182	0.181	0.179	0.178
200	0.176	0.175	0.173	0.172	0.170	0.169	0.167	0.166	0.165	0.163
210	0.162	0.161	0.159	0.158	0.157	0.155	0.154	0.153	0.152	0.151
220	0.149	0.148	0.147	0.146	0.145	0.144	0.142	0.141	0.140	0.139
230	0.138	0.137	0.136	0.135	0.134	0.133	0.132	0.131	0.130	0.129
240	0.128	0.127	0.126	0.125	0.124	0.123	0.123	0.122	0.121	0.120
250	0.119	—	—	—	—	—	—	—	—	—

附表 4-4 d 类截面轴心受压构件的稳定系数 φ

λ/ε_k	0	1	2	3	4	5	6	7	8	9
0	1.000	1.000	0.999	0.999	0.998	0.996	0.994	0.992	0.990	0.987
10	0.984	0.981	0.978	0.974	0.969	0.965	0.960	0.955	0.949	0.944
20	0.937	0.927	0.918	0.909	0.900	0.891	0.883	0.874	0.865	0.857
30	0.848	0.840	0.831	0.823	0.815	0.807	0.798	0.790	0.782	0.774
40	0.766	0.758	0.751	0.743	0.735	0.727	0.720	0.712	0.705	0.697
50	0.690	0.682	0.675	0.668	0.660	0.653	0.646	0.639	0.632	0.625
60	0.618	0.611	0.605	0.598	0.591	0.585	0.578	0.571	0.565	0.559
70	0.552	0.546	0.540	0.534	0.528	0.521	0.516	0.510	0.504	0.498
80	0.492	0.487	0.481	0.476	0.470	0.465	0.459	0.454	0.449	0.444
90	0.439	0.434	0.429	0.424	0.419	0.414	0.409	0.405	0.401	0.397
100	0.393	0.390	0.386	0.383	0.380	0.376	0.373	0.369	0.366	0.363
110	0.359	0.356	0.353	0.350	0.346	0.343	0.340	0.337	0.334	0.331
120	0.328	0.325	0.322	0.319	0.316	0.313	0.310	0.307	0.304	0.301
130	0.298	0.296	0.293	0.290	0.288	0.285	0.282	0.280	0.277	0.275
140	0.272	0.270	0.267	0.265	0.262	0.260	0.257	0.255	0.253	0.250
150	0.248	0.246	0.244	0.242	0.239	0.237	0.235	0.233	0.231	0.229
160	0.227	0.225	0.223	0.221	0.219	0.217	0.215	0.213	0.211	0.210
170	0.208	0.206	0.204	0.203	0.201	0.199	0.197	0.196	0.194	0.192
180	0.191	0.189	0.187	0.186	0.184	0.183	0.181	0.180	0.178	0.177
190	0.175	0.174	0.173	0.171	0.170	0.168	0.167	0.166	0.164	0.163
200	0.162	—	—	—	—	—	—	—	—	—

附录5 柱的计算长度系数

附表 5-1 有侧移框架柱的计算长度系数 μ

K_2	K_1												
	0	0.05	0.1	0.2	0.3	0.4	0.5	1	2	3	4	5	≥10
	μ												
0	∞	6.02	4.46	3.42	3.01	2.78	2.64	2.33	2.17	2.11	2.08	2.07	2.03
0.05	6.02	4.16	3.47	2.86	2.58	2.42	2.31	2.07	1.94	1.90	1.87	1.86	1.83
0.1	4.46	3.47	3.01	2.56	2.33	2.20	2.11	1.90	1.79	1.75	1.73	1.72	1.70
0.2	3.42	2.86	2.56	2.23	2.05	1.94	1.87	1.70	1.60	1.57	1.55	1.54	1.52
0.3	3.01	2.58	2.33	2.05	1.90	1.80	1.74	1.58	1.49	1.46	1.45	1.44	1.42
0.4	2.78	2.42	2.20	1.94	1.80	1.71	1.65	1.50	1.42	1.39	1.37	1.37	1.35
0.5	2.64	2.31	2.11	1.87	1.74	1.65	1.59	1.45	1.37	1.34	1.32	1.32	1.30
1	2.33	2.07	1.90	1.70	1.58	1.50	1.45	1.32	1.24	1.21	1.20	1.19	1.17
2	2.17	1.94	1.79	1.60	1.49	1.42	1.37	1.24	1.16	1.14	1.15	1.12	1.10
3	2.11	1.90	1.75	1.57	1.46	1.39	1.34	1.21	1.14	1.11	1.10	1.09	1.07
4	2.08	1.87	1.73	1.55	1.45	1.37	1.32	1.20	1.12	1.10	1.08	1.08	1.06
5	2.07	1.86	1.72	1.54	1.44	1.37	1.32	1.19	1.12	1.09	1.08	1.07	1.05
≥10	2.03	1.83	1.70	1.52	1.42	1.35	1.30	1.17	1.10	1.07	1.06	1.05	1.03

注：1. 表中的计算长度系数 μ 值按下式算得：

$$\left[36K_1K_2-\left(\frac{\pi}{\mu}\right)^2\right]\sin\frac{\pi}{\mu}+6\,(K_1+K_2)\,\frac{\pi}{\mu}\cdot\cos\frac{\pi}{\mu}=0$$

式中，K_1、K_2 分别为相交于柱上端、柱下端的横梁线刚度之和与柱线刚度之和的比值。当横梁远端为铰接时，应将横梁线刚度乘以 0.5；当横梁远端为嵌固时，则应乘以 2/3。

2. 当横梁与柱铰接时，取横梁线刚度为零。
3. 对底层框架柱，当柱与基础铰接时，取 $K_2=0$；当柱与基础刚接时，取 $K_2=10$；对平板支座可取 $K_2=0.1$。
4. 当与柱刚性连接的横梁所受轴心压力 N_b 较大时，横梁线刚度应乘以折减系数 α_N：

横梁远端与柱刚接时　　$\alpha_N=1-N_b/(4N_{Eb})$

横梁远端铰支时　　$\alpha_N=1-N_b/N_{Eb}$

横梁远端嵌固时　　$\alpha_N=1-N_b/(2N_{Eb})$

式中，$N_{Eb}=\pi^2EI_b/l^2$，I_b 为横梁截面惯性矩；l 为横梁长度。

附表 5-2 无侧移框架柱的计算长度系数 μ

K_2	K_1												
	0	0.05	0.1	0.2	0.3	0.4	0.5	1	2	3	4	5	≥10
	μ												
0	1.000	0.990	0.981	0.964	0.949	0.935	0.922	0.875	0.820	0.791	0.773	0.760	0.732
0.05	0.990	0.981	0.971	0.955	0.940	0.926	0.914	0.867	0.814	0.784	0.766	0.754	0.726
0.1	0.981	0.971	0.962	0.946	0.931	0.918	0.906	0.860	0.807	0.778	0.760	0.748	0.721
0.2	0.964	0.955	0.946	0.930	0.916	0.903	0.891	0.846	0.795	0.767	0.749	0.737	0.711
0.3	0.949	0.940	0.931	0.916	0.902	0.889	0.878	0.834	0.784	0.756	0.739	0.728	0.701
0.4	0.935	0.926	0.918	0.903	0.889	0.877	0.866	0.823	0.774	0.747	0.730	0.719	0.693
0.5	0.922	0.914	0.906	0.891	0.878	0.866	0.855	0.813	0.765	0.738	0.721	0.710	0.685
1	0.875	0.867	0.860	0.846	0.834	0.823	0.813	0.774	0.729	0.704	0.688	0.677	0.654
2	0.820	0.814	0.807	0.795	0.784	0.774	0.765	0.729	0.686	0.663	0.648	0.638	0.615
3	0.791	0.784	0.778	0.767	0.756	0.747	0.738	0.704	0.663	0.640	0.625	0.616	0.593
4	0.773	0.766	0.760	0.749	0.739	0.730	0.721	0.688	0.648	0.625	0.611	0.601	0.580
5	0.760	0.754	0.748	0.737	0.728	0.719	0.710	0.677	0.638	0.616	0.601	0.592	0.570
≥10	0.732	0.726	0.721	0.711	0.701	0.693	0.685	0.654	0.615	0.593	0.580	0.570	0.549

注：1. 表中的计算长度系数 μ 值按下式算得：

$$\left[\left(\frac{\pi}{\mu}\right)^2+2\,(K_1+K_2)\,-4K_1K_2\right]\frac{\pi}{\mu}\cdot\sin\frac{\pi}{\mu}-2\left[(K_1+K_2)\,\left(\frac{\pi}{\mu}\right)^2+4K_1K_2\right]\cos\frac{\pi}{\mu}+8K_1K_2=0$$

式中，K_1、K_2 分别为相交于柱上端、柱下端的横梁线刚度之和与柱线刚度之和的比值。当横梁远端为铰接时，应将横梁线刚度乘以 1.5；当横梁远端为嵌固时，则将横梁线刚度乘以 2.0。

2. 当横梁与柱铰接时，取横梁线刚度为零。
3. 对底层框架柱，当柱与基础铰接时，取 $K_2=0$；当柱与基础刚接时，取 $K_2=10$；对平板支座可取 $K_2=0.1$。
4. 当与柱刚性连接的横梁所受轴心压力 N_b 较大时，横梁线刚度应乘以折减系数 α_N：

横梁远端与柱刚接和横梁远端铰支时　　$\alpha_N=1-N_b/N_{Eb}$

横梁远端嵌固时　　$\alpha_N=1-N_b/(2N_{Eb})$

N_{Eb} 的计算式见附表 5-1 注 4。

附表 5-3 柱上端为自由的单阶柱下段的计算长度系数 μ_2

简图	η_1	K_1																	
		0.06	0.08	0.1	0.12	0.14	0.16	0.18	0.20	0.22	0.24	0.26	0.28	0.3	0.4	0.5	0.6	0.7	0.8
		μ_2																	
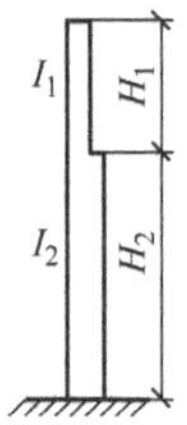 $K_1=\frac{I_1}{I_2}\cdot\frac{H_2}{H_1}$ $\eta_1=\frac{H_1}{H_2}\sqrt{\frac{N_1}{N_2}\cdot\frac{I_2}{I_1}}$ N_1——上段柱的轴心力; N_2——下段柱的轴心力	0.2	2.00	2.01	2.01	2.01	2.01	2.01	2.01	2.02	2.02	2.02	2.02	2.02	2.02	2.03	2.04	2.05	2.06	2.07
	0.3	2.01	2.02	2.02	2.02	2.03	2.03	2.03	2.04	2.04	2.05	2.05	2.05	2.06	2.08	2.10	2.12	2.13	2.15
	0.4	2.02	2.03	2.04	2.04	2.05	2.06	2.07	2.07	2.08	2.09	2.09	2.10	2.11	2.14	2.18	2.21	2.25	2.28
	0.5	2.04	2.05	2.06	2.07	2.08	2.10	2.11	2.12	2.13	2.15	2.16	2.17	2.18	2.24	2.29	2.35	2.40	2.45
	0.6	2.06	2.08	2.10	2.12	2.14	2.16	2.18	2.19	2.21	2.23	2.25	2.26	2.28	2.36	2.44	2.52	2.59	2.66
	0.7	2.10	2.13	2.16	2.18	2.21	2.24	2.26	2.29	2.31	2.34	2.36	2.38	2.41	2.52	2.62	2.72	2.81	2.90
	0.8	2.15	2.20	2.24	2.27	2.31	2.34	2.38	2.41	2.44	2.47	2.50	2.53	2.56	2.70	2.82	2.94	3.06	3.16
	0.9	2.24	2.29	2.35	2.39	2.44	2.48	2.52	2.56	2.60	2.63	2.67	2.71	2.74	2.90	3.05	3.19	3.32	3.44
	1.0	2.36	2.43	2.48	2.54	2.59	2.64	2.69	2.73	2.77	2.82	2.86	2.90	2.94	3.12	3.29	3.45	3.59	3.74
	1.2	2.69	2.76	2.83	2.89	2.95	3.01	3.07	3.12	3.17	3.22	3.27	3.32	3.37	3.59	3.80	3.99	4.17	4.34
	1.4	3.07	3.14	3.22	3.29	3.36	3.42	3.48	3.55	3.61	3.66	3.72	3.78	3.83	4.09	4.33	4.56	4.77	4.97
	1.6	3.47	3.55	3.63	3.71	3.78	3.85	3.92	3.99	4.07	4.12	4.18	4.25	4.31	4.61	4.88	5.14	5.38	5.62
	1.8	3.88	3.97	4.05	4.13	4.21	4.29	4.37	4.44	4.52	4.59	4.66	4.73	4.80	5.13	5.44	5.73	6.00	6.26
	2.0	4.29	4.39	4.48	4.57	4.65	4.47	4.82	4.90	4.99	5.07	5.14	5.22	5.30	5.66	6.00	6.32	6.63	6.92
	2.2	4.71	4.81	4.91	5.00	5.10	5.19	5.28	5.37	5.46	5.54	5.63	5.71	5.80	6.19	6.57	6.92	7.26	7.58
	2.4	5.13	5.24	5.34	5.44	5.54	5.64	5.74	5.84	5.93	6.03	6.12	6.21	6.30	6.73	7.14	7.52	7.89	8.24
	2.6	5.55	5.66	5.77	5.88	5.99	6.10	6.20	6.31	6.41	6.51	6.61	6.71	6.80	7.27	7.71	8.13	8.52	8.90
	2.8	5.97	6.09	6.21	6.33	6.44	6.55	6.67	6.78	6.89	6.99	7.10	7.21	7.31	7.81	8.28	8.73	9.16	9.57
	3.0	6.39	6.52	6.64	6.77	6.89	7.01	7.13	7.25	7.37	7.48	7.59	7.71	7.82	8.35	8.86	9.34	9.80	10.24

注：表中的计算长度系数 μ_2 值系按下式计算得出：

$$\eta_1 K_1\cdot\tan\frac{\pi}{\mu_2}\cdot\tan\frac{\pi\eta_1}{\mu_2}-1=0$$

附表 5-4 柱上端可移动但不转动的单阶柱下段的计算长度系数 μ_2

简图	η_1	K_1																	
		0.06	0.08	0.10	0.12	0.14	0.16	0.18	0.20	0.22	0.24	0.26	0.28	0.3	0.4	0.5	0.6	0.7	0.8
		μ_2																	
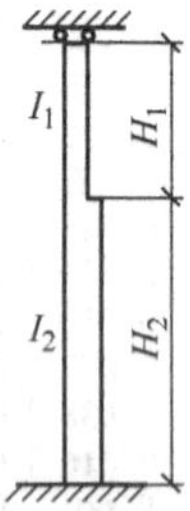 $K_1=\frac{I_1}{I_2}\cdot\frac{H_2}{H_1}$ $\eta_1=\frac{H_1}{H_2}\sqrt{\frac{N_1}{N_2}\cdot\frac{I_2}{I_1}}$ N_1——上段柱的轴心力; N_2——下段柱的轴心力	0.2	1.96	1.94	1.93	1.91	1.90	1.89	1.88	1.86	1.85	1.84	1.83	1.82	1.81	1.76	1.72	1.68	1.65	1.62
	0.3	1.96	1.94	1.93	1.92	1.91	1.89	1.88	1.87	1.86	1.85	1.84	1.83	1.82	1.77	1.73	1.70	1.66	1.63
	0.4	1.96	1.95	1.94	1.92	1.91	1.90	1.89	1.88	1.87	1.86	1.85	1.84	1.83	1.79	1.75	1.72	1.68	1.66
	0.5	1.96	1.95	1.94	1.93	1.92	1.91	1.90	1.89	1.88	1.87	1.86	1.85	1.85	1.81	1.77	1.74	1.71	1.69
	0.6	1.97	1.96	1.95	1.94	1.93	1.92	1.91	1.90	1.90	1.89	1.88	1.87	1.87	1.83	1.80	1.78	1.75	1.73
	0.7	1.97	1.97	1.96	1.95	1.94	1.94	1.93	1.92	1.92	1.91	1.90	1.90	1.89	1.86	1.84	1.82	1.80	1.78
	0.8	1.98	1.98	1.97	1.96	1.96	1.95	1.95	1.94	1.94	1.93	1.93	1.93	1.92	1.90	1.88	1.87	1.86	1.84
	0.9	1.99	1.99	1.98	1.98	1.98	1.97	1.97	1.97	1.97	1.96	1.96	1.96	1.96	1.95	1.94	1.93	1.92	1.92
	1.0	2.00	2.00	2.00	2.00	2.00	2.00	2.00	2.00	2.00	2.00	2.00	2.00	2.00	2.00	2.00	2.00	2.00	2.00
	1.2	2.03	2.04	2.04	2.05	2.06	2.07	2.07	2.08	2.08	2.09	2.10	2.10	2.11	2.13	2.15	2.17	2.18	2.20
	1.4	2.07	2.09	2.11	2.12	2.14	2.16	2.17	2.18	2.20	2.21	2.22	2.23	2.24	2.29	2.33	2.37	2.40	2.42
	1.6	2.13	2.16	2.19	2.22	2.25	2.27	2.30	2.32	2.34	2.36	2.37	2.39	2.41	2.48	2.54	2.59	2.63	2.67
	1.8	2.22	2.27	2.31	2.35	2.39	2.42	2.45	2.48	2.50	2.53	2.55	2.57	2.59	2.69	2.76	2.83	2.88	2.93
	2.0	2.35	2.41	2.46	2.50	2.55	2.59	2.62	2.66	2.69	2.72	2.75	2.77	2.80	2.91	3.00	3.08	3.14	3.20
	2.2	2.51	2.57	2.63	2.68	2.73	2.77	2.81	2.85	2.89	2.92	2.95	2.98	3.01	3.14	3.25	3.33	3.41	3.47
	2.4	2.68	2.75	2.81	2.87	2.92	2.97	3.01	3.05	3.09	3.13	3.17	3.20	3.24	3.38	3.50	3.59	3.68	3.75
	2.6	2.87	2.94	3.00	3.06	3.12	3.17	3.22	3.27	3.31	3.35	3.39	3.43	3.46	3.62	3.75	3.86	3.95	4.03
	2.8	3.06	3.14	3.20	3.27	3.33	3.38	3.43	3.48	3.53	3.58	3.62	3.66	3.70	3.87	4.01	4.13	4.23	4.32
	3.0	3.26	3.34	3.41	3.47	3.54	3.60	3.65	3.70	3.75	3.80	3.85	3.89	3.93	4.12	4.27	4.40	4.51	4.61

注：表中的计算长度系数 μ_2 值系按下式计算得出：

$$\tan\frac{\pi\eta_1}{\mu_2}+\eta_1 K_1\cdot\tan\frac{\pi}{\mu_2}=0$$

附录 6　疲劳计算的构件和连接分类

附表 6-1　非焊接的构件和连接分类

项次	构 造 细 节	说 明	类别
1	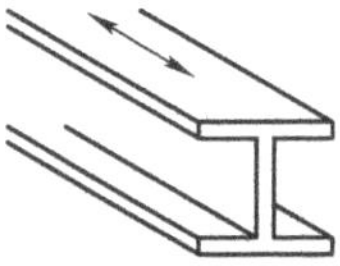	• 无连接处的母材 轧制型钢	Z1
2	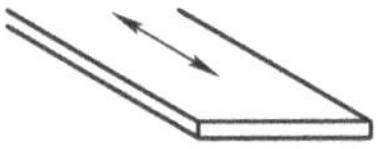	• 无连接处的母材 钢板 （1）两边为轧制边或刨边 （2）两侧为自动、半自动切割边（切割质量标准应符合现行国家标准《钢结构工程施工质量验收规范》GB 50205）	Z1 Z2
3	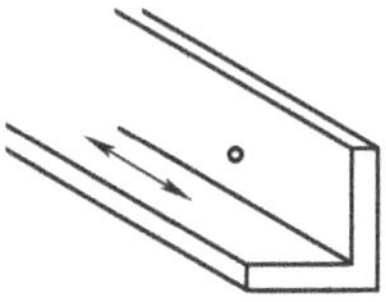	• 连系螺栓和虚孔处的母材 应力以净截面面积计算	Z4
4	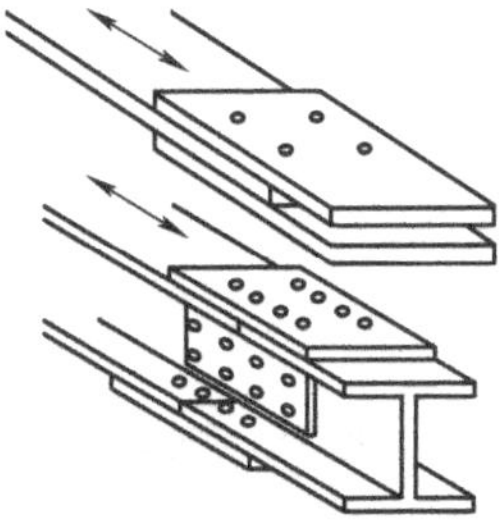	• 螺栓连接处的母材 高强度螺栓摩擦型连接应力以毛截面面积计算；其他螺栓连接应力以净截面面积计算 • 铆钉连接处的母材 连接应力以净截面面积计算	Z2 Z4
5	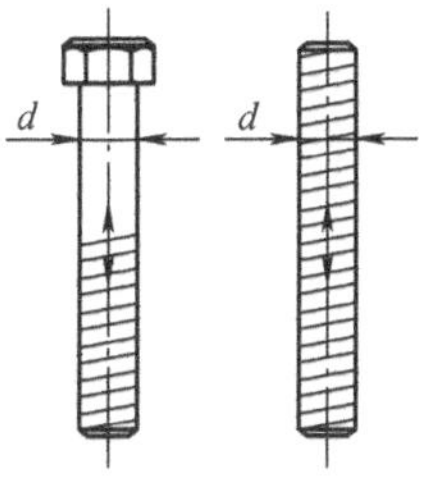	• 受拉螺栓的螺纹处母材 连接板件应有足够的刚度，否则，受拉正应力应适当考虑撬力及其他因素引起的附加应力 对于直径大于 30mm 螺栓，需要考虑尺寸效应对允许应力幅进行修正，修正系数 γ_t 按下式计算： $\gamma_t = \left(\frac{30}{d}\right)^{0.25}$ 式中　d——螺栓直径（mm）。	Z11

注：箭头表示计算应力幅的位置和方向。

附表 6-2 纵向传力焊缝的构件和连接分类

项次	构造细节	说明	类别
6	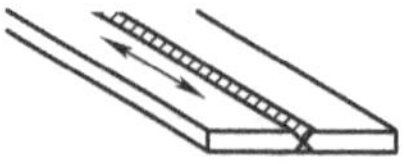	• 无垫板的纵向对接焊缝附近的母材 焊缝符合二级焊缝标准	Z2
7	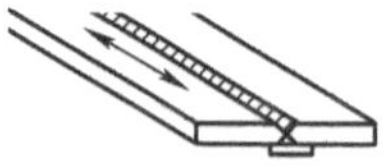	• 有连续垫板的纵向自动对接焊缝附近的母材 （1）无起弧、灭弧 （2）有起弧、灭弧	 Z4 Z5
8	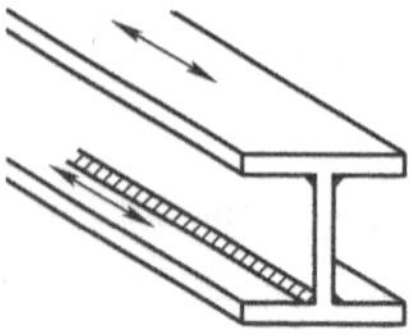 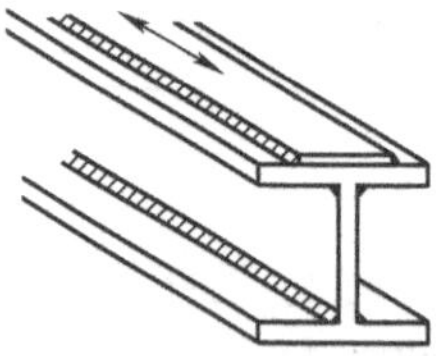	• 翼缘连接焊缝附近的母材 翼缘板与腹板的连接焊缝 自动焊，二级 T 形对接与角接组合焊缝 自动焊，角焊缝，外观质量标准符合二级 手工焊，角焊缝，外观质量标准符合二级 双层翼缘板之间的连接焊缝 自动焊，角焊缝，外观质量标准符合二级 手工焊，角焊缝，外观质量标准符合二级	 Z2 Z4 Z5 Z4 Z5
9	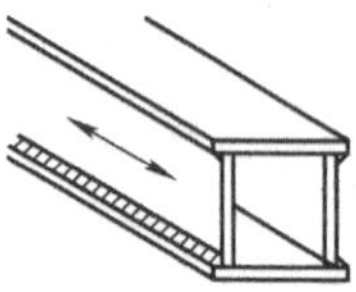 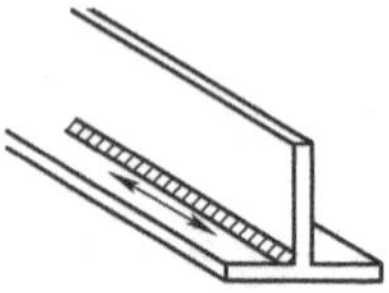	• 仅单侧施焊的手工或自动对接焊缝附近的母材，焊缝符合二级焊缝标准，翼缘与腹板很好贴合	Z5
10	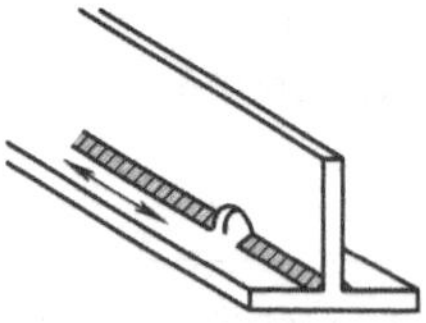	• 开工艺孔处对接焊缝、角焊缝、间断焊缝等附近的母材，焊缝符合二级焊缝标准	Z8
11	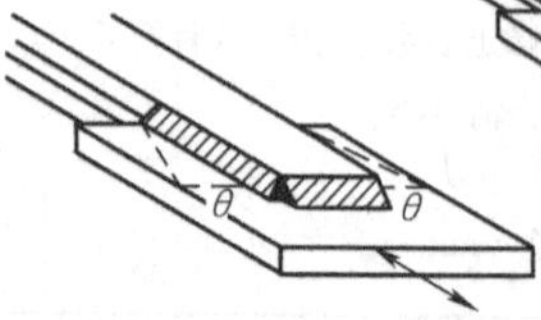 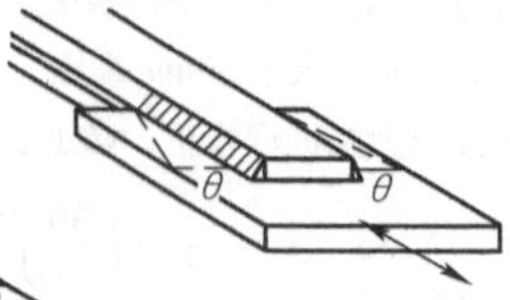	• 节点板搭接的两侧面角焊缝端部的母材 • 节点板搭接的三面围焊时两侧角焊缝端部的母材 • 三面围焊或两侧面角焊缝的节点板母材（节点板计算宽度按应力扩散角 θ 等于 30° 考虑）	Z10 Z8 Z8

附表 6-3　横向传力焊缝的构件和连接分类

项次	构造细节	说明	类别
12	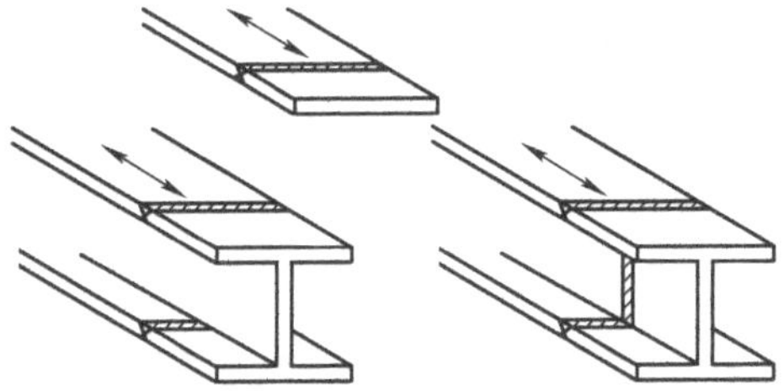	● 横向对接焊缝附近的母材，轧制梁对接焊缝附近的母材 符合国标《钢结构工程施工质量验收规范》GB 50205 的一级焊缝，且经加工、磨平 符合国标《钢结构工程施工质量验收规范》GB 50205 的一级焊缝	 Z2 Z4
13	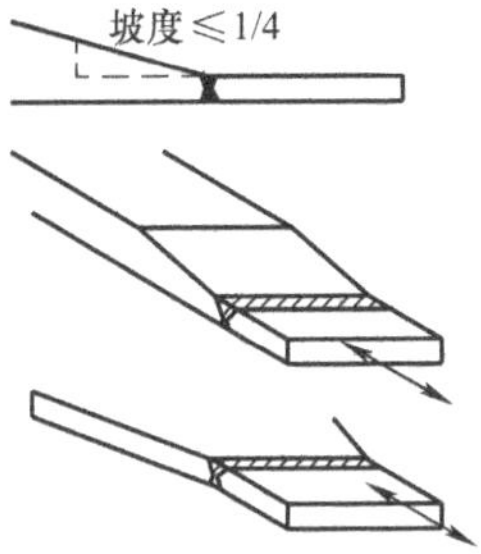	● 不同厚度（或宽度）横向对接焊缝附近的母材 符合国标《钢结构工程施工质量验收规范》GB 50205 的一级焊缝，且经加工、磨平 符合国标《钢结构工程施工质量验收规范》GB 50205 的一级焊缝	 Z2 Z4
14	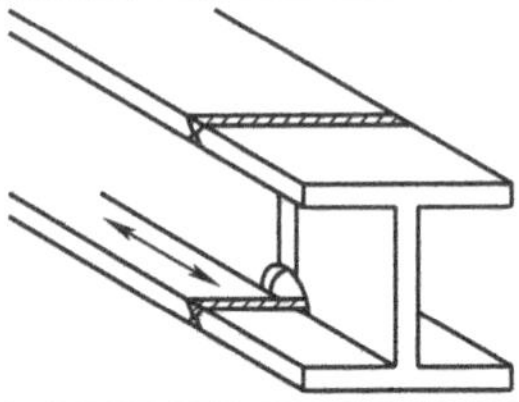	● 有工艺孔的轧制梁对接焊缝附近的母材，焊缝加工成平滑过渡并符合一级焊缝标准	Z6
15	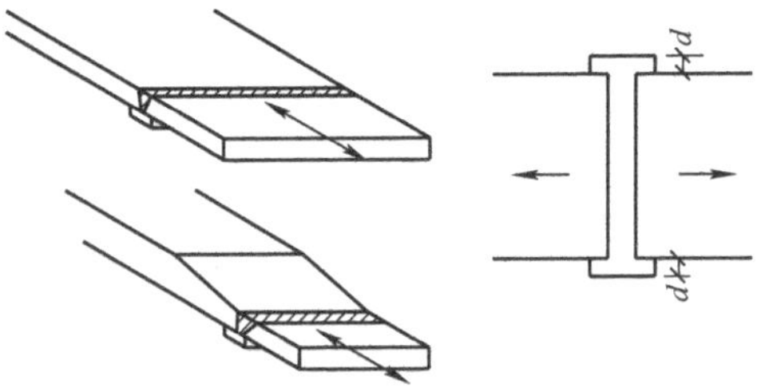	● 带垫板的横向对接焊缝附近的母材 垫板端部超出母板距离 d $d \geqslant 10\text{mm}$ $d < 10\text{mm}$	 Z8 Z11
16	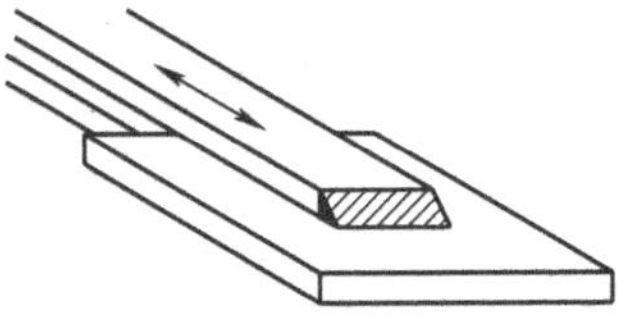	● 节点板搭接的端面角焊缝的母材	Z7
17	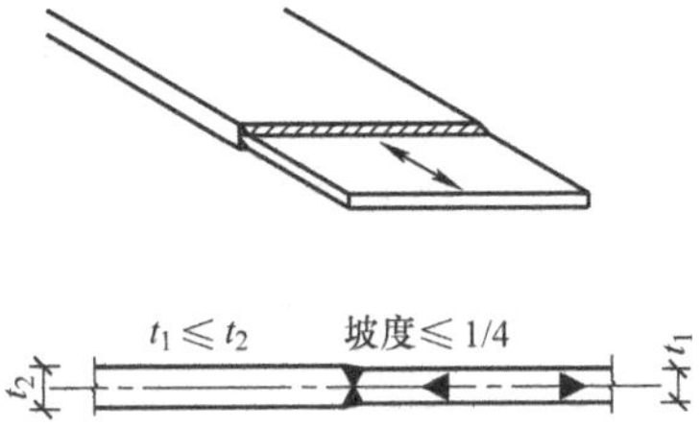	● 不同厚度直接横向对接焊缝附近的母材，焊缝等级为一级，无偏心	Z8

（续）

项次	构 造 细 节	说 明	类别
18	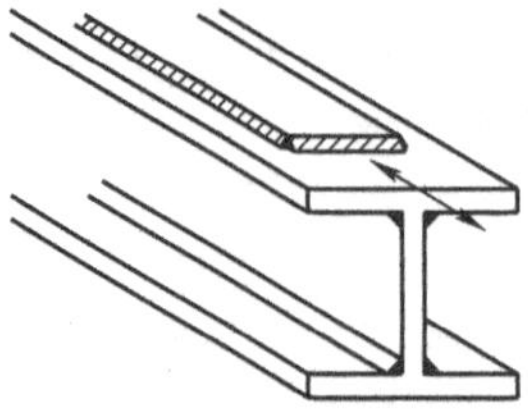	• 翼缘盖板中断处的母材（板端有横向端焊缝）	Z8
19	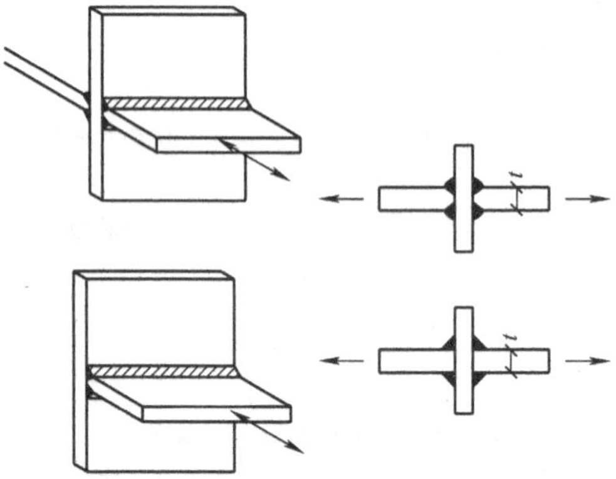	• 十字形连接、T形连接 （1）K形坡口、T形对接与角接组合焊缝处的母材，十字形连接两侧轴线偏离距离小于0.15t，焊缝为二级，焊趾角 $\alpha \leqslant 45°$ （2）角焊缝处的母材，十字形连接两侧轴线偏离距离小于0.15t	 Z6 Z8
20	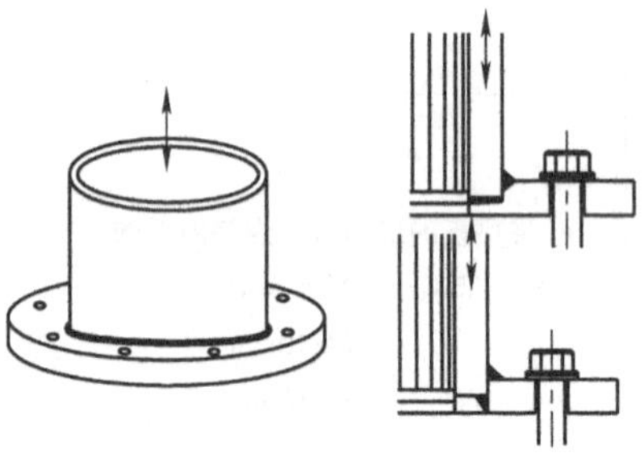	• 法兰焊缝连接附近的母材 （1）采用对接焊缝，焊缝为一级 （2）采用角焊缝	 Z8 Z13

附表 6-4　非传力焊缝的构件和连接分类

项次	构 造 细 节	说 明	类别
21	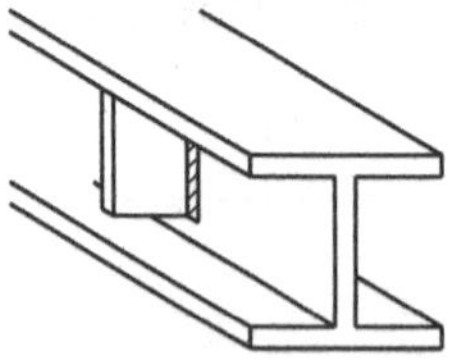	• 横向加劲肋端部附近的母材 肋端焊缝不断弧（采用回焊） 肋端焊缝断弧	 Z5 Z6
22	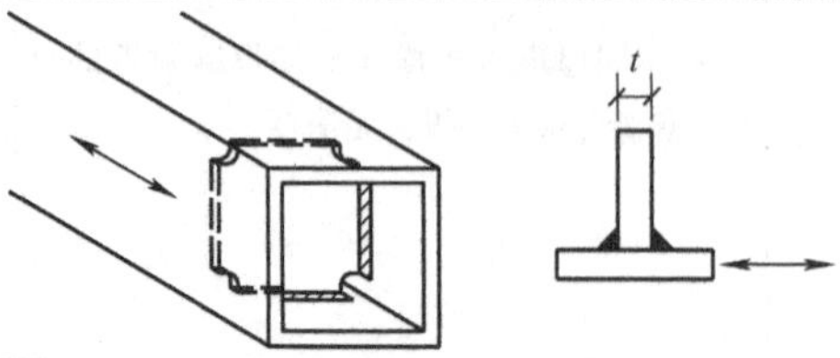	• 横向焊接附件附近的母材 （1）$t \leqslant 50$mm （2）$50 < t \leqslant 80$mm t 为焊接附件的板厚	 Z7 Z8

（续）

项次	构 造 细 节	说 明	类别
23	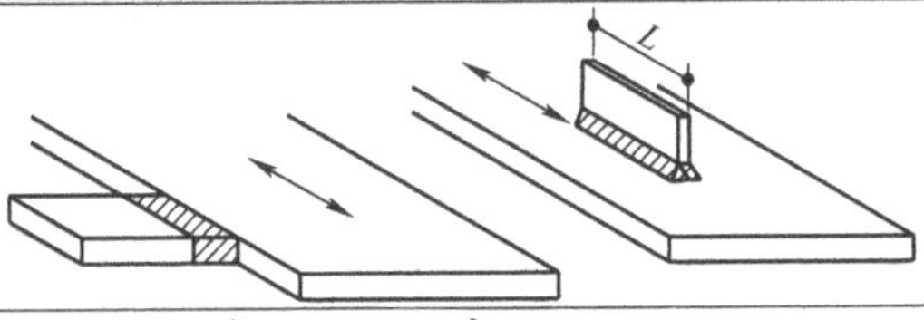	• 矩形节点板焊接于构件翼缘或腹板处的母材 （节点板焊缝方向的长度 $L>150\text{mm}$）	Z8
24	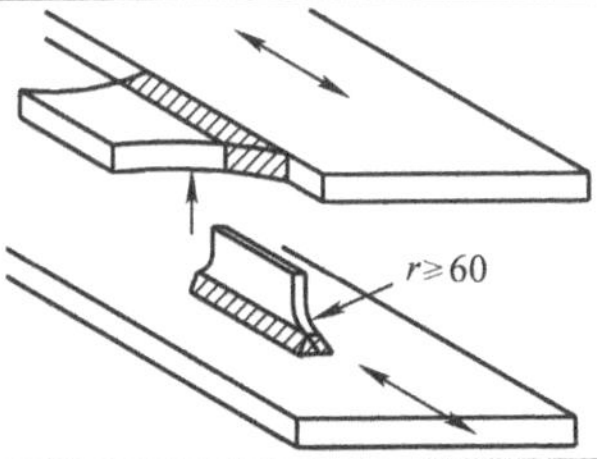	• 带圆弧的梯形节点板用对接焊缝焊于梁翼缘、腹板以及桁架构件处的母材，圆弧过渡处在焊后铲平、磨光、圆滑过渡，不得有焊接起弧、灭弧缺陷	Z6
25	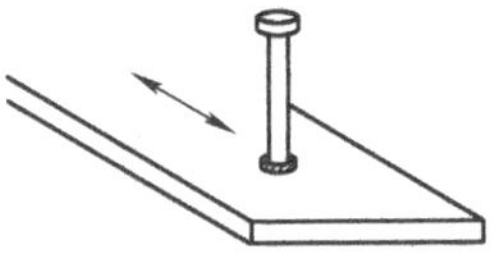	• 焊接剪力栓钉附近的钢板母材	Z7

附表 6-5　钢管截面的构件和连接分类

项次	构 造 细 节	说 明	类别
26	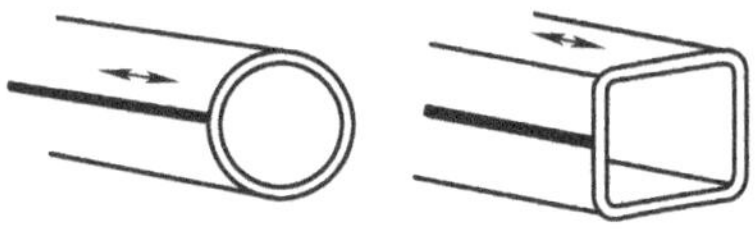	• 钢管纵向自动焊缝的母材 （1）无焊接起弧、灭弧点 （2）有焊接起弧、灭弧点	 Z3 Z6
27	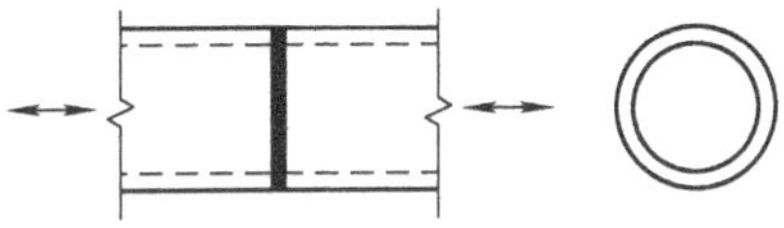	• 圆管端部对接焊缝附近的母材，焊缝平滑过渡并符合现行国家标准《钢结构工程施工质量验收规范》GB 50205 的一级焊缝标准，余高不大于焊缝宽度的10% （1）圆管壁厚 $8\text{mm}<t\leqslant 12.5\text{mm}$ （2）圆管壁厚 $t\leqslant 8\text{mm}$	 Z6 Z8
28	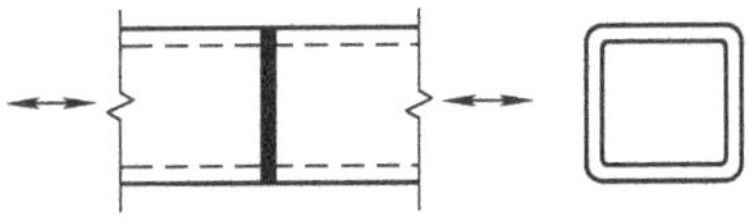	• 矩形管端部对接焊缝附近的母材，焊缝平滑过渡并符合一级焊缝标准，余高不大于焊缝宽度的10% （1）方管壁厚 $8\text{mm}<t\leqslant 12.5\text{mm}$ （2）方管壁厚 $t\leqslant 8\text{mm}$	 Z8 Z10
29	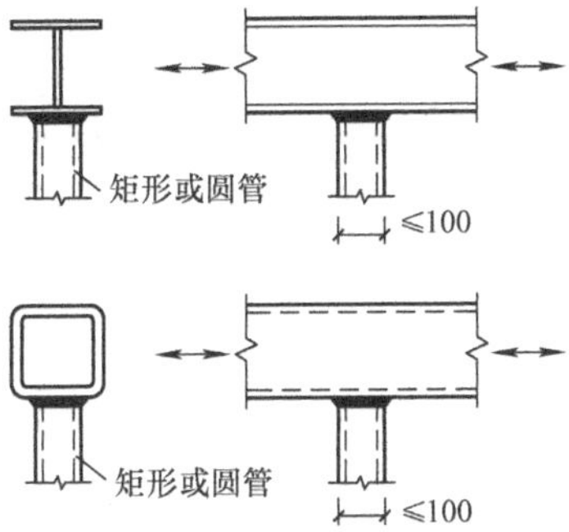	• 焊有其他构件的矩形管或圆管的角焊缝附近的母材，非承载焊缝的外观质量标准符合二级，矩形管宽度或圆管直径不大于100mm	Z8

（续）

项次	构 造 细 节	说 明	类别
30	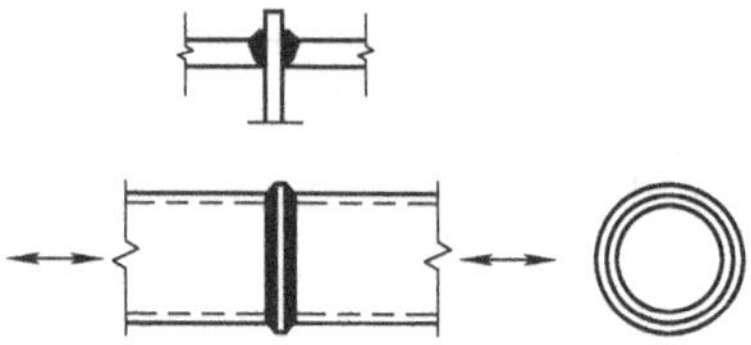	• 通过端板采用对接焊缝拼接的圆管母材，焊缝符合一级质量标准 （1）圆管壁厚 8mm < t≤12.5mm （2）圆管壁厚 t≤8mm	Z10 Z11
31	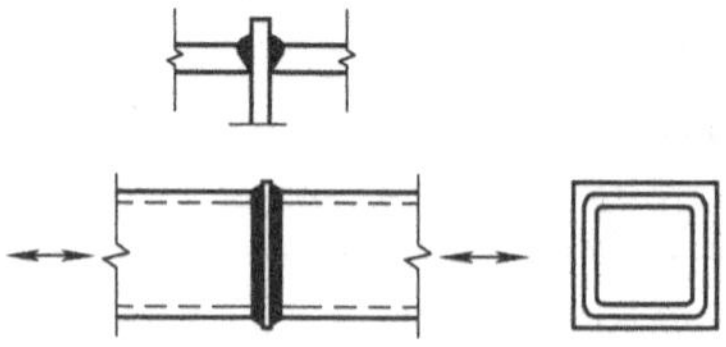	• 通过端板采用对接焊缝拼接的矩形管母材，焊缝符合一级质量标准 （1）方管壁厚 8mm < t≤12.5mm （2）方管壁厚 t≤8mm	Z11 Z12
32	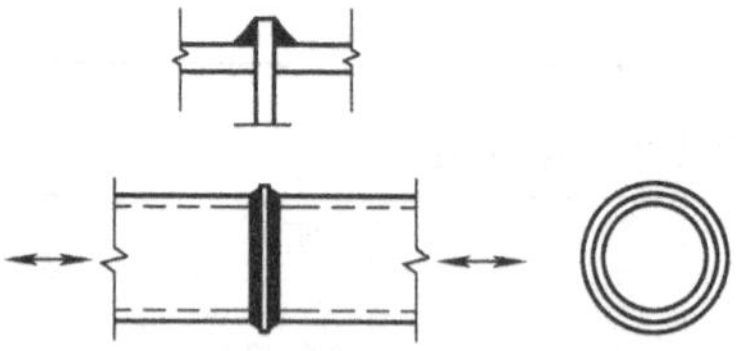	• 通过端板采用角焊缝拼接的圆管母材，焊缝外观质量标准符合二级，管壁厚度 t≤8mm	Z13
33	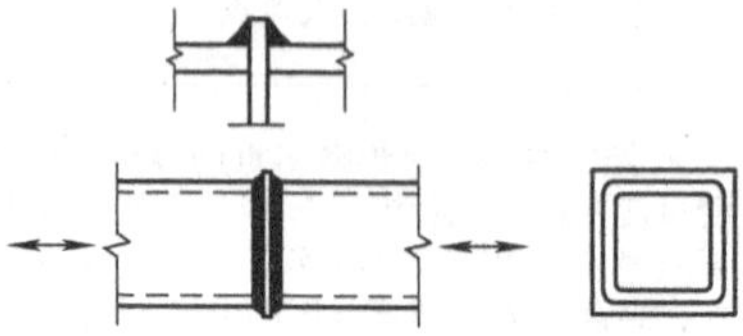	• 通过端板采用角焊缝拼接的矩形管母材，焊缝外观质量标准符合二级，管壁厚度 t≤8mm	Z14
34	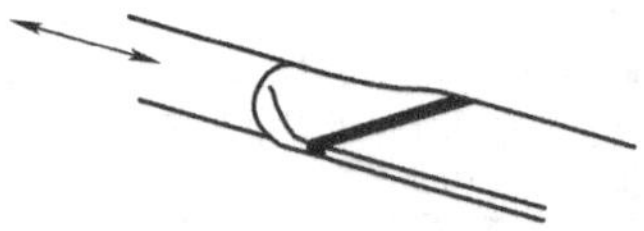	• 钢管端部压偏与钢板对接焊缝连接（仅适用于直径小于 200mm 的钢管），计算时采用钢管的应力幅	Z8
35	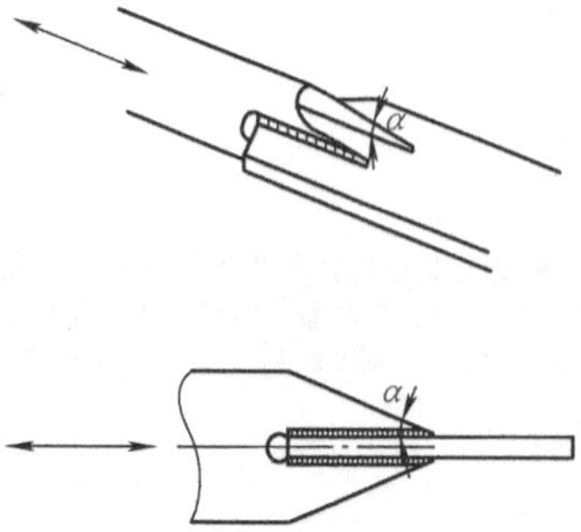	• 钢管端部开设槽口与钢板角焊缝连接，槽口端部为圆弧，计算时采用钢管的应力幅 （1）倾斜角 α≤45° （2）倾斜角 α>45°	Z8 Z9

附表 6-6　剪应力作用下的构件和连接分类

项次	构造细节	说明	类别
36	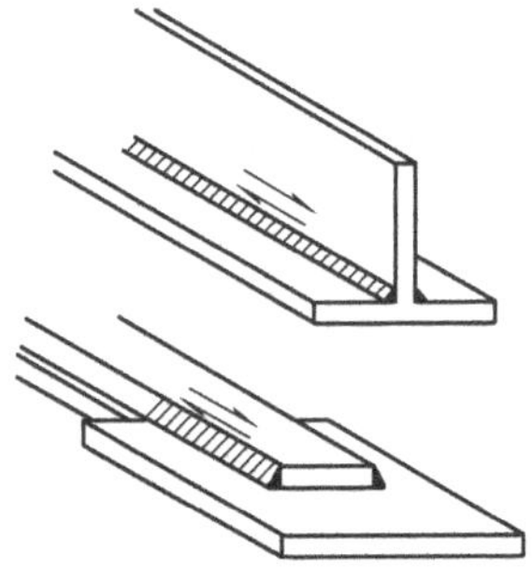	• 各类受剪角焊缝 剪应力按有效截面计算	J1
37	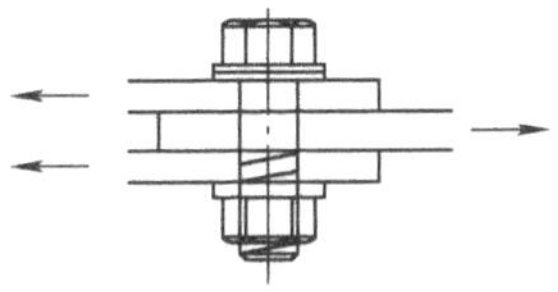	• 受剪力的普通螺栓 采用螺杆截面的剪应力	J2
38	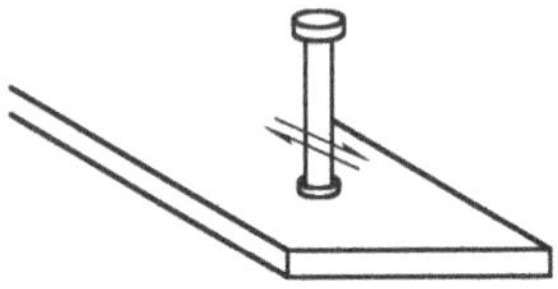	• 焊接剪力栓钉 采用栓钉名义截面的剪应力	J3

附录 7　型钢表

附表 7-1　普通工字钢

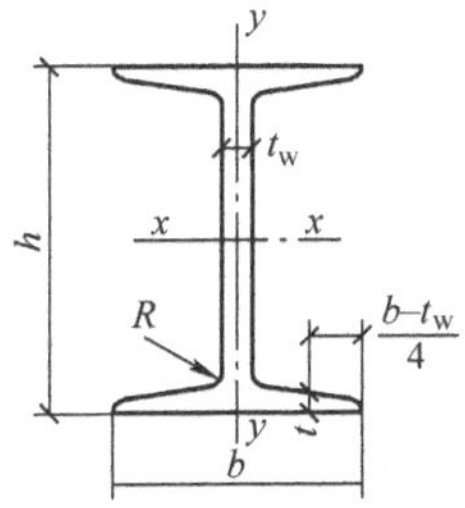

h—高度；
b—翼缘宽度；
t_w—腹板厚；
t—翼缘平均厚；
I—惯性矩；
W—截面模量

i—回转半径；
S—半截面的静力矩；
长度：型号 10 ~ 18
长 5 ~ 19m
型号 20 ~ 63
长 6 ~ 19m

型号	尺寸/mm					截面积/cm²	质量/(kg/m)	$x-x$ 轴				$y-y$ 轴		
	h	b	t_w	t	R			I_x/cm⁴	W_x/cm³	i_x/cm	I_x/S_x /cm	I_y/cm⁴	W_y/cm³	i_y/cm
10	100	68	4.5	7.6	6.5	14.3	11.2	245	49	4.14	8.69	33	9.6	1.51
12.6	126	74	5.0	8.4	7.0	18.1	14.2	488	77	5.19	11.0	47	12.7	1.61
14	140	80	5.5	9.1	7.5	21.5	16.9	712	102	5.75	12.2	64	16.1	1.73
16	160	88	6.0	9.9	8.0	26.1	20.5	1127	141	6.57	13.9	93	21.1	1.89
18	180	94	6.5	10.7	8.5	30.7	24.1	1699	185	7.37	15.4	123	26.2	2.00

（续）

型号	尺寸/mm					截面积/cm^2	质量/(kg/m)	$x-x$ 轴				$y-y$ 轴		
	h	b	t_w	t	R			I_x/cm^4	W_x/cm^3	i_x/cm	I_x/S_x /cm	I_y/cm^4	W_y/cm^3	i_y/cm
20a	200	100	7.0	11.4	9.0	35.5	27.9	2369	237	8.19	17.4	158	31.6	2.11
20b		102	9.0			39.5	31.1	2502	250	7.95	17.1	169	33.1	2.07
22a	220	110	7.5	12.3	9.5	42.1	33.0	3406	310	8.99	19.2	226	41.1	2.32
22b		112	9.5			46.5	36.5	3583	326	8.78	18.9	240	42.9	2.27
25a	250	116	8.0	13.0	10.0	48.5	38.1	5017	401	10.2	21.7	280	48.4	2.40
25b		118	10.0			53.5	42.0	5278	422	9.93	21.4	297	50.4	2.36
28a	280	122	8.5	13.7	10.5	55.4	43.5	7115	508	11.3	24.3	344	56.4	2.49
28b		124	10.0			61.0	47.9	7481	534	11.1	24.0	364	58.7	2.44
32a	320	130	9.5	15.0	11.5	67.1	52.7	11080	692	12.8	27.7	459	70.6	2.62
32b		132	11.5			73.5	57.7	11626	727	12.6	27.3	484	73.3	2.57
32c		134	13.5			79.9	62.7	12173	761	12.3	26.9	510	76.1	2.53
36a	360	136	10.0	15.8	12.0	76.4	60.0	15796	878	14.4	31.0	555	81.6	2.69
36b		138	12.0			83.6	65.6	16574	921	14.1	30.6	584	84.6	2.64
36c		140	14.0			90.8	71.3	17351	964	13.8	30.2	614	87.7	2.60
40a	400	142	10.5	16.5	12.5	86.1	67.6	21417	1086	15.9	34.4	660	92.9	2.77
40b		144	12.5			94.1	73.8	22781	1139	15.6	33.9	693	96.2	2.71
40c		146	14.5			102	80.1	23847	1192	15.3	33.5	727	99.7	2.67
45a	450	150	11.5	18.0	13.5	102	80.4	32241	1433	17.7	38.5	855	114	2.89
45b		152	13.5			111	87.4	33759	1500	17.4	38.1	895	118	2.84
45c		154	15.5			120	94.5	35278	1568	17.1	37.6	938	122	2.79
50a	500	158	12.0	20	14	119	93.6	46472	1859	19.7	42.9	1122	142	3.07
50b		160	14.0			129	101	48556	1942	19.4	42.3	1171	146	3.01
50c		162	16.0			139	109	50639	2026	19.1	41.9	1224	151	2.96
56a	560	166	12.5	21	14.5	135	106	65576	2342	22.0	47.9	1366	165	3.18
56b		168	14.5			147	115	68503	2447	21.6	47.3	1424	170	3.12
56c		170	16.5			158	124	71430	2551	21.3	46.8	1485	175	3.07
63a	630	176	13.0	22	15	155	122	94004	2984	24.7	53.8	1702	194	3.32
63b		178	15.0			167	131	98171	3117	24.2	53.2	1771	199	3.25
63c		180	17.0			180	141	102339	3249	23.9	52.6	1842	205	3.20

附表 7-2　H 型钢和 T 型钢

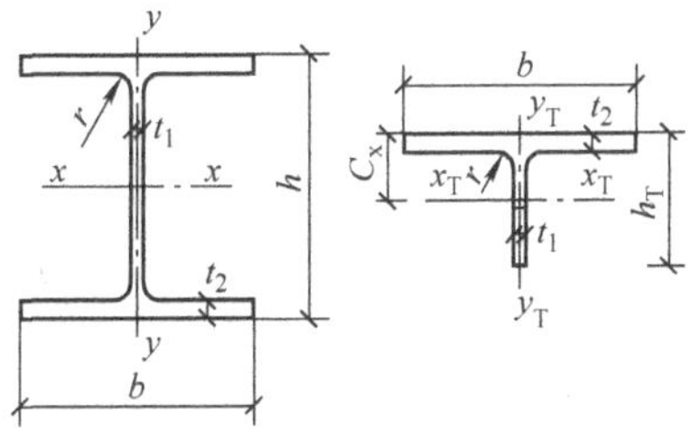

h—H 型钢截面高度；
b—翼缘宽度；
t_1—腹板厚度；
t_2—翼缘厚度；
W—截面模量；
i—回转半径；
I—惯性矩。

对 T 型钢：
截面高度 h_T，
截面面积 A_T，
质量 q_T，
惯性矩 I_{yT}，
等于相应 H 型钢的 1/2，
HW、HM、HN 分别代表宽翼缘、中翼缘、窄翼缘 H 型钢；
TW、TM、TN 分别代表各自 H 型钢剖分的 T 型钢。

H 型钢									H 和 T	T 型钢				
类别	H 型钢规格 $(h/mm)\times(b/mm)\times(t_1/mm)\times(t_2/mm)$	截面积 A/cm^2	质量 q /(kg/m)	$x-x$ 轴			$y-y$ 轴			重心 C_x/cm	x_T-x_T 轴		T 型钢规格 $(h_T/mm)\times(b/mm)\times(t_1/mm)\times(t_2/mm)$	类别
				I_x /cm^4	W_x /cm^3	i_x /cm	I_y /cm^4	W_y /cm^3	i_y，i_{yT} /cm		I_{xT} /cm^4	i_{xT} /cm		
HW	100×100×6×8	21.90	17.2	383	76.5	4.18	134	26.7	2.47	1.00	16.1	1.21	50×100×6×8	TW
	125×125×6.5×9	30.31	23.8	847	136	5.29	294	47.0	3.11	1.19	35.0	1.52	62.5×125×6.5×9	
	150×150×7×10	40.55	31.9	1660	221	6.39	564	75.1	3.73	1.37	66.4	1.81	75×150×7×10	
	175×175×7.5×11	51.43	40.3	2900	331	7.50	984	112	4.37	1.55	115	2.11	87.5×175×7.5×11	
	200×200×8×12 #200×204×12×12	64.28	50.5	4770	477	8.61	1600	160	4.99	1.73	185	2.40	100×200×8×12 #100×204×12×12	
		72.28	56.7	5030	503	8.35	1700	167	4.85	2.09	256	2.66		
	250×250×9×14 #250×255×14×14	92.18	72.4	10800	867	10.8	3650	292	6.29	2.08	412	2.99	125×250×9×14 #125×255×14×14	
		104.7	82.2	11500	919	10.5	3880	304	6.09	2.58	589	3.36		
	#294×302×12×12 300×300×10×15 300×305×15×15	108.3	85.0	17000	1160	12.5	5520	365	7.14	2.83	858	3.98	#147×302×12×12 150×300×10×15 150×305×15×15	
		120.4	94.5	20500	1370	13.1	6760	450	7.49	2.47	798	3.64		
		135.4	106	21600	1440	12.6	7100	466	7.24	3.02	1110	4.0S		
	#344×348×10×16 350×350×12×19	146.0	115	33300	1940	15.1	11200	646	8.78	2.67	1230	4.11	#172×348×10×16 175×350×12×19	
		173.9	137	40300	2300	15.2	13600	776	8.84	2.86	1520	4.18		
	#388×402×15×15 #394×398×11×18 400×400×13×21 #400×408×21×21 #414×405×18×28 #428×407×20×35	179.2	141	49200	2540	16.6	16300	809	9.52	3.69	2480	5.26	#194×402×15×15 #197×398×11×18 200×400×13× 21 #200×408×21×21 #207405×18×28 #214×407× 20× 35	
		87.6	147	56400	2860	17.3	18900	951	10.0	3.01	2050	4.67		
		219.5	172	66900	3340	17.5	22400	1120	10.1	3.21	2480	4.75		
		251.5	197	71100	3560	16.8	23800	1170	9.73	4.07	3650	5.39		
		296.2	233	93000	4490	17.7	31000	1530	10.2	3.68	3620	4.95		
		361.4	284	119000	5580	18.2	39400	1930	10.4	3.90	4380	4.92		
HM	148×100×6×9	27.25	21.4	1040	140	6.17	151	30.2	2.35	1.55	51.7	1.95	74×100×6×9	TM
	194×150×6×9	39.76	31.2	2740	283	8.30	508	67.7	3.57	1.78	125	2.50	97×150×6×9	
	244×175×7×11	56.24	44.1	6120	502	10.4	985	113	4.18	2.27	289	3.20	122×175×7×11	
	294×200×8×12	73.03	57.3	11400	779	12.5	1600	160	4.69	2.82	572	3.96	147×200×8×12	
	340×250×9×14	101.5	79.7	21700	1280	14.6	3650	292	6.00	3.09	1020	4.48	170×250×9×14	
	390×300×10×16	136.7	107	38900	2000	16.9	7210	481	7.26	3.40	1730	5.03	195×300×10×16	
	440×300×11×18	157.4	124	56100	2550	18.9	8110	541	7.18	4.05	2680	5.84	220×300×11×18	
	482×300×11×15 488×300×11×18	146.4	115	60800	2520	20.4	6770	451	6.80	4.90	3420	6.83	241×300×11×15 244×300×11×18	
		164.4	129	71400	2930	20.8	8120	541	7.03	4.65	3620	6.64		
	582×300×12×17 588×300×12×20 #594×302×14×23	174.5	137	103000	3530	24.3	7670	511	6.63	6.39	6360	8.54	291×300×12×17 294×300×12×20 #297×302×14×23	
		192.5	151	118000	4020	24.8	9020	601	6.85	6.08	6710	8.35		
		222.4	175	137000	4620	24.9	10600	701	6.90	6.33	7920	8.44		

（续）

H 型钢										H 和 T	T 型钢				
类别	H 型钢规格 $(h/mm)\times(b/mm)\times(t_1/mm)\times(t_2/mm)$	截面积 A/cm^2	质量 q /(kg/m)	$x-x$ 轴			$y-y$ 轴				重心 C_x/cm	x_T-x_T 轴		T 型钢规格 $(h_T/mm)\times(b/mm)\times(t_1/mm)\times(t_2/mm)$	类别
				I_x /cm^4	W_x /cm^3	i_x /cm	I_y /cm^4	W_y /cm^3	i_y，i_{yT} /cm			I_{xT} /cm^4	i_{xT} cm		
HN	100×50×5×7	12.16	9.5	192	38.5	3.98	14.9	5.96	1.11		1.27	11.9	1.40	50×50×5×7	TN
	125×60×6×8	17.01	13.3	417	66.8	4.95	29.3	9.75	1.31		1.63	27.5	1.80	62.5×120×6×8	
	150×75×5×7	18.16	14.3	679	90.6	6.12	49.6	13.2	1.65		1.78	42.7	2.17	75×75×5×7	
	175×90×5×8	23.21	18.2	1220	140	7.26	97.6	21.7	2.05		1.92	70.7	2.47	87.5×90×5×8	
	198×99×4.5×7	23.59	18.5	1610	163	8.27	114	23.0	2.20		2.13	94.0	2.82	99×99×4.5×7	
	200×100×5.5×8	27.5	21.7	1880	188	8.25	134	26.8	2.21		2.27	115	2.88	100×100×5.5×8	
	248×124×5×8	32.89	25.8	3560	287	10.4	255	41.1	2.78		2.62	208	3.56	124×124×5×8	
	250×125×6×9	37.87	29.7	4080	326	10.4	294	47.0	2.79		2.78	249	3.62	125×125×6×9	
	298×194×5.5×8	41.55	32.6	6460	433	12.4	443	59.4	3.26		3.22	395	4.36	149×149×5.5×8	
	300×150×6.5×9	47.53	37.3	7350	490	12.4	508	67.7	3.27		3.38	465	4.42	150×150×6.5×9	
	346×174×6×9	53.19	41.8	11200	649	14.5	792	91.0	3.86		3.68	618	5.06	173×174×6×9	
	350×175×7×11	63.66	50.0	13700	782	14.7	985	113	3.93		3.74	816	5.06	175×175×7×11	
	#400×150×8×13	71.12	55.8	18800	942	16.3	734	97.9	3.21		—	—	—	—	
	396×199×7×11	72.16	56.7	20000	1010	16.7	1450	145	4.48		4.17	1190	5.76	198×199×7×11	
	400×200×8×13	84.12	66.0	23700	1190	16.8	1740	174	4.54		4.23	1400	5.76	200×200×8×13	
	#450×150×9×14	83.41	65.5	27100	1200	18.0	793	106	3.08		—	—	—	—	
	446×199×8×12	84.95	66.7	29000	1300	18.5	1580	159	4.31		5.07	1880	6.65	223×199×8×12	
	450×200×9×14	97.41	76.5	33700	1500	18.6	1870	187	4.38		5.13	2160	6.66	225×200×9×14	
	#500×150×10×16	98.23	77.1	38500	1540	19.8	907	121	3.04		—	—	—	—	
	496×199×9×14	101.3	79.5	41900	1690	20.3	1840	185	4.27		5.90	2840	7.49	248×199×9×14	
	500×200×10×16	114.2	89	47800	1910	20.5	2140	214	4.33		5.96	3210	7.50	250×200×10×16	
	#506×201×11×19	131.3	103	56500	2230	20.8	2580	257	4.43		5.95	3670	7.48	#253×201×11×19	
	596×199×10×15	121.2	95.1	69300	2330	23.9	1980	199	4.04		7.76	5200	9.27	298×199×10×15	
	600×200×11×17	135.2	106	78200	2610	24.1	2280	228	4.11		7.81	5802	9.28	300×200×11×17	
	#606×201×12×20	153.3	120	91000	3000	24.4	2720	271	4.21		7.76	6580	9.26	#303×201×12×20	
	#692×300×13×20	211.5	166	172000	4980	26.8	9020	602	6.53		—	—	—	—	
	700×300×13×24	235.5	185	201000	5760	29.3	10800	722	6.18		—	—	—	—	

注：“#”表示的规格为非常用规格。

附表 7-3　普通槽钢

图中符号同普通工字型钢，但 W_y 为对应于翼缘肢尖的截面模量

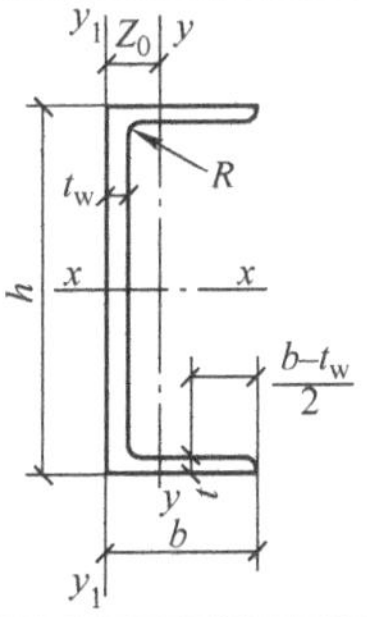

长度：型号 5 ~ 8，长 5 ~ 12m；
型号 10 ~ 18，长 5 ~ 19m；
型号 20 ~ 40，长 6 ~ 19m

型号	尺寸/mm					截面积/cm²	质量/(kg/m)	$x-x$ 轴			$y-y$ 轴			y_1-y_1 轴	重心距离
	h	b	d	t	R			I_x /cm⁴	W_x /cm³	i_x /cm	I_y /cm⁴	W_y /cm³	i_y /cm	i_{y1} /cm	Z_0/cm
5	50	37	4.5	7.0	7.0	6.92	5.44	26	10.4	1.94	8.3	3.5	1.10	20.9	1.35
6.3	63	40	4.8	7.5	7.5	8.45	6.63	51	16.3	2.46	11.9	4.6	1.19	28.3	1.39
8	80	43	5.0	8.0	8.0	10.24	8.04	101	25.3	3.14	16.6	5.8	1.27	37.4	1.42
10	100	48	5.3	8.5	8.5	12.74	10.00	198	39.7	3.94	25.6	7.8	1.42	54.9	1.52
12.6	126	53	5.5	9.0	9.0	15.69	12.31	389	61.7	4.98	38.0	10.3	1.56	77.8	1.59
a		58	6.0	9.5	9.5	18.51	14.53	564	80.5	5.52	53.2	13.0	1.70	107.2	1.71
14b	140	60	8.0	9.5	9.5	21.31	16.73	609	87.1	5.35	61.2	14.1	1.69	120.6	1.67
a		63	6.5	10.0	10.0	21.95	17.23	866	108.3	6.28	73.4	16.3	1.83	144.1	1.79
16b	160	65	8.5	10.0	10.0	25.15	19.75	935	116.8	6.10	83.4	17.6	1.82	160.8	1.75
a		68	7.0	10.5	10.5	25.69	20.17	1273	141.4	7.04	98.6	20.0	1.96	189.7	1.88
18b	180	70	9.0	10.5	10.5	29.29	22.99	1370	152.2	6.84	111.0	21.5	1.95	210.1	1.84
a		73	7.0	11.0	11.0	28.83	22.63	1780	178.0	7.86	128.0	24.2	2.11	244.0	2.01
20b	200	75	9.0	11.0	11.0	32.83	25.77	1914	191.4	7.64	143.6	25.9	2.09	268.4	1.95
a		77	7.0	11.5	11.5	31.84	24.99	2394	217.6	8.67	157.8	28.2	2.23	298.2	2.10
22b	220	79	9.0	11.5	11.5	36.24	28.45	2571	233.8	8.42	176.5	30.1	2.21	326.3	2.03
a		78	7.0	12.0	12.0	34.91	27.40	3359	268.7	9.81	175.9	30.7	2.24	324.8	2.07
25b	250	80	9.0	12.0	12.0	39.91	31.33	3619	289.6	9.52	196.4	32.7	2.22	355.1	1.99
c		82	11.0	12.0	12.0	44.91	35.25	3880	310.4	9.30	215.9	34.6	2.19	388.6	1.96
a		82	7.5	12.5	12.5	40.02	31.42	4753	339.5	10.90	217.9	35.7	2.33	393.3	2.09
28b	280	84	9.5	12.5	12.5	45.62	35.81	5118	365.6	10.59	241.5	37.9	2.30	428.5	2.02
c		86	11.5	12.5	12.5	51.22	40.21	5484	391.7	10.35	264.1	40.0	2.27	467.3	1.99
a		88	8.0	14.0	14.0	48.50	38.07	7511	469.4	12.44	304.7	46.4	2.51	547.5	2.24
32b	320	90	10.0	14.0	14.0	54.90	43.10	8057	503.5	12.11	335.6	49.1	2.47	592.9	2.16
c		92	12.0	14.0	14.0	61.30	48.12	8603	537.7	11.85	365.0	51.6	2.44	642.7	2.13
a		96	9.0	16.0	16.0	60.89	47.80	11874	659.7	13.96	455.0	63.6	2.73	818.5	2.44
36b	360	98	11.0	16.0	16.0	68.09	53.45	12652	702.9	13.63	496.7	66.9	2.70	880.5	2.37
c		100	13.0	16.0	16.0	75.29	59.10	13429	746.1	13.36	536.6	70.0	2.67	948.0	2.34
a		100	10.5	18.0	18.0	75.04	58.91	17578	878.9	15.30	592.0	78.8	2.81	1057.9	2.49
40b	400	102	12.5	18.0	18.0	83.04	65.19	18644	932.2	14.98	640.6	82.6	2.78	1135.8	2.44
c		104	14.5	18.0	18.0	91.04	71.47	19711	985.6	14.71	687.8	86.2	2.75	1220.3	2.42

附表 7-4 等边角钢

角钢

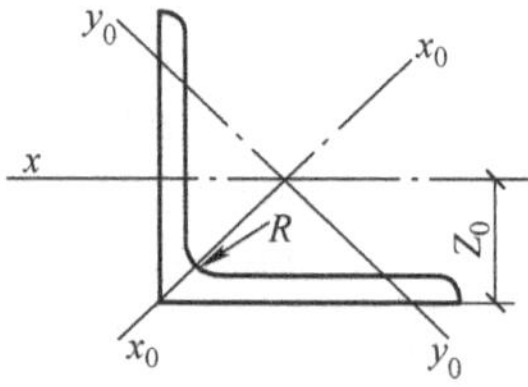

单角钢

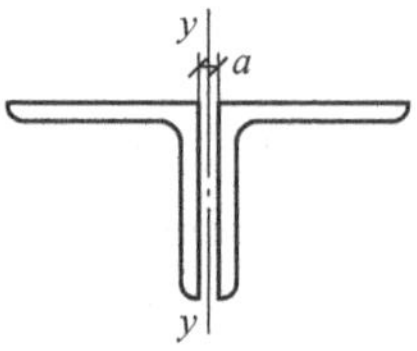

双角钢

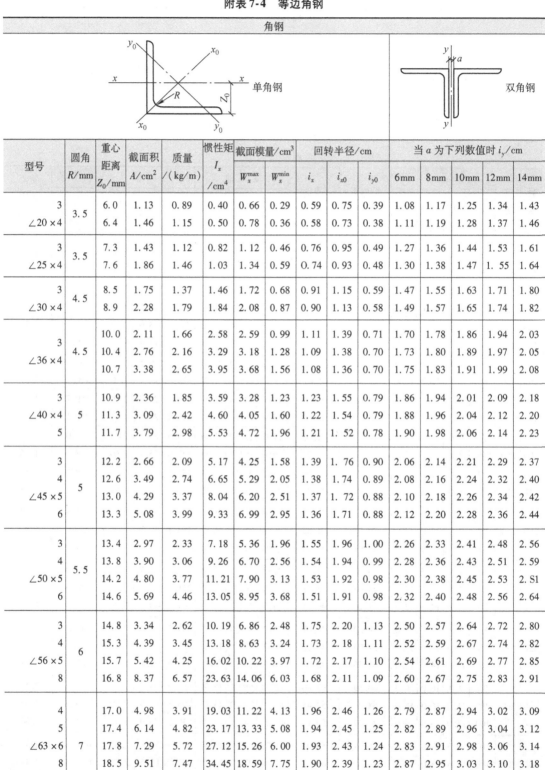

型号	圆角 R/mm	重心距离 Z_0/mm	截面积 A/cm^2	质量 /(kg/m)	惯性矩 I_x /cm^4	截面模量/cm^3		回转半径/cm			当 a 为下列数值时 i_y/cm				
						W_x^{max}	W_x^{min}	i_x	i_{x0}	i_{y0}	6mm	8mm	10mm	12mm	14mm
3	3.5	6.0	1.13	0.89	0.40	0.66	0.29	0.59	0.75	0.39	1.08	1.17	1.25	1.34	1.43
∠20×4		6.4	1.46	1.15	0.50	0.78	0.36	0.58	0.73	0.38	1.11	1.19	1.28	1.37	1.46
3	3.5	7.3	1.43	1.12	0.82	1.12	0.46	0.76	0.95	0.49	1.27	1.36	1.44	1.53	1.61
∠25×4		7.6	1.86	1.46	1.03	1.34	0.59	0.74	0.93	0.48	1.30	1.38	1.47	1.55	1.64
3	4.5	8.5	1.75	1.37	1.46	1.72	0.68	0.91	1.15	0.59	1.47	1.55	1.63	1.71	1.80
∠30×4		8.9	2.28	1.79	1.84	2.08	0.87	0.90	1.13	0.58	1.49	1.57	1.65	1.74	1.82
3	4.5	10.0	2.11	1.66	2.58	2.59	0.99	1.11	1.39	0.71	1.70	1.78	1.86	1.94	2.03
∠36×4		10.4	2.76	2.16	3.29	3.18	1.28	1.09	1.38	0.70	1.73	1.80	1.89	1.97	2.05
		10.7	3.38	2.65	3.95	3.68	1.56	1.08	1.36	0.70	1.75	1.83	1.91	1.99	2.08
3	5	10.9	2.36	1.85	3.59	3.28	1.23	1.23	1.55	0.79	1.86	1.94	2.01	2.09	2.18
∠40×4		11.3	3.09	2.42	4.60	4.05	1.60	1.22	1.54	0.79	1.88	1.96	2.04	2.12	2.20
5		11.7	3.79	2.98	5.53	4.72	1.96	1.21	1.52	0.78	1.90	1.98	2.06	2.14	2.23
3	5	12.2	2.66	2.09	5.17	4.25	1.58	1.39	1.76	0.90	2.06	2.14	2.21	2.29	2.37
4		12.6	3.49	2.74	6.65	5.29	2.05	1.38	1.74	0.89	2.08	2.16	2.24	2.32	2.40
∠45×5		13.0	4.29	3.37	8.04	6.20	2.51	1.37	1.72	0.88	2.10	2.18	2.26	2.34	2.42
6		13.3	5.08	3.99	9.33	6.99	2.95	1.36	1.71	0.88	2.12	2.20	2.28	2.36	2.44
3	5.5	13.4	2.97	2.33	7.18	5.36	1.96	1.55	1.96	1.00	2.26	2.33	2.41	2.48	2.56
4		13.8	3.90	3.06	9.26	6.70	2.56	1.54	1.94	0.99	2.28	2.36	2.43	2.51	2.59
∠50×5		14.2	4.80	3.77	11.21	7.90	3.13	1.53	1.92	0.98	2.30	2.38	2.45	2.53	2.S1
6		14.6	5.69	4.46	13.05	8.95	3.68	1.51	1.91	0.98	2.32	2.40	2.48	2.56	2.64
3	6	14.8	3.34	2.62	10.19	6.86	2.48	1.75	2.20	1.13	2.50	2.57	2.64	2.72	2.80
4		15.3	4.39	3.45	13.18	8.63	3.24	1.73	2.18	1.11	2.52	2.59	2.67	2.74	2.82
∠56×5		15.7	5.42	4.25	16.02	10.22	3.97	1.72	2.17	1.10	2.54	2.61	2.69	2.77	2.85
8		16.8	8.37	6.57	23.63	14.06	6.03	1.68	2.11	1.09	2.60	2.67	2.75	2.83	2.91
4	7	17.0	4.98	3.91	19.03	11.22	4.13	1.96	2.46	1.26	2.79	2.87	2.94	3.02	3.09
5		17.4	6.14	4.82	23.17	13.33	5.08	1.94	2.45	1.25	2.82	2.89	2.96	3.04	3.12
∠63×6		17.8	7.29	5.72	27.12	15.26	6.00	1.93	2.43	1.24	2.83	2.91	2.98	3.06	3.14
8		18.5	9.51	7.47	34.45	18.59	7.75	1.90	2.39	1.23	2.87	2.95	3.03	3.10	3.18
10		19.3	11.66	9.15	41.09	21.34	9.39	1.88	2.36	1.22	2.91	2.99	3.07	3.15	3.23

（续）

角钢

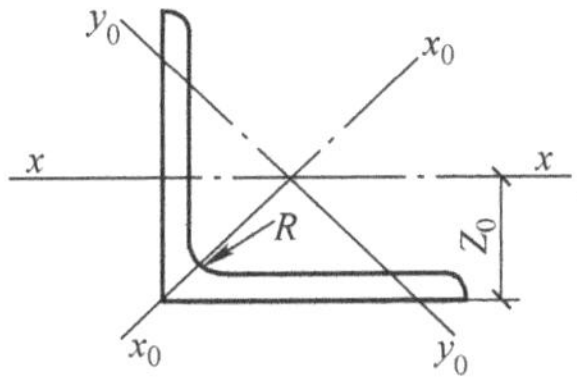

单角钢

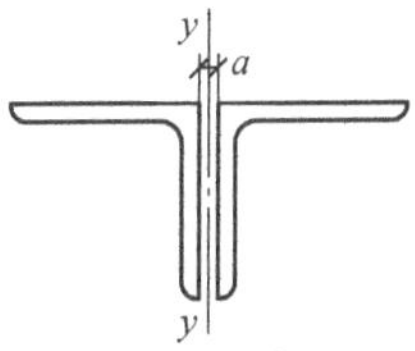

双角钢

型号	圆角 R/mm	重心距离 Z_0/mm	截面积 A/cm²	质量/(kg/m)	惯性矩 I_x/cm⁴	截面模量/cm³		回转半径/cm			当 a 为下列数值时 i_y/cm				
						W_x^{max}	W_x^{min}	i_x	i_{x0}	i_{y0}	6mm	8mm	10mm	12mm	14mm
4		18.6	5.57	4.37	26.39	4.16	5.14	2.18	2.74	1.40	3.07	3.14	3.21	3.29	3.36
5		19.1	6.88	5.40	32.21	16.89	6.32	2.16	2.73	1.39	3.09	3.16	3.24	3.31	3.39
∠70×6	8	19.5	8.16	6.41	37.77	19.39	7.48	2.15	2.71	1.38	3.11	3.18	3.26	3.33	3.41
7		19.9	9.42	7.40	43.09	21.68	8.59	2.14	2.69	1.38	3.13	3.20	3.28	3.36	3.43
8		20.3	10.67	8.37	48.17	23.79	9.68	2.13	2.68	1.37	3.15	3.22	3.30	3.38	3.46
5		20.3	7.41	5.82	39.96	19.73	7.30	2.32	2.92	1.50	3.29	3.36	3.43	3.50	3.58
6		20.7	8.80	6.91	46.91	22.69	8.63	2.31	2.91	1.49	3.31	3.38	3.45	3.53	3.60
∠75×7	9	21.1	10.16	7.98	53.57	25.42	9.93	2.30	2.89	1.48	3.33	3.40	3.47	3.55	3.63
8		21.5	11.50	9.03	59.96	27.93	11.20	2.28	2.87	1.47	3.35	3.42	3.50	3.57	3.65
10		22.2	14.13	11.09	71.98	32.40	13.64	2.26	2.84	1.46	3.38	3.46	3.54	3.61	3.69
5		21.5	7.91	6.21	48.79	22.70	8.34	2.48	3.13	1.60	3.49	3.56	3.63	3.71	3.78
6		21.9	9.40	7.38	57.35	26.16	9.87	2.47	3.11	1.59	3.51	3.58	3.65	3.73	3.80
∠80×7	9	22.3	10.86	8.53	65.58	29.38	11.37	2.46	3.10	1.58	3.53	3.60	3.67	3.75	3.83
8		22.7	12.30	9.66	73.50	32.36	12.83	2.44	3.08	1.57	3.55	3.62	3.70	3.77	3.85
10		23.5	15.13	11.87	88.43	37.68	15.64	2.42	3.04	1.56	3.58	3.66	3.74	3.81	3.89
6		24.4	10.64	8.35	82.77	33.99	12.61	2.79	3.51	1.80	3.91	3.98	4.05	4.12	4.20
7		24.8	12.30	9.66	94.83	38.28	14.54	2.78	3.50	1.78	3.93	4.00	4.07	4.14	4.22
∠90×8	10	25.2	13.94	10.95	106.5	42.30	16.42	2.?6	3.48	1.78	3.95	4.02	4.09	4.17	4.Z4
10		25.9	17.17	13.48	128.6	49.57	20.07	2.74	3.45	1.76	3.98	4.06	4.13	4.21	4.28
12		26.7	20.31	15.94	149.2	55.93	23.57	2.71	3.41	1.75	4.02	4.09	4.17	4.25	4.32
6		26.7	11.93	9.37	115.0	43.04	15.68	3.10	3.91	2.00	4.30	4.37	4.44	4.51	4.58
7		27.1	13.80	10.83	131.9	48.57	18.10	3.09	3.89	1.99	4.32	4.39	4.46	4.53	4.61
8		27.6	15.64	12.28	148.2	53.78	20.47	3.08	3.88	1.98	4.34	4.41	4.48	4.55	4.63
∠100×10	12	28.4	19.26	15.12	179.5	63.29	25.06	3.05	3.84	1.96	4.38	4.45	4.52	4.60	4.67
12		29.1	22.80	17.90	208.9	7.72	29.47	3.03	3.81	1.95	4.41	4.49	4.56	4.64	4.71
14		29.9	26.26	20.61	236.5	79.19	33.73	3.00	3.77	1.94	4.45	4.53	4.60	4.68	4.75
16		30.6	29.63	23.26	262.5	85.81	37.82	2.98	3.74	1.93	4.49	4.56	4.64	4.72	4.80

（续）

角钢

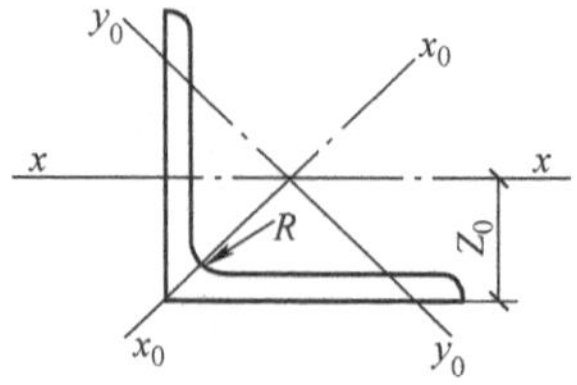

单角钢

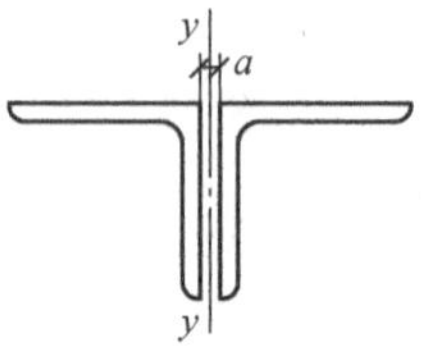

双角钢

型号	圆角 R/mm	重心距离 Z_0/mm	截面积 A/cm^2	质量 /(kg/m)	惯性矩 I_x $/cm^4$	截面模量/cm^3		回转半径/cm			当 a 为下列数值时 i_y/cm				
						W_x^{max}	W_x^{min}	i_x	i_{x0}	i_{y0}	6mm	8mm	10mm	12mm	14mm
7		29.6	15.20	11.93	177.2	59.78	22.05	3.41	4.30	2.20	4.72	4.79	4，86	4.94	5.01
8		30.1	17.24	13.53	199.5	66.36	24.95	3.40	4.28	2.19	4.74	4.81	4.88	4.96	5.03
∠110×10	12	30.9	21.26	16.69	242.2	78.48	30.60	3.38	4.25	2.17	4.78	4.85	4.92	5.00	5.07
12		31.6	25.20	19.？8	282.6	89.34	36.05	3.35	4.22	2.15	4.82	4.89	4.96	5.04	5.11
14		32.4	29.06	22.81	320.7	99.07	41.31	3.32	4.18	2.14	4.85	4.93	5.00	5.08	5.15
8		33.7	19.75	15.50	297.0	88.20	32.52	3.88	4.88	2.50	5.34	5.41	5.48	5.55	5.62
10		34.5	24.37	19.13	361.7	104.8	39.97	3.85	4.85	2.48	5.38	5.45	5.52	5.59	5.66
∠125×12	14	35.3	28.91	22.70	423.2	119.9	47.17	3.83	4.82	2.46	5.41	5.48	5.56	5.63	5.70
14		36.1	33.37	26.19	481.7	133.6	54.16	3.80	4.78	2.45	5.45	5.52	5.59	5.67	5.74
10		38.2	27.37	1.49	514.7	134.6	0.58	4.34	5.46	2.78	5.98	6.05	6.12	6.20	6.27
12		39.0	32.51	25.52	603.7	154.6	59.80	4.31	5.43	2.77	6.02	6.09	6.16	6.23	6. 31
∠140×14	14	39.8	37.57	29.49	688.8	173.0	68.？5	4.28	5.40	2.75	6.06	6.13	6.20	6.27	6.34
16		40.6	42.54	33.39	770.2	189.9	77.46	4.26	5.36	2.74	6.09	6.16	6.23	6.31	6.38
10		43.1	31.50	24.73	779.5	180.8	66.70	4.97	6.27	3.20	6.78	6.85	6.92	6.99	7.OS
12		43.9	37.44	29.39	916.6	208.6	78.98	4.95	6.24	3.18	6.82	6.89	6.96	7.03	7.10
∠160×14	16	44.7	43.30	33.99	1048	234.4	90.95	4.92	6.20	3.16	6.86	6.93	7.00	7.07	7.14
16		45.5	49.07	38.52	1175	258.3	102.6	4.89	6.17	3.14	6.89	6.96	7.03	7.10	7.18
12		48.9	42.24	33.16	1321	270.0	100.8	5.59	7.05	3.58	7.63	7.70	7.77	7.84	7.91
14		49.7	48.90	38.38	1514	304.6	116.3	5.57	7.02	3.57	7.67	7.74	7.81	7.88	7.95
∠180×16	16	50.5	55.47	43.54	1701	336.9	131.4	5.54	6.98	3.55	7.70	7.77	7.84	7.91	7.98
18		51.3	61.95	48.63	1881	367.1	146.1	5.51	6.94	3.53	7.73	7.80	7.87	7.95	8.02
14		54.6	54.64	42.89	2104	385.1	144.7	6.20	7.82	3.98	8.47	8.54	8.61	8.67	8.75
16		55.4	62.01	48.68	2366	427.0	163.7	6.18	7.79	3.96	8.50	8.57	8.S4	8.71	8.78
∠200×18	18	56.2	69.30	54.40	2621	466.5	182.2	6.15	7.75	3.94	8.53	8.60	8.67	8.75	8.82
20		56.9	76.50	60.06	2867	503.6	200.4	6.12	7.72	3.93	8.57	8.64	8.71	8.78	8.85
24		58.4	90.66	71.17	3338	571.5	235.8	6.07	7.64	3.90	8.63	8.71	8.78	8.85	8.92

附表 7-5 不等边角钢

角钢

单角钢

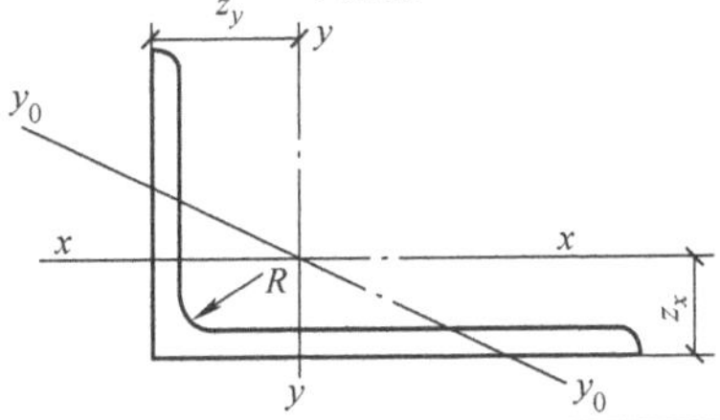

双角钢

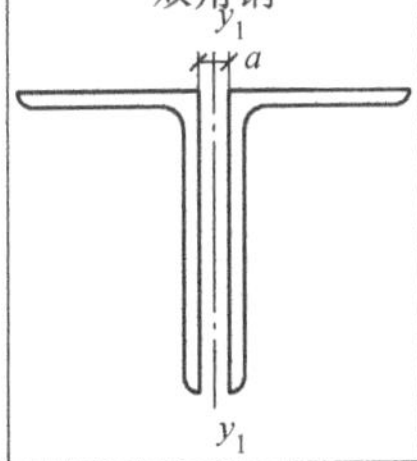

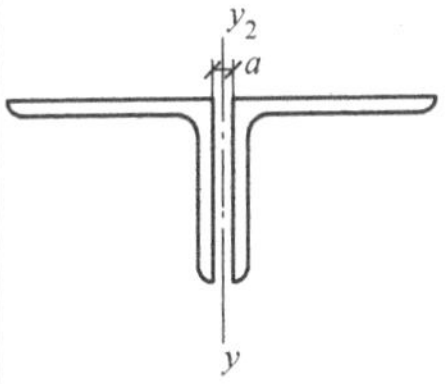

型号 $B\times b\times t$	圆角 R/mm	重心距离/mm		截面积 A/cm^2	质量/(kg/m)	回转半径/cm			当 a 为下列数值时 i_{y1}/cm				当 a 为下列数值时 i_{y2}/cm			
		z_x	z_y			i_x	i_y	i_{y0}	6mm	8mm	10mm	12mm	6mm	8mm	10mm	12mm
∠25×16× 3	3.5	4.2	8.6	1.16	0.91	0.44	0.78	0.34	0.84	0.93	1.02	1.11	1.40	1.48	1.57	1.66
4		4.6	9.0	1.50	1.18	0.43	0.77	0.34	0.87	0.96	1.05	1.14	1.42	1.51	1.60	1.68
3		4.9	10.8	1.49	1.17	0.55	1.01	0.43	0.97	1.05	1.14	1.23	1.71	1.79	1.88	1.96
∠32×20× 4		5.3	11.2	1.94	1.52	0.54	1.00	0.43	0.99	1.08	1.16	1.25	1.74	1.82	1.90	1.99
∠40×25× 3	4	5.9	13.2	1.89	1.48	0.70	1.28	0.54	1.13	1.21	1.30	1.38	2.07	2.14	2.23	2.31
4		6.3	13.7	2.47	1.94	0.69	1.26	0.54	1.16	1.24	1.32	1.41	2.09	2.17	2.25	2.34
3	5	6.4	14.7	2.15	1.69	0.79	1.44	0.61	1.23	1.31	1.39	1.47	2.28	2.36	2.44	2.52
∠45×28× 4		6.8	15.1	2.81	2.20	0.78	1.43	0.60	1.25	1.33	1.41	1.50	2.31	2.39	2.47	2.55
3	5.5	7.3	16.0	2.43	1.91	0.91	1.60	0.70	1.37	1.45	1.53	1.61	2.49	2.56	2.64	2.72
∠50×32× 4		7.7	16.5	3.18	2.49	0.90	1.59	0.69	1.40	1.47	1.55	1.64	2.51	2.59	2.67	2.75
3	6	8.0	17.8	2.74	2.15	1.03	1.80	0.79	1.51	1.59	1.66	1.74	2.75	2.82	2.90	2.98
∠56×36× 4		8.5	18.2	3.59	2.82	1.02	1.79	0.78	1.53	1.61	1.69	1.77	2.77	2.85	2.93	3.01
5		8.8	18.7	4.42	3.47	1.01	1.77	0.78	1.56	1.63	1.71	1.79	2.80	2.88	2.96	3.04
4	7	9.2	20.4	4.06	3.19	1.14	2.02	0.88	1.66	1.74	1.81	1.89	3.09	3.16	3.24	3.32
∠63×40× 5		9.5	20.8	4.99	3.92	1.12	2.00	0.87	1.68	1.76	1.84	1.92	3.11	3.19	3.27	3.35
6		9.9	21.2	5.91	4.64	1.11	1.99	0.86	1.71	1.78	1.86	1.94	3.13	3.21	3.29	3.37
7		10.3	21.6	6.80	5.34	1.10	1.97	0.86	1.73	1.81	1.89	1.97	3.16	3.24	3.32	3.40
4	7.5	10.2	22.3	4.55	3.57	1.29	2.25	0.99	1.84	1.91	1.99	2.07	3.39	3.46	3.54	3.62
5		10.6	22.8	5.61	4.40	1.28	2.23	0.98	1.86	1.94	2.01	2.09	3.41	3.49	3.57	3.64
∠70×45× 6		11.0	23.2	6.64	5.22	1.26	2.22	0.97	1.88	1.96	2.04	2.11	3.44	3.51	3.59	3.67
7		11.3	23.6	7.66	6.01	1.25	2.20	0.97	1.90	1.98	2.06	2.14	3.46	3.54	3.61	3.69
5	8	11.7	24.0	6.13	4.81	1.43	2.39	1.09	2.06	2.13	2.20	2.28	3.60	3.68	3.7S	3.83
6		12.1	24.4	7.26	5.70	1.42	2.38	1.08	2.08	2.15	2.23	2.30	3.63	3.70	3.78	3.86
∠75×50× 8		12.9	25.2	9.47	7.43	1.40	2.35	1.07	2.12	2.19	2.27	2.35	3.67	3.75	3.83	3.91
10		13.6	26.0	11.6	9.10	1.38	2.33	1.06	2.16	2.24	2.31	2.40	3.71	3.79	3.87	3.95
5	8	11.4	26.0	6.38	5.00	1.42	2.57	1.10	2.02	2.09	2.17	2.24	3.88	3.95	4.03	4.10
6		11.8	26.5	7.56	5.93	1.41	2.55	1.09	2.04	2.11	2.19	2.27	3.90	3.98	4.05	4.13
∠80×50× 7		12.1	26.9	8.72	6.85	1.39	2.54	1.08	2.06	2.13	2.21	2.29	3.92	4.00	4.08	4.16
8		12.5	27.3	9.87	7.75	1.38	2.52	1.07	2.08	2.15	2.23	2.31	3.94	4.02	4.10	4.18

（续）

角钢

单角钢　　　　　　双角钢

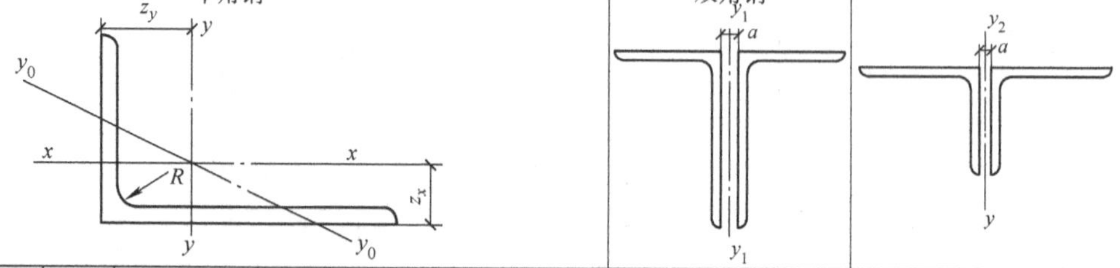

型号	圆角 R /mm	重心距离/mm z_x	重心距离/mm z_y	截面积 A /cm^2	质量 /(kg/m)	回转半径/cm i_x	回转半径/cm i_y	回转半径/cm i_{y0}	当 a 为下列数值时 i_{y1}/cm 6mm	8mm	10mm	12mm	当 a 为下列数值时 i_{y2}/cm 6mm	8mm	10mm	12mm
∠90×56×5	9	12.5	29.1	7.21	5.66	1.59	2.90	1.23	2.22	2.29	2.36	2.44	4.32	4.39	4.47	4.55
6		12.9	29.5	8.56	6.72	1.58	2.88	1.22	2.24	2.31	2.39	2.46	4.34	4.42	4.50	4.57
7		13.3	30.0	9.88	7.76	1.57	2.87	1.22	2.26	2.33	2.41	2.49	4.37	4.44	4.52	4.60
8		13.6	30.4	11.2	8.78	1.56	2.85	1.21	2.28	2.35	2.43	2.51	4.39	4.47	4.54	4.62
∠100×63×6	10	14.3	32.4	9.62	7.55	1.79	3.21	1.38	2.49	2.56	2.63	2.71	4.77	4.85	4.92	5.00
7		14.7	32.8	11.1	8.72	1.78	3.20	1.37	2.51	2.58	2.65	2.73	4.80	4.87	4.95	5.03
8		15.0	33.2	12.6	9.88	1.77	3.18	1.37	2.53	2.60	2.67	2.75	4.82	4.90	4.97	5.05
10		15.8	34.0	15.5	12.1	1.75	3.15	1.35	2.57	2.64	2.72	2.79	4.86	4.94	5.02	5.10
∠100×80×6		19.7	29.5	10.6	8.35	2.40	3.17	1.73	3.31	3.38	3.45	3.52	4.54	4.62	4.69	4.76
7		20.1	30.0	12.3	9.66	2.39	3.16	1.71	3.32	3.39	3.47	3.54	4.57	4.64	4.71	4.79
8		20.5	30.4	13.9	10.9	2.37	3.15	1.71	3.34	3.41	3.49	3.56	4.59	4.66	4.73	4.81
10		21.3	31.2	17.2	13.5	2.35	3.12	1.69	3.38	3.45	3.53	3.60	4.63	4.70	4。78	4.85
∠110×70×6		15.7	35.3	10.6	8.35	2.01	3.54	1.54	2.74	2.81	2.88	2.96	5.21	5.29	5.36	5.44
7		16.1	35.7	12.3	9.66	2.00	3.53	1.53	2.76	2.83	2.90	2.98	5.24	5.31	5.39	5.46
8		16.5	36.2	13.9	10.9	1.98	3.51	1.53	2.78	2.85	2.92	3.00	5.26	5.34	5.41	5.49
10		17.2	37.0	17.2	13.5	1.96	3.48	1.51	2.82	2.89	2.96	3.04	5.30	5.38	5.46	5.53
∠125×80×7	11	18.0	40.1	14.1	11.1	2.30	4.02	1.76	3.13	3.18	3.25	3.33	5.90	5.97	6.04	6.12
8		18.4	40.6	16.0	12.6	2.29	4.01	1.75	3.13	3.20	3.27	3.35	5.92	5.99	6.07	6.14
10		19.2	41.4	19.7	15.5	2.26	3.98	1.74	3.17	3.24	3.31	3.39	5.96	6.04	6.11	6.19
12		20.0	42.2	23.4	18.3	2.24	3.95	1.72	3.20	3.28	3.35	3.43	6.00	6.08	6.16	6.23
∠140×90×8	12	20.4	45.0	18.0	14.2	2.59	4.50	1.98	3.49	3.56	3.63	3.70	6.58	6.65	6.73	6.80
10		21.2	45.8	22.3	17.5	2.56	4.47	1.96	3.52	3.59	3.66	3.73	6.62	6.70	6.77	6.85
12		21.9	46.6	26.4	20.7	2.54	4.44	1.95	3.56	3.63	3.70	3.77	6.66	6.74	6.81	6.89
14		22.7	47.4	30.5	23.9	2.51	4.42	1.94	3.59	3.66	3.74	3.81	6.70	6.78	6.86	6.93
∠160×100×10	13	22.8	52.4	25.3	19.9	2.85	5.14	2.19	3.84	3.91	3.98	4.05	7.55	7.63	7.70	7.78
12		23.6	53.2	30.1	23.6	2.82	5.11	2.18	3.87	3.94	4.01	4.09	7.60	7.67	7.75	7.82
14		24.3	54.0	34.7	27.2	2.80	5.08	2.16	3.91	3.98	4.05	4.12	7.64	7.71	7.79	7.86
16		25.1	54.8	39.3	30.8	2.77	5.05	2.15	3.94	4.02	4.09	4.16	7.68	7.75	7.83	7.90
∠180×110×10	14	24.4	58.9	28.4	22.3	3.13	5.81	2.42	4.16	4.23	4.30	4.36	8.49	8.56	8.63	8.71
12		25.2	59.8	33.7	26.5	3.10	5.78	2.40	4.19	4.26	4.33	4.40	8.53	8.60	8.68	8.75
14		25.9	60.6	39.0	30.6	3.08	5.75	2.39	4.23	4.30	4.37	4.44	8.57	8.64	8.72	8.79
16		26.7	61.4	44.1	34.6	3.05	5.72	2.37	4.26	4.33	4.40	4.47	8.61	8.68	8.76	8.84
∠200×125×12	14	28.3	65.4	37.9	29.8	3.57	6.44	2.75	4.75	4.82	4.88	4.95	9.39	9.47	9.54	9.62
14		29.1	66.2	43.9	34.4	3.54	6.41	2.73	4.78	4.85	4.92	4.99	9.43	9.51	9.58	9.66
16		29.9	67.0	49.7	39.0	3.52	6.38	2.71	4.81	4.88	4.95	5.02	9.47	9.55	9.62	9.70
18		30.6	67.8	55.5	43.6	3.49	6.35	2.70	4.85	4.92	4.99	5.06	9.51	9.59	9.66	9.74

注：单个角钢的惯性矩、单个角钢的截面模量计算公式如下：

$I_x = Ai_x^2$，$I_y = Ai_y^2$；$W_x^{max} = I_x/Z_x$，$W_x^{min} = I_x/(b-Z_x)$；$W_y^{max} = I_y/Z_y$，$W_y^{min} = I_y/(B-Z_y)$

附表 7-6 热轧无缝钢管

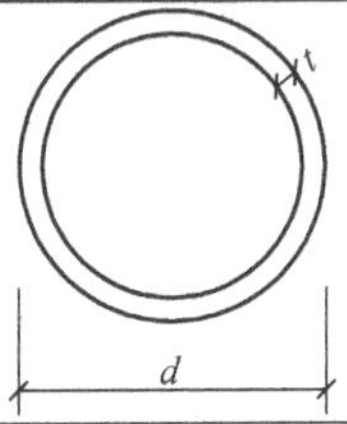

I—截面惯性矩

W—截面模量

i—截面回转半径

尺寸/mm		截面面积 A /cm²	质量 /(kg/m)	截面特性		
d	t			I /cm⁴	W /cm³	i /cm
32	2.5	2.32	1.82	2.54	1.59	1.05
	3.0	2.73	2.15	2.90	1.82	1.03
	3.5	3.13	2.46	3.23	2.02	1.02
	4.0	3.52	2.76	3.52	2.20	1.00
38	2.5	2.79	2.19	4.41	2.32	1.26
	3.0	3.30	2.59	5.09	2.68	1.24
	3.5	3.79	2.98	5.70	3.00	1.23
	4.0	4.27	3.35	6.26	3.29	1.21
42	2.5	3.10	2.44	6.07	2.89	1.40
	3.0	3.68	2.89	7.03	3.35	1.38
	3.5	4.23	3.32	7.91	3.77	1.37
	4.0	4.78	3.75	8.71	4.15	1.35
45	2.5	3.34	2.62	7.56	3.36	1.51
	3.0	3.96	3.11	8.77	3.90	1.49
	3.5	4.56	3.58	9.89	4.40	1.47
	4.0	5.15	4.04	10.93	4.86	1.46
50	2.5	3.73	2.93	10.55	4.22	1.68
	3.0	4.43	3.48	12.28	4.91	1.67
	3.5	5.11	4.01	13.90	5.56	1.65
	4.0	5.?8	4.54	15.41	6.16	1.63
	4.5	6.43	5.05	16.81	6.72	1.62
	5.0	7.07	5.55	18.11	7.25	1.60
54	3.0	4.81	3.77	15.68	5.81	1.81
	3.5	5.55	4.36	17.79	6.59	1.79
	4.0	6.28	4.93	19.76	7.32	1.77
	4.5	7.00	5.49	21.61	8.00	1.76
	5.0	7.70	6.04	23.34	8.64	1.74
	5.5	8.38	6.58	24.96	9.24	1.73
	6.0	9.05	7.10	26.46	9.80	1.71
57	3.0	5.09	4.00	18.61	6.53	1.91
	3.5	5.88	4.62	21.14	7.42	1.90
	4.0	6.66	5.23	23.52	8.25	1.88
	4.5	7.42	5.83	25.76	9.04	1.86
	5.0	8.17	6.41	27.86	9.78	1.85
	5.5	8.90	6.99	29.84	10.47	1.83
	6.0	9.61	7.55	31.69	11.12	1.82
60	3.0	5.37	4.22	21.88	7.29	2.02
	3.5	6.21	4.88	24.88	8.29	2.00
	4.0	7.04	5.52	27.73	9.24	1.98
	4.5	7.85	6.16	30.41	10.14	1.97
	5.0	8.64	6.78	32.94	10.98	1.95
	5.5	9.42	7.39	35.32	11.77	1.94
	6.0	10.18	7.99	37.56	12.52	1.92
63.5	3.0	5.70	4.48	26.15	8.24	2.14
	3.5	6.60	5.18	29.79	9.38	2.12
	4.0	7.48	5.87	33.24	10.47	2.11
	4.5	8.34	6.55	36.50	11.50	2.09
	5.0	9.19	7.21	39.60	12.47	2.08
	5.5	10.02	7.87	42.52	13.39	2.06
	6.0	10.84	8.51	45.28	14.26	2.04
68	3.0	6.13	4.81	32.42	9.54	2.30
	3.5	7.09	5.57	36.99	10.88	2.28
	4.0	8.04	6.31	41.34	12.16	2.27
	4.5	8.98	7.05	45.47	13.37	2.25
	5.0	9.90	7.77	49.41	14.53	2.23
	5.5	10.80	8.48	53.14	15.63	2.22
	6.0	11.69	9.17	5S.68	16.67	2.20
70	3.0	6.31	4.96	35.50	10.14	2.37
	3.5	7.31	5.74	40.53	11.58	2.35
	4.0	8.29	6.51	45.33	12.95	2.34
	4.5	9.26	7.27	49.89	14.26	2.32
	5.0	10.21	8.01	54.24	15.50	2.30
	5.5	11.14	8.75	58.38	16.68	2.29
	6.0	12.06	9.47	62.31	17.80	2.27
73	3.0	6.60	5.18	40.48	11.09	2.48
	3.5	7.64	S.00	46.26	12.67	2.46
	4.0	8.67	6.81	51.78	14.19	2.44
	4.5	9.68	7.60	57.04	15.63	2.43
	5.0	10.68	8.38	62.07	17.01	2.41
	5.5	11.66	9.16	66.87	18.32	2.39
	6.0	12.63	9.91	71.43	19.57	2.38

（续）

尺寸/mm d	尺寸/mm t	截面面积 A /cm²	质量 /(kg/m)	I /cm⁴	W /cm³	i /cm
76	3.0	6.88	5.40	45.91	12.08	2.58
	3.5	7.97	6.26	52.50	13.82	2.57
	4.0	9.05	7.10	58.81	15.48	2.55
	4.5	10.11	7.93	64.85	17.07	2.53
	5.0	11.15	8.75	70.62	18.59	2.52
	5.5	12.18	9.56	76.14	20.04	2.50
	6.0	13.19	10.36	81.41	21.42	2.48
83	3.5	8.74	6.86	69.19	16.67	2.81
	4.0	9.93	7.79	77.64	18.71	2.80
	4.5	11.10	8.71	85.76	20.67	2.78
	5.0	12.25	9.62	93.56	22.54	2.76
	5.5	13.39	10.51	101.04	24.35	2.75
	6.0	14.51	11.39	108.22	26.08	2.73
	6.5	15.62	12.26	115.10	27.74	2.71
	7.0	16.71	13.12	121.69	29.32	2.70
89	3.5	9.40	7.38	86.05	19.34	3.03
	4.0	10.68	8.38	96.68	21.73	3.01
	4.5	11.95	9.38	106.92	24.03	2.99
	5.0	13.19	10.36	116.79	26.24	2.98
	5.5	14.43	11.33	126.29	28.38	2.96
	6.0	15.65	12.28	135.43	30.43	2.94
	6.5	16.85	13.22	144.22	32.41	2.93
	7.0	18.03	14.16	152.67	34.31	2.91
95	3.5	10.06	7.90	105.45	22.20	3.24
	4.0	11.44	8.98	118.60	24.97	3.22
	4.5	12.79	10.04	131.31	27.64	3.20
	5.0	14.14	11.10	143.58	30.23	3.19
	5.5	15.46	12.14	155.43	32.72	3.17
	6.0	16.78	13.17	166.86	35.13	3.15
	6.5	18.07	14.19	177.89	37.45	3.14
	7.0	19.35	15.19	188.51	39.69	3.12
102	3.5	10.83	8.50	131.52	25.79	3.48
	4.0	12.32	9.67	148.09	29.04	3.47
	4.5	13.78	10.82	164.14	32.18	3.45
	5.0	15.24	11.96	179.68	35.23	3.43
	5.5	16.67	13.09	194.72	38.18	3.42
	6.0	18.10	14.21	209.28	41.03	3.40
	6.5	19.50	15.31	223.35	43.79	3.38
	7.0	20.89	16.40	236.96	46.46	3.37
114	4.0	13.82	10.85	209.35	36.73	3.89
	4.5	15.48	12.15	232.41	40.77	3.87
	5.0	17.12	13.44	254.81	44.70	3.86
	5.5	18.75	14.72	276.58	48.52	3.84
	6.0	20.36	15.98	297.73	52.23	3.82
	6.5	21.95	17.23	318.26	55.84	3.81
	7.0	23.53	18.47	338.19	59.33	3.79
	7.5	25.09	19.70	357.58	62.73	3.77
	8.0	26.64	20.91	376.30	66.02	3.76
121	4.0	14.70	11.54	251.87	41.63	4.14
	4.5	16.47	12.93	279.83	46.25	4.12
	5.0	18.22	14.30	307.05	50.75	4.11
	5.5	19.96	15.67	333.54	55.13	4.09
	6.0	21.68	17.02	359.32	59.39	4.07
	6.5	23.38	18.35	384.40	63.54	4.05
	7.0	25.07	19.68	408.80	67.57	4.04
	7.5	26.74	20.99	432.51	71.49	4.02
	8.0	28.40	22.29	455.57	75.30	4.01
127	4.0	15.46	12.13	292.61	46.08	4.35
	4.5	17.32	13.59	325.29	51.23	4.33
	5.0	19.16	15.04	357.14	56.24	4.32
	5.5	20.99	16.48	388.19	61.13	4.30
	6.0	22.81	17.90	418.44	65.90	4.28
	6.5	24.61	19.32	447.92	70.54	4.27
	7.0	26.39	20.72	476.63	75.06	4.25
	7.5	28.16	22.10	504.58	79.46	4.23
	8.0	29.91	23.48	531.80	83.75	4.22
133	4.0	16.21	12.73	337.53	50.76	4.56
	4.5	18.17	14.26	375.42	56.45	4.55
	5.0	20.11	15.78	412.40	62.02	4.53
	5.5	22.03	17.29	448.50	67.44	4.51
	6.0	23.94	18.79	483.72	72.74	4.50
	6.5	25.83	20.28	518.07	77.91	4.48
	7.0	27.71	21.75	551.58	82.94	4.46
	7.5	29.57	23.21	584.25	87.86	4.45
	8.0	31.42	24.66	616.11	92.65	4.43

（续）

尺寸/mm		截面面积 A /cm^2	质量 /(kg/m)	截面特性		
d	t			I /cm^4	W /cm^3	i /cm
140	4.5	19.16	15.04	440.12	62.87	4.79
	5.0	21.21	16.65	483.76	69.11	4.78
	5.5	23.24	18.24	526.40	75.20	4.76
	6.0	25.26	19.83	568.06	81.15	4.74
	6.5	27.26	21.40	608.76	86.97	4.73
	7.0	29.25	22.96	648.51	92.64	4.71
	7.5	31.22	24.51	687.32	98.19	4.69
	8.0	33.18	26.04	725.21	103.60	4.68
	9.0	37.04	29.08	798.29	114.04	4.64
	10	40.84	32.06	867.86	123.98	4.61
146	4.5	20.00	15.70	501.16	68.65	5.01
	5.0	22.15	17.39	551.10	75.49	4.99
	5.5	24.28	19.06	599.95	82.19	4.97
	6.0	26.39	20.72	647.73	88.73	4.95
	6.5	28.49	22.36	694.44	95.13	4.94
	7.0	30.57	24.00	740.12	101.39	4.92
	7.5	32.63	25.62	784.77	107.50	4.90
	8.0	34.68	27.23	828.41	113.48	4.89
	9.0	38.74	30.41	912.71	125.03	4.85
	10	42.73	33.54	993.16	136.05	4.82
152	4.5	20.85	16.37	567.61	74.69	5.2Z
	5.0	23.09	18.13	624.43	82.16	5.20
	5.5	25.31	19.87	680.06	89.48	5.18
	6.0	27.52	21.60	734.52	96.65	5.17
	6.5	29.71	23.32	787.82	103.66	5.15
	7.0	31.89	25.03	839.99	110.52	5.13
	7.5	34.05	26.73	891.03	117.24	5.12
	8.0	36.19	28.41	940.97	123.81	5.10
	9.0	40.43	31.74	1037.59	136.53	5.07
	10	44.61	35.02	1129.99	148.68	5.03
159	4.5	21.84	17.15	652.27	82.05	5.46
	5.0	24.19	18.99	717.88	90.30	5.45
	5.5	26.52	20.82	782.18	98.39	5.43
	6.0	28.84	22.64	845.19	106.31	5.41
	6.5	31.14	24.45	906.92	114.08	5.40
	7.0	33.43	26.24	967.41	121.69	5.38
	7.5	35.70	28.02	1026.65	129.14	5.36
	8.0	37.95	29.79	1084.67	136.44	5.35
	9.0	42.41	33.29	1197.12	150.58	5.31
	10	46.81	36.75	1304.88	164.14	5.28

附表 7-7　电焊钢管

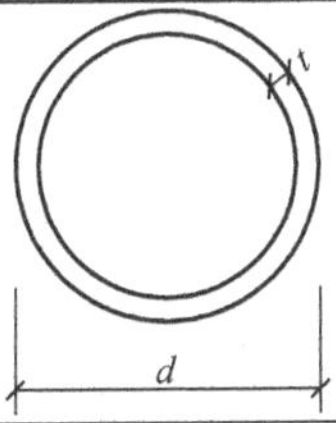

I—截面惯性矩

W—截面模量

i—截面回转半径

尺寸/mm		截面面积 A /cm^2	质量 /(kg/m)	截面特性		
d	t			I /cm^4	W /cm^3	i /cm
32	2.0	1.88	1.48	2.13	1.33	1.06
	2.5	2.32	1.82	2.54	1.59	1.05
38	2.0	2.26	1.78	3.68	1.93	1.27
	2.5	2.79	2.19	4.41	2.32	1.26
40	2.0	2.39	1.87	4.32	2.16	1.35
	2.5	2.95	2.31	5.20	2.60	1.33
42	2.0	2.51	1.97	5.04	2.40	1.42
	2.5	3.10	2.44	6.07	2.89	1.40
45	2.0	2.70	2.12	6.26	2.78	1.52
	2.5	3.34	2.62	7.56	3.36	1.51
	3.0	3.96	3.11	8.77	3.90	1.49
51	2.0	3.08	2.42	9.26	3.63	1.73
	2.5	3.81	2.99	11.23	4.40	1.72
	3.0	4.52	3.55	13.08	5.13	1.70
	3.5	5.22	4.10	14.81	5.81	1.68

（续）

尺寸/mm		截面面积 A /cm²	质量 /(kg/m)	截面特性		
d	t			I /cm⁴	W /cm³	i /cm
53	2.0	3.20	2.52	10.43	3.94	1.80
	2.5	3.97	3.11	12.67	4.78	1.79
	3.0	4.71	3.70	14.78	5.58	1.77
	3.5	5.44	4.27	16.?5	6.32	1.75
57	2.0	3.46	2.71	13.08	4.59	1.95
	2.5	4.28	3.36	15.93	5.59	1.93
	3.0	5.09	4.00	18.61	6.53	1.91
	3.5	5.88	4.62	21.14	7.42	1.90
60	2.0	3.64	2.86	15.34	5.11	2.05
	2.5	4.52	3.55	18.70	6.23	2.03
	3.0	5.37	4.22	21.88	7.29	2.02
	3.5	6.21	4.88	24.88	8.29	2.00
63.5	2.0	3.86	3.03	18.29	5.?6	2.18
	2.5	4.79	3.76	22.32	7.03	2.16
	3.0	5.70	4.48	26.15	8.24	2.14
	3.5	6.60	5.18	29.79	9.38	2.12
70	2.0	4.27	3.35	24.72	7.06	2.41
	2.5	5.30	4.16	30.23	8.64	2.39
	3.0	6.31	4.96	35.50	10.14	2.37
	3.5	7.31	5.74	40.53	11.58	2.35
	4.5	9.26	7.27	49.89	14.26	2.32
76	2.0	4.65	3.65	31.85	8.38	2.62
	2.5	5.77	4.53	39.03	10.27	2.60
	3.0	6.88	5.40	45.91	12.08	2.58
	3.5	7.97	6.26	52.50	13.82	2.57
	4.0	9.05	7.10	58.81	15.48	2.55
	4.5	10.11	7.93	64.85	17.07	2.53
83	2.0	5.09	4.00	41.76	10.06	2.86
	2.5	6.32	4.96	51.26	12.35	2.85
	3.0	7.54	5.92	60.40	14.56	2.83
	3.5	8.74	6.86	69.19	16.67	2.81
	4.0	9.93	7.79	77.64	18.71	2.80
	4.5	11.10	8.71	85.76	20.67	2.78
89	2.0	5.47	4.29	51.75	11.63	3.08
	2.5	6.79	5.33	63.59	14.29	3.06
	3.0	8.11	6.36	75.02	16.86	3.04
	3.5	9.40	7.38	86.05	19.34	3.03
	4.0	10.68	8.38	96.68	21.73	3.01
	4.5	11.95	9.38	106.92	24.03	2.99

尺寸/mm		截面面积 A /cm²	质量 /(kg/m)	截面特性		
d	t			I /cm⁴	W /cm³	i /cm
95	2.0	5.84	4.59	63.20	13.31	3.29
	2.5	7.26	5.70	77.76	16.37	3.27
	3.0	8.67	6.81	91.83	19.33	3.25
	3.5	10.06	7.90	105.45	22.20	3.24
102	2.0	6.28	4.93	78.57	15.41	3.54
	2.5	7.81	6.13	96.77	18.97	3.52
	3.0	9.33	7.32	114.42	22.43	3.50
	3.5	10.83	8.50	131.52	25.79	3.48
	4.0	12.32	9.67	148.09	29.04	3.47
	4.5	13.78	10.82	164.14	32.18	3.45
	5.0	15.24	11.96	179.68	35.23	3.43
108	3.0	9.90	7.77	136.49	25.28	3.71
	3.5	11.49	9.02	157.02	29.08	3.70
	4.0	13.07	10.26	176.95	32.77	3.68
114	3.0	10.46	8.21	161.24	28.29	3.93
	3.5	12.15	9.54	185.63	32.57	3.91
	4.0	13.82	10.85	209.35	36.73	3.89
	4.5	15.48	12.15	232.41	40.77	3.87
	5.0	17.12	13.44	254.81	44.70	3.86
121	3.0	11.12	8.73	193.69	32.01	4.17
	3.5	12.92	10.14	223.17	36.89	4.16
	4.0	14.70	11.54	251.87	41.63	4.14
127	3.0	11.69	9.17	224.75	35.39	4.39
	3.5	13，58	10.66	259.11	40.80	4.37
	4.0	15.46	12.13	292.61	46.08	4.35
	4.5	17.32	13.59	325.29	51.23	4.33
	5.0	19.16	15.04	357.14	56.24	4.32
133	3.5	14.24	11.18	298.71	44.92	4.58
	4.0	16.21	12.73	337.53	50.76	4.56
	4.5	18.17	14.26	375.42	56.45	4.55
	5.0	20.11	15.78	412.40	62.02	4.53
140	3.5	15.01	11.78	349.79	49.97	4.83
	4.0	17.09	13.42	395.47	56.50	4.81
	4.5	19.16	15.04	440.12	62.87	4.79
	5.0	21.21	16.65	483.76	69.11	4.78
	5.5	23.24	18.24	526.40	75.20	4.76
152	3.5	16.33	12.82	450.35	59.26	5.25
	4.0	18.60	14.60	509.59	67.05	5.23
	4.5	20.85	16.37	567.61	74.69	5.22
	5.0	23.09	18.13	624.43	82.16	5.20
	5.5	25.31	19.87	680.06	89.48	5.18

（续）

尺寸/mm		截面面积 A /cm²	质量 /(kg/m)	截面特性		
d	t			I /cm⁴	W /cm³	i /cm
168	4.5	23.11	18.14	772.96	92.02	5.78
	5.0	25.60	20.10	851.14	101.33	5.77
	5.5	28.08	22.04	927.85	110.46	5.75
	6.0	30.54	23.97	1003.12	119.42	5.73
	6.5	32.98	25.89	1076.95	128.21	5.71
	7.0	35.41	27.79	1149.36	136.83	5.70
	7.5	37.82	29.69	1220.38	145.28	5.68
	8.0	40.21	31.57	1290.01	153.57	5.66
	9.0	44.96	35.29	1425.22	169.67	5.63
	10	49.64	38.97	1555.13	185.13	5.60
180	5.0	27.49	21.58	1053.17	117.02	6.19
	5.5	30.15	23.67	1148.79	127.64	6.17
	6.0	32.80	25.75	1242.72	138.08	6.16
	6.5	35.43	27.81	1335.00	148.33	6.14
	7.0	38.04	29.87	1425.63	158.40	6.12
	7.5	40.64	31.91	1514.64	168.29	6.10
	8.0	43.23	33.93	1602.04	178.00	6.09
	9.0	48.35	37.95	1772.12	196.90	6.05
	10	53.41	41.92	1936.01	215.11	6.02
	12	63.33	49.72	2245.84	249.54	5.95
194	5.0	29.69	23.31	1326.54	136.76	6.68
	5.5	32.57	25.57	1447.86	149.26	6.67
	6.0	35.44	27.82	1567.21	161.57	6.65
	6.5	38.29	30.06	1684.61	173.67	6.63
	7.0	41.12	32.28	1800.08	185.57	6.62
	7.5	43.94	34.50	1913.64	197.28	6.60
	8.0	46.75	36.70	2025.31	208.79	6.58
	9.0	52.31	41.06	2243.08	231.25	6.55
	10	57.81	45.38	2453.55	252.94	6.51
	12	68.61	53.86	2853.25	294.15	6.45
203	6.0	37.13	29.15	1803.07	177.64	6.97
	6.5	40.13	31.50	1938.81	191.02	6.95
	7.0	43.10	33.84	2072.43	204.18	6.93
	7.5	46.06	36.16	2203.94	217.14	6.92
	8.0	49.01	38.47	2333.37	229.89	6.90
	9.0	54.85	43.06	2586.08	254.79	6.87
	10	60.63	47.60	2830.72	278.89	6.83
	12	72.01	56.52	3296.49	324.78	6.77
	14	83.13	65.25	3732.07	367.69	6.70
	16	94.00	73.79	4138.78	407.76	6.64
219	6.0	40.15	31.52	2278.74	208.10	7.53
	6.5	43.39	34.06	2451.64	223.89	7.52
	7.0	46.62	36.60	2622.04	239.46	7.50
	7.5	49.83	39.12	2789.96	254.79	7.48
	8.0	53.03	41.63	2955.43	269.90	7.47
219	9.0	59.38	46.61	3279.12	299.46	7.43
	10	65.66	51.54	3593.29	328.15	7.40
	12	78.04	61.26	4193.81	383.00	7.33
	14	90.16	70.78	4758.50	434.57	7.26
	16	102.04	80.10	5288.81	483.00	7.20
245	6.5	48.70	38.23	3465.46	282.89	8.44
	7.0	52.34	41.08	3709.06	302.78	8.42
	7.5	55.96	43.93	3949.52	322.41	8.40
	8.0	59.56	46.76	4186.87	341.79	8.38
	9.0	66.73	52.38	4652.32	379.78	8.35
	10	73.83	57.95	5105.63	416.79	8.32
	12	87.84	68.95	5976.67	487.89	8.25
	14	101.60	79.76	6801.68	555.24	8.18
	16	115.11	90.36	7582.30	618.96	8.12
273	6.5	54.42	42.72	4834.18	354.15	9.42
	7.0	58.50	45.92	5177.30	379.29	9.41
	7.5	62.56	49.11	5516.47	404.14	9.39
	8.0	66.60	52.28	5851.71	428.70	9.37
	9.0	74.64	58.60	6510.56	476.96	9.34
	10	82.62	64.86	7154.09	524.11	9.31
	12	98.39	77.24	8396.14	615.10	9.24
	14	113.91	89.42	9579.75	701.81	9.17
	16	129.18	101.41	10706.79	784.38	9.10
299	7.5	68.68	53.92	7300.02	488.30	10.31
	8.0	73.14	57.41	7747.42	518.22	10.29
	9.0	82.00	64.37	8628.09	577.13	10.26
	10	90.79	71.27	9490.15	634.79	10.22
	12	108.20	84.93	11159.52	746.46	10.16
	14	125.35	98.40	12757.61	853.35	10.09
	16	142.25	111.67	14286.48	955.62	10.02
325	7.5	74.81	58.73	9431.80	580.42	11.23
	8.0	79.67	62.54	10013.92	616.24	11.21
	9.0	89.35	70.14	11161.33	686.85	11.18
	10	98.96	77.68	12286.52	756.09	11.14
	12	118.00	92.63	14471.45	890.55	11.07
	14	136.78	107.38	16570.98	1019.75	11.01
	16	155.32	121.93	18587.38	1143.84	10.94
351	8.0	86.21	67.67	12684.36	722.76	12.13
	9.0	96.70	75.91	14147.55	806.13	12.10
	10	107.13	84.10	15584.62	888.01	12.06
	12	127.80	100.32	18381.63	1047.39	11.99
	14	148.22	116.35	21077.86	1201.02	11.93
	16	168.39	132.19	23675.75	1349.05	11.86

附录 8 螺栓和锚栓规格

附表 8-1 螺栓螺纹处的有效截面面积

螺栓直径 d/mm	螺距 p/mm	螺栓有效直径 d_0/mm	螺栓有效面积 A_0/mm^2	螺栓直径 d/mm	螺距 p/mm	螺栓有效直径 d_0/mm	螺栓有效面积 A_0/mm^2
16	2	14. 1236	156. 7	52	5	47. 3090	1758
18	2. 5	15. 6545	192. 5	56	5. 5	50. 8399	2030
20	2. 5	17. 6545	244. 8	60	5. 5	54. 8399	2362
22	2. 5	19. 6545	303. 4	64	6	58. 3708	2676
24	3	21. 1854	352. 5	68	6	62. 3708	3055
27	3	24. 1854	459. 4	72	6	66. 3708	3460
30	3. 5	26. 7163	560. 6	76	6	70. 3708	3889
33	3. 5	29. 7163	693. 6	80	6	74. 3708	4344
36	4	32. 2472	816. 7	85	6	79. 3708	4948
39	4	35. 2472	975. 8	90	6	84. 3708	5591
42	4. 5	37. 7781	1121	95	6	89. 3708	6273
45	4. 5	40. 7781	1306	100	6	94. 3708	6995
48	5	43. 3090	1473				

附表 8-2 锚栓规格

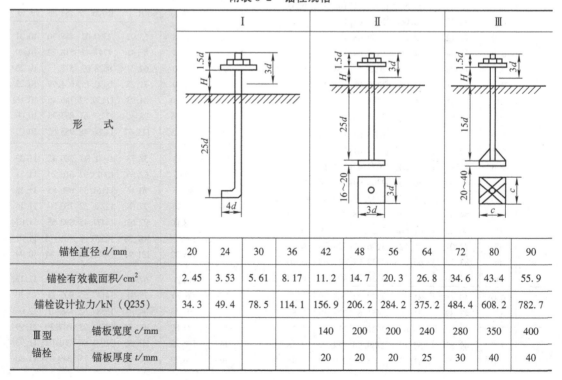

形式	Ⅰ				Ⅱ				Ⅲ		
	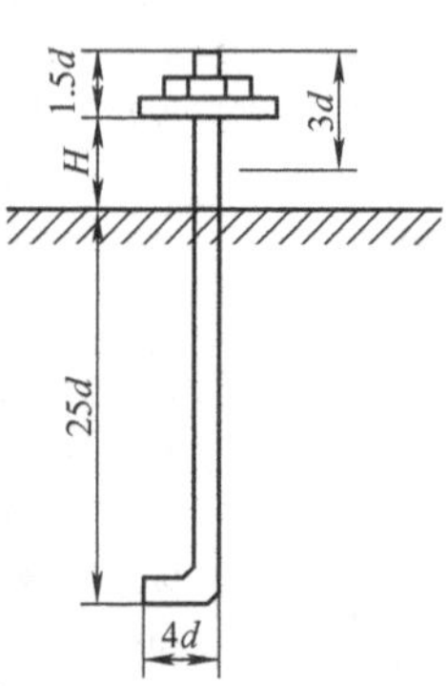				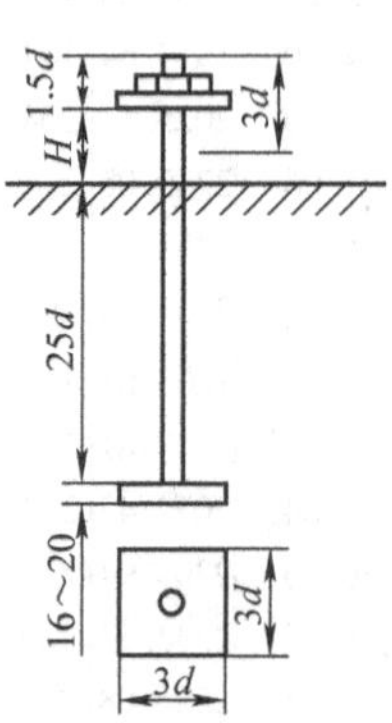				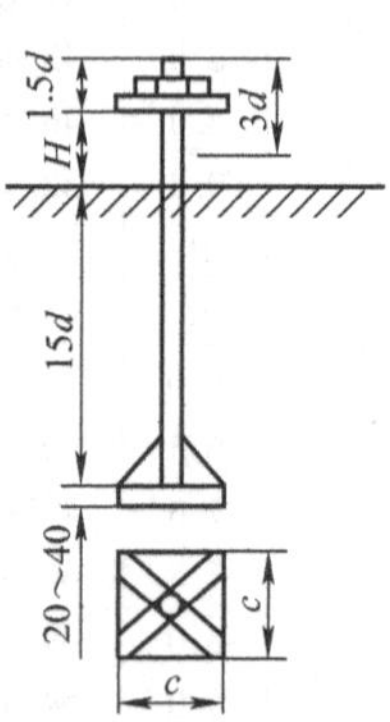		
锚栓直径 d/mm	20	24	30	36	42	48	56	64	72	80	90
锚栓有效截面积/cm^2	2. 45	3. 53	5. 61	8. 17	11. 2	14. 7	20. 3	26. 8	34. 6	43. 4	55. 9
锚栓设计拉力/kN（Q235）	34. 3	49. 4	78. 5	114. 1	156. 9	206. 2	284. 2	375. 2	484. 4	608. 2	782. 7
Ⅲ型锚栓 锚板宽度 c/mm					140	200	200	240	280	350	400
Ⅲ型锚栓 锚板厚度 t/mm					20	20	20	25	30	40	40

附录9　各种截面回转半径的近似值

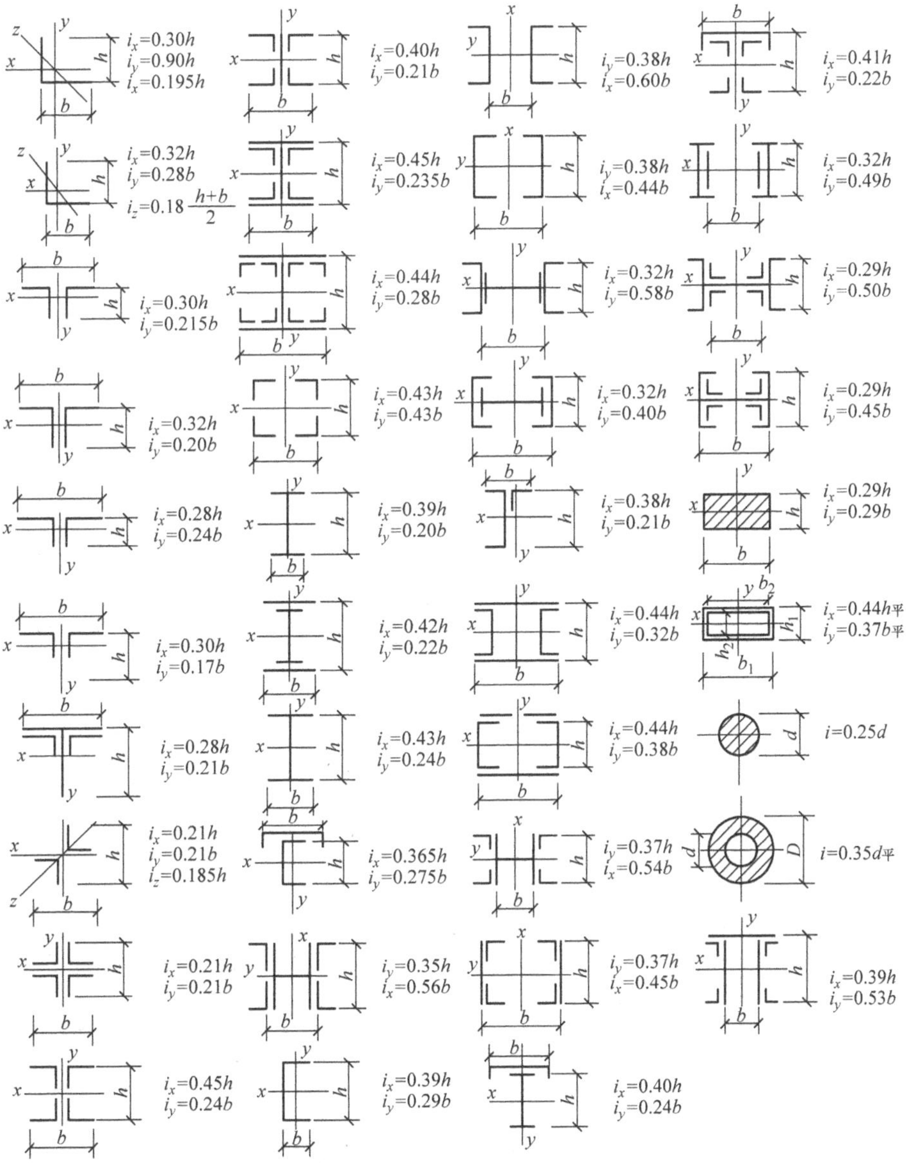

附录10 轴心受力构件节点或拼接处危险截面有效截面系数

附表10-1 轴心受力构件节点或拼接处危险截面有效截面系数

构件截面形式	连接形式	η	图例
角钢	单边连接	0.85	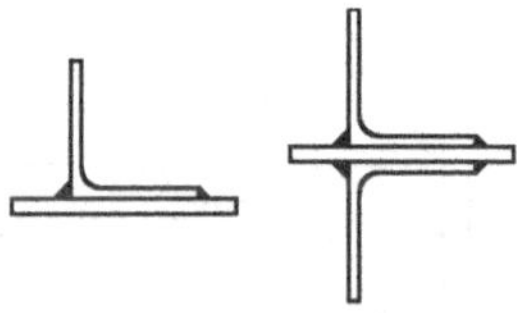
工字形、H形	翼缘连接	0.90	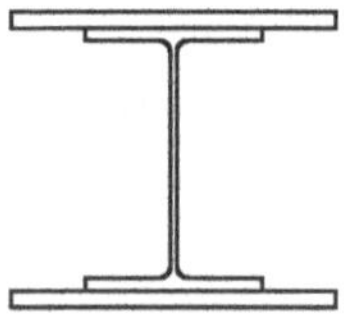
	腹板连接	0.70	

附录11 构件设计截面分类

附表11-1 截面类别表

构件			板件宽厚比				
			S1级	S2级	S3级	S4级	S5级
柱、压弯构件	H形截面	翼缘 b/t	$9\varepsilon_k$	$11\varepsilon_k$	$13\varepsilon_k$	$15\varepsilon_k$	20
		腹板 h_0/t_w	$(33+13\alpha_0^{1.3})\ \varepsilon_k$	$(38+13\alpha_0^{1.39})\ \varepsilon_k$	$(40+18\alpha_0^{1.5})\ \varepsilon_k$	$(45+25\alpha_0^{1.66})\ \varepsilon_k$	250
	箱形截面	壁板、腹板间翼缘 b_0/t	$30\varepsilon_k$	$35\varepsilon_k$	$40\varepsilon_k$	$45\varepsilon_k$	
	圆钢管截面	外径径厚比 D/t	$50\varepsilon_k^2$	$70\varepsilon_k^2$	$90\varepsilon_k^2$	$100\varepsilon_k^2$	
梁、受弯构件	工字形截面	翼缘 b/t	$9\varepsilon_k$	$11\varepsilon_k$	$13\varepsilon_k$	$15\varepsilon_k$	20
		腹板 h_0/t_w	$65\varepsilon_k$	$72\varepsilon_k$	$93\varepsilon_k$	$124\varepsilon_k$	250
	箱形截面	壁板、腹板间翼缘 b_0/t	$25\varepsilon_k$	$32\varepsilon_k$	$37\varepsilon_k$	$42\varepsilon_k$	

注：1. $\alpha_0=\dfrac{\sigma_{max}-\sigma_{min}}{\sigma_{max}}$，$\sigma_{max}$为腹板计算边缘的最大压应力，$\sigma_{min}$为腹板计算高度另一边缘相应的应力，压应力取正值，拉应力取负值。

2. $\varepsilon_k=\sqrt{235/f_y}$，$f_y$是钢材牌号所指屈服强度。

3. b为工字形、H形截面翼缘外伸宽度，t、h_0、t_w分别是翼缘厚度、腹板净高和腹板厚度，对于轧制型截面，腹板净高不包括翼缘腹板过渡处圆弧段；对于箱形截面，b_0、t分别为壁板间的距离和壁板厚度；D为圆管截面外径。

4. 当腹板板件宽厚比不满足要求时，可根据其受力特点设置加劲板。

参 考 文 献

[1] 中华人民共和国住房和城乡建设部．钢结构设计标准：GB 50017—2017 [S]．北京：中国建筑工业出版社，2018.

[2] 中华人民共和国住房和城乡建设部．建筑结构荷载规范：GB 50009—2012 [S]．北京：中国建筑工业出版社，2012.

[3] 湖北省发展计划委员会．冷弯薄壁型钢结构技术规范：GB 50018—2002 [S]．北京：中国计划出版社，2002.

[4] 中国建筑技术研究院．高层民用建筑钢结构技术规程：JGJ 99—2015 [S]．北京：中国建筑工业出版社，2015

[5] 陈绍蕃，顾强．钢结构：上册 [M]．3 版．北京：中国建筑工业出版社，2014.

[6] 张耀春．钢结构设计原理 [M]．北京：高等教育出版社，2006.

[7] 陈绍蕃．钢结构设计原理 [M]．3 版．北京：科学出版社，2005.

[8] 戴国欣．钢结构 [M]．4 版．武汉：武汉理工大学出版社，2012.

[9] 赵根田，孙德发．钢结构 [M]．2 版．北京：机械工业出版社，2010.

[10] 王书增．钢结构工程常用紧固件及材料手册 [M]．北京：中国电力出版社，2010.